SOMMAIRE

CHAPITRE 1 / MODELE POUTRE

CHAPITRE 2 / SOLLICITATIONS ELEMENTAIRES

CHAPITRE 3 / SOLLICITATIONS COMPOSEES

CHAPITRE 4 / LIMITE DE L'ETUDE

CHAPITRE 5 / THEOREMES ENERGETIQUES

CHAPITRE 6 / FORMULATION ELEMENTS FINIS

CHAPITRE 7 / THERMIQUE

CHAPITRE 8 / FATIGUE ET MECANIQUE DE LA RUPTURE

CHAPITRE 9 / MECANIQUE DES MILIEUX CONTINUS

CHAPITRE 10 / MATERIAUX COMPOSITES

Les connaissances en "**résistance des matériaux**" ont pour objectif le *DIMENSIONNEMENT* des pièces et structures.

Pendant des décennies, l'oeuvre de *TIMOSHENKO* a constitué la référence. La clarté, la diversité, le savoir encyclopédique forcent notre respect et notre admiration. Puis, est apparue la Mécanique des milieux continus trop souvent victime des modes mathématiques et déroutant l'étudiant et l'ingénieur ayant des problèmes concrets à résoudre.

Cet ouvrage voudrait constituer un refuge ; ce n'est pas un cours, mais un outil d'accompagnement qui permet d'aller à l'essentiel. Des exercices corrigés permettent de proposer des méthodes de résolution et familiarisent avec l'application des notions.

Les auteurs

A ceux qui nous sont chers.

Bien sûr, malgré notre vigilance, des erreurs se seront glissées parmi ces pages. Merci de nous les signaler. Le cheminement étant long, nous serons sensibles à toute remarque.

Dans cet ouvrage, vous rencontrerez les symboles suivants :

Attention !! Peut-être faudrait il ralentir.

L'idée n'est-elle pas lumineuse ?

CHAPITRE 1 / MODELE POUTRE

1- DÉFINITION

Solide défini à partir :

d'une ligne moyenne (C)

- rectiligne → poutre droite
- courbe → poutre courbe / poutre gauche

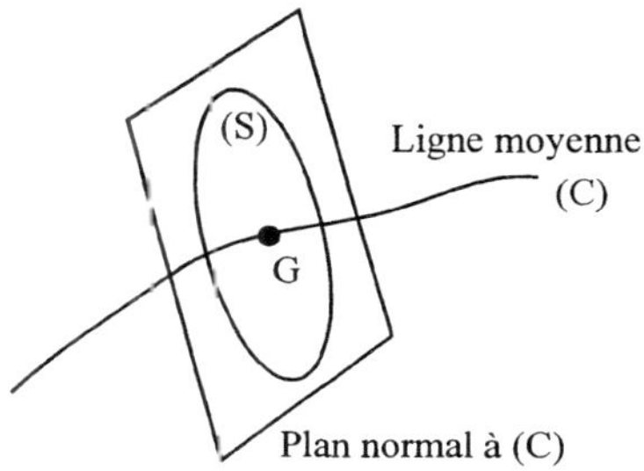

d'une section droite (S) de centre de surface G

- ⊥ à la ligne moyenne
- G appartient à la ligne moyenne

La dimension de la ligne moyenne est grande devant les dimensions de la section droite (corps élancés)

Les dimensions de la section droite ne peuvent varier que continuement.

2- LIAISONS

Elles interviennent entre la poutre (1) et son environnement (0).

$$\{\Im_{0\rightarrow 1}\} \Rightarrow {}_A\left\{\begin{array}{l} X_{0\rightarrow 1}\cdot\vec{i} + Y_{0\rightarrow 1}\cdot\vec{j} + Z_{0\rightarrow 1}\cdot\vec{k} \\ L_{0\rightarrow 1}\cdot\vec{i} + M_{0\rightarrow 1}\cdot\vec{j} + N_{0\rightarrow 1}\cdot\vec{k} \end{array}\right\}$$

Nom	Symbole	Mouvement	Situation plane $\{\mathfrak{T}_{0\to1}\}$ exprimé en O	Situation tridimensionnelle $\{\mathfrak{T}_{0\to1}\}$ exprimé en O
Encastrement	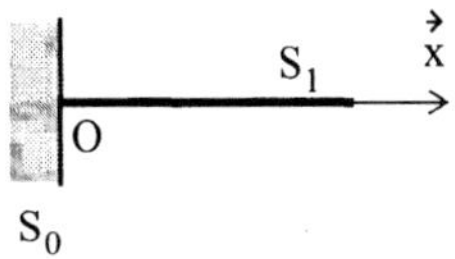	<u>Aucun</u> Déplacement : $\overrightarrow{u(O)} = \vec{0}$ Rotation : $\overrightarrow{\theta(O)} = \vec{0}$	$\left\{\begin{matrix} X_{0\to1}\cdot\vec{x}+Y_{0\to1}\cdot\vec{y} \\ N_{0\to1}\cdot\vec{z} \end{matrix}\right\}$ 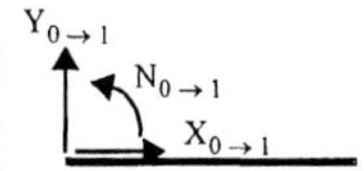	$\left\{\begin{matrix} X_{0\to1}\cdot\vec{x}+Y_{0\to1}\cdot\vec{y}+Z_{0\to1}\cdot\vec{z} \\ L_{0\to1}\cdot\vec{x}+M_{0\to1}\cdot\vec{y}+N_{0\to1}\cdot\vec{z} \end{matrix}\right\}$
Pivot	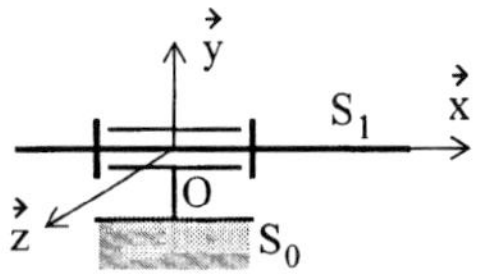	<u>Rotation autour de</u> $(O,\vec{x})$ Déplacement : $\overrightarrow{u(O)} = \vec{0}$ Rotation : $\overrightarrow{\theta(O)} = \theta_x\cdot\vec{x}$	$\left\{\begin{matrix} Y_{0\to1}\cdot\vec{y}+Z_{0\to1}\cdot\vec{z} \\ \vec{0} \end{matrix}\right\}$ 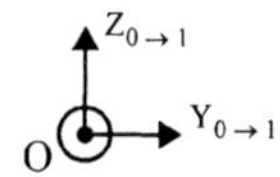	$\left\{\begin{matrix} X_{0\to1}\cdot\vec{x}+Y_{0\to1}\cdot\vec{y}+Z_{0\to1}\cdot\vec{z} \\ 0\cdot\vec{x}+M_{0\to1}\cdot\vec{y}+N_{0\to1}\cdot\vec{z} \end{matrix}\right\}$
Glissière	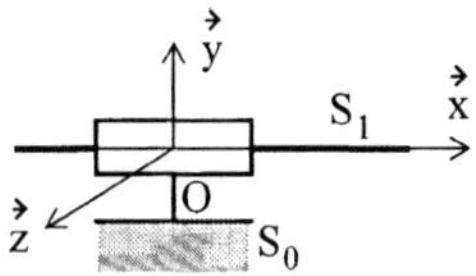	<u>Translation rectiligne sur</u> $(O,\vec{x})$ Déplacement : $\overrightarrow{u(O)} = u_x\cdot\vec{x}$ Rotation : $\overrightarrow{\theta(O)} = \vec{0}$	$\left\{\begin{matrix} Y_{0\to1}\cdot\vec{y} \\ N_{0\to1}\cdot\vec{z} \end{matrix}\right\}$ 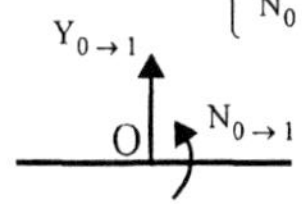	$\left\{\begin{matrix} 0\cdot\vec{x}+Y_{0\to1}\cdot\vec{y}+Z_{0\to1}\cdot\vec{z} \\ L_{0\to1}\cdot\vec{x}+M_{0\to1}\cdot\vec{y}+N_{0\to1}\cdot\vec{z} \end{matrix}\right\}$
Glissière hélicoidale	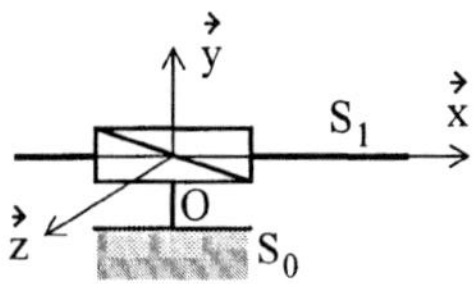	<u>Rotation autour de</u> $(O,\vec{x})$ <u>et</u> <u>Translation rectiligne le long</u> <u>de</u> $(O,\vec{x})$ <u>conjugués</u>	X	$\left\{\begin{matrix} X_{0\to1}\cdot\vec{x}+Y_{0\to1}\cdot\vec{y}+Z_{0\to1}\cdot\vec{z} \\ L_{0\to1}\cdot\vec{x}+M_{0\to1}\cdot\vec{y}+N_{0\to1}\cdot\vec{z} \end{matrix}\right\}$ avec $\frac{pas}{2\pi}\cdot X_{0\to1}+L_{0\to1} = 0$

Pivot glissant	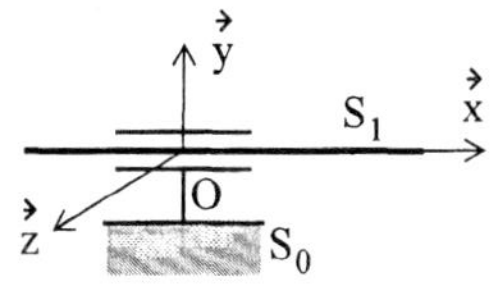	<u>Rotation autour de</u> $(O, \vec{x})$ <u>Translation rectiligne sur</u> $(O, \vec{x})$ Déplacement : $\overrightarrow{u(O)} = u_x \cdot \vec{x}$ Rotation : $\overrightarrow{\theta(O)} = \theta_x \cdot \vec{x}$		$\begin{Bmatrix} 0 \cdot \vec{x} + Y_{0 \to 1} \cdot \vec{y} + Z_{0 \to 1} \cdot \vec{z} \\ 0 \cdot \vec{x} + M_{0 \to 1} \cdot \vec{y} + N_{0 \to 1} \cdot \vec{z} \end{Bmatrix}$
Rotule	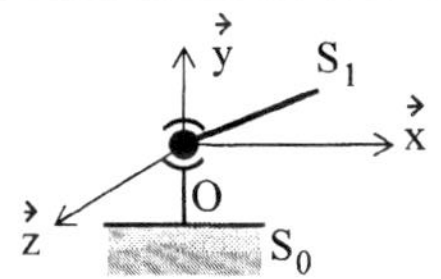	<u>Le point O est fixe</u> Déplacement : $\overrightarrow{u(O)} = \vec{0}$ Rotation libre		$\begin{Bmatrix} X_{0 \to 1} \cdot \vec{x} + Y_{0 \to 1} \cdot \vec{y} + Z_{0 \to 1} \cdot \vec{z} \\ \vec{0} \end{Bmatrix}$
Plane	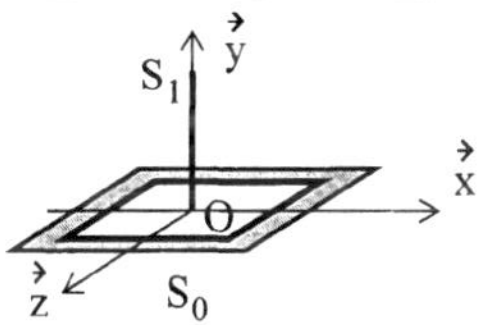	<u>Les deux plans restent en contact</u> Déplacement dans le plan : $\overrightarrow{u(O)} \cdot \vec{y} = 0$ Rotation : $\overrightarrow{\theta(O)} = \theta_y \cdot \vec{y}$		$\begin{Bmatrix} Y_{0 \to 1} \cdot \vec{y} \\ L_{0 \to 1} \cdot \vec{x} + N_{0 \to 1} \cdot \vec{z} \end{Bmatrix}$
Linéaire annulaire	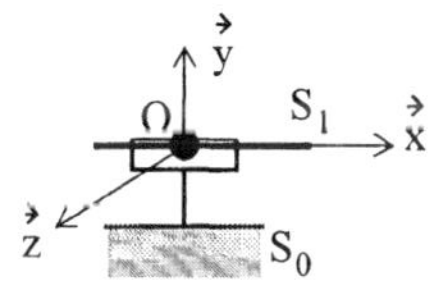	<u>Translation rectiligne sur</u> $(O, \vec{x})$ Déplacement : $\overrightarrow{u(O)} = u_x \cdot \vec{x}$ Rotation libre		$\begin{Bmatrix} Y_{0 \to 1} \cdot \vec{y} + Z_{0 \to 1} \cdot \vec{z} \\ \vec{0} \end{Bmatrix}$
Ponctuelle	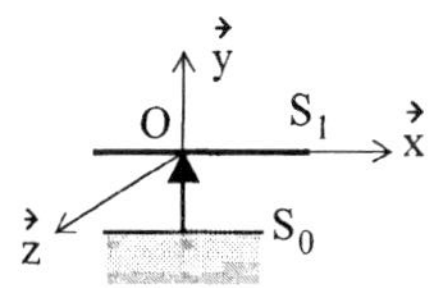	<u>Seule la translation rectiligne suivant</u> $(O, \vec{y})$ <u>n'est pas permise</u> Déplacement : $\overrightarrow{u(O)} \cdot \vec{y} = 0$	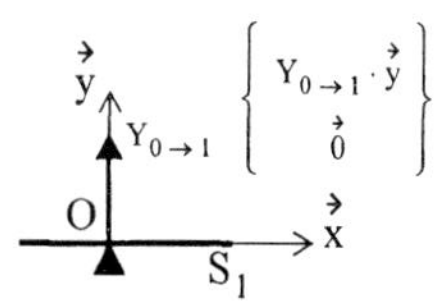	$\begin{Bmatrix} Y_{0 \to 1} \cdot \vec{y} \\ \vec{0} \end{Bmatrix}$

3- DÉTERMINATION DES ACTIONS DE LIAISONS

La structure est constituée des solides S_1, S_2, ...S_i, ...S_n et S_0 désigne le bâti.

on **isole** chaque solide S_i (S_1, S_2, ...S_n).

↓

on **dessine** le système isolé.

↓

on procède à un **bilan** des forces extérieures agissant sur le solide.

↓

on écrit les conséquences du **principe de la statique**

en repère **galiléen**

$$\begin{cases} \Sigma \overrightarrow{F_{ext \to S_i}} = \vec{0} \\ \Sigma \overrightarrow{M_A(\overrightarrow{F_{ext \to S_i}})} = \vec{0} \end{cases}$$

en repère **non galiléen** (lié au solide)

$$\begin{cases} \Sigma \overrightarrow{F_{ext \to S_i}} - m\overrightarrow{\gamma_{entr}} = \vec{0} \\ \Sigma \overrightarrow{M_A(\overrightarrow{F_{ext \to S_i}})} - \overrightarrow{\delta_{A_{entr}}} = \vec{0} \end{cases}$$

Ne pas oublier l'opposition des actions de liaisons

$$\{\Im_{S_i \to S_j}\} = -\{\Im_{S_j \to S_i}\}$$

↓

on compare alors le rang du système d'équations r_S au nombre d'inconnues I_S d'actions de liaisons.

$r_S = I_S$: la structure est ISOSTATIQUE

Les équations de la statique permettent de déterminer les inconnues de liaisons

$r_S < I_S$: la structure est HYPERSTATIQUE.

Les équations de la statique sont insuffisantes pour déterminer les différentes actions de liaisons (il faudra y adjoindre des informations supplémentaires sur les compatibilités des déplacements).

Si on isole S_0, il interviendra les actions de bridage.

4- TORSEUR DES EFFORTS INTÉRIEURS

On isole (I) :
On a sur la section droite une distribution de forces élémentaires dont chacune d'entre elles est modélisable par un glisseur.

$$_P\left\{\begin{matrix}\overrightarrow{\Delta F_{(II \to I)}(P)} \\ \vec{0}\end{matrix}\right\}$$

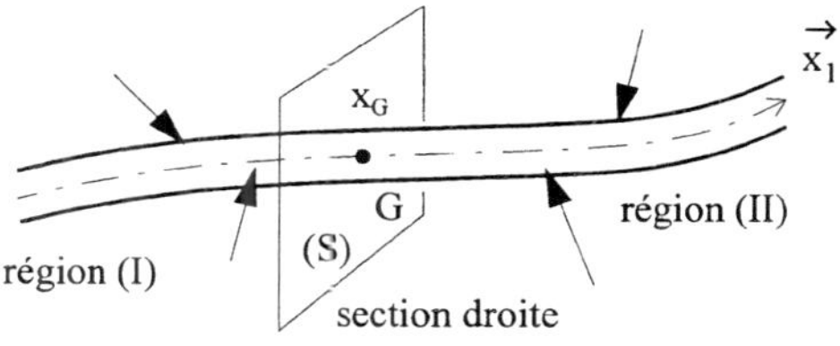

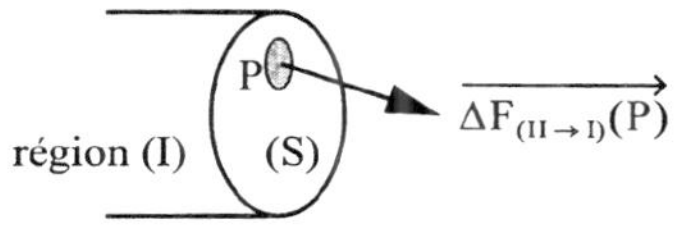

L'addition de ces glisseurs élémentaires constitue :

LE TORSEUR DES EFFORTS INTERIEURS.

Le torseur des efforts intérieurs en x_G représente l'action de la région ($x_1 > x_G$) sur la région ($x_1 < x_G$).

En statique, par rapport à un repère galiléen : $\{\mathfrak{T}_{\text{efforts intérieurs}}\} = \{\mathfrak{T}_{ext \to (II)}\}$

En dynamique (lorsque l'on tient compte par exemple de phénomènes vibratoires) ceci est faux. Il faut alors prendre en compte le torseur des quantités d'accélération de la région (II).

→ Démarche de calcul des composantes du torseur des efforts intérieurs :

on considère la section d'abscisse x_G.

↓

on procède à un bilan des efforts extérieurs à la poutre appliqués sur la région (II) ($x_1 > x_G$).

↓

on écrit les composantes du torseur de ces efforts extérieurs au point G.

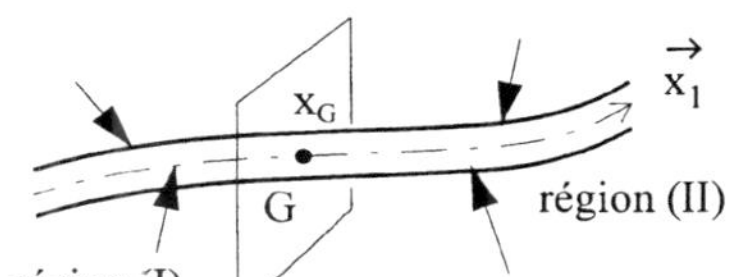

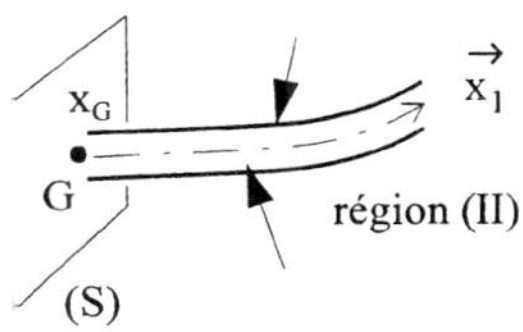

Il est parfois plus pratique d'isoler la région (I) ($x_1 < x_G$).

On écrit alors : $\{\mathfrak{T}_{\text{efforts interieurs}}\} = -\{\mathfrak{T}_{ext \rightarrow (I)}\}$

Dans un **repère local** $(G, \vec{x}_1, \vec{x}_2, \vec{x}_3)$, le torseur des efforts intérieurs se met sous la forme

$$\{\mathfrak{T}_{\text{efforts interieurs}}\} \Rightarrow {}_G\left\{\begin{matrix} \vec{R} \\ \overrightarrow{M_G} \end{matrix}\right\} = {}_G\left\{\begin{matrix} N\,\vec{x}_1 + T_2\,\vec{x}_2 + T_3\,\vec{x}_3 \\ Mt\,\vec{x}_1 + Mf_2\,\vec{x}_2 + Mf_3\,\vec{x}_3 \end{matrix}\right\}$$

N : effort normal

T_2 et T_3 : efforts tranchants

Mt : moment de torsion

Mf_2 et Mf_3 : moments fléchissants

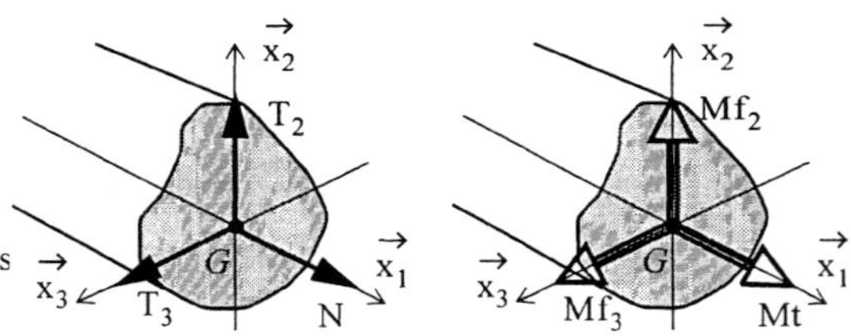

Pour simplifier les relations contraintes-déformations,
on choisit $\vec{x}_2, \vec{x}_3$ ***directions principales d'inertie de la section (S).***

On a alors : $\int_S (x_2 \cdot x_3) \cdot da = 0$

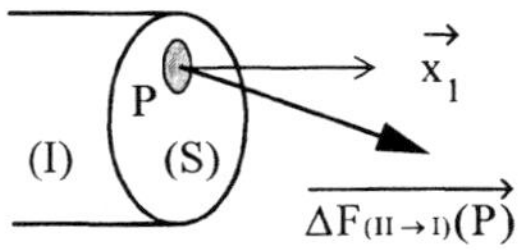

On définit également à partir de la distribution de forces élémentaires de (II) sur (I) le vecteur contrainte en un point P de la section pour une facette orientée suivant la direction privilégiée $\vec{x}_1$:

$$\overrightarrow{C(P, \vec{x}_1)} = \lim_{\Delta a \rightarrow 0}\left(\frac{\overrightarrow{\Delta F_{(II \rightarrow I)}(P)}}{\Delta a}\right)$$

$$\boxed{\overrightarrow{C(P, \vec{x}_1)} = \sigma_1 \vec{x}_1 + \vec{\tau}}$$

← contrainte tangentielle (ou contrainte de cisaillement) (en Pa)

↑ contrainte normale (en Pa)

$\vec{\tau}$ appartient au plan de la section

Dans toute section droite, on peut écrire les relations :

$$\vec{R} = \int_{(S)} \overrightarrow{C(P, \vec{x}_1)} \cdot da \qquad \overrightarrow{M_G} = \int_{(S)} \overrightarrow{GP} \wedge \overrightarrow{C(P, \vec{x}_1)} \cdot da$$

5- EQUILIBRE LOCAL

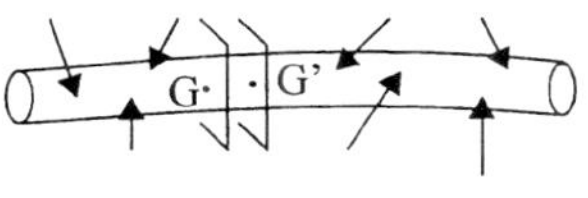

- On isole le tronçon élémentaire
- Bilan des actions mécaniques appliquées :

- section G : $-\{\mathfrak{T}_{\text{efforts interieurs}}(x_1)\}$

- section G' : $\{\mathfrak{T}_{\text{efforts interieurs}}(x_1 + dx_1)\}$

- densité linéique des forces extérieures appliquées : $\overrightarrow{f(x_1)}$

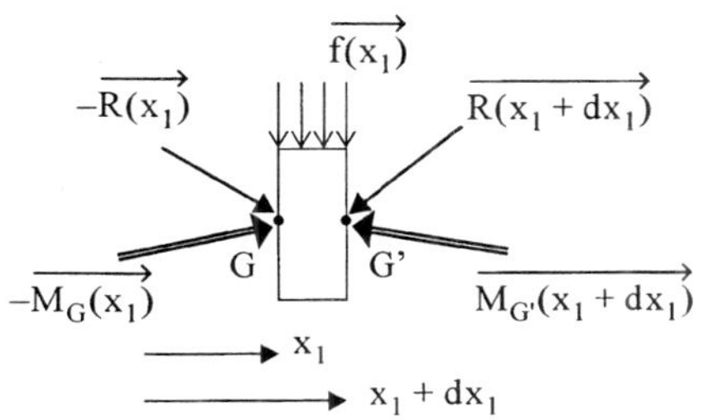

Dans le cas où la poutre est en équilibre par rapport à un repère galiléen :

$$\left\{ \begin{array}{l} \dfrac{d\vec{R}}{dx_1} + \overrightarrow{f(x_1)} = \vec{0} \\ \dfrac{d\overrightarrow{M_G}}{dx_1} + \vec{x}_1 \wedge \vec{R} = \vec{0} \end{array} \right.$$

Dans le cas d'une poutre droite

$$\text{si } \overrightarrow{f(x_1)} \left\{ \begin{array}{l} f_1(x_1) \\ f_2(x_1) \\ f_3(x_1) \end{array} \right.$$

$$\left\{ \begin{array}{l} \dfrac{dN}{dx_1} + f_1(x_1) = 0 \\ \dfrac{dT_2}{dx_1} + f_2(x_1) = 0 \\ \dfrac{dT_3}{dx_1} + f_3(x_1) = 0 \end{array} \right. \qquad \left\{ \begin{array}{l} \dfrac{dMt}{dx_1} = 0 \\ \dfrac{dMf_2}{dx_1} - T_3 = 0 \\ \dfrac{dMf_3}{dx_1} + T_2 = 0 \end{array} \right.$$

6- HYPOTHÈSES ET PRINCIPES

6-1- Hypothèse de Bernoulli

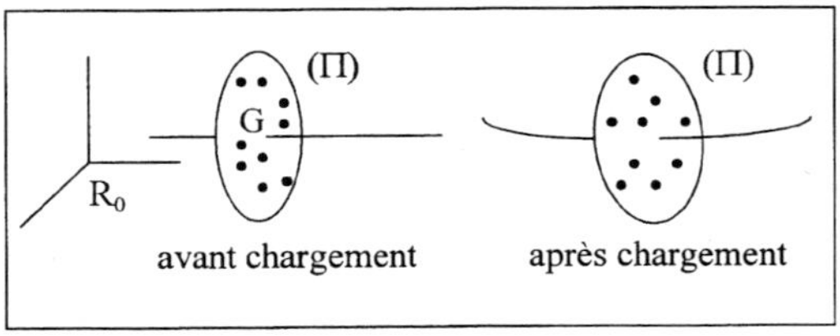

- Avant chargement, on marque les points P_i d'une section droite.
- Après chargement, on constate que les points P_i marqués sont dans un plan (Π) qui de plus est ⊥ à la ligne moyenne ; la distance des points à G a par contre variée.

$$\frac{P_i}{R_0} = \frac{P_i}{\Pi} + \frac{\Pi}{R_0}$$

↑ la distance entre points varie.

↑ Bernoulli affirme que ce mouvement est le même pour tous les points d'une même section droite avant chargement.

→ On définit alors pour le mouvement $\left[\frac{\Pi}{R_0}\right]$ **un torseur des déplacements**

$$\left[\frac{\Pi}{R_0}\right] \quad \{\Im_{deplacements}\} \Rightarrow {}_G\left\{\begin{matrix}\vec{\theta}\\ \vec{u}\end{matrix}\right\} = {}_G\left\{\begin{matrix}\theta_1\,\vec{x}_1 + \theta_2\,\vec{x}_2 + \theta_3\,\vec{x}_3\\ u_1\,\vec{x}_1 + u_2\,\vec{x}_2 + u_3\,\vec{x}_3\end{matrix}\right\}$$

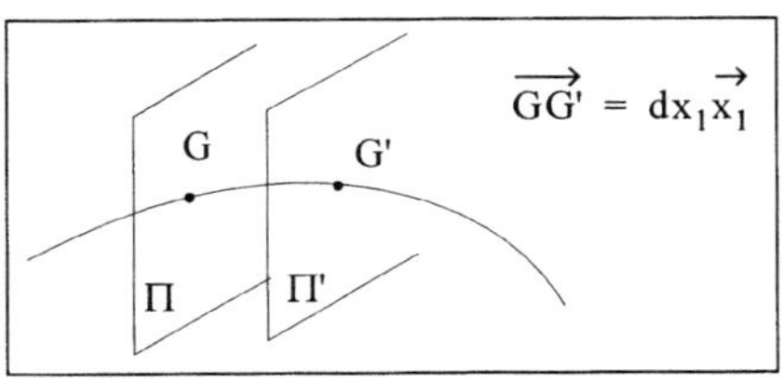

$$\left[\frac{\Pi}{R_0}\right] \Rightarrow {}_G\left\{\begin{matrix}\vec{\theta}\\ \vec{u}\end{matrix}\right\}$$

$$\left[\frac{\Pi'}{R_0}\right] \Rightarrow {}_{G'}\left\{\begin{matrix}\vec{\theta}'\\ \vec{u}'\end{matrix}\right\}$$

Si $\left[\frac{\Pi}{R_0}\right] = \left[\frac{\Pi'}{R_0}\right]$ ⟶ La poutre est un solide rigide

Si $\left[\frac{\Pi}{R_0}\right] \neq \left[\frac{\Pi'}{R_0}\right]$ ⟶ La poutre est non rigide donc déformable

$\left[\frac{\Pi'}{\Pi}\right]$ est le mouvement relatif.

→ On définit alors un **torseur des déformations** associé au mouvement relatif précédent :

$$\{\Im_{deformations}\} = \frac{\{\Im_{deplacements}(x_1 + dx_1)\} - \{\Im_{deplacements}(x_1)\}}{dx_1}$$

ceci dans le cadre d'une linéarisation donc d'une formulation **petits déplacements.**

$$\{\Im_{deformations}\} \Rightarrow {}_G\left\{ \begin{matrix} \vec{\gamma}^* \\ \vec{\varepsilon}^* \end{matrix} \right\} = {}_G\left\{ \begin{matrix} \gamma_1^* \, \vec{x}_1 + \gamma_2^* \, \vec{x}_2 + \gamma_3^* \, \vec{x}_3 \\ \varepsilon_1^* \, \vec{x}_1 + \varepsilon_2^* \, \vec{x}_2 + \varepsilon_3^* \, \vec{x}_3 \end{matrix} \right\}$$

On déduit :

$$\left\{ \begin{aligned} \vec{\gamma}^* &= \frac{d\vec{\theta}}{dx_1} \\ \vec{\varepsilon}^* &= \frac{d\vec{u}}{dx_1} + \vec{x}_1 \wedge \vec{\theta} \end{aligned} \right.$$

$$\left\{ \begin{aligned} \gamma_1^* &= \frac{d\theta_1}{dx_1} \\ \gamma_2^* &= \frac{d\theta_2}{dx_1} \\ \gamma_3^* &= \frac{d\theta_3}{dx_1} \end{aligned} \right. \quad \textit{et} \quad \left\{ \begin{aligned} \varepsilon_1^* &= \frac{du_1}{dx_1} \\ \varepsilon_2^* &= \frac{du_2}{dx_1} - \theta_3 \\ \varepsilon_3^* &= \frac{du_3}{dx_1} + \theta_2 \end{aligned} \right.$$

interprétation graphique

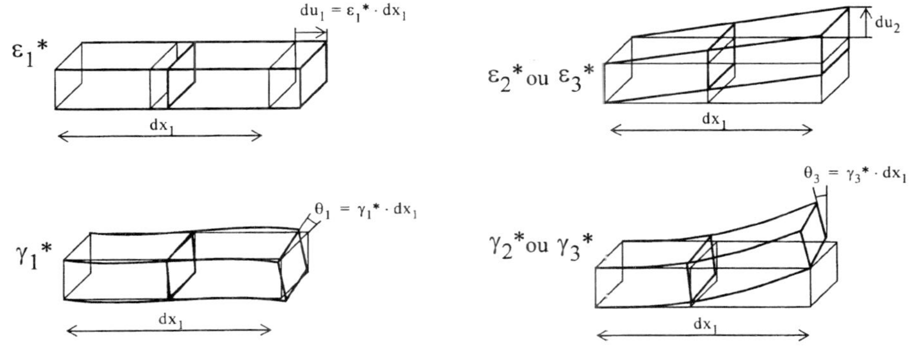

6-2- Rhéologie

→ Essai de traction

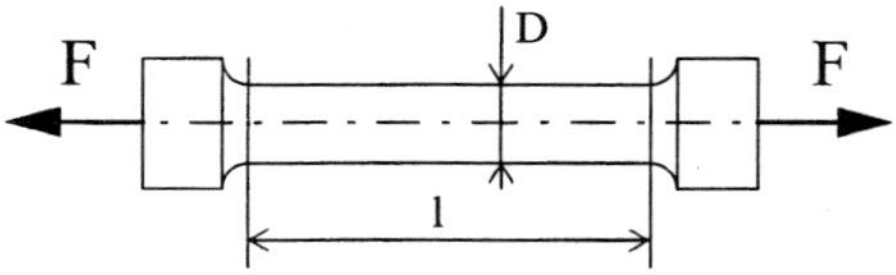

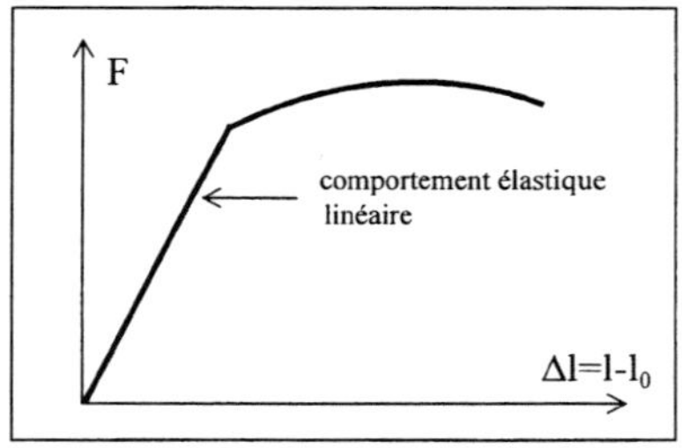

Le comportement est **élastique** si, lors de la suppression de l'effort F, l'éprouvette revient dans sa situation initiale.

En se limitant au comportement **élastique linéaire**, on a dans le cas d'un essai de traction :

$$\frac{F}{A} = \sigma_1 \qquad \varepsilon_1 = \ln\left(1 + \frac{\Delta l}{l_0}\right) \approx \frac{\Delta l}{l_0} \qquad \text{et} \qquad \sigma_1 = E \cdot \varepsilon_1$$

module d'élasticité longitudinal ou module d'Young (en Pa)

Dans le même temps, les dimensions transversales diminuent : $\frac{\Delta D}{D} = -\upsilon \cdot \varepsilon_1$

coefficient de poisson

→ Champ de cisaillement simple

Superposition d'un champ de compression et d'un champ de traction de même intensité.

Sur des facettes à 45°,

$$\tau = \sigma_{11_{traction}} = -\sigma_{22_{compression}}$$

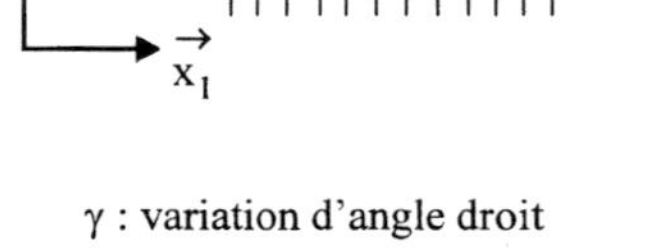

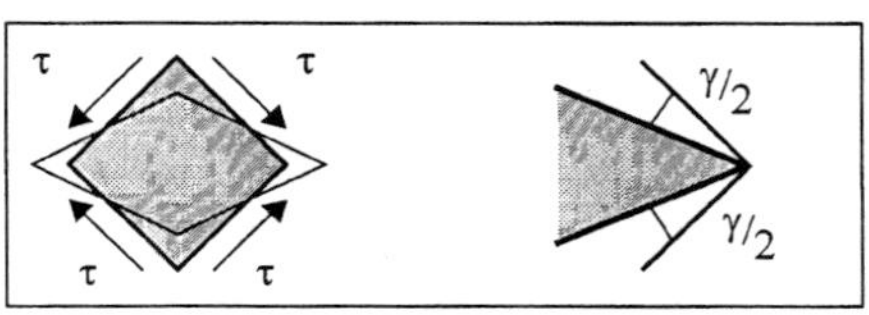

γ : variation d'angle droit

$$\gamma = \left\{\frac{\partial u_1}{\partial x_2} + \frac{\partial u_2}{\partial x_1}\right\}$$

on a alors : $\tau = G \cdot \left\{ \frac{\partial u_1}{\partial x_2} + \frac{\partial u_2}{\partial x_1} \right\}$

$$\boxed{\tau = G \cdot \gamma} \quad \text{avec} \quad \boxed{G = \frac{E}{2 \cdot (1 + \upsilon)}}$$

module d'élasticité transversal (module de coulomb) (en Pa)

Les matériaux utilisés seront considérés comme ***homogènes et isotropes***.

Matériau homogène : le comportement du matériau n'est pas fonction du point considéré.

Matériau isotrope : le comportement du matériau est le même dans toutes les directions.

6-3- Principe de Saint-Venant

Loin des points d'application des efforts, on a proportionnalité entre $\{\Im_{\text{efforts interieurs}}\}$ et $\{\Im_{\text{deformations}}\}$.

Tous les efforts peuvent être modélisés par leur torseur résultant écrit au centre de surface G.

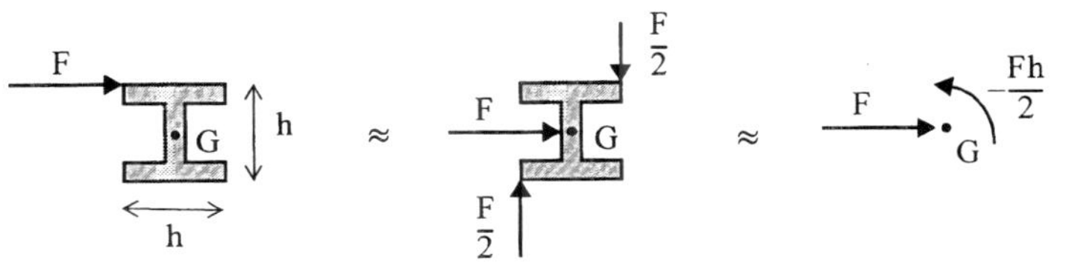

CHAPITRE 1 / EXERCICES

Exercice 1 : Poutre isostatique et hyperstatique

ENONCE

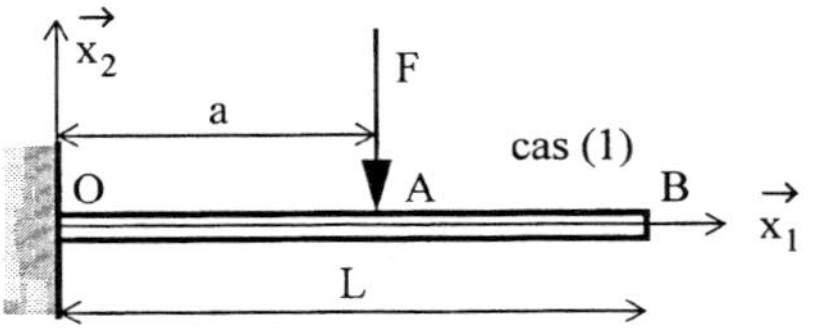

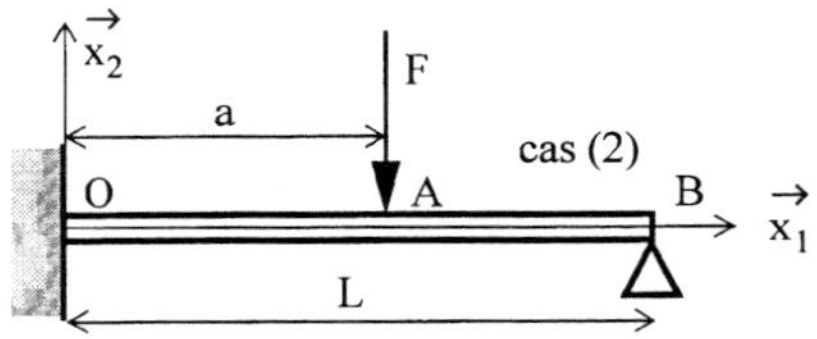

On considère une poutre OB soumise à un effort F appliqué en A et montée de deux façons différentes comme indiqué ci-dessus.
Déterminer l'hyperstaticité des deux montages.

CONNAISSANCES ET MÉTHODES

Principe fondamental de la statique

→ ***Modélisation des liaisons avec l'extérieur.***

→ ***Ecrire les équations issues du principe fondamental de la statique.***

→ ***Comparer le nombre d'inconnues de liaison au nombre d'équations indépendantes.***

RESOLUTION

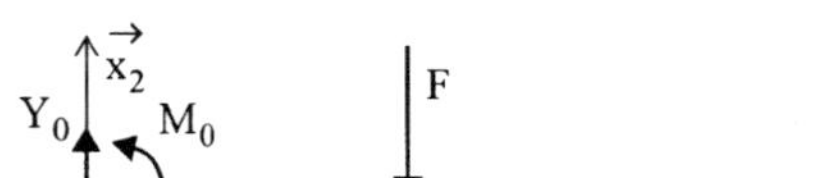

❐ cas (1)

Modélisation des liaisons :
en O, liaison encastrement (problème plan) : 3 inconnues X_0 , Y_0 , M_0.

Application du principe fondamental de la statique.

On isole la poutre

$$\text{Equilibre}\quad \left|\begin{array}{l} \Sigma\overrightarrow{F_{ext \rightarrow OB}} = \vec{0} \\ \Sigma\overrightarrow{M_O(F_{ext \rightarrow OB})} = \vec{0} \end{array}\right.$$

$\Sigma\overrightarrow{F_{ext \to OB}} = \vec{0} \quad \Rightarrow \quad \begin{cases} X_0 = 0 \\ Y_0 - F = 0 \end{cases}$ (2 équations dans le plan)

$\Sigma\overrightarrow{M_O(\overrightarrow{F_{ext \to OB}})} = \vec{0} \quad \Rightarrow \quad M_0 - F \cdot a = 0$ (1 équation dans le plan)

Comparaison du nombre d'inconnues de liaison au nombre d'équations indépendantes

On obtient un système de trois équations à trois inconnues
Le système est isostatique
On peut alors calculer les inconnues de liaison $\Rightarrow$ $\begin{cases} X_0 = 0 \\ Y_0 = F \\ M_0 = F \cdot a \end{cases}$

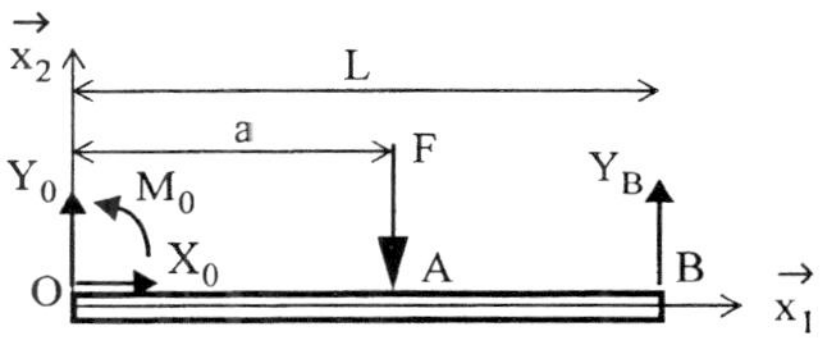

□ cas (2)

Modélisation des liaisons
en B, liaison ponctuelle : 1 inconnue Y_B
en O, liaison encastrement (problème plan) : 3 inconnues X_0 , Y_0 , M_0.

Principe fondamental de la statique

On isole la poutre Equilibre $\begin{cases} \Sigma\overrightarrow{F_{ext \to OB}} = \vec{0} \\ \Sigma\overrightarrow{M_O(\overrightarrow{F_{ext \to OB}})} = \vec{0} \end{cases}$

$\Sigma\overrightarrow{F_{ext \to OB}} = \vec{0} \quad \Rightarrow \quad \begin{cases} X_0 = 0 \\ Y_0 + Y_B - F = 0 \end{cases}$

$\Sigma\overrightarrow{M_O(\overrightarrow{F_{ext \to OB}})} = \vec{0} \quad \Rightarrow \quad M_0 + Y_B \cdot L - F \cdot a = 0$

$\Rightarrow$ 3 équations 4 inconnues

RESULTAT

Dans le cas (1), le système est *isostatique* (on peut déterminer les inconnues de liaison en appliquant les équations de la statique).
Dans le cas (2), le système est *hyperstatique de degré 1* (différence entre le nombre d'inconnues et le nombre d'équations indépendantes).

Exercice 2 : Structure hyperstatique

ENONCE

Donner le degré d'hyperstaticité des structures définies ci-dessous.

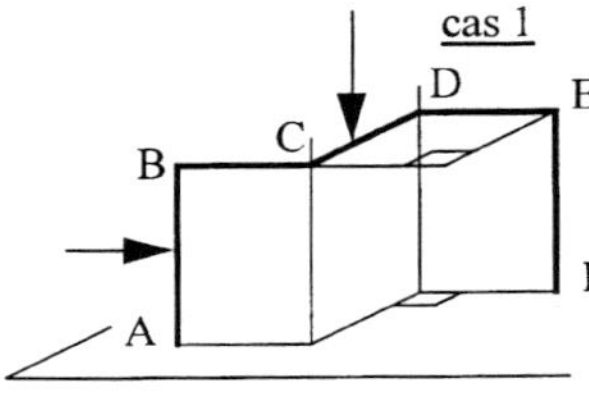

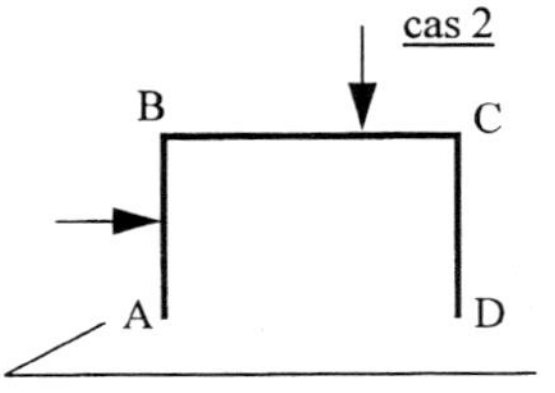

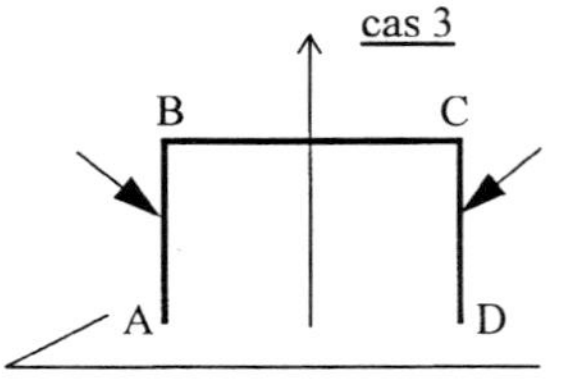

On admet un modèle plan pour les cas (2) et (3) ; cela implique des spécifications en terme de fabrication.

CONNAISSANCES ET MÉTHODES

Utilisation des symétries du système

- ***Modélisation des liaisons avec l'extérieur.***
- ***traduction des symétries du système.***
- ***Comparer le nombre d'inconnues de liaison au nombre d'équations indépendantes.***

RESOLUTION

❐ cas 1

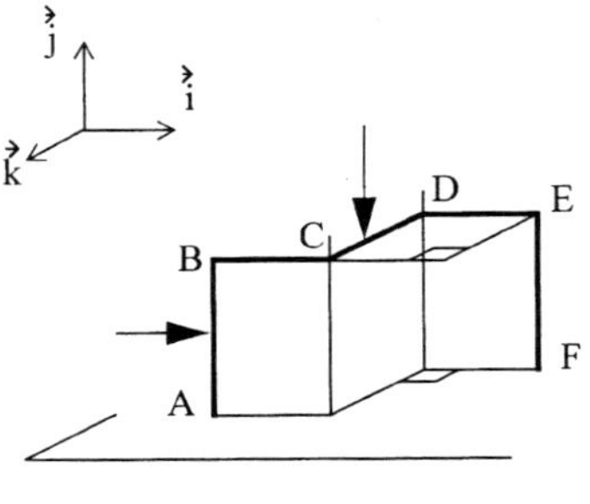

- Modélisation des liaisons :
  2 liaisons encastrement :
  → 12 inconnues de la statique (problème spacial).

- Principe fondamental de la statique :
  → 6 équations indépendantes.

- Pas de symétrie

- Comparaison entre le nombre d'équations indépendantes et le nombre d'inconnues :
  ⇒ Structure hyperstatique de degré 6

cas 2

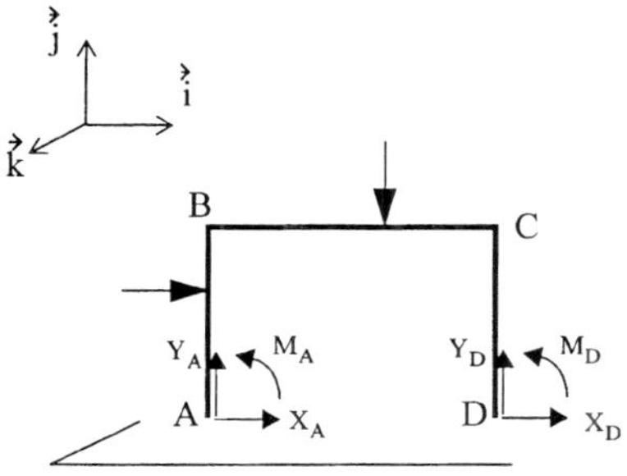

symétrie matérielle par rapport au plan $(A, \vec{i}, \vec{j})$

symétrie de chargement par rapport à $(A, \vec{i}, \vec{j})$

- Modélisation des liaisons :
  2 liaisons encastrement :
  → 6 inconnues de la statique (problème plan).

- Principe fondamental de la statique :
  → 3 équations indépendantes.

- Pas de symétrie dans le plan

- Comparaison entre le nombre d'équations indépendantes et le nombre d'inconnues :

⇒ Structure hyperstatique de degré 3

cas 3

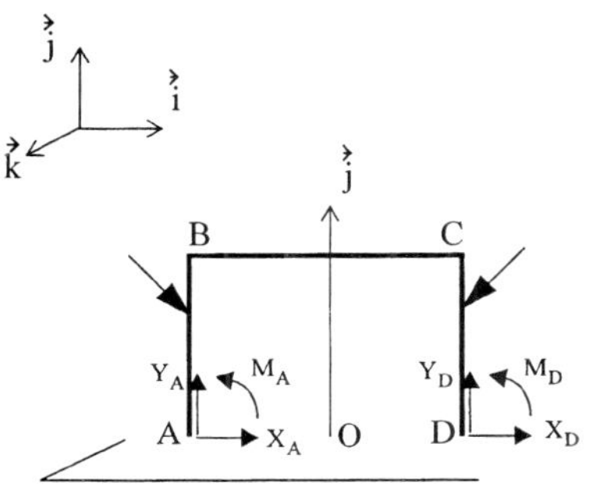

symétrie matérielle par rapport à l'axe $(O, \vec{j})$

symétrie de chargement par rapport à $(O, \vec{j})$

- Modélisation des liaisons :
  2 liaisons encastrement :
  → 6 inconnues de la statique (problème plan).

- Principe fondamental de la statique :
  → 3 équations indépendantes.

- Symétrie d'axe $(O, \vec{j})$: → $\left| \begin{array}{l} Y_A = Y_D \\ X_A = -X_D \\ M_A = -M_D \end{array} \right.$

  les deux dernières relations correspondent à deux équations de la statique

- Comparaison entre le nombre d'équations indépendantes et le nombre d'inconnues :

⇒ Structure hyperstatique de degré 2

Exercice 3 : Torseur des efforts intérieurs.

ENONCE

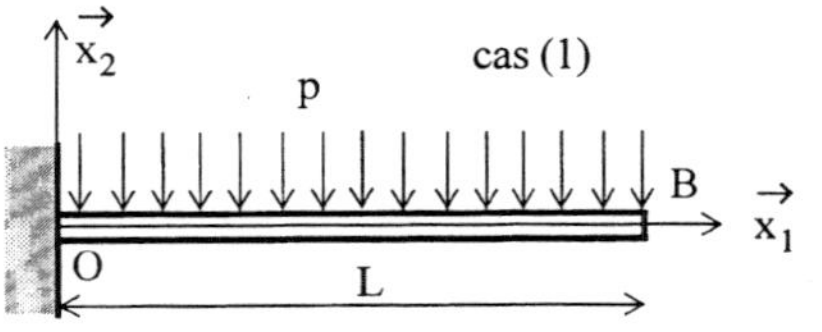

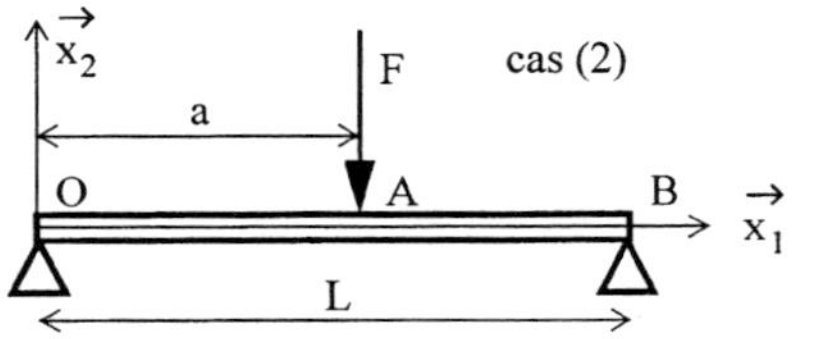

On considère une poutre OB en équilibre. Dans un premier montage, elle est encastrée en O et soumise à une charge répartie p. Dans un deuxième montage, elle est montée sur deux appuis en O et B et soumise à une force concentrée en A.

Calculer dans les deux cas le torseur des efforts intérieurs.

> ***CONNAISSANCES ET MÉTHODES***
>
> $$\{\Im_{\text{efforts interieurs}}\} = \{\Im_{ext \rightarrow (II)}\} = -\{\Im_{ext \rightarrow (I)}\}$$
>
> → ***Modélisation des liaisons avec l'extérieur.***
>
> → ***Détermination des inconnues de liaisons.***
>
> → ***Détermination du torseur des efforts intérieurs sur chaque zone en passant soit par la partie droite, soit par la partie gauche de la poutre.***

RESOLUTION DU CAS (1)

- Inconnues de liaison

Dans le cas (1),il existe une seule zone d'étude (pas de discontinuité en terme d'effort), En isolant la partie droite, il n'est pas utile de définir les inconnues de liaison en O.

- Torseur des efforts intérieurs

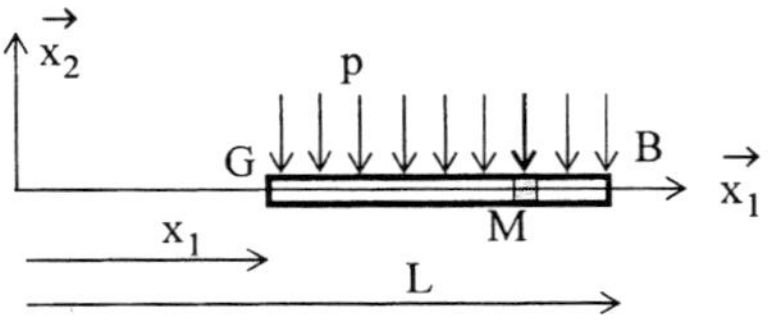

$$\{\Im_{\text{efforts interieurs}}\} = \{\Im_{ext \rightarrow (II)}\}$$

Charge appliquée en M : $\overrightarrow{dF} = -(p \cdot d\xi) \cdot \vec{x}_2$

$$\{\mathfrak{I}_{ext \to (II)}\} = \left\{ \begin{array}{c} \int_{GB} \overrightarrow{dF} \\ \int_{GB} (\overrightarrow{GM} \wedge \overrightarrow{dF}) \end{array} \right\}_G = \left\{ \begin{array}{c} -p \cdot \int_{x_1}^{L} d\xi \cdot \overrightarrow{x_2} \\ -p \cdot \int_{x_1}^{L} (\xi - x_1) \cdot d\xi \cdot \overrightarrow{x_3} \end{array} \right\}_G = \left\{ \begin{array}{c} -p \cdot (L - x_1) \cdot \overrightarrow{x_2} \\ -p \cdot \dfrac{(L - x_1)^2}{2} \cdot \overrightarrow{x_3} \end{array} \right\}_G$$

RESULTAT

Entre O et B, on a : $\{\mathfrak{I}_{\text{efforts interieurs}}\} = \left\{ \begin{array}{c} -p \cdot (L - x_1) \cdot \overrightarrow{x_2} \\ -p \cdot \dfrac{(L - x_1)^2}{2} \cdot \overrightarrow{x_3} \end{array} \right\}_G$

Lorsque la charge répartie est uniforme, on peut modéliser le chargement à l'aide d'un torseur équivalent pour calculer le torseur des efforts intérieurs.

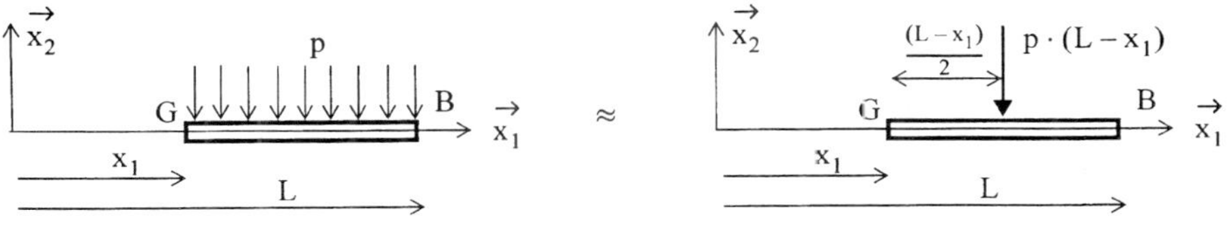

On retrouve ainsi rapidement les résultats obtenus.

Il ne faut cependant pas confondre les deux représentations car elles ne sont pas équivalentes au sens de la résistance des matériaux.

RESOLUTION DU CAS (2)

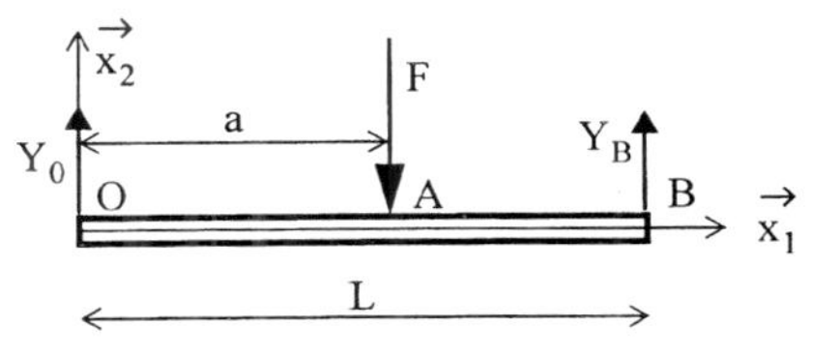

- Modélisation des liaisons

Liaisons ponctuelles en O et en B

→ Inconnues de liaison : Y_0 , Y_B.

Calcul des actions de liaison

On isole la poutre :

$$\text{Equilibre}\quad\left|\begin{array}{lcl} \Sigma\overrightarrow{F_{ext\rightarrow OB}} = \vec{0} & \Rightarrow & Y_0 + Y_B - F = 0 \\ \Sigma\overrightarrow{M_O(\overrightarrow{F_{ext\rightarrow OB}})} = \vec{0} & \Rightarrow & L\cdot Y_B - a\cdot F = 0 \end{array}\right.$$

On déduit : $\boxed{Y_B = \frac{a}{L}\cdot F}$ et $\boxed{Y_O = \frac{(L-a)}{L}\cdot F}$

Torseur des efforts intérieurs

On distingue deux zones (discontinuité en terme d'effort) :

→ $a < x_1 < L$

$\{\mathfrak{T}_{\text{efforts interieurs}}\} = \{\mathfrak{T}_{ext\rightarrow(II)}\}$

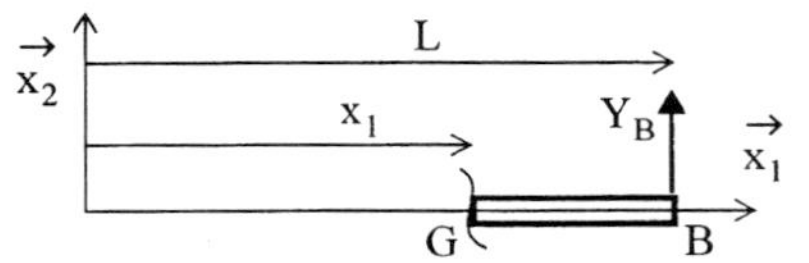

$$\{\mathfrak{T}_{\text{efforts interieurs}}\} = {}_G\left\{\begin{array}{c} Y_B\cdot\vec{x_2} \\ \overrightarrow{GB}\wedge Y_B\cdot\vec{x_2}\end{array}\right\} = {}_G\left\{\begin{array}{c} \frac{a}{L}\cdot F\cdot\vec{x_2} \\ \frac{a}{L}\cdot F\cdot(L-x_1)\cdot\vec{x_3}\end{array}\right\}$$

→ $a < x_1 < L$

$\{\mathfrak{T}_{\text{efforts interieurs}}\} = \{\mathfrak{T}_{ext\rightarrow(II)}\}$

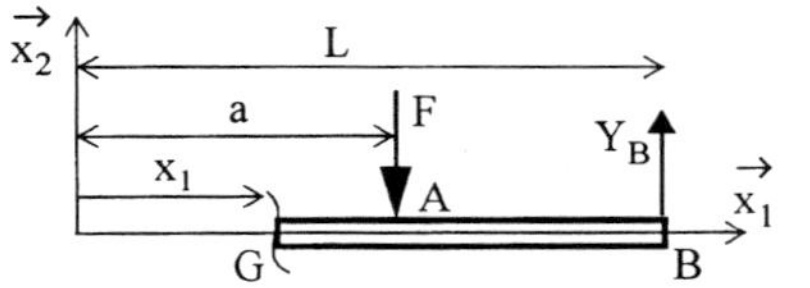

$$\{\mathfrak{T}_{\text{efforts interieurs}}\} = {}_G\left\{\begin{array}{c} Y_B\cdot\vec{x_2} - F\cdot\vec{x_2} \\ \left\{\overrightarrow{GB}\wedge Y_B\cdot\vec{x_2}\right\} + \left\{\overrightarrow{GA}\wedge -F\cdot\vec{x_2}\right\}\end{array}\right\} = {}_G\left\{\begin{array}{c} -\frac{(L-a)}{L}\cdot F\cdot\vec{x_2} \\ \frac{(L-a)}{L}\cdot F\cdot x_1\cdot\vec{x_3}\end{array}\right\}$$

En passant par la partie gauche de la poutre, le résultat pouvait être trouvé encore plus facilement.

$$\{\mathfrak{T}_{\text{efforts interieurs}}\} = -\{\mathfrak{T}_{ext \to (I)}\}$$

$$\{\mathfrak{T}_{\text{efforts interieurs}}\} = {}_G\left\{\begin{array}{c} -\left\{Y_O \cdot \vec{x_2}\right\} \\ -\left\{\overrightarrow{GO} \wedge Y_O \cdot \vec{x_2}\right\} \end{array}\right\} = {}_G\left\{\begin{array}{c} -Y_O \cdot \vec{x_2} \\ Y_O \cdot x_1 \cdot \vec{x_3} \end{array}\right\} = {}_G\left\{\begin{array}{c} -\dfrac{(L-a)}{L} \cdot F \cdot \vec{x_2} \\ \dfrac{(L-a)}{L} \cdot F \cdot x_1 \cdot \vec{x_3} \end{array}\right\}$$

<u>RESULTAT</u>

Entre O et A, on a :

$$\{\mathfrak{T}_{\text{efforts interieurs}}\} = {}_G\left\{\begin{array}{c} -\dfrac{(L-a)}{L} \cdot F \cdot \vec{x_2} \\ \dfrac{(L-a)}{L} \cdot F \cdot x_1 \cdot \vec{x_3} \end{array}\right\}$$

Entre A et B, on a :

$$\{\mathfrak{T}_{\text{efforts interieurs}}\} = {}_G\left\{\begin{array}{c} \dfrac{a}{L} \cdot F \cdot \vec{x_2} \\ \dfrac{a}{L} \cdot F \cdot (L - x_1) \cdot \vec{x_3} \end{array}\right\}$$

Exercice 4 : Torseur des efforts intérieurs

ENONCE

On considère une poutre OB montée sur deux appuis en O et B et soumise à une charge répartie triangulaire.

Calculer les réactions aux appuis et le torseur des efforts intérieurs.

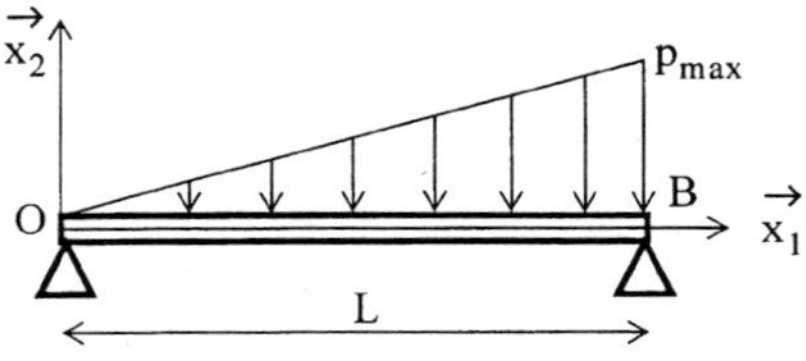

CONNAISSANCES ET MÉTHODES

$$\{\mathfrak{I}_{\text{efforts interieurs}}\} = \{\mathfrak{I}_{ext \to (II)}\} = -\{\mathfrak{I}_{ext \to (I)}\}$$

→ ***Modélisation des liaisons avec l'extérieur.***

→ ***Détermination des inconnues de liaisons.***

→ ***Détermination du torseur des efforts intérieurs sur chaque zone en passant soit par la partie droite, soit par la partie gauche de la poutre.***

RESOLUTION

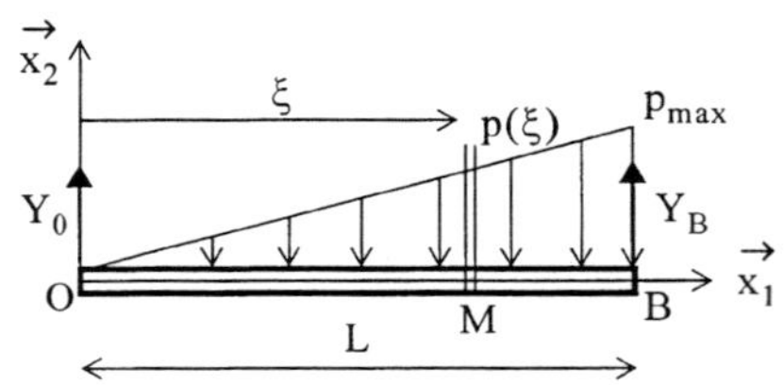

Modélisation des liaisons

Liaisons ponctuelles en O et en B

→ Inconnues de liaison : Y_0 , Y_B.

On isole la poutre.

Charge appliquée en M : $\overrightarrow{dF} = -(p(\xi) \cdot d\xi) \cdot \vec{x}_2 = -\left(\frac{p_{max} \cdot \xi}{L} \cdot d\xi\right) \cdot \vec{x}_2$

$$\text{Equilibre} \left| \begin{array}{lll} \Sigma\overrightarrow{F_{ext \to OB}} = \vec{0} & \Rightarrow & Y_0 + Y_B - \int_{OB} dF = 0 \\ \Sigma\overrightarrow{M_O(\overrightarrow{F_{ext \to OB}})} = \vec{0} & \Rightarrow & L \cdot Y_B - \int_{OB} \xi \cdot dF = 0 \end{array} \right.$$

$$\Rightarrow \quad Y_0 + Y_B - \int_0^L \left(\frac{p_{max} \cdot \xi}{L} \cdot d\xi\right) = 0 \quad \Rightarrow \quad Y_0 + Y_B = \frac{p_{max} \cdot L}{2}$$

$$\Rightarrow \quad L \cdot Y_B - \int_0^L \left(\frac{p_{max} \cdot \xi}{L} \cdot \xi \cdot d\xi\right) = 0 \quad \Rightarrow \quad L \cdot Y_B = \frac{p_{max} \cdot L^2}{3}$$

On déduit : $\boxed{Y_B = \dfrac{p_{max} \cdot L}{3}}$ et $\boxed{Y_O = \dfrac{p_{max} \cdot L}{6}}$

Lorsque la charge répartie est linéaire, on peut modéliser le chargement à l'aide d'un torseur équivalent.

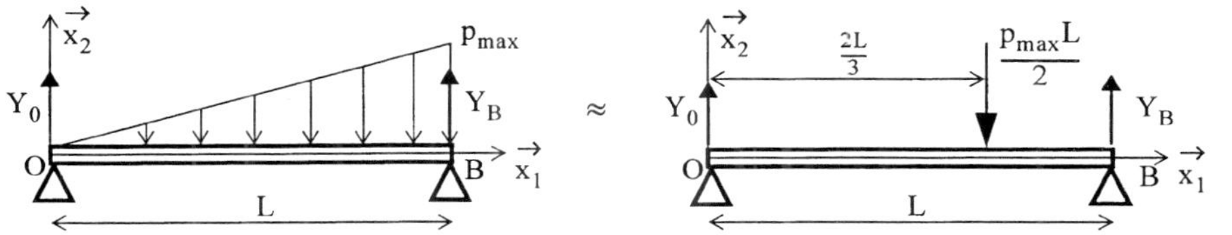

Les calculs sont alors simplifiés (on évite l'intégration). Cependant, l'équivalence des torseurs est réservée à la seule traduction du principe fondamental de la statique.

Torseur des efforts intérieurs

Etant donné la remarque précédente, il est plus facile de passer ici par la partie gauche de la poutre.
(on modélise la charge répartie par un glisseur appliqué au deux tiers de la longueur)

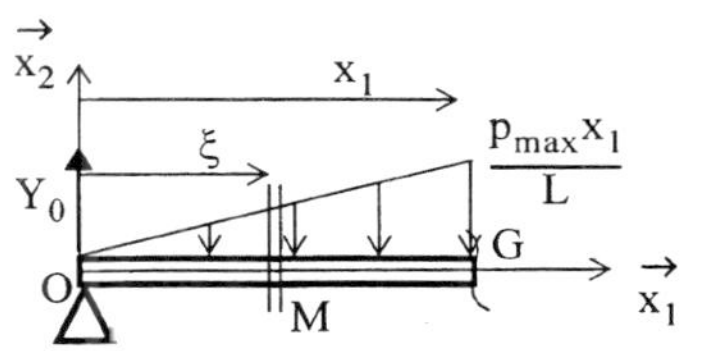

On écrit donc : $\{\mathfrak{I}_{\text{efforts interieurs}}\} = -\{\mathfrak{I}_{ext \rightarrow (I)}\}$

$$\{\mathfrak{I}_{\text{efforts interieurs}}\} = \left\{\begin{matrix} -\left\{(Y_0 \cdot \vec{x_2}) - \left(\dfrac{p_M \cdot x_1}{L} \cdot \dfrac{x_1}{2} \cdot \vec{x_2}\right)\right\} \\ -\left\{-(Y_0 \cdot x_1 \cdot \vec{x_3}) + \left(\dfrac{p_M \cdot x_1}{L} \cdot \dfrac{x_1}{2} \cdot \dfrac{x_1}{3} \cdot \vec{x_3}\right)\right\} \end{matrix}\right\}_G$$

RESULTAT

$$\{\mathfrak{I}_{\text{efforts interieurs}}\} = \left\{\begin{matrix} -\left\{p_M \cdot \left(\dfrac{L}{6} - \dfrac{x_1^2}{2L}\right)\right\} \cdot \vec{x_2} \\ \left\{p_M \cdot \left(L - \dfrac{x_1^2}{L}\right)\right\} \cdot \dfrac{x_1}{6} \cdot \vec{x_3} \end{matrix}\right\}_G$$

Exercice 5 : Cas où le solide est en mouvement

ENONCE

On considère une poutre OB de section A, de masse volumique ρ en rotation autour d'un axe fixe $(O, \vec{x}_3)$ à une vitesse angulaire constante ω.

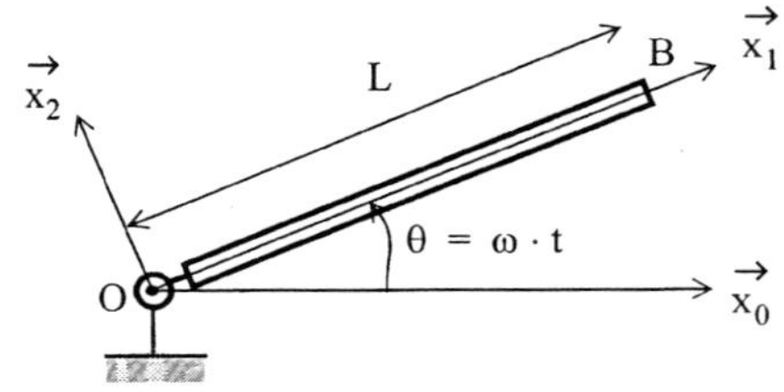

Déterminer le torseur des efforts intérieurs.

CONNAISSANCES ET MÉTHODES

$$\{\mathfrak{I}_{\text{efforts interieurs}}\} = \{\mathfrak{I}_{ext \rightarrow (II)}\} = -\{\mathfrak{I}_{ext \rightarrow (I)}\}$$

→ ***Modélisation des liaisons avec l'extérieur.***

Si on raisonne dans un repère lié à la pale, il est non galiléen ; on doit alors prendre en compte les effets d'inertie qui constituent le chargement.

→ ***Principe fondamental de la statique dans un repère non galiléen.***

→ ***Détermination du torseur des efforts intérieurs.***

RESOLUTION

❒ Calcul du chargement élémentaire en tout point P

Chaque partie de poutre OB de masse dm est soumise au chargement élémentaire $\vec{df}$ dû aux effets d'inertie.

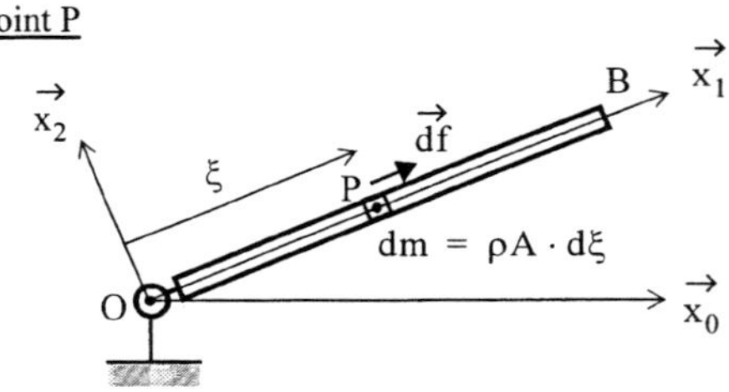

$$\vec{df} = -\left\{\overrightarrow{\gamma(P/R_g)} \cdot dm\right\} = -\{-(\xi\omega^2) \cdot dm\} \cdot \vec{x}_1$$

Modélisation des liaisons

Liaison pivot en O → Inconnues de liaison : X_0 , Y_0 → système isostatique.

Dans le cas présent, il existe une seule zone d'étude (pas de discontinuité en terme d'effort). En passant par la partie droite, il n'est pas utile de définir les inconnues de liaison en O.

Torseur des efforts intérieurs

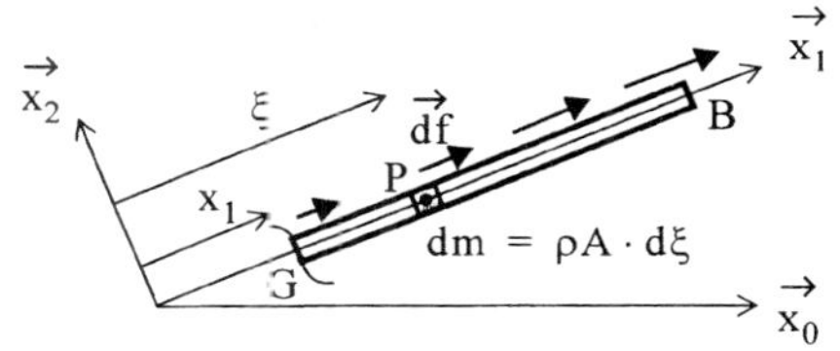

$$\{\mathfrak{I}_{\text{efforts interieurs}}\} = \{\mathfrak{I}_{ext \to (II)}\}$$

$$\{\mathfrak{I}_{\text{efforts interieurs}}\} = {}_G\begin{Bmatrix} \int_{\widehat{GB}} \vec{df} \\ \vec{0} \end{Bmatrix}$$

$$\{\mathfrak{I}_{\text{efforts interieurs}}\} = {}_G\begin{Bmatrix} \int_{x_1}^{L} \{\xi\omega^2 \cdot \rho A \cdot d\xi\} \cdot \vec{x}_1 \\ \vec{0} \end{Bmatrix} = {}_G\begin{Bmatrix} \dfrac{\rho A\omega^2}{2} \cdot (L^2 - x_1^2) \cdot \vec{x}_1 \\ \vec{0} \end{Bmatrix}$$

RESULTAT

Seul l'effort normal est différent de 0 et il vaut : $\boxed{N = \dfrac{\rho A\omega^2}{2} \cdot (L^2 - x_1^2)}$

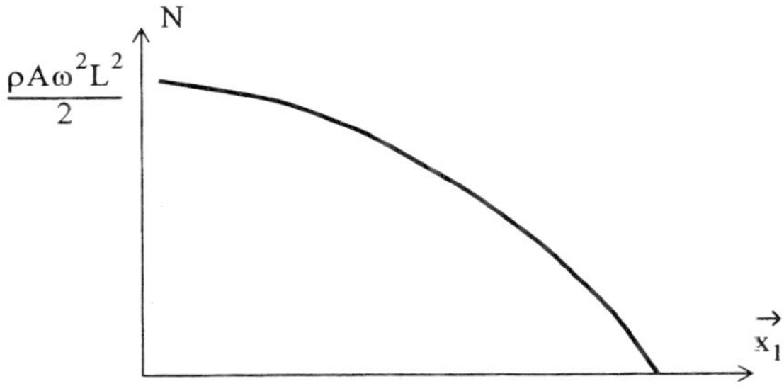

Exercice 6 : Torseur des efforts intérieurs d'un arbre de transmission

ENONCE

Soit l'arbre de sortie d'un réducteur marin modélisé sur la figure ci-contre. Les roulements en O et B sont modélisés par une liaison rotule en O et une liaison linéaire annulaire en B.

Les efforts extérieurs exercés sur la roue à dentures hélicoidales de rayon r en M sont connus : $F_t = 10000N$

$F_r = 3900N$ $F_a = 3850N$

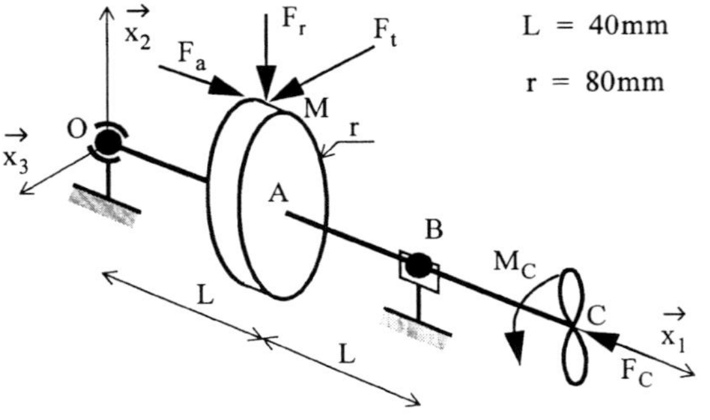

L'action de l'eau sur l'hélice se réduit en C à un couple $M_C \cdot \vec{x}_1$ et une poussée axiale $F_C \cdot \vec{x}_1$.
On donne : $F_C = 7000N$.

Calculer le torseur des efforts intérieurs entre O et C

> ***CONNAISSANCES ET MÉTHODES***
>
> $$\{\mathfrak{T}_{\text{efforts interieurs}}\} = \{\mathfrak{T}_{ext \to (II)}\} = -\{\mathfrak{T}_{ext \to (I)}\}$$
>
> → ***Modélisation des liaisons avec l'extérieur.***
>
> → ***Détermination des inconnues de liaisons en O et B.***
>
> → ***Détermination du torseur des efforts intérieurs sur chaque zone en passant soit par la partie droite, soit par la partie gauche de la poutre.***

RESOLUTION

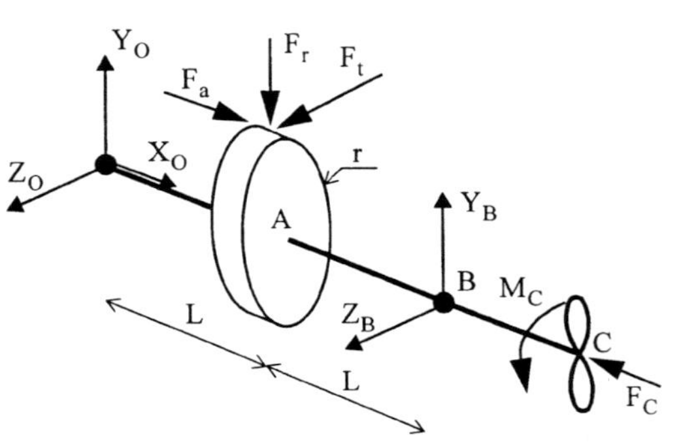

❐ Modélisation des liaisons

Liaison rotule en O :

→ 3 inconnues X_O , Y_O , Z_O

Liaison linéaire annulaire en B :

→ 2 inconnues Y_B , Z_B

Inconnues de liaison

On isole la poutre (OC)

$$\text{Equilibre} \left| \begin{array}{l} \overrightarrow{\Sigma F_{ext \to (OC)}} = \vec{0} \\ \overrightarrow{\Sigma M_O(\overrightarrow{F_{ext \to (OC)}})} = \vec{0} \end{array} \right.$$

On applique ici le principe fondamental de la dynamique à un solide en rotation autour d'un axe fixe. Dans le cas où on se place en régime établi et que l'arbre est équilibré (statiquement et dynamiquement), le torseur dynamique est nul.

Si ces hypothèses ne sont pas vérifiées, il faut prendre en compte les effets dynamiques.

Pour l'équation des moments, on choisit généralement le point privilégié où l'on a le plus grand nombre d'inconnues de liaison (ici, le point O).

On obtient alors les 6 équations :

$$\begin{cases} X_O + F_a - F_C = 0 \\ Y_O + Y_B - F_r = 0 \\ Z_O + Z_B + F_t = 0 \end{cases} \qquad \begin{cases} r \cdot F_t + M_C = 0 \\ -2L \cdot Z_B - L \cdot F_t = 0 \\ 2L \cdot Y_B - L \cdot F_r - r \cdot F_a = 0 \end{cases}$$

($r \cdot F_t + M_C = 0$ ← équation correspondant au degré de liberté de l'arbre)

⟶ 5 équations
5 inconnues

D'où :

$$\begin{cases} Y_B = \dfrac{F_r}{2} + \dfrac{r \cdot F_a}{2L} = 5800\text{N} \\ Z_B = \dfrac{-F_t}{2} = -5000\text{N} \end{cases} \qquad \begin{cases} X_O = F_C - F_a = 3150\text{N} \\ Y_O = -Y_B + F_r = -1900\text{N} \\ Z_O = -Z_B - F_t = -5000\text{N} \end{cases}$$

Torseur des efforts intérieurs

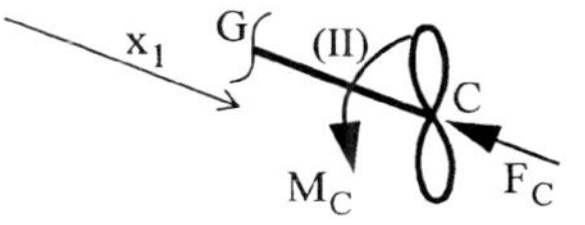

→ $x_1 \geq 2L$ (entre B et C)

$$\{\mathfrak{T}_{\text{efforts interieurs}}\} = \{\mathfrak{T}_{ext \to (II)}\}$$

$$\{\mathfrak{T}_{\text{efforts interieurs}}\} = {}_G\begin{Bmatrix} -F_C \cdot \vec{x_1} \\ M_C \cdot \vec{x_1} \end{Bmatrix} = {}_G\begin{Bmatrix} -7000\text{N} \cdot \vec{x_1} \\ 800\text{Nm} \cdot \vec{x_1} \end{Bmatrix}$$

→ $L \leq x_1 \leq 2L$ (entre A et B)

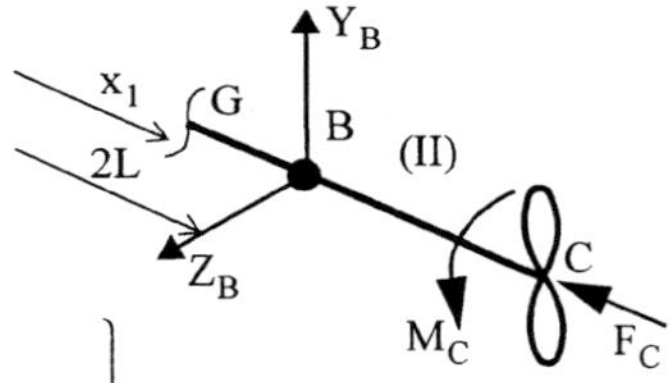

$$\{\mathfrak{I}_{\text{efforts interieurs}}\} = \{\mathfrak{I}_{ext \to (II)}\}$$

$$\{\mathfrak{I}_{\text{efforts interieurs}}\} = {}_G\left\{\begin{matrix} -F_C \cdot \vec{x_1} + Y_B \cdot \vec{x_2} + Z_B \cdot \vec{x_3} \\ M_C \cdot \vec{x_1} + \left\{\overrightarrow{GB} \wedge (Y_B \cdot \vec{x_2} + Z_B \cdot \vec{x_3})\right\} \end{matrix}\right\}$$

$$\{\mathfrak{I}_{\text{efforts interieurs}}\} = {}_G\left\{\begin{matrix} -F_C \cdot \vec{x_1} + Y_B \cdot \vec{x_2} + Z_B \cdot \vec{x_3} \\ M_C \cdot \vec{x_1} - Z_B(2L - x_1) \cdot \vec{x_2} + Y_B(2L - x_1) \cdot \vec{x_3} \end{matrix}\right\}$$

$$\{\mathfrak{I}_{\text{efforts interieurs}}\} = {}_G\left\{\begin{matrix} -7000N \cdot \vec{x_1} + 5800N \cdot \vec{x_2} + -5000N \cdot \vec{x_3} \\ 800Nm \cdot \vec{x_1} + 5000(2L - x_1) \cdot \vec{x_2} + 5800(2L - x_1) \cdot \vec{x_3} \end{matrix}\right\}$$

→ $0 \leq x_1 \leq L$ (entre O et A)

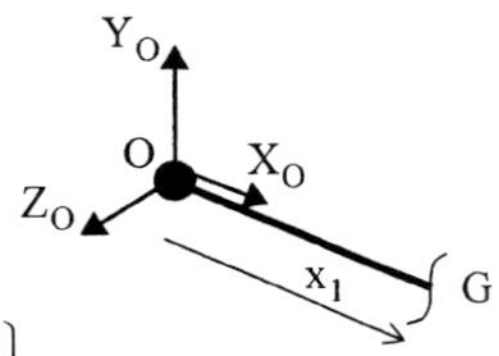

$$\{\mathfrak{I}_{\text{efforts interieurs}}\} = -\{\mathfrak{I}_{ext \to (I)}\}$$

$$\{\mathfrak{I}_{\text{efforts interieurs}}\} = {}_G\left\{\begin{matrix} -\left\{X_O \cdot \vec{x_1} + Y_O \cdot \vec{x_2} + Z_O \cdot \vec{x_3}\right\} \\ -\left\{\overrightarrow{GO} \wedge (X_O \cdot \vec{x_1} + Y_O \cdot \vec{x_2} + Z_O \cdot \vec{x_3})\right\} \end{matrix}\right\}$$

$$\{\mathfrak{I}_{\text{efforts interieurs}}\} = {}_G\left\{\begin{matrix} -\left\{X_O \cdot \vec{x_1} + Y_O \cdot \vec{x_2} + Z_O \cdot \vec{x_3}\right\} \\ -\left\{Z_O \cdot x_1 \cdot \vec{x_2} - Y_O \cdot x_1 \cdot \vec{x_3}\right\} \end{matrix}\right\}$$

$$\{\mathfrak{I}_{\text{efforts interieurs}}\} = {}_G\left\{\begin{matrix} -3150N \cdot \vec{x_1} + 1900N \cdot \vec{x_2} - 5000N \cdot \vec{x_3} \\ 5000 \cdot x_1 \cdot \vec{x_2} - 1900 \cdot x_1 \cdot \vec{x_3} \end{matrix}\right\}$$

RESULTATS

On peut visualiser les composantes du torseur des efforts intérieurs sur les diagrammes présentés ci-dessous. Il est ainsi possible de repérer les zones les plus sollicitées.

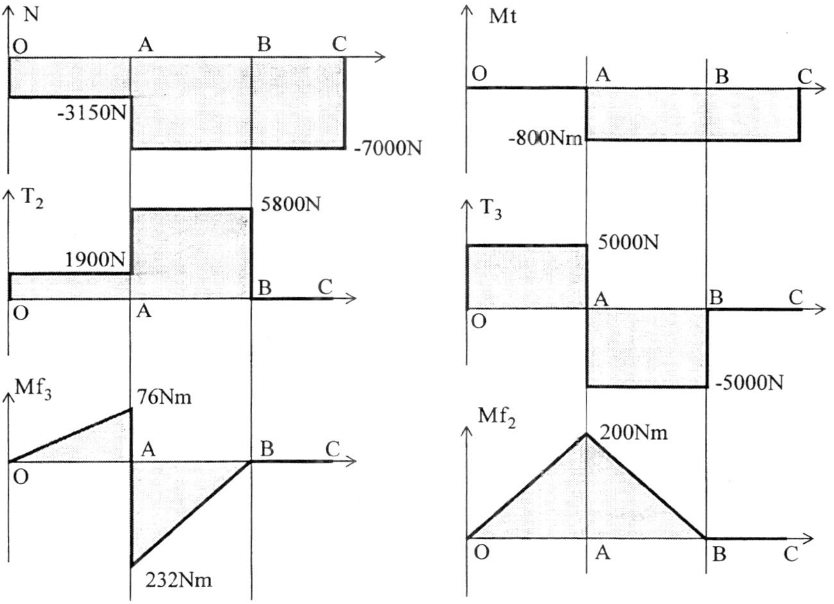

Les diagrammes permettent de vérifier les expressions obtenues :

On retrouve aux différents points les discontinuités d'efforts et de moments. Par exemple en O, discontinuités sur les trois composantes d'effort et composantes de moment nulles.
En A, on retrouve la discontinuité de Mf_3 *égale à* $(r \cdot F_a)$.

On vérifie les équations d'équilibre : $\dfrac{dMf_3}{dx_1} = -T_2$ *et* $\dfrac{dMf_2}{dx_1} = T_3$

La zone la plus sollicitée se situe autour du point A où :

$N = -7000N$	$T_2 = 5800N$	$T_3 = 5000N$
$Mt = 800Nm$	$Mf_2 = 200Nm$	$Mf_3 = 232Nm$

Exercice 7 : Torseur des efforts intérieurs d'une poutre courbe à plan moyen chargé dans ce plan

ENONCE

On considère une poutre semi-circulaire de rayon R et soumise à un effort vertical F au point B (figure ci-contre).

Ecrire le torseur des efforts intérieurs en fonction de F, de R et de l'angle θ.

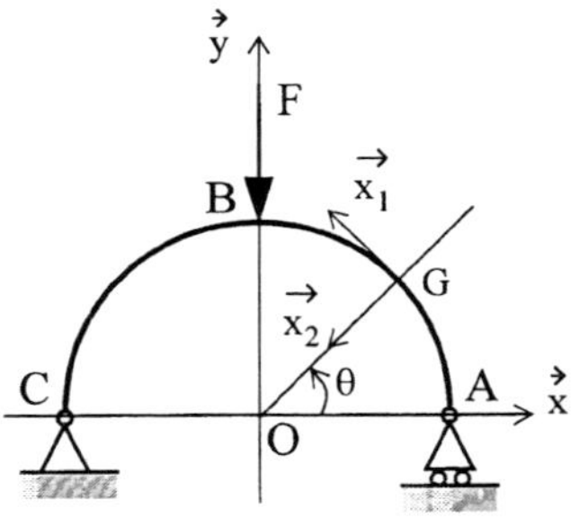

CONNAISSANCES ET MÉTHODES

$$\{\mathfrak{I}_{\text{efforts interieurs}}\} = \{\mathfrak{I}_{ext \to (II)}\} = -\{\mathfrak{I}_{ext \to (I)}\}$$

→ ***Modélisation des liaisons avec l'extérieur.***

→ ***Détermination des inconnues de liaisons en A et C.***

→ ***Choix d'un repère local au point G, centre de gravité de la section.***

→ ***Détermination du torseur des efforts intérieurs sur chaque zone en passant soit par la partie droite, soit par la partie gauche de la poutre.***

$\theta > \theta_G$ ***ou*** $\theta < \theta_G$

Ici, il est intéressant de constater que le problème est symétrique par rapport à l'axe $(O, \vec{y})$.

L'étude portera donc uniquement sur la zone AB.

RESOLUTION

Modélisation des liaisons

Articulation en C :

→ 2 inconnues X_C , Y_C.

Appui ponctuel en A :

→ 1 inconnues Y_A.

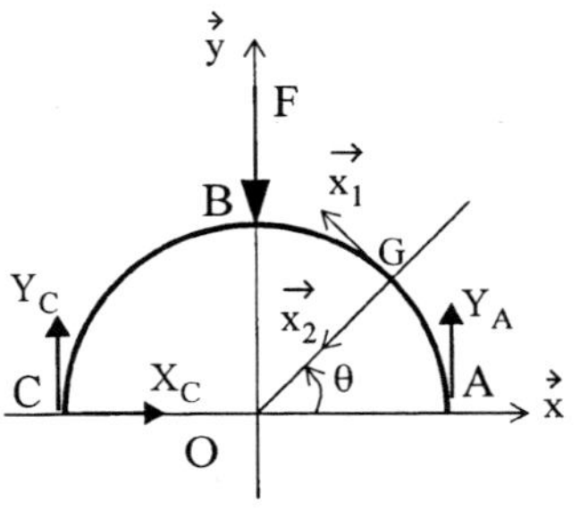

Calcul des actions de liaisons

On isole la poutre

$$\text{Equilibre}\ \left|\begin{array}{l} \Sigma\overrightarrow{F_{ext\to OC}} = \vec{0} \\ \Sigma\overrightarrow{M_O(F_{ext\to OC})} = \vec{0} \end{array}\right. \quad \Rightarrow \quad \left|\begin{array}{l} X_C = 0 \\ Y_C = Y_A = \dfrac{F}{2} \end{array}\right.$$

Torseur des efforts intérieurs

→ $0 \le \theta \le \dfrac{\pi}{2}$ (entre A et B)

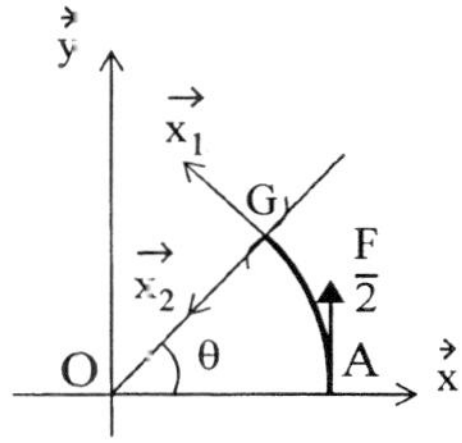

$$\mathfrak{I}_{\text{efforts interieurs}}\} = -\{\mathfrak{I}_{ext\to(I)}\}$$

$$\{\mathfrak{I}_{\text{efforts interieurs}}\} = {}_G\left\{\begin{array}{c} -\left\{\dfrac{F}{2}\cdot\vec{y}\right\} \\ -\left\{\overrightarrow{GA}\wedge\dfrac{F}{2}\cdot\vec{y}\right\} \end{array}\right\}$$

$$\{\mathfrak{I}_{\text{efforts interieurs}}\} = {}_G\left\{\begin{array}{c} -\dfrac{F}{2}\cdot(\cos\theta\cdot\vec{x}_1 - \sin\theta\cdot\vec{x}_2) \\ -\left\{R\cdot(1-\cos\theta)\cdot\dfrac{F}{2}\right\}\cdot\vec{x}_3 \end{array}\right\} = {}_G\left\{\begin{array}{c} -\dfrac{F}{2}\cdot\cos\theta\cdot\vec{x}_1 + \dfrac{F}{2}\cdot\sin\theta\cdot\vec{x}_2 \\ -\left\{R\cdot(1-\cos\theta)\cdot\dfrac{F}{2}\right\}\cdot\vec{x}_3 \end{array}\right\}$$

On trouve donc : $N(\theta) = -\dfrac{F}{2}\cdot\cos\theta \qquad T_2(\theta) = \dfrac{F}{2}\cdot\sin\theta \qquad Mf_3(\theta) = -R\cdot(1-\cos\theta)\cdot\dfrac{F}{2}$

→ $\dfrac{\pi}{2} \le \theta \le \pi$ (entre B et C)

On utilise la symétrie du système

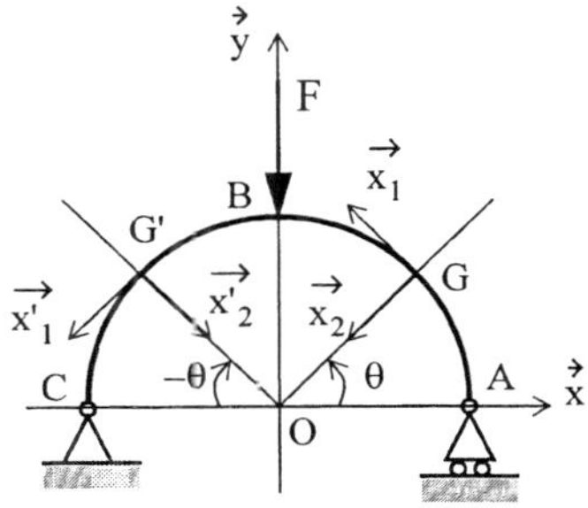

On isole la partie GG' :

en G, $\{\Im_{(I)\to(II)}\} = -\{\Im_{\text{efforts interieurs}}\}$

en G', $\{\Im_{(II')\to(I')}\} = \{\Im_{\text{efforts interieurs}}\}$

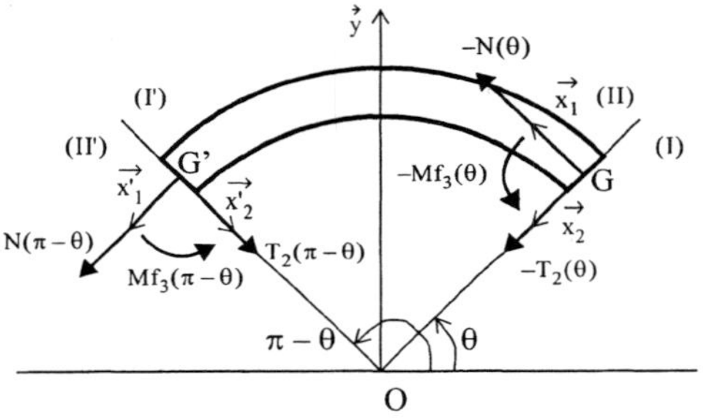

La symétrie par rapport à l'axe $(O, \vec{y})$

donne : $\begin{cases} \{-N(\theta)\} = -\{N(\pi-\theta)\} \\ \{-T_2(\theta)\} = \{T_2(\pi-\theta)\} \\ \{-Mf_3(\theta)\} = -\{Mf_3(\pi-\theta)\} \end{cases}$

On déduit alors les expressions des éléments de réduction sur (BC) : $\begin{cases} N(\pi-\theta) = N(\theta) \\ T_2(\pi-\theta) = -T_2(\theta) \\ Mf_3(\pi-\theta) = Mf_3(\theta) \end{cases}$

RESULTATS

On peut alors visualiser les éléments de réduction du torseur des efforts intérieurs en fonction de θ sur les diagrammes :

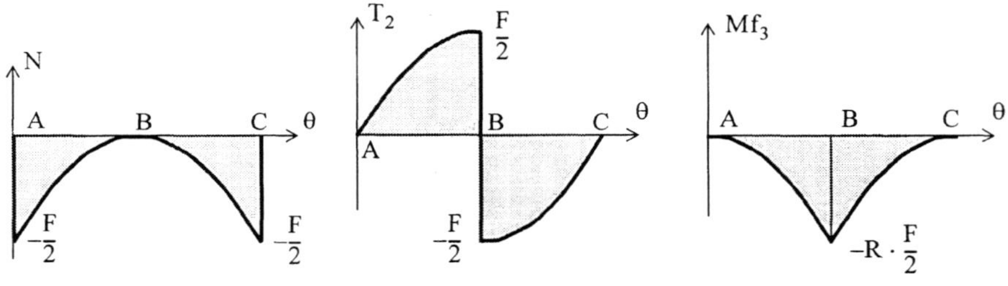

CHAPITRE 2 / SOLLICITATIONS ELEMENTAIRES

1- TRACTION

- Définition

$$\{\mathfrak{I}_{\text{efforts interieurs}}\} \Rightarrow \left\{ \begin{matrix} N\,\vec{x}_1 \\ \vec{0} \end{matrix} \right\}_G$$

$N > 0$ Traction

$N < 0$ Compression

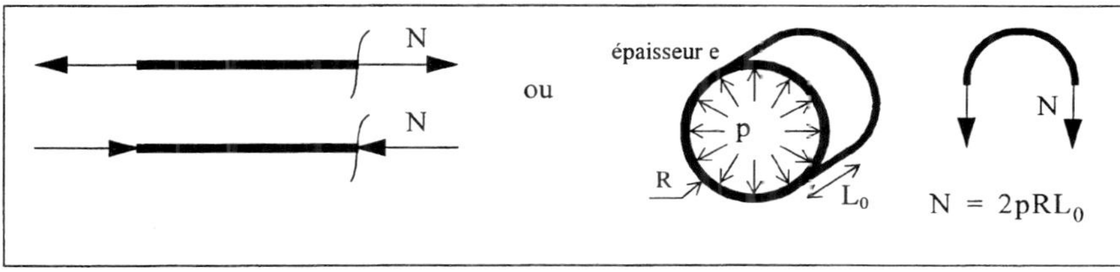

- Déformations

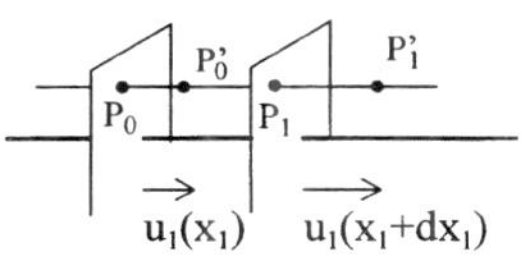

$$\overrightarrow{P_0P_1} \rightarrow \overrightarrow{P'_0P'_1}$$

$$\varepsilon_1 = \frac{\left\|\overrightarrow{P'_0P'_1}\right\| - \left\|\overrightarrow{P_0P_1}\right\|}{\left\|\overrightarrow{P_0P_1}\right\|} = \frac{u_1(x_1 + dx_1) - u_1(x_1)}{dx_1}$$

d'où : $\boxed{\varepsilon_1 = \dfrac{du_1}{dx_1}}$

$\varepsilon_1{}^* = \varepsilon_1 = \dfrac{du_1}{dx_1}$ composante du torseur des déformations.

Dans le cas où la déformation est uniforme sur la longueur L de la poutre, $\varepsilon_1 \approx \dfrac{\Delta L}{L_0}$

- Contraintes $\boxed{\sigma_1 = E \cdot \varepsilon_1}$

σ_1 et ε_1 **sont uniformes dans la section droite**

d'où $\boxed{N = A \cdot \sigma_1 = A \cdot E \cdot \varepsilon_1}$ A(S) aire de la section droite (S)

2- FLEXION PURE

Définition

$$\{\mathfrak{I}_{\text{efforts interieurs}}\} \Rightarrow \left\{ \begin{matrix} \vec{0} \\ Mf_3\,\vec{x_3} \end{matrix} \right\}_G$$

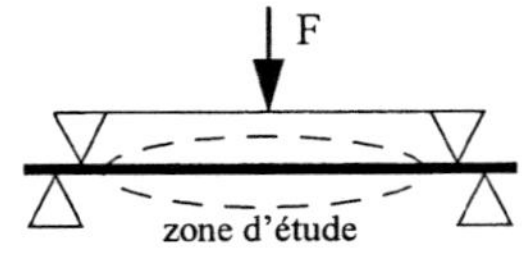

Déformations

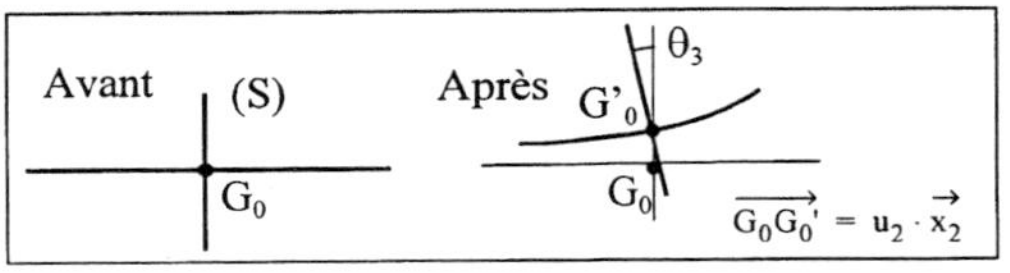

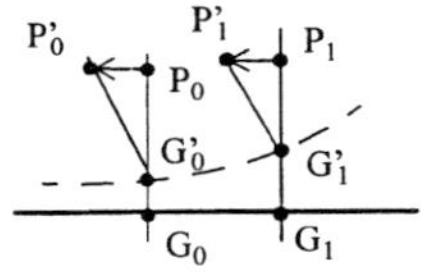

$$\overrightarrow{P'_0P'_1} = \overrightarrow{P'_0P_0} + \overrightarrow{P_0P_1} + \overrightarrow{P_1P'_1}$$

$$x_2\theta_3(x_1)\vec{x_1} \qquad dx_1\vec{x_1} \qquad -x_2\theta_3(x_1+dx_1)\vec{x_1}$$

$$\varepsilon_1 = \frac{\left\|\overrightarrow{P'_0P'_1}\right\| - \left\|\overrightarrow{P_0P_1}\right\|}{\left\|\overrightarrow{P_0P_1}\right\|} = -x_2 \cdot \frac{d\theta_3}{dx_1}$$

$$\gamma_3{}^* = \frac{d\theta_3}{dx_1}$$ composante du torseur des déformations

Contraintes

$$\sigma_1(P_0) = E \cdot \varepsilon_1 = -E \cdot \frac{d\theta_3}{dx_1} \cdot x_2 = -E \cdot \gamma_3{}^* \cdot x_2$$

$$Mf_3 = -\int_S x_2 \cdot \sigma_1(P) \cdot da$$ d'où

$$\sigma_1(P_0) = \frac{-Mf_3}{I_{/(G,\vec{x_3})}} \cdot x_2 \qquad \frac{d^2u_2}{dx_1^2} = \frac{Mf_3}{E \cdot I_{/(G,\vec{x_3})}}$$

$$I_{/(G,\vec{x_3})} = I_3 = \int_S x_2^2 \cdot da$$ est appelé moment quadratique de (S) par rapport à l'axe $(G, \vec{x_3})$

Exemples :

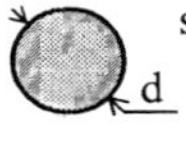

section circulaire $I_3 = \dfrac{\pi \cdot d^4}{64}$

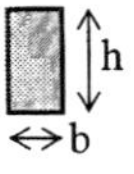

section rectangulaire $I_3 = \dfrac{b \cdot h^3}{12}$

Ne pas confondre $I_{/(G,\vec{x_3})}$ *homogène à* L^4 *(*m^4*) avec* $I_{/(G,\vec{x_3})}$ *moment d'inertie de la mécanique du solide rigide homogène à* $M.L^2$ *(*$kg.m^2$*).*

3- TORSION DES POUTRES CYLINDRIQUES DE RÉVOLUTION

- Définition

$$\{\mathfrak{I}_{\text{efforts interieurs}}\} \Rightarrow \left\{\begin{matrix} \vec{0} \\ Mt\,\vec{x_1} \end{matrix}\right\}_G$$

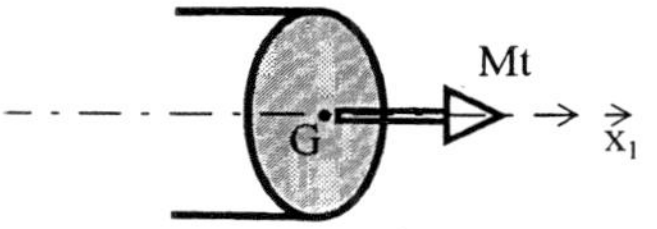

- Déformations

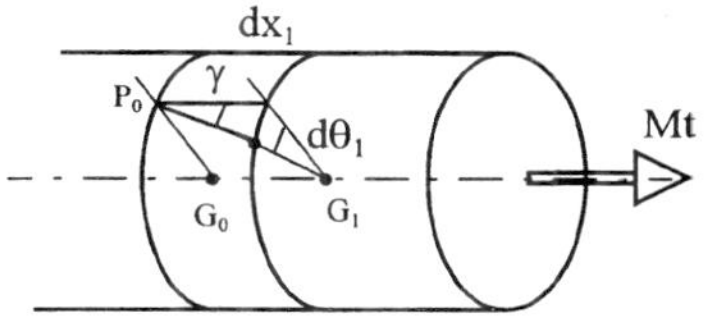

$$\gamma = r \cdot \frac{d\theta_1}{dx_1}$$

Ne pas confondre γ variation d'angle drcit d'une facette et $\gamma_1^* = \dfrac{d\theta_1}{dx_1}$ *composante du torseur des déformations.*

- Contraintes

$$\tau(P_0) = G \cdot \gamma = G \cdot r \cdot \frac{d\theta_1}{dx_1} = G \cdot r \cdot \gamma_1^*$$

$$Mt = \int_S r \cdot \tau(P) \cdot da$$

d'où

$$\tau(P_0) = \frac{Mt}{I/_{(G,\vec{x_1})}} \cdot r$$

$$\frac{d\theta_1}{dx_1} = \frac{Mt}{G \cdot I/_{(G,\vec{x_1})}}$$

$$I/_{(G,\vec{x_1})} = I_0 = \int_S (x_2^2 + x_3^2) \cdot da$$ est appelé moment quadratique de (S) par rapport à l'axe $(G, \vec{x_1})$

Exemples :

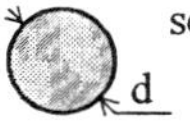

section circulaire

$$I_0 = \frac{\Pi \cdot d^4}{32}$$

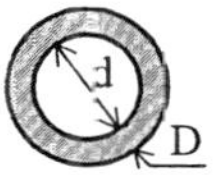

section tubulaire

$$I_0 = \frac{\Pi \cdot (D^4 - d^4)}{32}$$

4- TORSION DES POUTRES PRISMATIQUES

4-1- Définition et propriétés

- Définition

$$\{\mathfrak{I}_{\text{efforts interieurs}}\} \Rightarrow {}_G\left\{\begin{matrix} \vec{0} \\ Mt\,\vec{x}_1 \end{matrix}\right\}$$

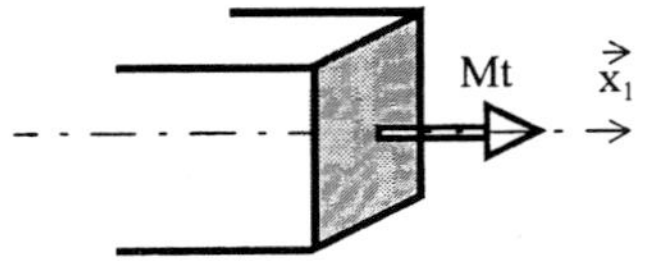

- Flux de cisaillement ϕ_{AB} Flux de la contrainte de cisaillement $\vec{\tau}$ le long de AB :

$$\phi_{\widehat{AB}} = \int_{\widehat{AB}} (\vec{\tau} \cdot \vec{n}) \cdot dl$$

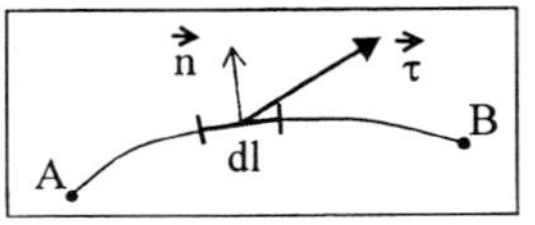

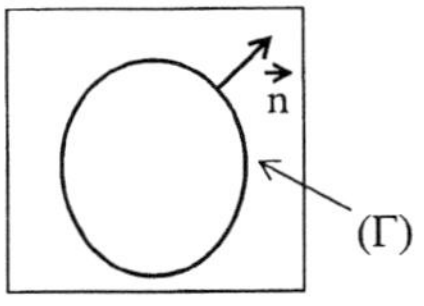

Flux au travers d'une courbe fermée (Γ) : $\int_{(\Gamma)} (\vec{\tau} \cdot \vec{n}) \cdot dl = 0$

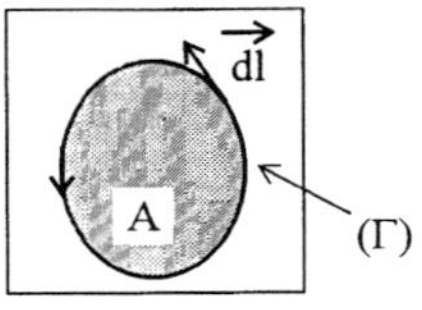

Circulation du vecteur contrainte de cisaillement :

$$\int_{(\Gamma)} (\vec{\tau} \cdot \vec{dl}) = 2 \cdot G \cdot A \cdot \frac{d\theta_1}{dx_1}$$

A est l'aire de la courbe fermée (Γ)
$\theta_1(x_1)$ est la rotation de la section droite

- Résultats : une section tourne par rapport à une section infiniment voisine d'un angle $d\theta_1$

$$\frac{d\theta_1}{dx_1} = \frac{Mt}{G \cdot J}$$

G.J est la rigidité de torsion.

$$J = \frac{2 \cdot A \cdot Mt}{\int_{(\Gamma)} (\vec{\tau} \cdot \vec{dl})}$$

(homogène à L^4)

J est généralement différent de $I_{/(G,\vec{x}_1)}$ (sauf pour les tubes)

Les sections droites ne restent plus droites mais ***gauchissent.***

Les rotations ne s'effectuent plus autour de G mais autour de ***C appelé centre de torsion****.*

Si (S) présente un axe de symétrie, C appartient à cet axe.
Si (S) présente deux axes de symétrie, $C \equiv G$.

4-2- Cas des enveloppes minces ou tubes.

Section fermée simple

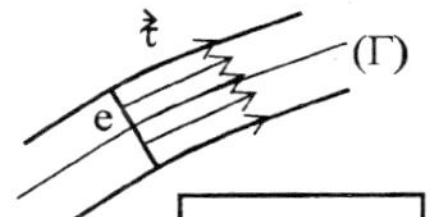

Hypothèse fondamentale : $\vec{\tau}$ est uniforme suivant l'épaisseur du tube e.

$$\boxed{\phi = \tau \cdot e}$$

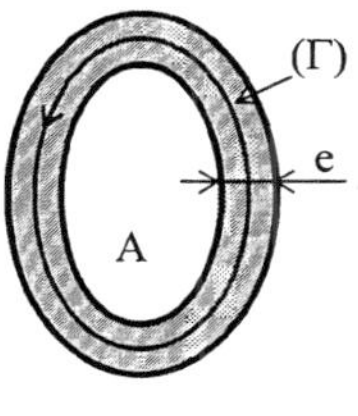

$$\boxed{Mt = 2 \cdot \phi \cdot A}$$

A aire de la section intérieure à (Γ).

Si (Γ) est un cercle de rayon r, $A=\pi r^2$.

$$\boxed{J = \frac{4 \cdot A^2}{\int_{(\Gamma)} \left(\frac{dl}{e}\right)}}$$

si e reste constant sur la section, $J = \dfrac{4 \cdot e \cdot A^2}{l_{(\Gamma)}}$

↑ longueur de la ligne moyenne (Γ)

Section mince cloisonnée

$\boxed{\phi_i = \tau_i \cdot e_i}$ (1) sur toute coupure

entre l'extérieur et (i) : ϕ_i (on se fixe une orientation)
entre 2 cavités (i) et (j) : $(\phi_i - \phi_j)$ ou $(\phi_j - \phi_i)$ (suivant le sens choisi)

sur la figure : cellule (1) : ϕ_1 | (dans le sens positif choisi)
cellule (2) : ϕ_2
cloison (BC) : ϕ_1-ϕ_2 (de B vers C)

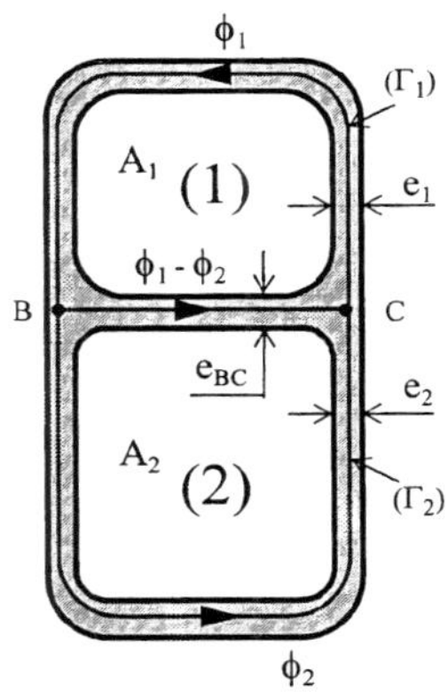

$\boxed{Mt = 2 \cdot \sum_i A_i \cdot \phi_i}$ (2) A_i aire de (i) délimitée par (Γ_i)

sur la figure : $Mt = 2 \cdot (A_1 \cdot \phi_1 + A_2 \cdot \phi_2)$

$$\boxed{\frac{d\theta_1}{dx_1} = \frac{Mt}{G \cdot J} = \frac{1}{2 \cdot G \cdot A_i} \cdot \int_{\Gamma_i} (\vec{\tau} \cdot \vec{dl})} \qquad (3)$$

sur la figure : $$\frac{Mt}{G \cdot J} = \frac{1}{2 \cdot G \cdot A_1} \cdot \left\{ \int_{(\Gamma_1 - BC)} \left(\frac{\phi_1}{e_1} \cdot dl\right) + \int_{(BC)} \left(\frac{(\phi_1 - \phi_2)}{e_{BC}} \cdot dl\right) \right\}$$

sur la figure : $$\frac{Mt}{G \cdot J} = \frac{1}{2 \cdot G \cdot A_2} \cdot \left\{ \int_{(\Gamma_2 - BC)} \left(\frac{\phi_2}{e_2} \cdot dl\right) + \int_{(BC)} \left(\frac{(\phi_2 - \phi_1)}{e_{BC}} \cdot dl\right) \right\}$$

Démarche :

A l'aide des équations (3), on écrit les flux ϕ_i en fonction du moment de torsion Mt et de la rigidité de torsion (G.J)

↓

On remplace les expressions des flux ϕ_i dans l'équation (2) et on déduit J puis la rigidité de torsion (G.J)

↓

On reporte la valeur de (G.J) dans les expressions des flux ce qui permet d'obtenir ϕ_i en fonction de Mt

↓

L'expression (1) donne alors les contraintes sur toute coupure

Il convient de faire attention en suivant cette démarche aux signes des différents flux intervenant dans les équations.

section mince ouverte

Le flux ϕ est nul à travers toute radiale.

Les contraintes de cisaillement varient linéairement suivant l'épaisseur du tube.

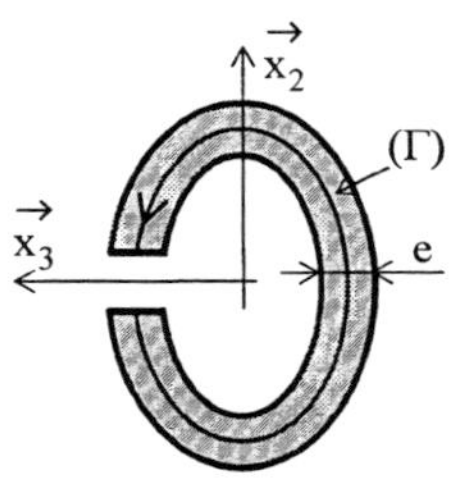

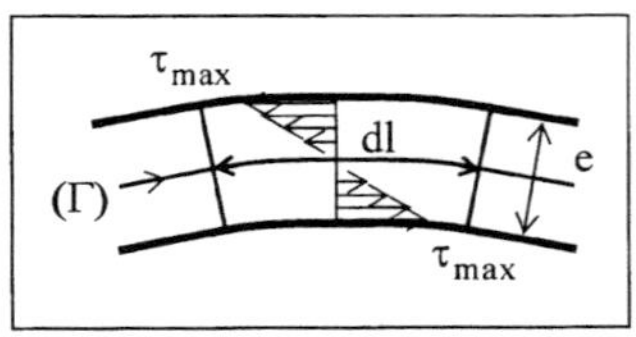

$$\frac{dMt}{dl} = \frac{Mt}{l_{(\Gamma)}} = \frac{1}{6} \cdot e^2 \cdot \tau_{max}$$

$$J = \frac{l_{(\Gamma)} \cdot e^3}{3}$$

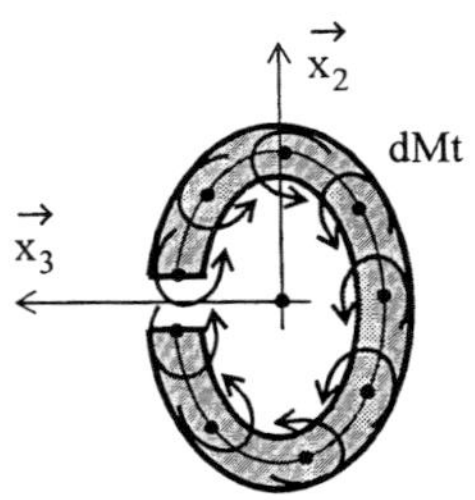

5- FLEXION SIMPLE

Définition

$$\{\mathfrak{I}_{\text{efforts interieurs}}\} \Rightarrow \left\{ \begin{matrix} T_2\,\vec{x}_2 \\ Mf_3\,\vec{x}_3 \end{matrix} \right\}_G$$

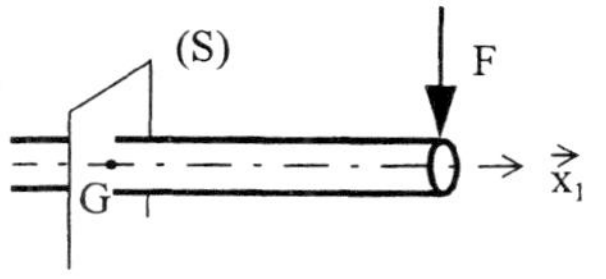

L'allongement relatif est le même que pour la flexion pure :

$$\varepsilon_1(\text{flexionpure}) = \varepsilon_1(\text{flexionsimple})$$

Les contraintes normales sont identiques : $\sigma_1(\text{flexionpure}) = \sigma_1(\text{flexionsimple})$

donc $\sigma_1 = \dfrac{-Mf_3}{I_{/(G,\vec{x}_3)}} \cdot x_2$

Principe de superposition $\Rightarrow$ $\overrightarrow{C(M, \vec{x}_1)} = \sigma_1 \cdot \vec{x}_1 + \vec{\tau}$

contrainte normale dûe à Mf_3 — contraintes tangentielles dûes à T_2

avec $\vec{\tau} = \tau_2 \cdot \vec{x}_2 + \tau_3 \cdot \vec{x}_3$

5-1- Effet de l'effort tranchant T_2

Les résultats donnés dans ce paragraphe sont relatifs à la composante T_2 de l'effort tranchant. (les résultats sont identiques pour la composante T_3)

→ 1er **modèle : Théorie élémentaire** $\tau_3 = 0$ **et** $\tau_2 = cste$

Hypothèse fondamentale : les contraintres tangentielles sont uniformes dans la section droite.

$$\tau_2 = \frac{T_2}{A}$$

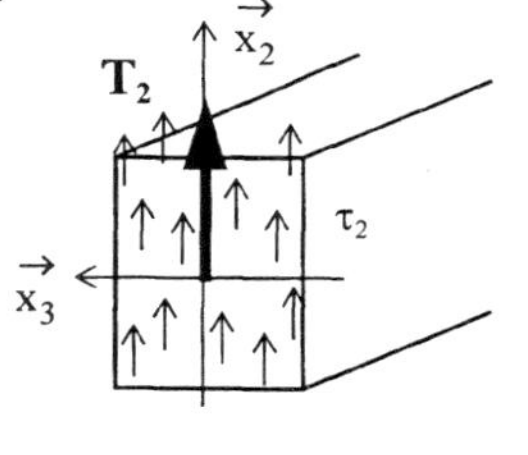

→ **2eme modèle : Théorie simplifiée** $\boxed{\tau_3 = 0 \quad \text{et} \quad \tau_2 = \tau_2(x_2)}$

Hypothèse fondamentale : les contraintres tangentielles sont uniformes le long d'une ligne // à $\vec{x}_3$.

d'où $\boxed{\phi = b \cdot \tau}$ avec $\tau = \tau_2$

$$\boxed{\phi = -\frac{T_2}{I_3} \cdot \int_{(D)} x_2 \cdot da}$$

$A_3(D) = \int_{(D)} x_2 \cdot da$ est le moment statique par rapport à $G\vec{x}_3$ du domaine hachuré (D).

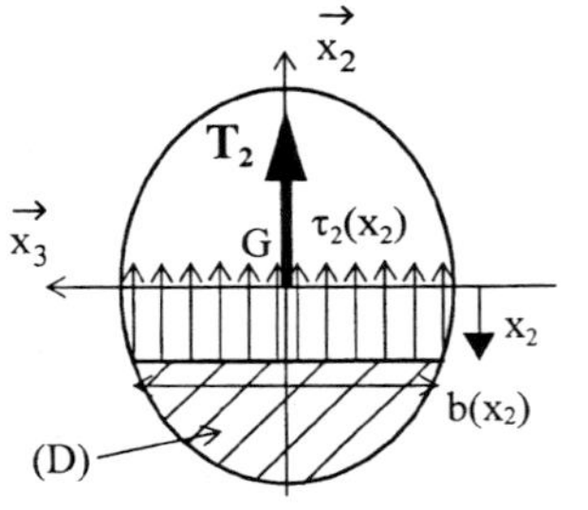

Les contraintes tangentielles s'écrivent : $\boxed{\tau = \tau_2 = -\frac{T_2}{b \cdot I_3} \cdot A_3(D)}$

Comparaison des deux modèles

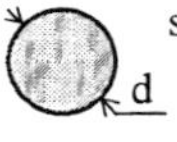

section circulaire

1er modèle: $\tau_{moy} = \frac{T_2}{A}$

2ème modèle: $\tau_{max} = \frac{4}{3} \cdot \frac{T_2}{A}$

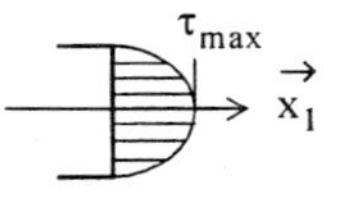

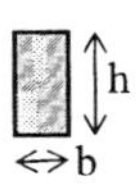

section rectangulaire

1er modèle: $\tau_{moy} = \frac{T_2}{A}$

2ème modèle: $\tau_{max} = \frac{3}{2} \cdot \frac{T_2}{A}$

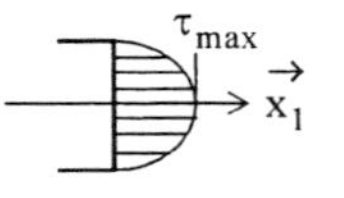

■ Centre de torsion C : le moment par rapport à C généré par les contraintes de cisaillement dûes à T_2 est nul.

si (S) possède un axe de symétrie Δ, C ∈ Δ .

$$\boxed{\int_{(S)} (\overrightarrow{CM} \wedge \vec{\tau}) \cdot da = \vec{0} \longrightarrow x_{2(C)} \text{ et } x_{3(C)}}$$

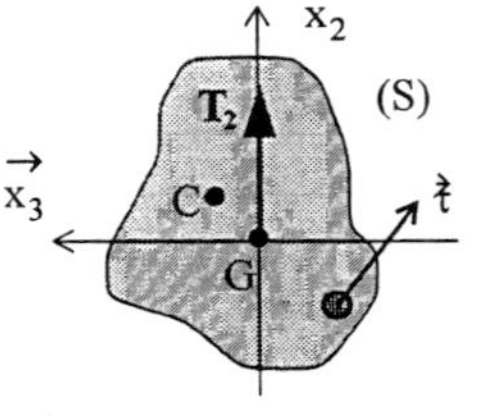

Coefficient de section réduite

Dans le cas d'une sollicitation dûe à un effort tranchant T_2, l'énergie de déformation élémentaire s'écrit sous la forme (cf chapitre 5) :

$$dW = \frac{1}{2} \cdot \left\{ \int_{(S)} \frac{\tau_2^2}{G} \cdot dx_2 \cdot dx_3 \right\} \cdot dx_1 = \frac{1}{2} \cdot \left\{ \frac{T_2^2}{G \cdot S_{2_{red}}} \right\} \cdot dx_1$$

section réduite (flèche sous $S_{2_{red}}$)

On déduit $\dfrac{1}{S_{2_{red}}} = \displaystyle\int_{(S)} \frac{A_3(D)^2}{b^2 \cdot I_3^2} \cdot dx_2 \cdot dx_3$

On pose : $\boxed{S_{2_{red}} = \dfrac{A}{k_2}}$ **k_2** coefficient de section réduite

$$\boxed{dW = \frac{1}{2} \cdot k_2 \cdot \frac{T_2^2}{G \cdot A} \cdot dx_1}$$

Exemples

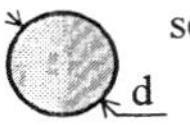

section circulaire $k_2 = \dfrac{10}{9}$

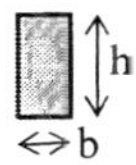

section rectangulaire $k_2 = \dfrac{6}{5}$

→ **Cas des poutres de section droite mince**

$$\boxed{\phi = \tau \cdot e = -\frac{T_2}{I_3} \cdot A_3(D) + \phi_0}$$

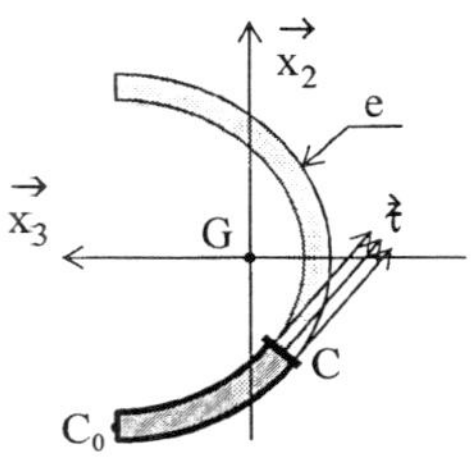

sections ouvertes

Le flux est nul aux extrémités : $\phi(C_0) = 0$

$$\boxed{\phi(C) = \tau \cdot e = -\frac{T_2}{I_3} \cdot A_3(D)}$$

(D) représente le domaine hachuré entre C_0 et C

Dans le cas d'une section ouverte quelconque, on utilise la loi des noeuds (voir section fermée cloisonnée)

(sur la figure, en B)

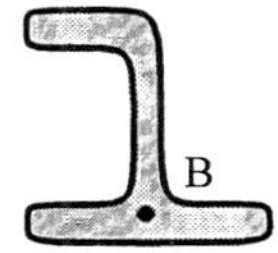

section fermée simple

Si $G\vec{x}_2$ est axe de symétrie, $\phi_0=0$ sur cet axe.

$$\phi(C) = \tau \cdot e = -\frac{T_2}{I_3} \cdot A_3(\widehat{C_0C})$$

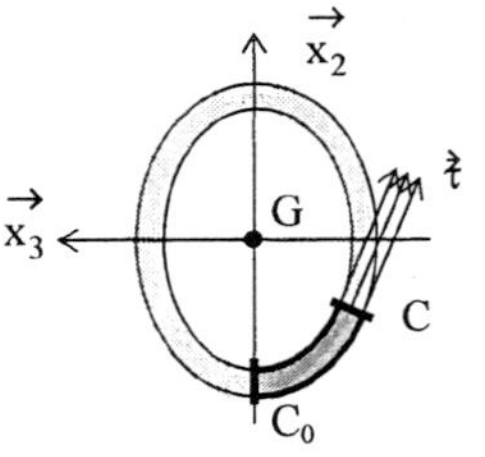

Si $G\vec{x}_2$ n'est pas axe de symétrie,

$$\int_{(\Gamma)} \frac{\phi}{e} \cdot dl = 0$$

(loi des mailles)

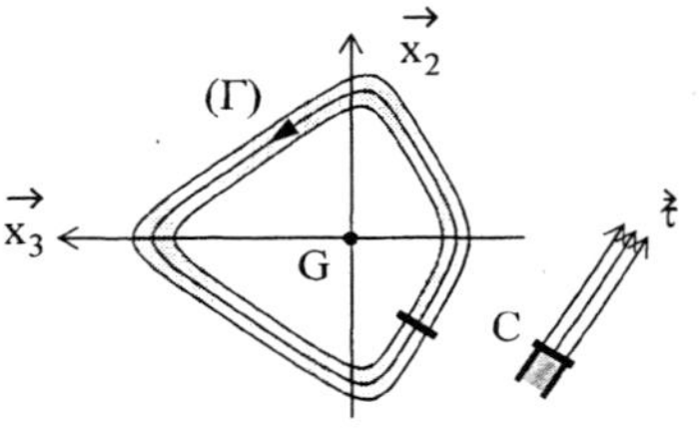

section fermée cloisonnée

$$\phi(C_2) - \phi(C_1) = -\frac{T_2}{I_3} \cdot A_3(\widehat{C_1C_2})$$

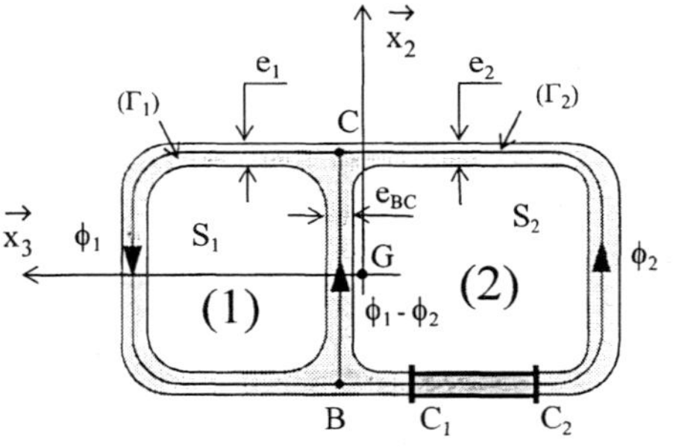

Loi des noeuds : la somme algébrique des flux quittant un noeud N est nulle.
(sur la figure, en B et en C)

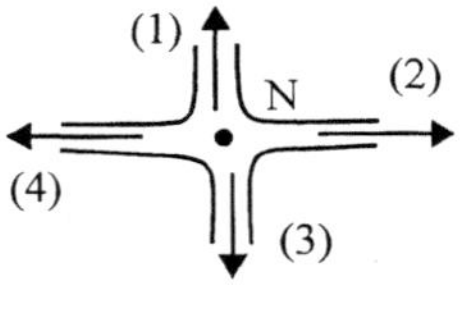

$$\phi_1 + \phi_2 + \phi_3 + \phi_4 = 0$$

Loi des mailles : (dans le cas où $G\vec{x}_2$ n'est pas axe de symétrie)

sur le contour de chaque cellule, on peut écrire :

$$\int_{(\Gamma_i)} \tau \cdot dl = \int_{(\Gamma_i)} \frac{\phi}{e} \cdot dl = 0$$

(sur la figure, cellule (1) (Γ_1), cellule (2) (Γ_2))

Il convient de faire attention en suivant cette démarche aux signes des différents flux intervenant dans les équations

5-2- Cas général

- Déformée

$$\boxed{\frac{d^2u_2}{dx_1^2} = \frac{Mf_3}{E \cdot I_3} - \frac{\alpha \cdot \dfrac{dT_2}{dx_1}}{G \cdot A}}$$

avec α tel que $\tau_2(G) = \alpha \cdot \dfrac{T_2}{A}$

déformée dûe à Mf_3 — déformée dûe à T_2

Cas d'une poutre de longueur l et de section rectangulaire de hauteur h :

$$\frac{u_2(T_2)}{u_2(Mf_3)} \approx 3 \cdot \left(\frac{h}{L}\right)^2 \ll 1$$

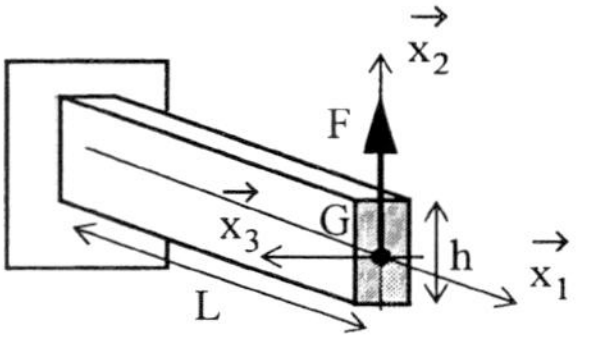

On néglige les déplacements dûs à l'effort tranchant T_2 par rapport à ceux dûs au moment fléchissant Mf_3.

d'où $$\boxed{\frac{d^2u_2}{dx_1^2} \approx \frac{Mf_3}{E \cdot I_3}}$$

6- FLAMBEMENT

Définition

Une poutre droite est soumise à une sollicitation de compression ; on l'écarte de sa configuration d'équilibre et on étudie la nature des mouvements commençants.

Par extension, la sollicitation en compression, compte tenu des défauts géométriques peut entrainer une ruine de la poutre dès que l'effort de compression atteint un seuil critique F_c appelé "charge critique de flambage".

De façon traditionnelle, on se limite à la théorie d'Euler :

$$F < F_{c_1} \Longrightarrow \text{Stabilité} \qquad F > F_{c_1} \Longrightarrow \text{Instabilité}$$

Théorie d'Euler

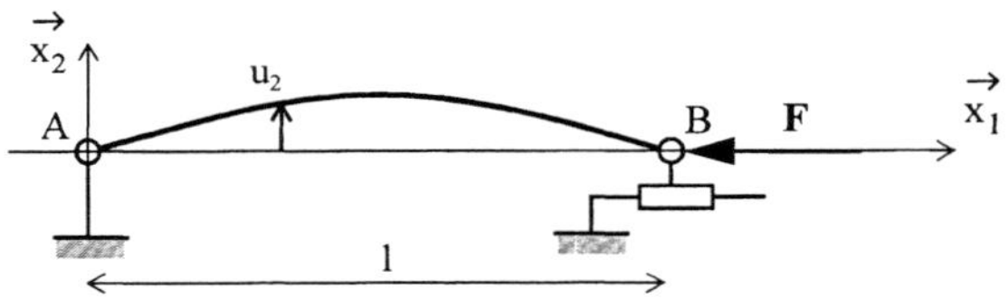

Flambement par flexion simple

Equation de la déformée

$$\frac{d^2u_2}{dx_1^2} = \frac{Mf_3}{E \cdot I_3} = -\frac{F \cdot u_2}{E \cdot I_3}$$ avec $u_2(0)=0$ et $u_2(l)=0$ (Conditions aux limites)

Solution générale : $u_2 = \alpha \cdot \sin(\omega x_1) + \beta \cdot \cos(\omega x_1)$ avec $\omega = \sqrt{\frac{F_c}{E \cdot I_3}}$

Les conditions aux limites donnent : $$F_c = n^2 \cdot \frac{\pi^2 \cdot E \cdot I_3}{l^2}$$ Charges critiques de flambement

n=1 1er mode critique $$F_{c_1} = \frac{\pi^2 \cdot E \cdot I_3}{l^2}$$ $F > F_{c_1} \Longrightarrow$ Instabilité

n=2 2ème mode critique 

n=3 3ème mode critique 

Autres cas

Charge critique : $$F_c = \frac{\pi^2 \cdot E \cdot I_3}{4 \cdot l^2}$$

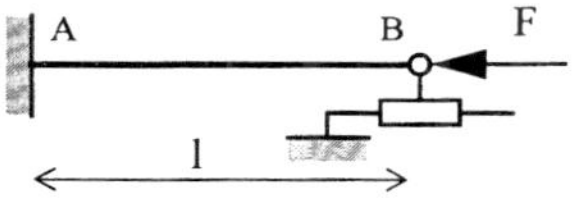

Charge critique : $$F_c = 20,187 \cdot \frac{E \cdot I_3}{l^2}$$

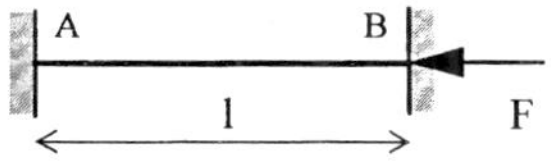

Charge critique : $$F_c = \frac{4 \cdot \pi^2 \cdot E \cdot I_3}{l^2}$$

CHAPITRE 2 / EXERCICES

Exercice 1 : Traction d'un système de biellettes

ENONCE

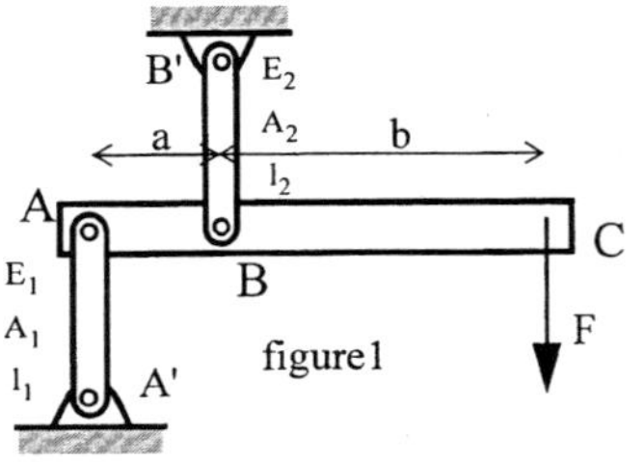

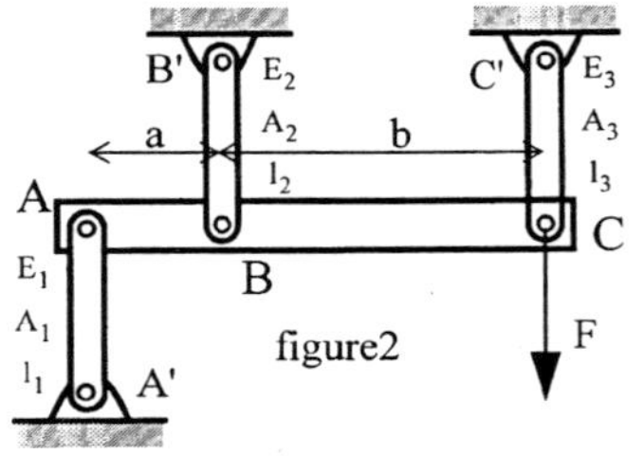

Un montage est constitué par une poutre ABC supposée indéformable et liée par l'intermédiaire de deux biellettes AA et BB' au bati. Il est chargé par un effort F en C (figure1).
Calculer le déplacement du point C.

On rajoute une biellette CC' montée sans jeu ni serrage (figure2).
Déterminer les nouvelles valeurs des actions de liaison et le nouveau déplacement du point C.

CONNAISSANCES ET MÉTHODES

Traction : $\varepsilon \approx \dfrac{\Delta L}{L} = \dfrac{N}{E \cdot A}$

- → ***Modélisation des liaisons avec l'extérieur et principe fondamental de la statique pour définir les actions dans chaque biellette.***
- → ***Calculer les allongements des biellettes.***
- → ***Calculer le déplacement du point C.***

RESOLUTION

- Actions dans les biellettes

La biellette (AA') (resp.(BB')) constitue un solide soumis à deux forces. Ces forces sont donc colinéaires à (AA') (resp.(BB')).

Les biellettes (AA') et (BB') ne travaillent donc qu'en traction-compression.

Les deux biellettes travaillent en traction ; les directions des efforts sont donc connus.
D'après le principe des actions réciproques, les actions des biellettes sur la poutre sont opposées aux actions de la poutre sur les biellettes.

On modélise donc les actions sur (ABC) comme suit :

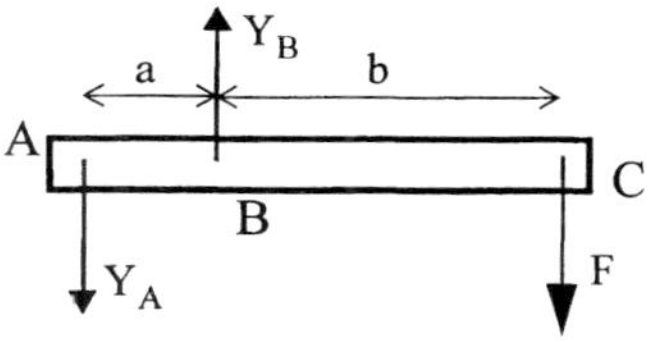

On isole (ABC) :

$$\text{Equilibre} \left| \begin{array}{lcl} \Sigma\overrightarrow{F_{ext \to (ABC)}} = \vec{0} & \Rightarrow & -Y_A - Y_B - F = 0 \\ \Sigma\overrightarrow{M_A(\overrightarrow{F_{ext \to (ABC)}})} = \vec{0} & \Rightarrow & a \cdot Y_B - (a+b) \cdot F = 0 \end{array} \right.$$

$$\text{On déduit : } \left\{ \begin{array}{l} Y_B = \left(1 + \frac{b}{a}\right) \cdot F \\ Y_A = \frac{b}{a} \cdot F \end{array} \right.$$

a biellette (AA') travaille en traction 'effort normal :

$$N_1 = \frac{b}{a} \cdot F$$

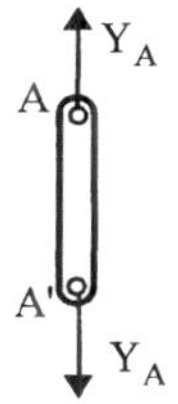

La biellette (BB') travaille en traction d'effort normal :

$$N_2 = \left(1 + \frac{b}{a}\right) \cdot F$$

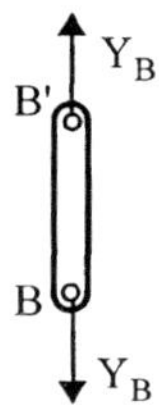

- Allongement des biellettes

$$\Delta l_1 = \frac{N_1}{E_1 \cdot A_1} \cdot l_1 = \frac{b \cdot l_1}{a \cdot E_1 \cdot A_1} \cdot F \qquad \Delta l_2 = \frac{N_2}{E_2 \cdot A_2} \cdot l_2 = \frac{(a+b) \cdot l_2}{a \cdot E_2 \cdot A_2} \cdot F$$

- Déplacement du point C

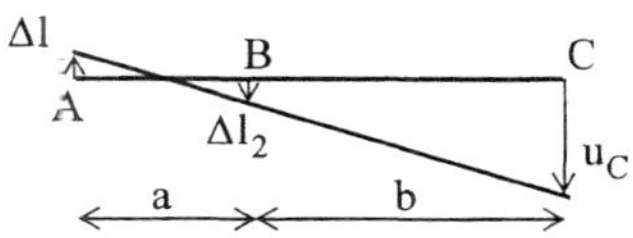

Le théorème de Thalès nous donne : $\dfrac{u_C + \Delta l_1}{\Delta l_2 + \Delta l_1} = \dfrac{a+b}{a}$

d'où : $u_C = \dfrac{a+b}{a} \cdot (\Delta l_2 + \Delta l_1) - \Delta l_1 = \dfrac{a+b}{a} \cdot \Delta l_2 + \dfrac{b}{a} \cdot \Delta l_1 = \left\{ \dfrac{b^2 \cdot l_1}{a^2 \cdot E_1 \cdot A_1} + \dfrac{(a+b)^2 \cdot l_2}{a^2 \cdot E_2 \cdot A_2} \right\} \cdot F$

RESULTAT

Le déplacement du point C vaut : $\boxed{u_C = \left\{ \dfrac{b^2 \cdot l_1}{a^2 \cdot E_1 \cdot A_1} + \dfrac{(a+b)^2 \cdot l_2}{a^2 \cdot E_2 \cdot A_2} \right\} \cdot F}$

■ Cas où l'on rajoute une biellette (CC')

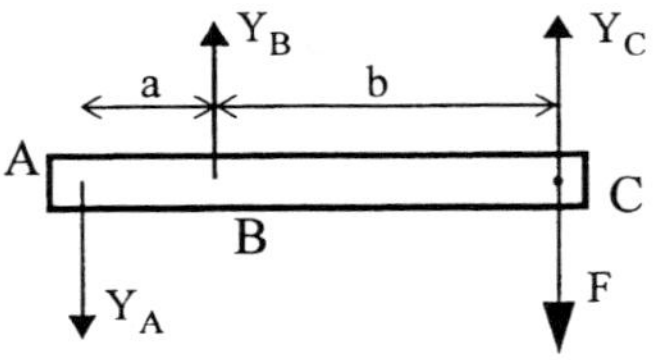

On modélise alors les actions sur (ABC) comme suit :

On isole (ABC) :

$$\text{Equilibre} \left| \begin{array}{lll} \overrightarrow{\Sigma F_{ext \to (ABC)}} = \vec{0} & \Rightarrow & -Y_A + Y_B + Y_C - F = 0 \quad (1) \\ \overrightarrow{\Sigma M_A(\overrightarrow{F_{ext \to (ABC)}})} = \vec{0} & \Rightarrow & a \cdot Y_B + (a+b) \cdot (Y_C - F) = 0 \quad (2) \end{array} \right.$$

2 équations et 3 inconnues $\Rightarrow$ Le système est hyperstatique de degré 1.

$\Rightarrow$ L'équation supplémentaire est donnée par la condition de déplacement du point C

$$\frac{\Delta l_3 + \Delta l_1}{\Delta l_2 + \Delta l_1} = \frac{a+b}{a} \quad \text{avec :}$$

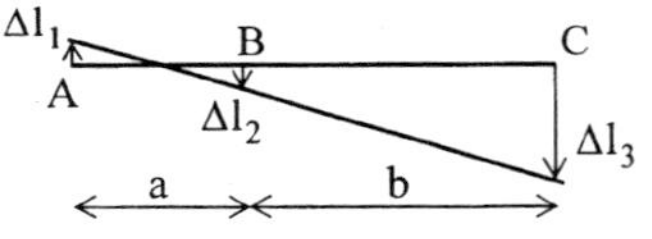

$$\Delta l_1 = \frac{Y_A \cdot l_1}{E_1 \cdot A_1} \qquad \Delta l_2 = \frac{Y_B \cdot l_2}{E_2 \cdot A_2} \qquad \Delta l_3 = \frac{Y_C \cdot l_3}{E_3 \cdot A_3}$$

La condition s'écrit encore : $\dfrac{a \cdot l_3}{E_3 \cdot A_3} \cdot Y_C = \dfrac{(a+b) \cdot l_2}{E_2 \cdot A_2} \cdot Y_B + \dfrac{b \cdot l_1}{E_1 \cdot A_1} \cdot Y_A$ (3)

La résolution du système d'équations (1), (2), (3) donne :

$$Y_A = \frac{ab \cdot l_3}{E_3 A_3 \cdot \Delta} \cdot F \qquad Y_B = \frac{a(a+b) \cdot l_3}{E_3 A_3 \cdot \Delta} \cdot F \qquad Y_C = \left(1 - \frac{a^2 \cdot l_3}{E_3 A_3 \cdot \Delta}\right) \cdot F$$

avec : $\Delta = \dfrac{a^2 \cdot l_3}{E_3 A_3} + \dfrac{(a+b)^2 \cdot l_2}{E_2 A_2} + \dfrac{b^2 \cdot l_1}{E_1 A_1}$

Le déplacement du point C vaut alors : $\Delta l_3 = \dfrac{Y_C}{E_3 \cdot A_3} \cdot l_3 = \left(\dfrac{l_3}{E_3 \cdot A_3} - \dfrac{a^2 \cdot l_3^2}{(E_3 A_3)^2 \cdot \Delta}\right) \cdot F$

RESULTAT

Le déplacement du point C vaut : $$\boxed{\Delta l_3 = \left(\frac{l_3}{E_3 \cdot A_3} - \frac{a^2 \cdot l_3^2}{(E_3 A_3)^2 \cdot \Delta}\right) \cdot F}$$

Exercice 2 : Boulons précontraints

ENONCE

On considère un surpresseur d'eau schématisé ci-contre.
On souhaite que, lors de la mise en pression du surpresseur, les différents contacts entre les pièces soient maintenus, ce qui nécessite de précontraindre les six boulons d'assemblage.

Caractéristiques des boulons : $E_b=21.10^5 N/mm^2$
$d_b=30mm$; $L_b=800mm$.

Caractéristiques du cylindre épais : $d_{int}=40mm$.

Caractéristiques du cylindre mince : $L=550mm$;
$E_b=21.10^5 N/mm^2$; $D_{int}=253mm$; $D_{ext}=293mm$.

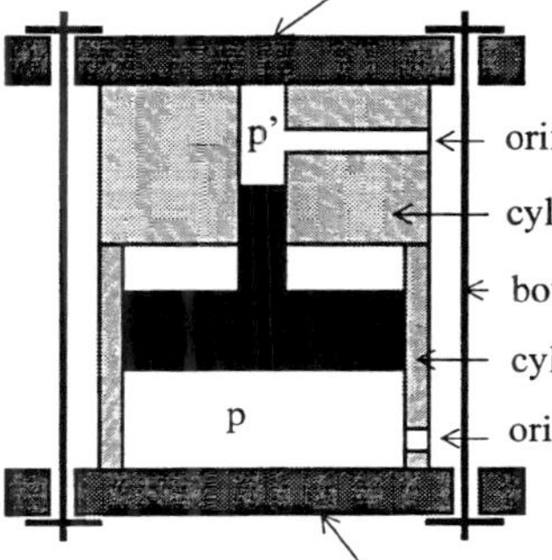

Déterminer la valeur minimale de la précontrainte des boulons pour que les différents contacts entre brides et cylindres soient maintenus pour une pression p'=4800bars (pression d'épreuve).

En déduire la valeur de la contrainte maximale dans les boulons.

En déduire la variation de longueur du cylindre mince lorsque les boulons sont précontraints et que p'=0.

CONNAISSANCES ET MÉTHODES

Traction : $\varepsilon \approx \frac{\Delta L}{L} = \frac{N}{E \cdot A}$

→ ***Mise en place des efforts exercés sur les boulons et sur le cylindre mince dans les deux états (état non chargé ; état chargé). Principe fondamental de la statique.***

→ ***Ecriture d'une condition supplémentaire (égalité des déplacemnts des boulons et du cylindre mince entre les deux états).***

→ ***Calcul de l'effort de précharge.***

RESOLUTION

- Mise en place des efforts appliqués

→ Etat non chargé (état 1)

Si F_0 est la précontrainte des boulons, chaque boulon travaille en traction avec un effort $F_0/6$.

D'après le principe des actions réciproques, le cylindre mince travaille en compression avec un effort F_0.

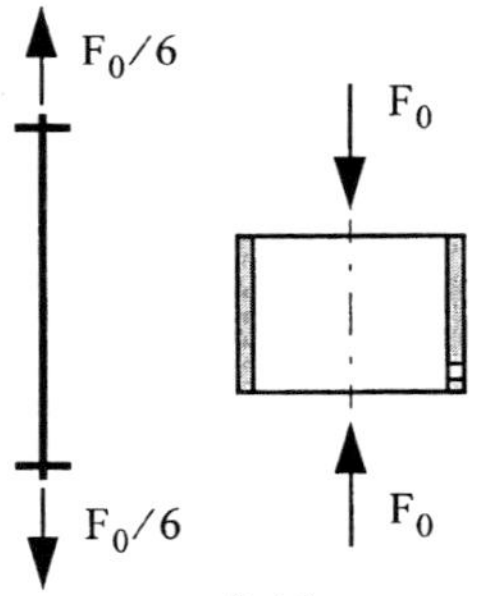

état 1

→ Etat chargé (état 2)

On se place à la limite du maintien du contact entre le cylindre mince, le cylindre épais et les deux brides.

Dans ce cas, le cylindre mince n'est soumis à aucun effort axial.

Si F_1 est l'effort exercé par le fluide sur les brides, on a :

$$F_1 = \frac{\pi\, d_{int}^2}{4} \cdot p' = 6,03 \cdot 10^5 N$$

En isolant chaque bride, on trouve que chaque boulon est soumis à un effort de traction égal à $F_1/6$.

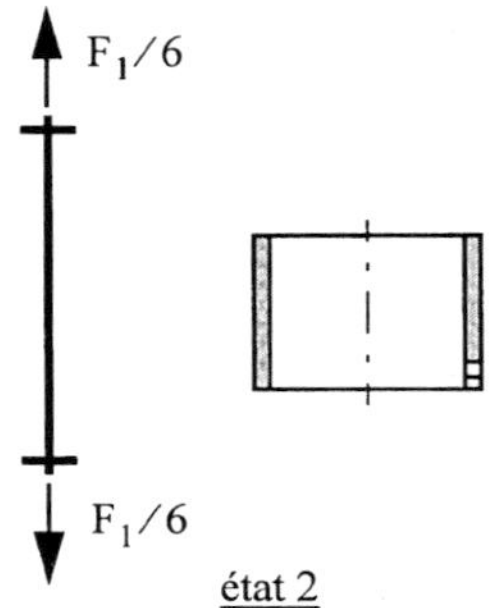

état 2

- Condition sur les déplacements

On néglige le déformation des brides et du cylindre épais considérés alors comme parfaitement rigides. ⇒ *Entre l'état1 et l'état 2, l'allongement des boulons est égal à l'allongement du cylindre mince.*

Allongement des boulons entre les deux états : $u_b(2) - u_b(1) = \dfrac{F_1/6 \cdot L_b}{E_b \cdot A_b} - \dfrac{F_0/6 \cdot L_b}{E_b \cdot A_b}$

Allongement du cylindre mince entre les deux états : $u_c(2) - u_c(1) = 0 - \dfrac{-F_0 \cdot L_c}{E_c \cdot A_c} = \dfrac{F_0 \cdot L_c}{E_c \cdot A_c}$

On en déduit : $u_b(2) - u_b(1) = u_c(2) - u_c(1)$ ⇒ $\dfrac{(F_1 - F_0) \cdot L_b}{E_b \cdot A_b} = \dfrac{F_0 \cdot L_c}{E_c \cdot A_c}$

d'où : $$F_0 = F_1 \cdot \frac{L_b}{E_b \cdot A_b} \cdot \frac{1}{\frac{L_b}{E_b \cdot A_b} + \frac{L_c}{E_c \cdot A_c}} = \frac{E_c \cdot A_c \cdot L_b}{E_c \cdot A_c \cdot L_b + E_b \cdot A_b \cdot L_c} \cdot F_1$$

RESULTAT

La valeur minimale de la précontrainte des boulons est :

$$F_0 = \frac{E_c \cdot A_c \cdot L_b}{E_c \cdot A_c \cdot L_b + E_b \cdot A_b \cdot L_c} \cdot \frac{\pi\, d_{int}^2}{4} \cdot p'$$

L'application numérique donne : $F_0 = 5,86 \cdot 10^5\ N$

On peut en déduire d'une part la variation de longueur du cylindre mince :

$$u_c(1) = \frac{-F_0 \cdot L_c}{E_c \cdot A_c} = -0,009\text{mm}$$

D'autre part, on peut déterminer la contrainte maximale dans les boulons :

$$\sigma_{1b} = \frac{F_1}{A_b} = \frac{4F_1}{\pi\, d_b^2} = 142,2\ N/mm^2$$

Il était possible de traiter le problème graphiquement en utilisant les courbes de raideur des boulons et du cylindre mince.

Pour les boulons : $F_b = k_b \cdot \Delta u_b$ *avec* $k_b = \frac{E_b \cdot A_b}{L_b}$

Pour le cylindre mince : $F_c = k_c \cdot \Delta u_c$ *avec* $k_c = \frac{E_c \cdot A_c}{L_c}$

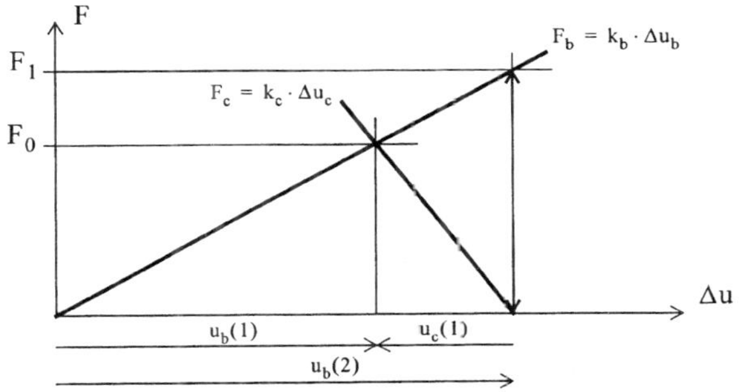

Exercice 3 : Allongement d'un solide en rotation

ENONCE

On reprend l'exercice 5 du Chapitre 1 et on cherche à calculer l'allongement de la poutre OB d'aire A, de masse volumique ρ en rotation autour de l' axe fixe $(O, \vec{x}_3)$ à la vitesse angulaire constante ω.

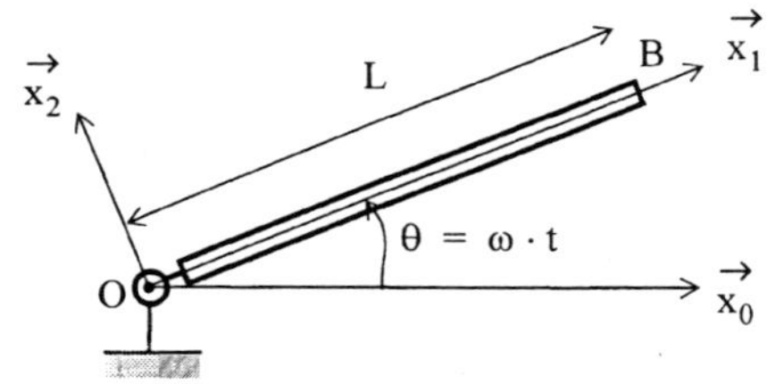

CONNAISSANCES ET MÉTHODES

Traction : $\varepsilon_1 = \dfrac{du_1}{dx_1}$ $\qquad \sigma_1 = \dfrac{N}{A} = E \cdot \varepsilon_1$

La contrainte normale n'étant pas constante sur la longueur de la poutre, il n'est pas possible d'utiliser ici la relation : $\varepsilon \approx \dfrac{\Delta L}{L}$

→ ***Calcul de la contrainte et de la déformation***

→ ***Calcul du déplacement de B par intégration sur toute la longueur.***

RESOLUTION

On trouvait : $N = \dfrac{\rho A \omega^2}{2} \cdot (L^2 - x_1^2)$

d'où la contrainte : $\sigma_1 = \dfrac{N}{A} = \dfrac{\rho\omega^2}{2} \cdot (L^2 - x_1^2)$ et la déformation : $\varepsilon_1 = \dfrac{\rho\omega^2}{2E} \cdot (L^2 - x_1^2)$

Le déplacement du point B s'écrit : $u_{(B)} = \int_0^L \varepsilon_1 \cdot dx_1$

$$u_{(B)} = \int_0^L \left\{ \frac{\rho\omega^2}{2E} \cdot (L^2 - x_1^2) \right\} \cdot dx_1 = \frac{\rho\omega^2}{2E} \cdot \int_0^L (L^2 - x_1^2) \cdot dx_1 = \frac{\rho \cdot \omega^2 \cdot L^3}{3 \cdot E}$$

RESULTAT

L'allongement de la pale vaut donc : $\boxed{\Delta L = \dfrac{\rho \cdot \omega^2 \cdot L^3}{3 \cdot E}}$

Exercice 4 : Système de barres articulées

ENONCE

On considère le système de barres articulées défini sur la figure et soumis à un chargement F en B.

Déterminer les efforts dans chaque barre.

Déterminer le déplacement du point B.

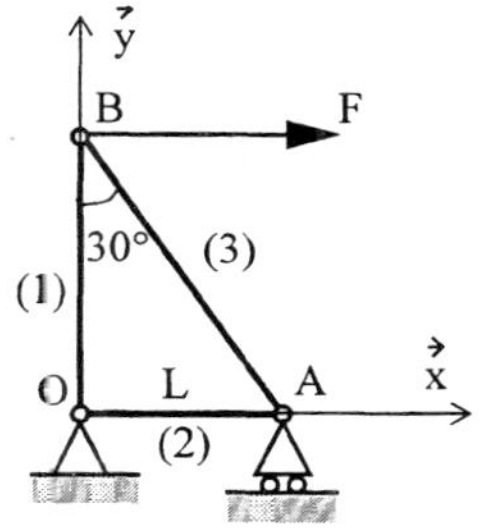

CONNAISSANCES ET MÉTHODES

Traction : $\varepsilon_l = \dfrac{\Delta L}{L}$ $\qquad \sigma_l = \dfrac{N}{A} = E \cdot \varepsilon_l$

→ ***On vérifie que le problème est isostatique***

POUTRES ARTICULEES

Problème plan

$$h = b + 3 - 2n$$

h : degré d'hyperstaticité ; b : nombre de barres ; n : nombre de noeuds

Problème spacial

$$h = b + 6 - 3n$$

h : degré d'hyperstaticité ; b : nombre de barres ; n : nombre de noeuds

Ceci suppose que le système d'équations global obtenu en traduisant l'équilibre de chaque noeud soit de rang 3n (problème spacial) ou 2n (prolème plan).

→ ***On isole chaque noeud et on écrit le principe fondamental de la statique. On détermine ainsi les actions dans les barres ainsi que les actions de liaison.***

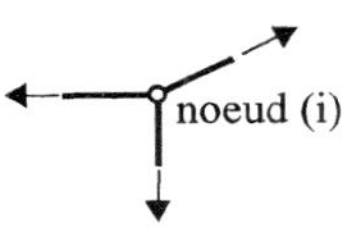

$$\sum \overrightarrow{F_{(ext \rightarrow (i))}} = \vec{0}$$

Problème plan → 2 équations/noeud

Problème spacial → 3 équations/noeud

→ ***On utilise les lois de comportement pour chaque barre pour définir les déplacements des différents noeuds.***

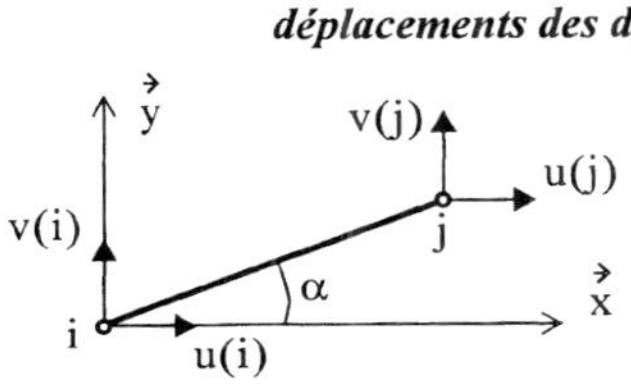

$$(u(j) - u(i)) \cdot \cos\alpha + (v(j) - v(i)) \cdot \sin\alpha = \frac{N_{ij} \cdot L_{ij}}{E_{ij} \cdot A_{ij}}$$

RESOLUTION

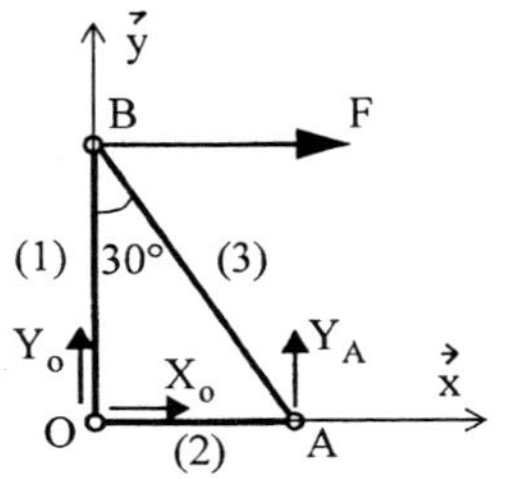

Modélisation des liaisons

degré d'hyperstaticité : $h = b + 3 - 2n$
avec b=3 et n=3

→ Le système est isostatique.

Il n'est pas utile de définir préalablement les actions de liaison.

Effort dans chaque barre

On isole le noeud B

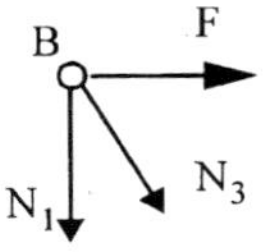

$$\begin{cases} \dfrac{N_3}{2} + F = 0 \\ -N_1 - \dfrac{\sqrt{3}}{2} N_3 = 0 \end{cases}$$

On isole le noeud O

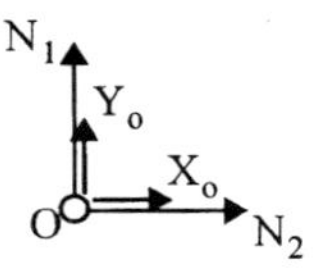

$$\begin{cases} X_o + N_2 = 0 \\ Y_o + N_1 = 0 \end{cases}$$

On isole le noeud A

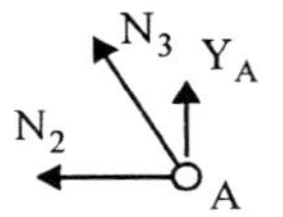

$$\begin{cases} -\dfrac{N_3}{2} - N_2 = 0 \\ Y_A + \dfrac{\sqrt{3}}{2} N_3 = 0 \end{cases}$$

La résolution du système de 6 équations à 6 inconnues nous donnent :

$X_O = -F$	$Y_O = -\sqrt{3}F$	$Y_A = \sqrt{3}F$	$N_3 = -2F$	$N_1 = \sqrt{3}F$	$N_2 = F$

RESULTAT

La barre (1) travaille en traction avec un effort normal : $N_1 = \sqrt{3}F$
La barre (2) travaille en traction avec un effort normal : $N_2 = F$
La barre (3) travaille en compression avec un effort normal : $N_3 = -2F$

Déplacement de B

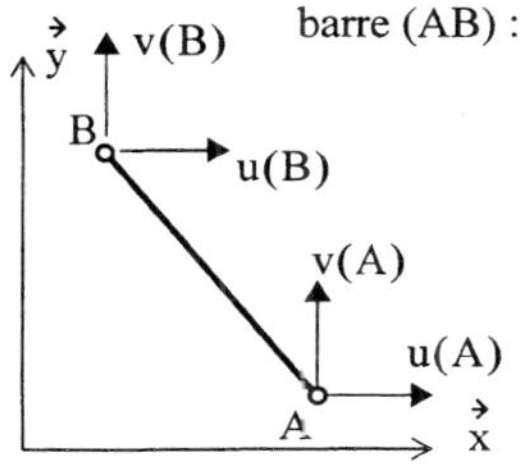

barre (AB) : $\alpha = 120°$ AB= 2L v(A)=0

$$(u(B)-u(A))\cdot\cos\alpha + (v(B)-v(A))\cdot\sin\alpha = \frac{N_3\cdot 2L}{E\cdot A}$$

d'où
$$-\frac{1}{2}\cdot(u(B)-u(A)) + \frac{\sqrt{3}}{2}\cdot v(B) = -4\cdot\frac{F\cdot L}{E\cdot A}$$

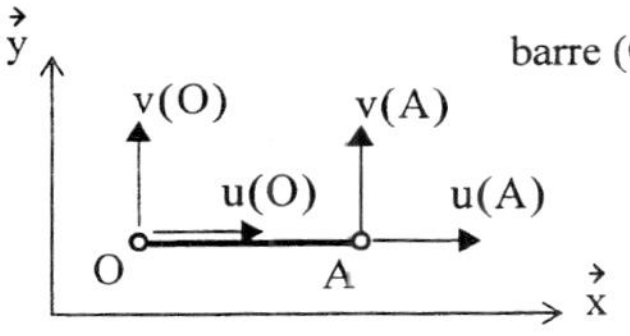

barre (OA) : $\alpha = 0°$ OA= L | u(O)=v(O)=0 ; v(A)=0

d'où
$$u(A) = \frac{F\cdot L}{E\cdot A}$$

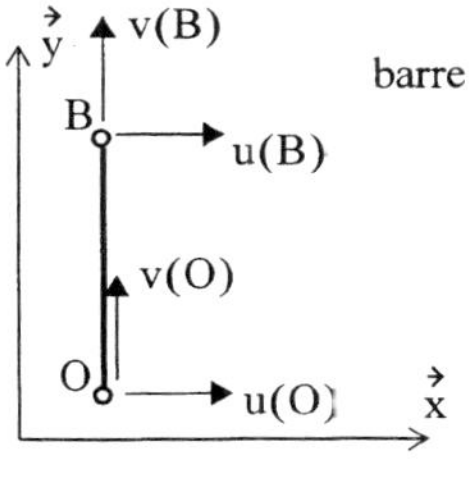

barre (OB) : $\alpha = 90°$ OB= $\sqrt{3}L$

u(O)=v(O)=0

d'où
$$v(B) = 3\cdot\frac{F\cdot L}{E\cdot A}$$

On déduit alors :
$$u(B) = u(A) + \sqrt{3}\cdot v(B) + 8\cdot\frac{F\cdot L}{E\cdot A} = (9+3\sqrt{3})\cdot\frac{F\cdot L}{E\cdot A}$$

RESULTAT

Le déplacement du point B vaut donc :
$$\begin{cases} u(B) = (9+3\sqrt{3})\cdot\dfrac{F\cdot L}{E\cdot A} \\ v(B) = 3\cdot\dfrac{F\cdot L}{E\cdot A}\end{cases}$$

Exercice 6 : Barre de torsion

ENONCE

On considère une barre de torsion de suspension automobile. L'effort qui agit à l'extrémité D du levier CD de longueur a est : F=3000N.
(On ne prend en compte que les effets dûs au moment de torsion)

Calculer le diamètre de la barre sachant qu'elle est en acier 45SCD6 pour lequel on peut admettre une contrainte tangentielle de 400N/mm^2.

Calculer la longueur de la barre pour que le levier tourne au plus d'un angle de 18°.

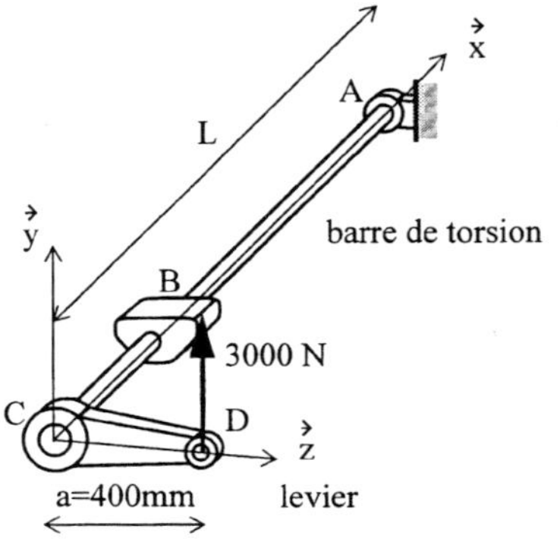

CONNAISSANCES ET MÉTHODES

Torsion : $Mt = G \cdot I_{/(G,\vec{x}_1)} \cdot \dfrac{d\theta_1}{dx_1}$ $\qquad \tau = \dfrac{Mt}{I_{/(G,\vec{x}_1)}} \cdot r$

→ ***Calcul du moment de torsion.***

→ ***Calcul du diamètre minimal admissible.***

→ ***Calcul de la longueur de la barre.***

RESOLUTION

- Calcul du moment de torsion : $Mt = F \cdot a = 1200 N \cdot m$

- Calcul du diamètre minimal : $\tau = \dfrac{Mt}{I_{/(G,\vec{x}_1)}} \cdot r$ avec $I_{/(G,\vec{x}_1)} = \dfrac{\pi d^4}{32}$

$\tau = \dfrac{16 \cdot F \cdot a}{\pi d^3}$ $\qquad \tau < 400 N/mm^2 \qquad \Rightarrow \qquad \boxed{d > 24,81 mm}$

- Calcul de la longueur de la barre : $Mt = G \cdot I_{/(G,\vec{x}_1)} \cdot \dfrac{d\theta_1}{dx_1} = G \cdot I_{/(G,\vec{x}_1)} \cdot \dfrac{\Delta\theta}{L}$

d'où $L = \dfrac{G \cdot \dfrac{\pi d^4}{32} \cdot \Delta\theta}{Mt}$ $\qquad$ L'application numérique donne : $\boxed{L = 0,78 m}$

Exercice 7 : Gain de masse pour une poutre de section circulaire

ENONCE

Soit une poutre soumise à un moment de torsion Mt.
On compare le gain de masse obtenu en passant d'un profil circulaire à un profil tubulaire à contrainte maximale égale.
On prend d=40mm et $d_i = 0,9 \cdot d_e$

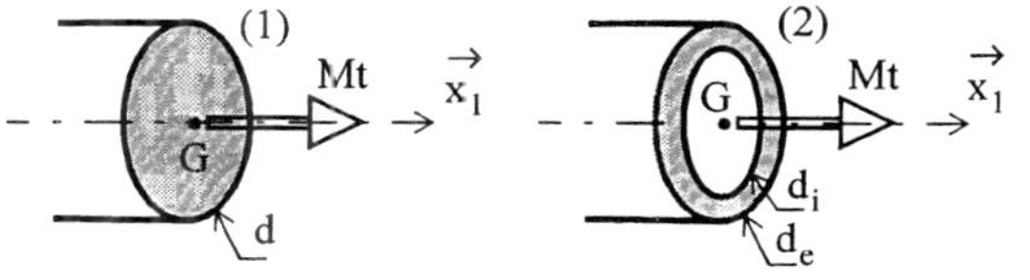

CONNAISSANCES ET MÉTHODES

Torsion : $Mt = G \cdot I/_{(G,\vec{x}_1)} \cdot \frac{d\theta_1}{dx_1}$ $\qquad \tau = \frac{Mt}{I/_{(G,\vec{x}_1)}} \cdot r$

RESOLUTION

❐ Calcul du diamètre extérieur d_e

La contrainte est maximale sur le diamètre extérieur d'où, pour une section pleine :

$$\tau_{max} = \frac{Mt}{I/_{(G,\vec{x}_1)}} \cdot \frac{d}{2} = \frac{16 \cdot Mt}{\pi \cdot d^3}$$

Dans le cas du tube : $\tau_{max} = \frac{Mt}{I/_{(G,\vec{x}_1)}} \cdot \frac{d_e}{2} = \frac{16 \cdot Mt \cdot d_e}{\pi \cdot (d_e^4 - d_i^4)} = \frac{16 \cdot Mt}{\pi \cdot (0,344) \cdot d_e^3}$

A contrainte égale, on a donc : $d^3 = (0,344) \cdot d_e^3 \qquad \Rightarrow \qquad \boxed{d_e = 57mm}$

❐ Calcul du gain de masse :

Le rapport des masses correspond au rapport des aires : $\frac{m_2}{m_1} = \frac{A_2}{A_1} = \frac{(d_e^2 - d_i^2)}{d^2} = \frac{0,19 \cdot d_e^2}{d^2} \approx 0,39$

RESULTATS

A contrainte maximale fixée, le rapport des masses est : $\boxed{\frac{m_2}{m_1} \approx 0,39}$

Exercice 8 : Torsion de poutres à profils minces

ENONCE

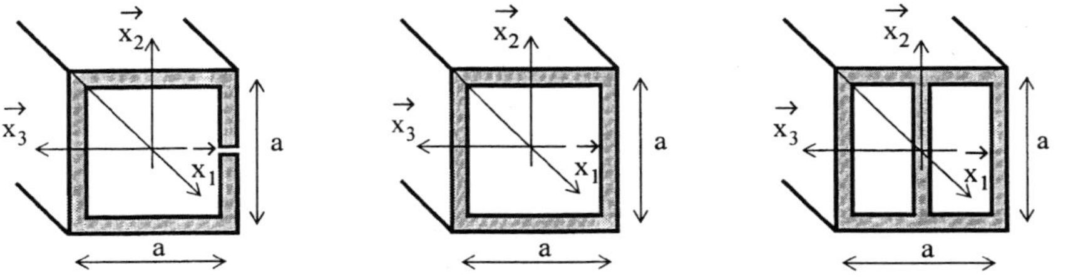

On se propose de comparer la rigidité des différents profils minces soumis à un moment de torsion Mt. Les sections sont carrées d'épaisseur e ($e \ll a$).

CONNAISSANCES ET MÉTHODES

Torsion des profils minces

Cas des profils ouverts : $\dfrac{Mt}{l_{(\Gamma)}} = \dfrac{1}{6} \cdot e^2 \cdot \tau_{max}$ $\qquad J = \dfrac{l_{(\Gamma)} \cdot e^3}{3}$

Cas des profils fermés : la distribution des contraintes est uniforme dans toute section.

→ ***Calcul de la rigidité***

- directement (profil simple) $\quad J = \dfrac{4 \cdot A^2}{\int_{(\Gamma)} \left(\dfrac{dl}{e}\right)}$
- après avoir défini les différents flux ϕ_i (profil cloisonné)

→ ***Calcul de la contrainte tangentielle dans chaque section :*** $\tau = \dfrac{\phi}{e}$

RESOLUTION

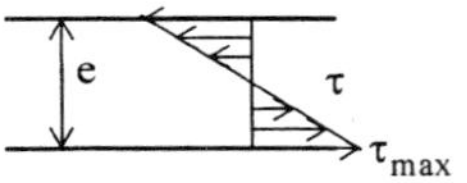

■ Cas du profil ouvert

$$J = \frac{l_{(\Gamma)} \cdot e^3}{3} \quad \text{avec } l_{(\Gamma)} = 4a \quad \Rightarrow \quad \boxed{J = \frac{4}{3} \cdot a \cdot e^3}$$

Contrainte maximale : $\dfrac{Mt}{l_{(\Gamma)}} = \dfrac{1}{6} \cdot e^2 \cdot \tau_{max} \quad \Rightarrow \quad \boxed{\tau_{max} = \dfrac{3}{2} \cdot \dfrac{Mt}{a \cdot e^2}}$

Cas du profil fermé simple

$$J = \frac{4 \cdot A^2}{\int_{(\Gamma)} \left(\frac{dl}{e}\right)} = \frac{4 \cdot A^2 \cdot e}{l_{(\Gamma)}} \quad \text{avec } l_{(\Gamma)} = 4a \quad \text{et } A = a^2 \quad \Rightarrow \quad \boxed{J = e \cdot a^3}$$

Contrainte uniforme : $Mt = 2 \cdot A \cdot \phi$ avec $\phi = \tau \cdot e \quad \Rightarrow \quad \boxed{\tau = \frac{Mt}{2 \cdot e \cdot a^2}}$

Cas du profil fermé cloisonné

- Ecriture des flux ϕ_i :

$$\frac{Mt}{G \cdot J} = \frac{1}{2 \cdot G \cdot A_i} \cdot \left\{ \int_{(\Gamma_i)} \frac{\phi_i}{e_i} \cdot dl \right\}$$

On a $A_1 = 2A_2 = \frac{2a^2}{3}$

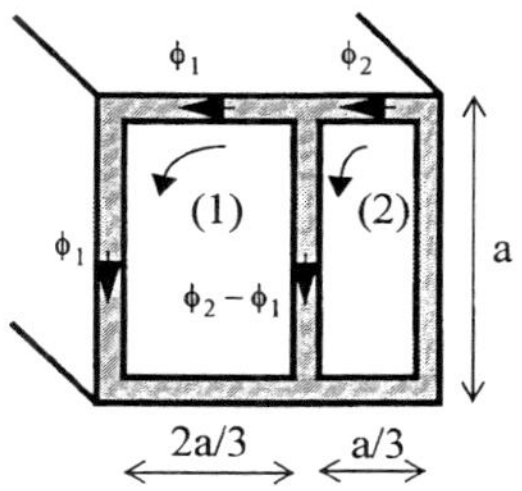

d'où :

$$\begin{cases} \dfrac{Mt}{G \cdot J} = \dfrac{3}{4Ga^2} \cdot \left\{ \dfrac{\phi_1}{e} \cdot \left(\dfrac{7a}{3}\right) + \dfrac{\phi_1 - \phi_2}{e} \cdot (a) \right\} \\ \dfrac{Mt}{G \cdot J} = \dfrac{3}{2Ga^2} \cdot \left\{ \dfrac{\phi_2}{e} \cdot \left(\dfrac{5a}{3}\right) + \dfrac{\phi_2 - \phi_1}{e} \cdot (a) \right\} \end{cases}$$

La résolution du système donne : $\phi_1 = \frac{38}{71} \cdot \frac{Mt \cdot a \cdot e}{J}$ et $\phi_2 = \frac{32}{71} \cdot \frac{Mt \cdot a \cdot e}{J}$

- On remplace l'expression des flux dans l'équation du moment.

$$Mt = 2 \cdot \sum_i A_i \cdot \phi_i \quad \Rightarrow \quad Mt = 2 \cdot \left\{ \frac{36}{71} \cdot \frac{Mt \cdot e \cdot a^3}{J} \right\} \quad \Rightarrow \quad \boxed{J = \frac{78}{71} \cdot e \cdot a^3}$$

- On calcule les contraintes dans toute coupure.

sur tout le contour extérieur : $\boxed{\tau_1 = \frac{\phi_1}{e} = \frac{38}{78} \cdot \frac{Mt}{e \cdot a^2}}$ et $\boxed{\tau_2 = \frac{\phi_2}{e} = \frac{32}{78} \cdot \frac{Mt}{e \cdot a^2}}$

sur la partie centrale : $\boxed{\tau_{12} = \frac{\phi_1 - \phi_2}{e} = \frac{6}{78} \cdot \frac{Mt}{e \cdot a^2} = \frac{1}{13} \cdot \frac{Mt}{e \cdot a^2}}$

RESULTAT

La rigidité d'une poutre à profil mince fermé est beaucoup plus grande que celle d'une poutre à profil mince ouvert.

$$\boxed{J = e \cdot a^3 \gg J = \frac{4}{3} \cdot a \cdot e^3}$$

Exercice 9 : Usinage d'une pièce entre pointes

ENONCE

On veut usiner un cylindre au tour et on envisage un montage de la pièce entre pointes que l'on modélise comme sur la figure.

On ne prend en compte que l'effet de l'effort de pénétration F_c.

Déterminer la forme usinée en considérant la déformabilité de la pièce.

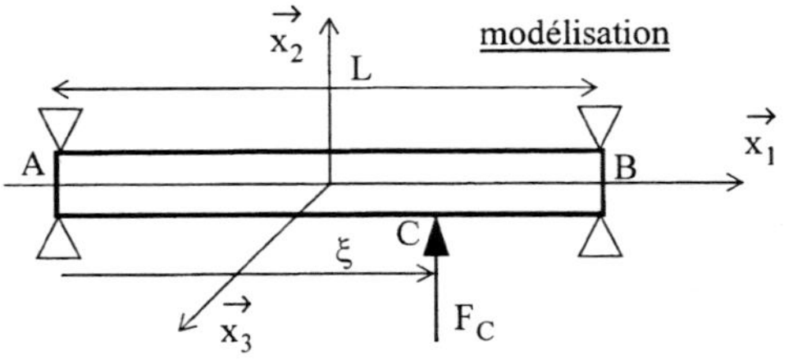

CONNAISSANCES ET MÉTHODES

$$\{\mathfrak{I}_{\text{efforts interieurs}}\} = \{\mathfrak{I}_{ext\rightarrow(II)}\} = -\{\mathfrak{I}_{ext\rightarrow(I)}\}$$

Flexion simple $\quad \dfrac{d^2u_2}{dx_1^2} = \dfrac{Mf_3}{E \cdot I/(G,\vec{x}_3)}$

- ***Calcul des composantes du torseur des efforts intérieurs.***
- ***Identification des sollicitations.***
- ***Calcul de la flèche au point P après avoir déterminé la déformée.***
- ***Caractérisation de la forme usinée.***

RESOLUTION

Calcul du torseur des efforts intérieurs

On isole la poutre

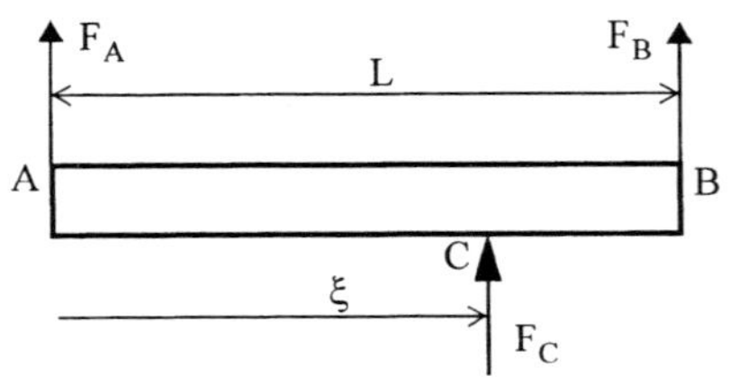

$$\text{Equilibre} \quad \begin{cases} \Sigma\overrightarrow{F_{ext\rightarrow AB}} = \vec{0} \\ \Sigma\overrightarrow{M_P(\overrightarrow{F_{ext\rightarrow AB}})} = \vec{0} \quad ,\forall P \end{cases}$$

On choisit le calcul du moment en A : $F_B \cdot L + F_C \cdot \xi = 0$ d'où $F_B = -\dfrac{\xi}{L} \cdot F_C$

Identification des sollicitations

$0 < x_1 < \xi \qquad T_2 = F_C + F_B = F_C \cdot \left(1 - \frac{\xi}{L}\right) \qquad Mf_3 = F_B \cdot (L - x_1) + F_C \cdot (\xi - x_1)$

$\xi < x_1 < L \qquad T_2 = F_B = -\frac{\xi}{L} \cdot F_C \qquad Mf_3 = F_B \cdot (L - x_1)$

Il s'agit d'une sollicitation de flexion simple.

Calcul de la flèche au point C

Différentes techniques peuvent être utilisées :

- calcul de la déformée (intégration de $\frac{d^2u_2}{dx_1^2} = \frac{Mf_3}{E \cdot I_3}$ par zones et raccordement)
- formules de Bresse
- on verra plus loin dans cet ouvrage la possibilité d'utiliser des méthodes énergétiques.

$0 < x_1 < \xi$

$$\frac{d^2u_2}{dx_1^2} = \frac{1}{E \cdot I_3} \cdot \{F_B \cdot (L - x_1) + F_C \cdot (\xi - x_1)\}$$

$$\frac{du_2}{dx_1} = \frac{1}{E \cdot I_3} \cdot \left\{F_B \cdot \left(Lx_1 - \frac{x_1^2}{2}\right) + F_C \cdot \left(\xi x_1 - \frac{x_1^2}{2}\right) + C_1\right\}$$

$$u_2 = \frac{1}{E \cdot I_3} \cdot \left\{F_B \cdot \left(L\frac{x_1^2}{2} - \frac{x_1^3}{6}\right) + F_C \cdot \left(\xi\frac{x_1^2}{2} - \frac{x_1^3}{6}\right) + C\,x_1 + C_2\right\}$$

$\xi < x_1 < L$

$$\frac{d^2u_2}{dx_1^2} = \frac{1}{E \cdot I_3} \cdot \{F_B \cdot (L - x_1)\}$$

$$\frac{du_2}{dx_1} = \frac{1}{E \cdot I_3} \cdot \left\{-F_B \cdot \frac{(L - x_1)^2}{2} + C_3\right\}$$

$$u_2 = \frac{1}{E \cdot I_3} \cdot \left\{F_B \cdot \frac{(L - x_1)^3}{6} - C_3(L - x_1) + C_4\right\}$$

L'intégration en concervant la variable $(L - x_1)$ *permet de traduire plus facilement la condition aux limites correspondant à* $x_1 = L$.

Nous prenons alors en compte les conditions de raccordement et les conditions aux limites :

$x_1 = 0 \qquad u_2(0) = 0 \Rightarrow C_2 = 0$

$x_1 = \xi \qquad \frac{du_2}{dx_1}$ et u_2 sont les mêmes au raccordement des deux zones

$x_1 = L \qquad u_2(L) = 0 \Rightarrow C_4 = 0$

Les conditions de raccordement donnent :

$$\left\{-F_B \cdot \frac{(L-\xi)^2}{2} + C_3\right\} = \left\{F_B \cdot \left(L\xi - \frac{\xi^2}{2}\right) + F_C \cdot \left(\frac{\xi^2}{2}\right) + C_1\right\}$$

$$\left\{F_B \cdot \frac{(L-\xi)^3}{6} - C_3(L-\xi)\right\} = \left\{F_B \cdot \left(L\frac{\xi^2}{2} - \frac{\xi^3}{6}\right) + F_C \cdot \left(\frac{\xi^3}{3}\right) + C_1\xi\right\}$$

d'où on tire $C_1 = -\frac{1}{3} \cdot (L-\xi) \cdot \left(L - \frac{\xi}{2}\right) \cdot F_B$ et $C_3 = (L-\xi) \cdot \left(\frac{L+\xi}{6}\right) \cdot F_B$

$$u_2(\xi) = \frac{1}{E \cdot I_3} \cdot \left\{F_B \cdot \frac{(L-\xi)^3}{6} - C_3(L-\xi) + C_4\right\} = \frac{F_B}{E \cdot I_3} \cdot \left\{\frac{(L-\xi)^3}{6} - \left(\frac{L+\xi}{6}\right)(L-\xi)^2\right\}$$

$$\boxed{u_2(\xi) = \frac{-F_B}{E \cdot I_3} \cdot \left\{\frac{\xi}{3} \cdot (L-\xi)^2\right\} = \frac{-F_C}{3L \cdot E \cdot I_3} \cdot \xi^2 \cdot (L-\xi)^2}$$

RESULTAT

La forme usinée sera donc :

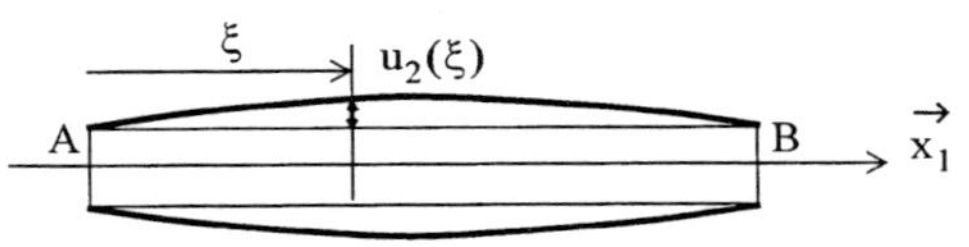

Exercice 10 : Usinage d'une pièce en tournage

ENONCE

On reprend l'opération de chariotage au tour mais cette fois en ayant un montage en mandrin modélisé par un encastrement.

Quelle est alors la forme usinée ?

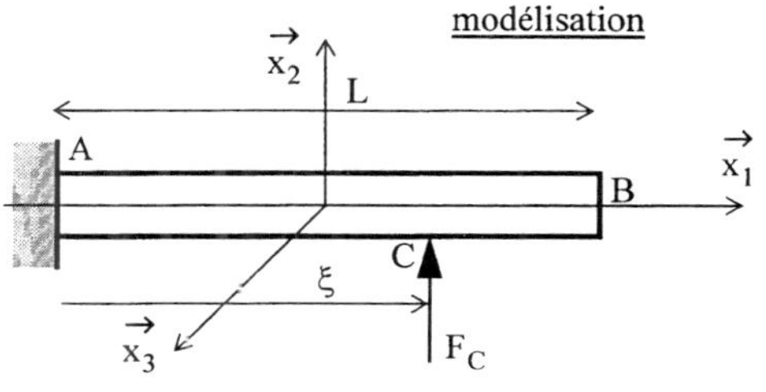

CONNAISSANCES ET MÉTHODES

$$\{\mathfrak{T}_{\text{efforts interieurs}}\} = \{\mathfrak{T}_{ext \rightarrow (II)}\} = -\{\mathfrak{T}_{ext \rightarrow (I)}\}$$

Flexion simple $\dfrac{d^2u_2}{dx_1^2} = \dfrac{Mf_3}{E \cdot I/_{(G,\vec{x}_3)}}$

- ***Calcul des composantes du torseur des efforts intérieurs.***
- ***Identification des sollicitations.***
- ***Calcul de la flèche au point P après avoir déterminé la déformée.***
- ***Caractérisation de la forme usinée.***

RESOLUTION

Calcul du torseur des efforts intérieurs

Liaisons encastrement en A.

→ Inconnues de liaison : X_A , Y_A , M_A.

On isole la poutre

En passant par la partie droite, il n'est pas utile de calculer les actions de liaison en A.

$$\{\mathfrak{T}_{\text{efforts interieurs}}\} = \{\mathfrak{T}_{ext \rightarrow (II)}\}$$

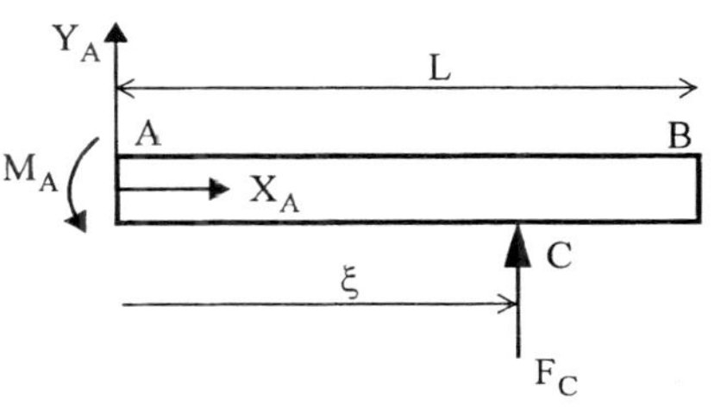

Identification des sollicitations

$$0 < x_1 < \xi \qquad \{\mathfrak{I}_{ext \to (II)}\} = \left\{ \begin{array}{c} F_C \cdot \vec{x_2} \\ F_C \cdot (\xi - x_1) \cdot \vec{x_3} \end{array} \right\}_G$$

$$\xi < x_1 < L \qquad \{\mathfrak{I}_{ext \to (II)}\} = \left\{ \begin{array}{c} \vec{0} \\ \vec{0} \end{array} \right\}_G$$

Il s'agit d'une sollicitation de flexion simple : $0 < x_1 < \xi \qquad Mf_3 = F_C \cdot (\xi - x_1)$.

Calcul de la flèche au point C

- calcul de la déformée (intégration de $\dfrac{d^2u_2}{dx_1^2} = \dfrac{Mf_3}{E \cdot I_3}$ par zones et raccordement)
- formules de Bresse

Choisissons la première voie.

$$\frac{d^2u_2}{dx_1^2} = \frac{1}{E \cdot I_3} \cdot \{F_C \cdot (\xi - x_1)\}$$

$$\frac{du_2}{dx_1} = \frac{1}{E \cdot I_3} \cdot \left\{F_C \cdot \left(\xi x_1 - \frac{x_1^2}{2}\right) + C_1\right\} \qquad x_1 = 0 : \frac{du_2(0)}{dx_1} = 0 \Rightarrow C_1 = 0$$

$$u_2 = \frac{1}{E \cdot I_3} \cdot \left\{F_C \cdot \left(\xi \frac{x_1^2}{2} - \frac{x_1^3}{6}\right) + C_2\right\} \qquad x_1 = 0 : u_2(0) = 0 \Rightarrow C_2 = 0$$

$$u_2(G) = \frac{1}{E \cdot I_3} \cdot \left\{F_C \cdot \left(\xi \frac{x_1^2}{2} - \frac{x_1^3}{6}\right)\right\} \qquad \text{d'où} \qquad \boxed{u_2(G) = \frac{F_C \cdot \xi^3}{3 \cdot E \cdot I_3}}$$

RESULTAT

La forme usinée sera donc :

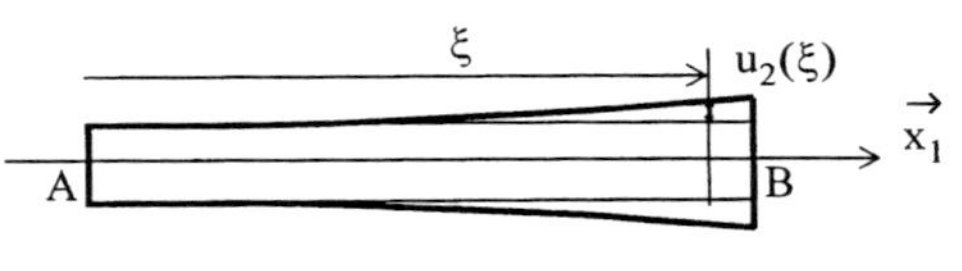

Exercice 11 : Comparaison de différents profils en flexion

ENONCE

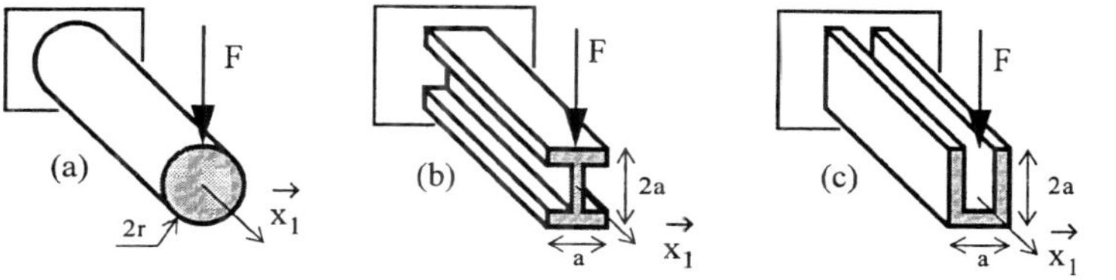

On considère les poutres définies ci-dessus de longueur L et soumises au même chargement.
On se propose de comparer la rigidité en flexion ainsi que la répartition des contraintes normales.

CONNAISSANCES ET MÉTHODES

Flexion : $\sigma_1 = \dfrac{-Mf_3}{I_{/(G,\vec{x}_3)}} \cdot x_2 \qquad \dfrac{d^2u_2}{dx_1^2} = \dfrac{Mf_3}{E \cdot I_3}$

Théorème d'Huyghens : $I_{/(A,\vec{x}_3)} = I_{/(G,\vec{x}_3)} + (A \cdot d^2)$ ***avec*** $d = \overrightarrow{AG} \cdot \vec{x}_2$

RESOLUTION

Etude préliminaire

Détermination du moment fléchissant et du déplacement de A

$\{\mathfrak{I}_{\text{efforts interieurs}}\} = \{\mathfrak{I}_{\text{ext} \rightarrow (\text{II})}\}$

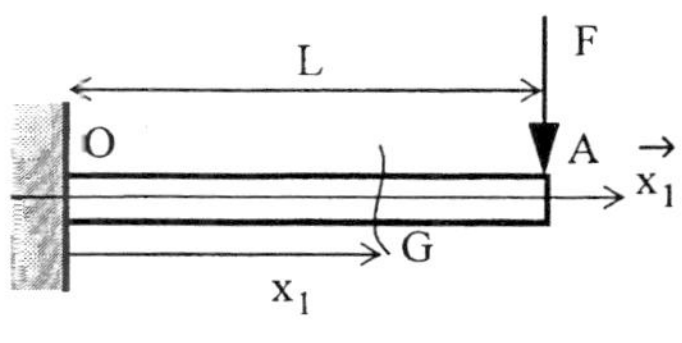

On déduit : $T_2 = -F \qquad Mf_3 = -F \cdot (L - x_1)$

Il s'agit bien d'une sollicitation de flexion simple.

$$(E \cdot I_3) \cdot \frac{d^2u_2}{dx_1^2} = Mf_3 = -F \cdot (L - x_1)$$

$$(E \cdot I_3) \cdot \frac{du_2}{dx_1} = -F \cdot \left(Lx_1 - \frac{x_1^2}{2}\right) + C_1 \qquad x_1 = 0 : \frac{du_2(0)}{dx_1} = 0 \Rightarrow C_1 = 0$$

$$(E \cdot I_3) \cdot u_2 = -F \cdot \left(L\frac{x_1^2}{2} - \frac{x_1^3}{6}\right) + C_2 \qquad x_1 = 0 : u_2(0) = 0 \Rightarrow C_2 = 0$$

D'où le déplacement de A : $u_2(A) = (u_2)_{x_1 = L} = -\dfrac{F \cdot L^3}{3 \cdot E \cdot I_3}$

Comparaison de la rigidité en flexion

L'étude précédente montre qu'elle est proportionnelle au moment quadratique $I_3 = I_{/(G,\vec{x}_3)}$.

→ section circulaire (a) :

$$I_{/(G,\vec{x}_3)(a)} = \frac{\pi\cdot(2r)^4}{64} = \frac{\pi\cdot r^4}{4}$$

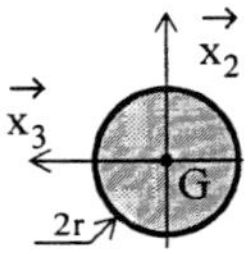

→ section en I (b) :

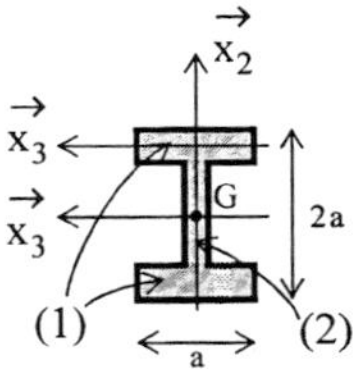

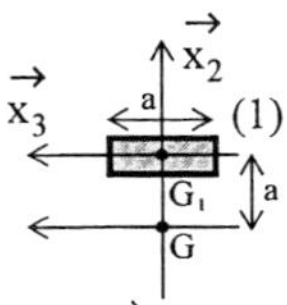

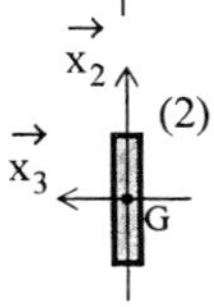

$$I_{/(G_1,\vec{x}_3)(1)} = \frac{ae^3}{12}$$

$$I_{/(G,\vec{x}_3)(1)} = I_{/(G_1,\vec{x}_3)(1)} + ea\cdot a^2$$

$$\Rightarrow \left(I_{/(G,\vec{x}_3)(1)}\right) \approx (e\cdot a^3)$$

$$I_{/(G,\vec{x}_3)(2)} = \frac{e(2a)^3}{12} = \frac{2}{3}\cdot ea^3$$

d'où : $I_{/(G,\vec{x}_3)(b)} = 2(I_{/(G,\vec{x}_3)(1)}) + I_{/(G,\vec{x}_3)(2)} = \frac{8}{3}\cdot ea^3$

→ section en U (c) :

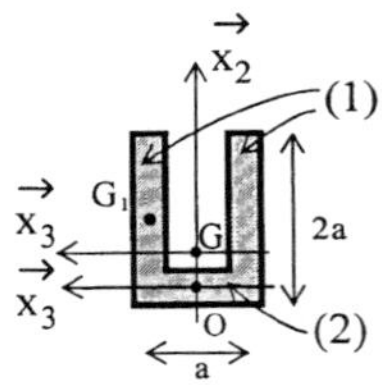

Recherche du centre de section G :

$(5ae)\cdot OG = 0 + 2\cdot(2ae)\cdot(\overrightarrow{OG_1}\cdot\vec{x}_2)$ d'où $OG = \frac{4}{5}\cdot a$

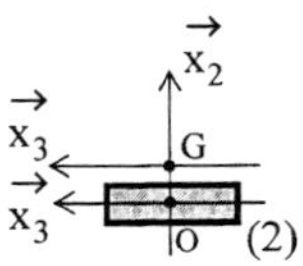

$$I_{/(O,\vec{x}_3)(2)} = \frac{ae^3}{12}$$

$$I_{/(G,\vec{x}_3)(2)} = I_{/(O,\vec{x}_3)(2)} + ea\cdot\left(\frac{4a}{5}\right)^2 \qquad \left(I_{/(G,\vec{x}_3)(2)}\right) \approx \frac{16}{25}\cdot(e\cdot a^3)$$

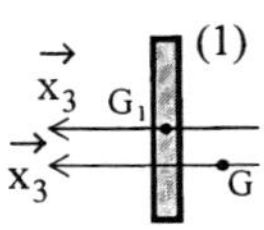

$$I_{/(G_1,\vec{x}_3)(1)} = \frac{e(2a)^3}{12} = \frac{2}{3}\cdot ea^3$$

$$I_{/(G,\vec{x}_3)(1)} = I_{/(G_1,\vec{x}_3)(1)} + 2ea\cdot\left(\frac{a}{5}\right)^2 \qquad \left(I_{/(G,\vec{x}_3)(1)}\right) \approx \frac{16}{15}\cdot(e\cdot a^3)$$

d'où : $I_{/(G,\vec{x}_3)(c)} = 2(I_{/(G,\vec{x}_3)(1)}) + I_{/(G,\vec{x}_3)(2)} = \frac{208}{75}\cdot ea^3$

RESULTATS

Pour une rigidité égale dans le cas des trois sections, on peut évaluer le gain de masse des poutres (b) et (c) par rapport à la poutre de section circulaire (a). (On se fixe a=10.e)

Section en I : $\frac{\pi \cdot r^4}{4} = \frac{8}{3} \cdot ea^3 \quad \Rightarrow \quad a = 1,31 \cdot r$

le rapport de masse correspond au rapport des aires des sections : $\boxed{\frac{m_{(a)}}{m_{(b)}} = \frac{\pi \cdot r^2}{4ae} = 4,58}$

Section en U : $\frac{\pi \cdot r^4}{4} = \frac{208}{75} \cdot ea^3 \quad \Rightarrow \quad a = 1,3 \cdot r$

le rapport de masse correspond au rapport des aires des sections : $\boxed{\frac{m_{(a)}}{m_{(c)}} = \frac{\pi \cdot r^2}{5ae} = 3,73}$

Répartition des contraintes dans les sections

Le moment fléchissant a une valeur maximale au niveau de l'encastrement pour $x_1 = 0$.

On a alors : $Mf_3 = F \cdot L$

section circulaire : $\sigma_1 = \frac{F \cdot L}{\frac{\pi \cdot r^4}{4}} \cdot x_2$

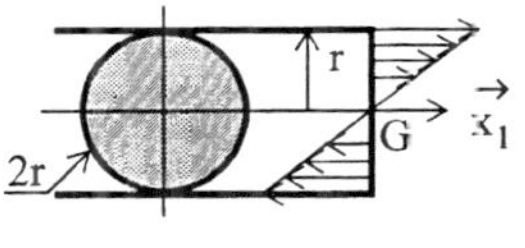

$\boxed{\sigma_{1(max)} = \frac{4 \cdot F \cdot L}{\pi \cdot r^3}}$

section en I : $\sigma_1 = \frac{F \cdot L}{\frac{8}{3} \cdot ea^3} \cdot x_2$

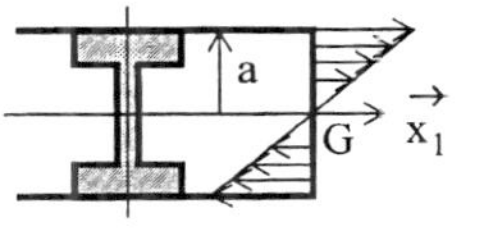

$\boxed{\sigma_{1(max)} = \frac{3 \cdot F \cdot L}{8 \cdot ea^2}}$

section en U : $\sigma_1 = \frac{F \cdot L}{\frac{208}{75} \cdot ea^3} \cdot x_2$

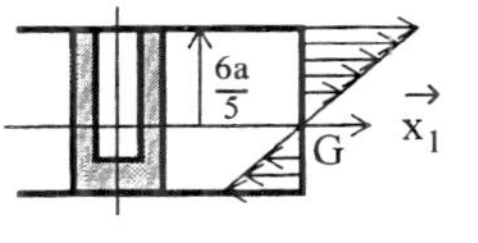

$\boxed{\sigma_{1(max)} = \frac{45 \cdot F \cdot L}{104 \cdot ea^2}}$

Exercice 12 : Cisaillement d'un profil mince

ENONCE

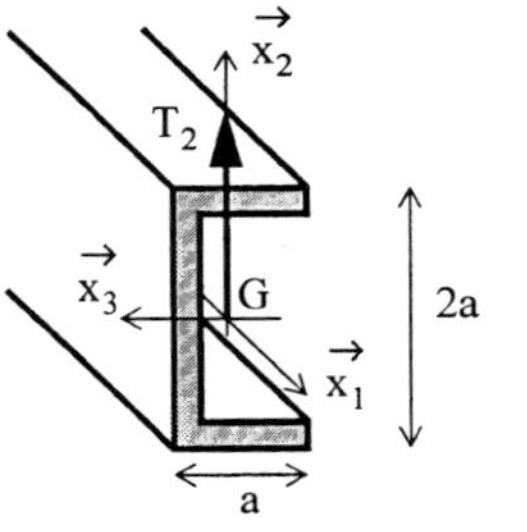

Le profil minced'épaisseur e représenté ci-contre est soumis à un effort tranchant T_2.

Après avoir défini la position du centre de section, calculer le champ des contraintes tangentielles.

Déterminer le centre de torsion et le coefficient de section réduite.

CONNAISSANCES ET MÉTHODES

Flux de cisaillement : $\phi = \tau \cdot e = -\dfrac{T_2}{I_3} \cdot A_3(D) + \phi_0$

Centre de torsion C : $\displaystyle\int_{(S)} (\overrightarrow{CM} \wedge \vec{\tau}) \cdot da = \vec{0}$

Coeff. de section réduite k_2 : $dW = \dfrac{1}{2} \cdot \left\{ \displaystyle\int_{(S)} \frac{\tau_2^2}{G} \cdot dx_2 \cdot dx_3 \right\} \cdot dx_1 = \dfrac{1}{2} \cdot k_2 \cdot \dfrac{T_2^2}{G \cdot A} \cdot dx_1$

RESOLUTION

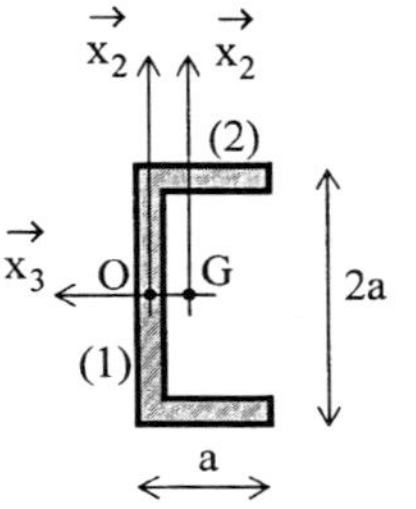

- centre de section

Formule du barycentre (e « a) :

$$(A(1) + 2A(2)) \cdot OG = A(1) \cdot OO + 2A(2) \cdot -\frac{a}{2}$$

d'où : $4ea \cdot OG = 2ea \cdot -\dfrac{a}{2}$ $\boxed{OG = -\dfrac{a}{4}}$

- contraintes tangentielles

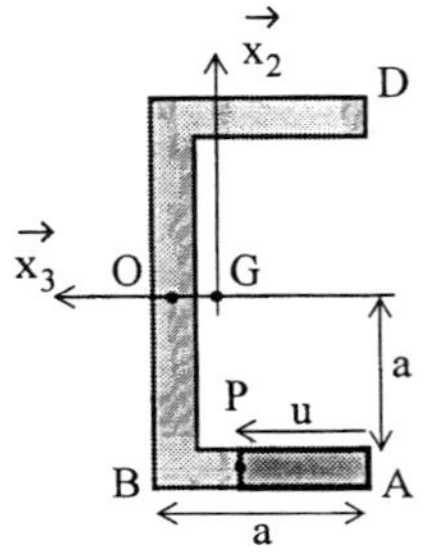

$$\boxed{\phi_{(P)} = \tau \cdot e = -\frac{T_2}{I_3} \cdot A_3(D) + \phi_{(A)}}$$

entre A et B

$\phi_{(A)} = 0$ (section ouverte)

$$\phi_{(P)} = -\frac{T_2}{I_3} \cdot \int_{\widehat{AP}} x_2 \cdot da = -\frac{T_2}{I_3} \cdot \int_0^u (-a) \cdot e\,du = \frac{T_2}{I_3} \cdot a \cdot e \cdot u$$

entre B et O

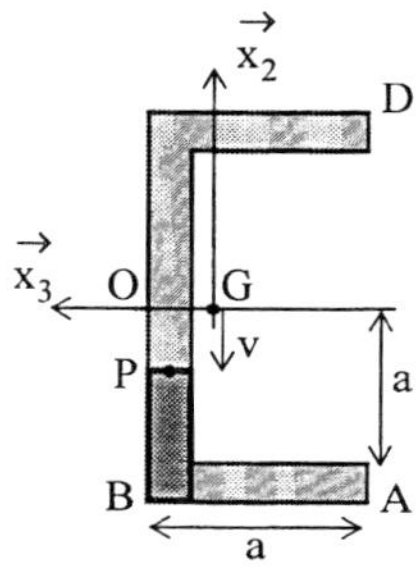

$$\phi_{(B)} = \frac{T_2}{I_3} \cdot a^2 \cdot e \quad \text{(d'après l'expression précédente)}$$

$$\phi_{(P)} = -\frac{T_2}{I_3} \cdot \int_{\widehat{BP}} x_2 \cdot da + \phi_{(B)}$$

$$\phi_{(P)} = \frac{T_2}{I_3} \cdot a^2 \cdot e - \frac{T_2}{I_3} \cdot \int_{-a}^{v} x_2 \cdot e dx_2 = \frac{T_2 \cdot e}{I_3} \cdot \left\{ a^2 - \left(\frac{v^2 - a^2}{2} \right) \right\}$$

$$\phi_{(P)} = \frac{T_2 \cdot e}{I_3} \cdot \left\{ a^2 - \left(\frac{v^2 - a^2}{2} \right) \right\} = \frac{T_2 \cdot e}{2 \cdot I_3} \cdot (3a^2 - v^2)$$

On trouve par ailleurs : $I_3 = I/(G, \vec{x}_3) = 2\left(\frac{ae^3}{12} + ea \cdot a^2 \right) + \frac{e(2a)^3}{12} \approx \frac{8}{3} \cdot ea^3$

Aire de la section : $A = 4ea$

RESULTATS

entre A et B : $\phi_{(P)} = \dfrac{T_2}{\frac{8}{3} \cdot ea^3} \cdot a \cdot e \cdot u \quad \Rightarrow \quad \boxed{\tau_{(P)} = \frac{3}{2} \cdot \frac{T_2}{A} \cdot \frac{u}{a}}$

entre B et O : $\phi_{(P)} = \dfrac{T_2 \cdot e}{2 \cdot \frac{8}{3} \cdot ea^3} \cdot (3a^2 - v^2) \quad \Rightarrow \quad \boxed{\tau_{(P)} = \frac{9}{4} \cdot \frac{T_2}{A} \cdot \left(1 - \frac{v^2}{3a^2} \right)}$

entre O et D, la distribution des contraintes est la même que celle obtenue entre O et A (symétrie).

La contrainte tangentielle maximale est obtenue au point O : $\boxed{\tau_{max} = \tau_{(O)} = \frac{9}{4} \cdot \frac{T_2}{A}}$

- centre de torsion C

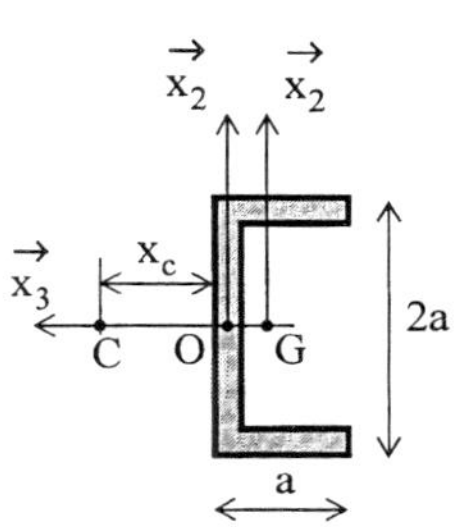

C est tel que : $\boxed{\int_{(S)} (\overrightarrow{CP} \wedge \vec{\tau}) \cdot da = \vec{0}}$ ou

$$\int_{(S)} (\overrightarrow{OP} \wedge \vec{\tau}) \cdot da = \int_{(S)} (\overrightarrow{OC} \wedge \vec{\tau}) \cdot da = \overrightarrow{OC} \wedge (T_2 \cdot \vec{x}_2)$$

Si $\overrightarrow{OC} = x_c \cdot \vec{x}_3$, <u>on cherche x_c tel que :</u> $\int_{(S)} (\overrightarrow{OP} \wedge \vec{\tau}) \cdot da = -(x_c \cdot T_2) \cdot \vec{x}_1$

Le produit vextoriel sur le domaine BB' est nul

Il reste donc à intégrer deux fois sur AB étant donnée la symétrie.

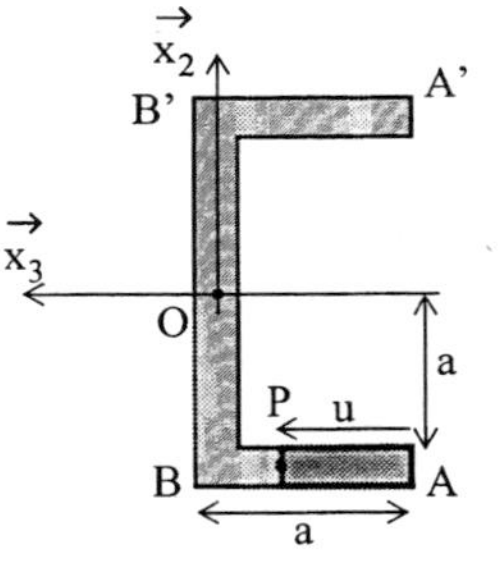

$$2\left[\int_{(S)}\left\{(-a\vec{x}_2-(a-u)\vec{x}_3)\wedge\left(\frac{3}{2}\cdot\frac{T_2}{A}\cdot\frac{u}{a}\right)\vec{x}_3\right\}\cdot da\right] = -(x_c\cdot T_2)\cdot\vec{x}_1$$

$$\Rightarrow \quad 2\left[\int_0^a -\left(\frac{3}{2}\cdot\frac{T_2}{A}\cdot u\right)\cdot e\,du\right] = -(x_c\cdot T_2)$$

$$\text{d'où :} \quad x_c = 3\cdot\frac{a^2e}{2A} = \frac{3}{8}\cdot a$$

RESULTATS

Le centre de torsion se situe à : $\boxed{x_c = \frac{3}{8}\cdot a}$

❐ coefficient de section réduite k_2

k_2 est tel que : $dW = \frac{1}{2}\cdot\left\{\int_{(S)}\frac{\tau_2^2}{G}\cdot dx_2\cdot dx_3\right\}\cdot dx_1 = \frac{1}{2}\cdot k_2\cdot\frac{T_2^2}{G\cdot A}\cdot dx_1$

$$\text{d'où} \quad k_2 = \frac{\int_{(S)}\tau_{(P)}^2\cdot dx_2\cdot dx_3}{T_2^2/A}$$

Etant donnée la symétrie, on intègre deux fois sur AB et sur BO.

$$k_2 = \frac{A}{T_2^2}\cdot\left\{\left(\int_0^a\left(\frac{3}{2}\cdot\frac{T_2}{A}\cdot\frac{u}{a}\right)^2 e\,du\right)+\left(\int_{-a}^0\left(\frac{9}{4}\cdot\frac{T_2}{A}\cdot\left(1-\frac{v^2}{3a^2}\right)\right)^2 e\,dv\right)\right\}$$

$$k_2 = \frac{1}{A}\cdot\left\{\frac{9}{4}\left(\int_0^a\left(\frac{u}{a}\right)^2 e\,du\right)+\frac{81}{16}\left(\int_{-a}^0\left(1-\frac{v^2}{3a^2}\right)^2 e\,dv\right)\right\} = \frac{1}{A}\cdot\left\{\frac{9}{4}\left(\frac{ae}{3}\right)+\frac{81}{16}\left(\frac{34ae}{45}\right)\right\} = 1,14$$

RESULTATS

Le coefficient de section réduite vaut : $\boxed{k_2 = 1,14}$

CHAPITRE 3 / SOLLICITATIONS COMPOSEES

1- DÉFINITION

- résultent de l'application de forces extérieures entraînant simultanément de la flexion, de la torsion, de la traction, ...
- on applique le principe de superposition sous réserve de sa validité.

2- DIFFÉRENTES SITUATIONS

2-1- Flexion déviée

Définition : $\{\Im_{\text{efforts interieurs}}\} \Rightarrow \left\{ \begin{array}{c} \vec{0} \\ Mf_2\,\vec{x_2} + Mf_3\,\vec{x_3} \end{array} \right\}_G$

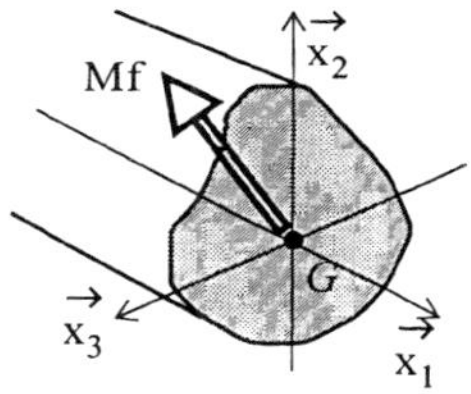

Le moment fléchissant résultant n'est pas porté par un axe principal de la section.
On néglige les effets dûs aux efforts tranchants.

les axes $\vec{x_2}$ et $\vec{x_3}$ sont axes principaux d inertie.

*Pour une **section circulaire**, tout axe passant par G est axe principal (la flexion déviée n'existe pas).*

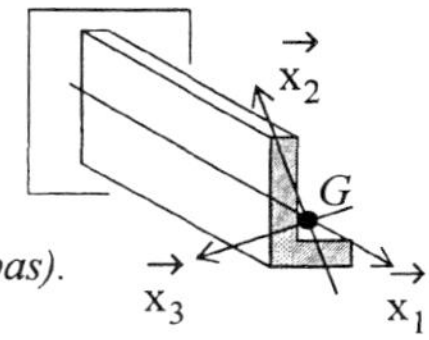

Contraintes $\sigma_1 = -\dfrac{Mf_3}{I_3} \cdot x_2 + \dfrac{Mf_2}{I_2} \cdot x_3$

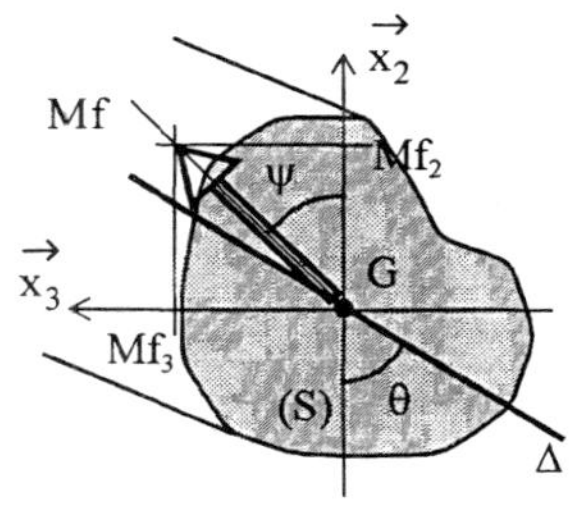

On définit l'axe neutre Δ lieu des points de contraintes nulles.

Sur la figure, $\sigma_1 = Mf \cdot \left\{ \dfrac{x_3 \cdot \cos\psi}{I_2} - \dfrac{x_2 \cdot \sin\psi}{I_3} \right\}$

L'axe neutre Δ est tel que $tg\theta = \dfrac{x_3}{x_2} = \dfrac{I_2}{I_3} \cdot tg\psi$

- Déformations

$$\frac{d^2u_2}{dx_1^2} = \frac{Mf_3}{E \cdot I_3} \qquad \frac{d^2u_3}{dx_1^2} = -\frac{Mf_2}{E \cdot I_2}$$

2-2- Flexion-Traction

- Définition

$$\{\mathfrak{I}_{\text{efforts interieurs}}\} \Rightarrow \left\{ \begin{array}{c} N \cdot \vec{x}_1 \\ Mf_2\,\vec{x}_2 + Mf_3\,\vec{x}_3 \end{array} \right\}_G$$

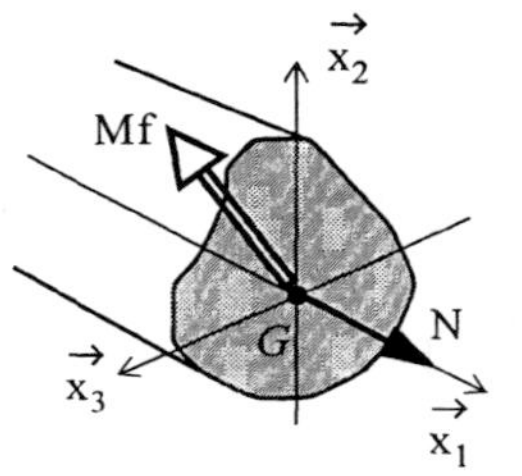

- Contraintes

$$\sigma_1 = \frac{N}{A} - \frac{Mf_3}{I_3} \cdot x_2 + \frac{Mf_2}{I_2} \cdot x_3$$

Visualisation des contraintes dans une section droite dans le cas où $Mf_2=0$

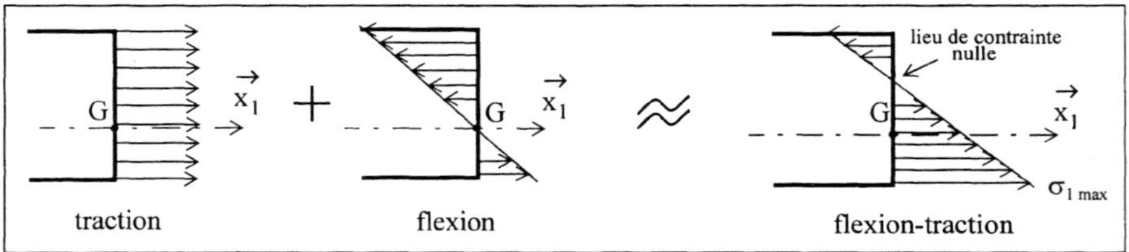

- Déformations

$$\left\{ \begin{array}{l} \varepsilon_1 = \dfrac{du_1}{dx_1} = \dfrac{N}{E \cdot A} \\[2ex] \dfrac{d^2u_2}{dx_1^2} = \dfrac{Mf_3}{E \cdot I_3} \quad ; \quad \dfrac{d^2u_3}{dx_1^2} = -\dfrac{Mf_2}{E \cdot I_2} \end{array} \right.$$

← allongement dû à l'effort normal

← déplacements dûs aux moments fléchissants

2-3-Flexion-torsion

Définition

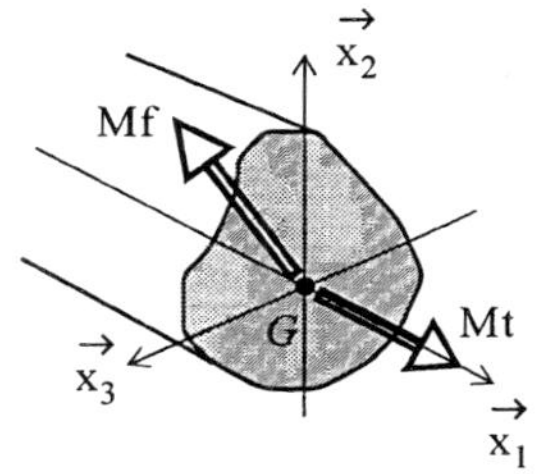

$$\{\Im_{\text{efforts interieurs}}\} \Rightarrow \left\{ \begin{matrix} \vec{0} \\ Mt\,\vec{x_1} + Mf_2\,\vec{x_2} + Mf_3\,\vec{x_3} \end{matrix} \right\}_G$$

Contraintes dans le cas des arbres cylindriques ($Mf_2=0$)

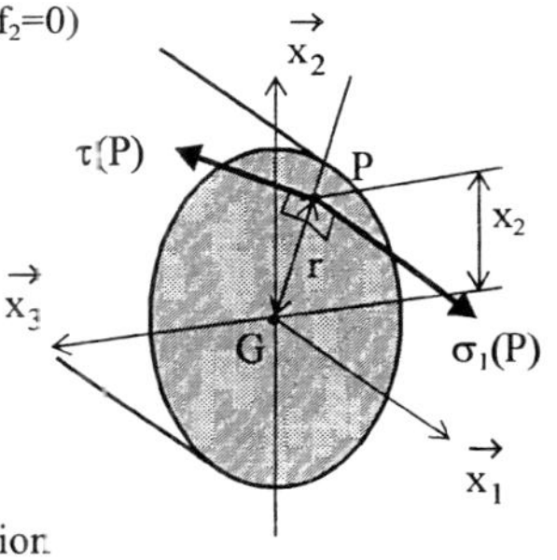

$$\begin{cases} \tau = \dfrac{Mt}{I_0} \cdot r \\ \sigma_1 = -\dfrac{Mf_3}{I_3} \cdot x_2 \end{cases}$$

On peut alors calculer les contraintes maximales (l'explication sera précisée lors de l'étude des cercles de Mohr).

$$\begin{cases} (\sigma_n)_{maxi} = \dfrac{1}{2} \cdot (\sigma_1)_{maxi} + \dfrac{1}{2} \cdot \sqrt{((\sigma_1)_{maxi})^2 + 4 \cdot (\tau_{maxi})^2} \\ (\tau)_{maxi} = \dfrac{1}{2} \cdot \sqrt{((\sigma_1)_{maxi})^2 + 4 \cdot (\tau_{maxi})^2} \end{cases}$$

← contrainte normale maximale (première ligne)

↑ contrainte tangentielle maximale (deuxième ligne)

Déformations

$$\begin{cases} \dfrac{d\theta_1}{dx_1} = \dfrac{Mt}{G \cdot I_0} \\ \dfrac{d\theta_3}{dx_1} = \dfrac{d^2u_2}{dx_1^2} = \dfrac{Mf_3}{E \cdot I_3} \end{cases}$$

← rotation de la section droite autour de Gx_1 dûe au moment de torsion (première ligne)

↑ déplacement de la section droite dû au moment de flexion (deuxième ligne)

3- FORMULES DE BRESSE

- Elles proviennent de l'intégration des relations liant les déformations et les composantes du torseur des efforts intérieurs.

- Elles ont pour fonction de donner le déplacement et la rotation d'une section quelconque connaissant la rotation et le déplacement d'une section particulière.

Torseur des déformations

$$\gamma_1{}^* = \frac{d\theta_1}{dx_1} = \frac{Mt}{G \cdot I_0} \qquad \gamma_2{}^* = \frac{d\theta_2}{dx_1} = \frac{Mf_2}{E \cdot I_2} \qquad \gamma_3{}^* = \frac{d\theta_3}{dx_1} = \frac{Mf_3}{E \cdot I_3}$$

$$\varepsilon_1{}^* = \frac{du_1}{dx_1} = \frac{N}{E \cdot A} \qquad \varepsilon_2{}^* = \frac{du_2}{dx_1} = \frac{T_2}{G \cdot S_{2_{red}}} \qquad \varepsilon_3{}^* = \frac{du_3}{dx_1} = \frac{T_3}{G \cdot S_{3_{red}}}$$

$$\begin{cases} \vec{\gamma}^* = \gamma_1{}^* \cdot \vec{x}_1 + \gamma_2{}^* \cdot \vec{x}_2 + \gamma_3{}^* \cdot \vec{x}_3 = \left[\dfrac{Mt}{G \cdot I_0} \cdot \vec{x}_1 + \dfrac{Mf_2}{E \cdot I_2} \cdot \vec{x}_2 + \dfrac{Mf_3}{E \cdot I_3} \cdot \vec{x}_3\right] \\ \vec{\varepsilon}^* = \varepsilon_1{}^* \cdot \vec{x}_1 + \varepsilon_2{}^* \cdot \vec{x}_2 + \varepsilon_3{}^* \cdot \vec{x}_3 = \left[\dfrac{N}{E \cdot A} \cdot \vec{x}_1 + \dfrac{T_2}{G \cdot S_{2_{red}}} \cdot \vec{x}_2 + \dfrac{T_3}{G \cdot S_{3_{red}}} \cdot \vec{x}_3\right] \end{cases}$$

Torseur des déplacements

$$\begin{cases} \vec{\theta} = \theta_1 \cdot \vec{x}_1 + \theta_2 \cdot \vec{x}_2 + \theta_3 \cdot \vec{x}_3 & \longleftarrow \text{rotation d'une section droite} \\ \vec{u} = u_1 \cdot \vec{x}_1 + u_2 \cdot \vec{x}_2 + u_3 \cdot \vec{x}_3 & \longleftarrow \text{déplacement du point G d'une section droite} \end{cases}$$

Formules de Bresse

$$\vec{\theta}_B = \vec{\theta}_A + \left\{ \int_{\widehat{AB}} \vec{\gamma}^* \cdot dx_1 \right\}$$

$$\vec{u}_B = \vec{u}_A + \left\{ \vec{\theta}_A \wedge \overrightarrow{AB} \right\} + \left\{ \int_{\widehat{AB}} \vec{\varepsilon}^* \cdot dx_1 \right\} + \left\{ \int_{\widehat{AB}} [\vec{\gamma}^* \wedge \overrightarrow{GB}] \cdot dx_1 \right\}$$

Dans la plupart des cas, on néglige les déformations dûes à T_2 et à T_3 devant celles dûes aux moments Mt, Mf_2 et Mf_3.

CHAPITRE 3 / EXERCICES

Exercice 1 : Arbre de transmission (Flexion-Torsion)

ENONCE

Un arbre de transmission est monté comme indiqué sur la figure ci-dessus.
Son diamètre en B est d.

Déterminer l'état des contraintes dans la section B.

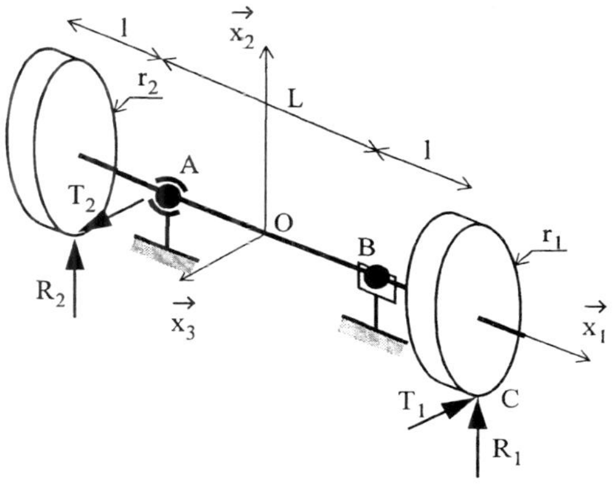

CONNAISSANCES ET MÉTHODES

Sollicitations composées : $\tau = \dfrac{Mt}{I_0} \cdot r \qquad \sigma_1 = -\dfrac{Mf_3}{I_3} \cdot x_2$

→ ***Calcul du torseur des efforts intérieurs.***

→ ***Identification des sollicitations.***

→ ***Etat des contraintes dans les sections les plus sollicitées.***

RESOLUTION

$\{\Im_{\text{efforts interieurs}}\} = \{\Im_{ext \to (II)}\}$ ← torseur des forces extérieures appliquées dans la région au delà de B.

$$\{\Im_{ext \to (II)}\} = \left\{ \begin{matrix} R_1 \cdot \vec{x}_2 - T_1 \cdot \vec{x}_3 \\ \vec{0} \end{matrix} \right\}_C$$

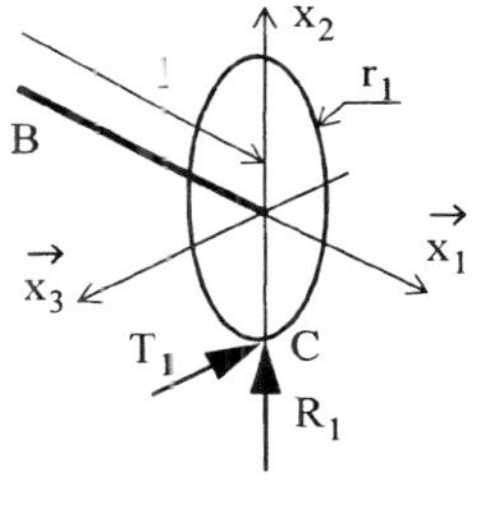

$$\{\Im_{ext \to (II)}\} = \left\{ \begin{array}{c} R_1 \cdot \vec{x_2} - T_1 \cdot \vec{x_3} \\ \overrightarrow{BC} \wedge (R_1 \cdot \vec{x_2} - T_1 \cdot \vec{x_3}) \end{array} \right\}_B = \left\{ \begin{array}{c} R_1 \cdot \vec{x_2} - T_1 \cdot \vec{x_3} \\ R_1 \cdot l \cdot \vec{x_3} + T_1 \cdot r_1 \cdot \vec{x_1} \end{array} \right\}_B$$

Mis à part les effets de l'effort tranchant sur $\vec{x_2}$ et sur $\vec{x_3}$, on constate

- une sollicitation en torsion (suivant $\vec{x_1}$) : $Mt = T_1 \cdot r_1$
- une sollicitation en flexion (suivant $\vec{x_3}$) : $Mf_3 = R_1 \cdot l$.

Concernant la torsion, la contrainte tangentielle s'écrit : $\tau = \frac{Mt}{I_0} \cdot r$ avec $I_0 = \frac{\pi \cdot d^4}{32}$

Concernant la flexion, la contrainte normale s'écrit : $\sigma_1 = -\frac{Mf_3}{I_3} \cdot x_2$ avec $I_3 = \frac{\pi \cdot d^4}{64}$

RESULTAT

En négligeant l'effet de l'effort tranchant et en se plaçant à la périphérie de l'arbre de transmission :

Flexion : $\sigma_1 = -\frac{32 \cdot R_1 \cdot l}{\pi \cdot d^3}$

Torsion : $\tau = \frac{16 \cdot T_1 \cdot r_1}{\pi \cdot d^3}$

Exercice 2 : Rigidité d'une lame d'inclinaison variable

ENONCE

On considère une lame plane flexible de longueur L et d'inclinaison variable α.
Elle est encastrée en O et soumise à un effort F à son extrémité A comme l'indique la figure ci-contre.

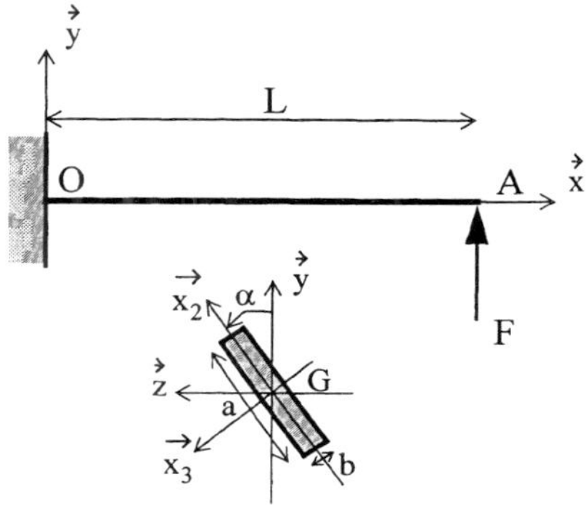

Exprimer la rigidité en flexion de la lame en fonction de α.

CONNAISSANCES ET MÉTHODES

Flexion déviée

→ ***Calcul des composantes du torseur des efforts intérieurs.***

Il est nécessaire de se placer dans le repère local $(G, \vec{x}, \vec{x}_2, \vec{x}_3)$

→ ***Calcul des composantes de déplacement du point A.***

→ ***Calcul de la rigidité en flexion de la lame.***

RESOLUTION

❐ Calcul du torseur des efforts intérieurs

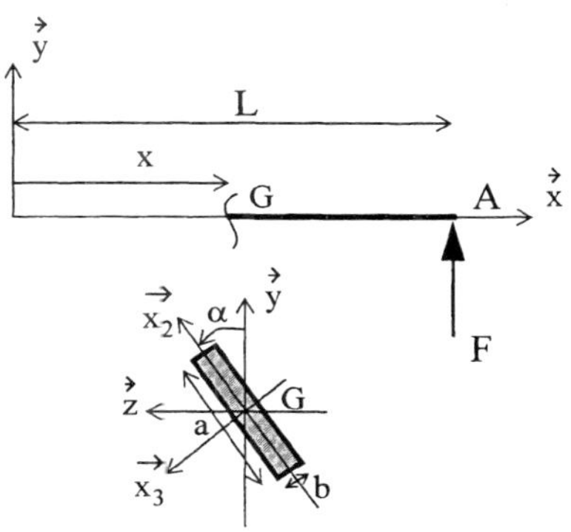

$$\{\Im_{\text{efforts interieurs}}\} = \{\Im_{\text{ext} \to (\text{II})}\}$$

On déduit :
$$\overrightarrow{R(x)} = F \cdot \vec{y}$$
$$\overrightarrow{Mf(x)} = F \cdot (L - x) \cdot \vec{z}$$

Dans le repère local $(G, \vec{x}, \vec{x}_2, \vec{x}_3)$, on trouve : $\begin{cases} T_2 = F \cdot \cos\alpha \\ T_3 = -F \cdot \sin\alpha \end{cases}$ et $\begin{cases} Mf_2 = F \cdot (L-x) \cdot \sin\alpha \\ Mf_3 = F \cdot (L-x) \cdot \cos\alpha \end{cases}$

Les contraintes normales en G s'écrivent :

$$\sigma_1 = -\frac{Mf_3}{I_3} \cdot x_2 + \frac{Mf_2}{I_2} \cdot x_3 = F \cdot (L-x) \cdot \left\{ \frac{x_3}{I_2} \sin\alpha - \frac{x_2}{I_3} \cos\alpha \right\}$$

La distribution de contraintes est maximale au point O.

$$I_2 = \frac{ba^3}{12} \text{ et } I_3 = \frac{ab^3}{12} \quad \Rightarrow \quad \boxed{\sigma_1(O) = \frac{12FL}{ab} \cdot \left\{ \frac{x_3}{b^2} \sin\alpha - \frac{x_2}{a^2} \cos\alpha \right\}}$$

Le lieu de contraintes nulles est tel que : $\frac{x_3}{b^2} \sin\alpha - \frac{x_2}{a^2} \cos\alpha = 0$

D'où : $\frac{x_2}{x_3} = tg(\delta) = \left(\frac{a}{b}\right)^2 \cdot tg(\alpha)$

Cas d'une section carrée : $a = b \quad \Rightarrow \quad \boxed{\delta = \alpha}$

Cas d'une section telle que $a = 2b$: $\Rightarrow \quad \boxed{tg(\delta) = 4tg(\alpha)}$

Pour $\alpha = \frac{\pi}{4}$, on trouve $\delta = 76°$

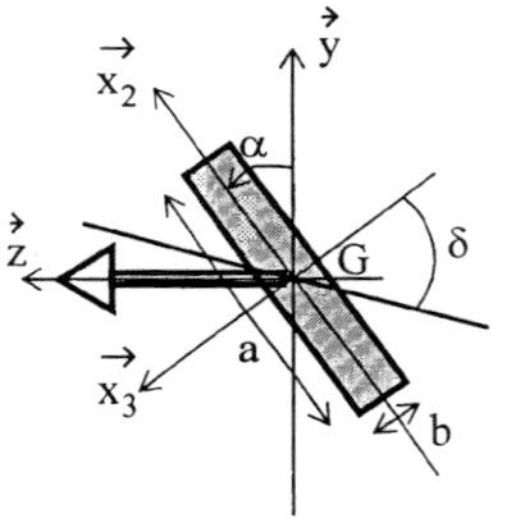

Calcul des déformations

On a : $\frac{d^2u_2}{dx_1^2} = \frac{Mf_3}{E \cdot I_3}$ et $\frac{d^2u_3}{dx_1^2} = -\frac{Mf_2}{E \cdot I_2}$

$$\frac{d^2u_2}{dx_1^2} = \frac{F \cdot \cos\alpha}{E \cdot I_3} \cdot (L-x) \quad \Rightarrow \quad \frac{du_2}{dx_1} = \frac{F \cdot \cos\alpha}{E \cdot I_3} \cdot \left(Lx - \frac{x^2}{2}\right) \quad \text{car} \quad \frac{du_2}{dx_1}(0) = 0$$

$$\Rightarrow \quad u_2 = \frac{F \cdot \cos\alpha}{E \cdot I_3} \cdot \left(L\frac{x^2}{2} - \frac{x^3}{6}\right) \quad \text{car} \quad u_2(0) = 0$$

Le déplacement suivant $\vec{x}_2$ du point A est donc : $\boxed{u_2(A) = \frac{F \cdot \cos\alpha \cdot L^3}{3 \cdot E \cdot I_3}}$

Par analogie, le déplacement suivant $\vec{x_3}$ du point A est : $$u_3(A) = -\frac{F \cdot \sin\alpha \cdot L^3}{3 \cdot E \cdot I_2}$$

Calcul de la rigidité

Il faut calculer la projection du déplacement de A sur la droite d'action de l'effort F.

$$\overrightarrow{u(A)} \cdot \vec{y} = (u_2(A) \cdot \cos\alpha) - (u_3(A) \cdot \sin\alpha) = \frac{F \cdot L^3}{3 \cdot E} \cdot \left\{ \frac{(\cos\alpha)^2}{I_3} + \frac{(\sin\alpha)^2}{I_2} \right\}$$

$$I_2 = \frac{ba^3}{12} \quad \text{et} \quad I_3 = \frac{ab^3}{12} \qquad \Rightarrow \qquad u_y(A) = \frac{4FL^3}{E \cdot a^3 b^3} \cdot \{(a\cos\alpha)^2 + (b\sin\alpha)^2\}$$

RESULTAT

La rigidité en flexion de la lame vaut donc : $$k = \frac{E \cdot a^3 \cdot b^3}{4L^3 \cdot \{(a\cos\alpha)^2 + (b\sin\alpha)^2\}}$$

Dans le cas où $a = 2b$, on trouve : $$k = \frac{2 \cdot E \cdot b^4}{L^3 \cdot \{1 + 3(\cos\alpha)^2\}}$$

Le rapport des rigidités entre 0 et $\frac{\pi}{2}$ vaut alors : $$\frac{k_{(\alpha = 0)}}{k_{\left(\alpha = \frac{\pi}{2}\right)}} = \frac{1}{4}$$

Exercice 3 : Flexion d'une poutre en béton

ENONCE

On considère une poutre en béton précontraint de section carrée et de longueur L, montée sur deux appuis A et B.
Elle est soumise à une charge répartie uniforme p.

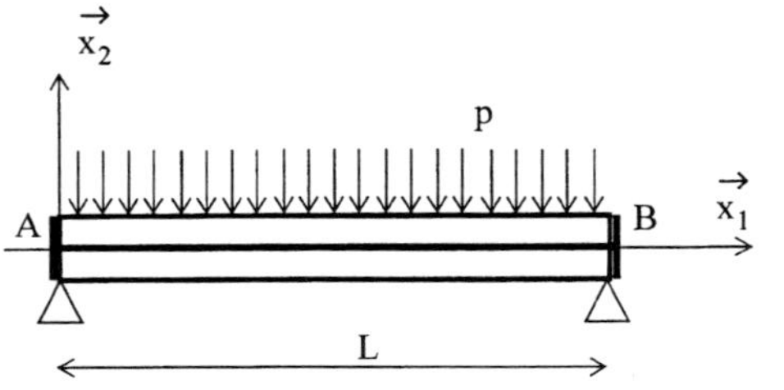

Déterminer la valeur de la précontrainte F_0 pour que la poutre ne travaille qu'en compression.

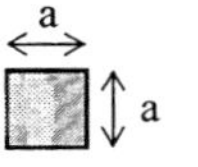

CONNAISSANCES ET MÉTHODES

Flexion - Traction $\sigma_1 = \dfrac{N}{A} - \dfrac{Mf_3}{I_3} \cdot x_2$

→ ***Calcul des actions de liaisons en A et B.***

→ ***Calcul du torseur des efforts intérieurs.***

→ ***Détermination de la section de moment fléchissant maximal.***

→ ***Calcul de la contrainte normale dans cette section.***

RESOLUTION

❐ Calcul des actions de liaisons.

On isole la poutre (AB) avec l'armature

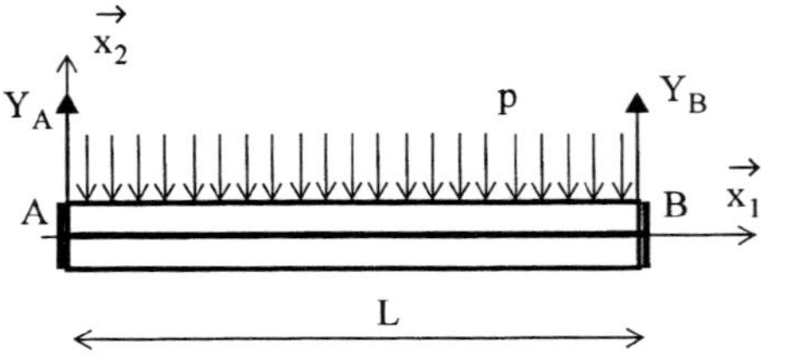

Equilibre $\Rightarrow$ $Y_A = Y_B = \dfrac{pL}{2}$

❐ Calcul du torseur des efforts intérieurs.

$\{\mathfrak{I}_{\text{efforts interieurs}}\} = -\{\mathfrak{I}_{\text{ext} \rightarrow (I)}\}$

On déduit : $\begin{cases} N = -\{F_0\} \\ Mf_3 = -\left\{\dfrac{px_1^2}{2} - \dfrac{pL}{2}x_1\right\} = \dfrac{p \cdot x_1 \cdot (L - x_1)}{2} \end{cases}$

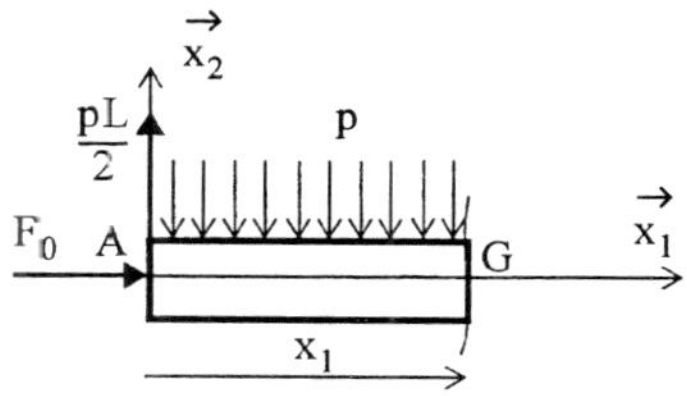

Contraintes normales dans la section la plus sollicitée.

Le moment fléchissant est maximal au milieu de (AB) : $Mf_{3max} = \dfrac{pL^2}{8}$

On en déduit : $\sigma_1 = \dfrac{N}{A} - \dfrac{Mf_3}{I_3} \cdot x_2 = -\left(\dfrac{F_0}{A}\right) - \left(\dfrac{pL^2}{8I_3} \cdot x_2\right)$

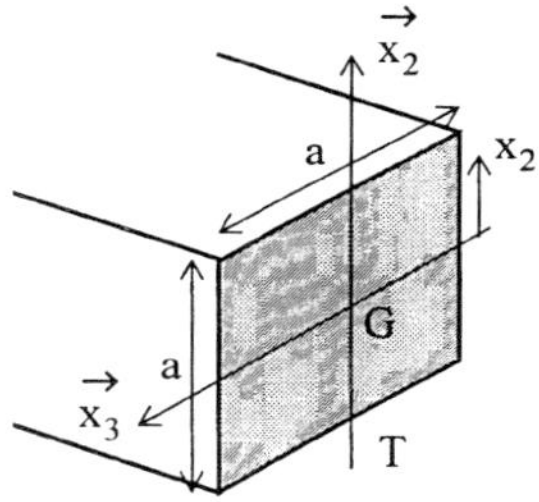

$\begin{cases} A = a^2 \\ I_3 = \dfrac{a^4}{12} \end{cases} \Rightarrow \sigma_1 = -\left(\dfrac{F_0}{a^2}\right) - \left(\dfrac{3pL^2}{2a^4} \cdot x_2\right)$

Sans précontrainte, la base de la poutre travaille en traction.

$\Rightarrow$ *Pour* $x_2 = -\dfrac{a}{2}$*, on souhaite avoir de la compression pour éviter la fissuration du béton.*

On a alors : $\boxed{\sigma_1 = \dfrac{3pL^2 - 4aF_0}{4a^3}}$

La condition de travail en compression s'écrit : $\sigma_1 < 0$ d'où $F_0 > \dfrac{3pL^2}{4a}$

RESULTAT

La valeur minimale de la précontrainte pour que la poutre ne travaille qu'en compression est :

$$\boxed{F_0 = \dfrac{3 \cdot p \cdot L^2}{4 \cdot a}}$$

Exercice 4 : Usinage d'une pièce entre pointes

ENONCE

On reprend l'exercice du chapitre 2 en utilisant les formules de Bresse.

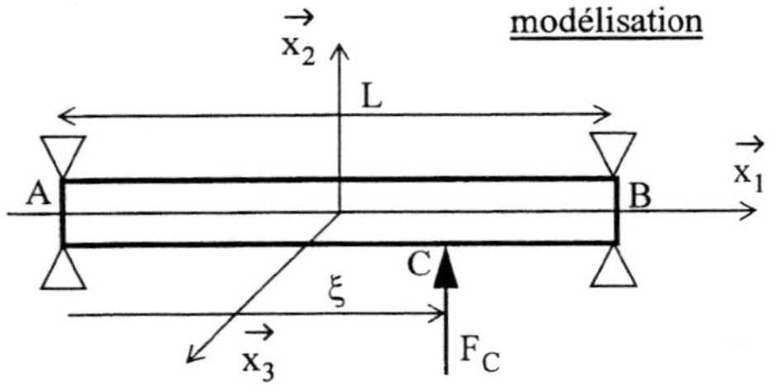

CONNAISSANCES ET MÉTHODES

Résultats du chapitre 2.
Formules de Bresse.

→ ***Calcul des composantes du torseur des efforts intérieurs (voir ch2).***

→ ***Identification des sollicitations (voir ch2).***

→ ***Calcul de la flèche au point courant P en utilisant les formules de Bresse.***

→ ***Caractérisation de la forme usinée.***

RESOLUTION

$$\vec{u}_C = \underset{=\vec{0}}{\vec{u}_A} + \left\{ \underset{\text{inconnu}}{\vec{\theta}_A} \wedge \overrightarrow{AC} \right\} + \left\{ \int_{\widehat{AC}} [\vec{\gamma}^* \wedge \overrightarrow{GC}] \cdot dx_1 \right\} \qquad (1)$$

$$\underset{=\vec{0}}{\vec{u}_B} = \underset{=\vec{0}}{\vec{u}_A} + \left\{ \underset{\text{inconnu}}{\vec{\theta}_A} \wedge \overrightarrow{AB} \right\} + \left\{ \int_{\widehat{AB}} [\vec{\gamma}^* \wedge \overrightarrow{GB}] \cdot dx_1 \right\} \qquad (2)$$

avec $\vec{\gamma}^* = \dfrac{Mf_3}{E \cdot I_3} \cdot \vec{x}_3$

On néglige dans les expressions les effets de l'effort tranchant.

$$(2) \quad \rightarrow \quad \vec{0} = \left\{\theta_A \cdot L \cdot \vec{x_2}\right\} + \left\{\int_{\widehat{AB}} \left[\frac{Mf_3}{E \cdot I_3} \cdot \vec{x_3} \wedge \overrightarrow{GB}\right] \cdot dx_1\right\}$$

En utilisant les résultats du chapitre II, on peut écrire :

$$0 = L\theta_A + \frac{1}{E \cdot I_3} \cdot \left\{\int_0^{\xi} [F_B \cdot (L - x_1) + F_C \cdot (\xi - x_1)](L - x_1)dx_1 + \int_{\xi}^{L} F_B \cdot (L - x_1)^2 dx_1\right\}$$

$$0 = L\theta_A + \frac{1}{E \cdot I_3} \cdot \left\{\int_0^{\xi} F_C(\xi - x_1)(L - x_1)dx_1 + \int_0^{L} F_B \cdot (L - x_1)^2 dx_1\right\}$$

$$0 = L\theta_A + \frac{1}{E \cdot I_3}\left\{F_B \cdot \frac{L^3}{3} + F_C \cdot \left(-\frac{\xi^3}{6} + \frac{L\xi^2}{2}\right)\right\}$$

$$(1) \quad \rightarrow \quad \overrightarrow{u_2(\xi)} = \left\{\theta_A \cdot \xi \cdot \vec{x_2}\right\} + \left\{\int_{\widehat{AC}} \left[\frac{Mf_3}{E \cdot I_3} \cdot \vec{x_3} \wedge \overrightarrow{GC}\right] \cdot dx_1\right\}$$

On utilise l'expression du moment fléchissant trouvé au chapitre II :

$$u_2(\xi) = \xi\theta_A - \frac{1}{E \cdot I_3} \cdot \left\{\int_0^{\xi} [F_B \cdot (L - x_1) + F_C \cdot (\xi - x_1)](\xi - x_1)dx_1\right\}$$

$$u_2(\xi) = \xi\theta_A + \frac{1}{E \cdot I_3} \cdot \left\{\int_0^{\xi} F_C(\xi - x_1)^2 dx_1 + \int_0^{L} F_B(L - x_1)(\xi - x_1)dx_1\right\}$$

$$u_2(\xi) = \xi\theta_A + \frac{1}{E \cdot I_3} \cdot \left\{F_C \cdot \frac{\xi^3}{3} + F_B \cdot \left(-\frac{\xi^3}{6} + \frac{L\xi^2}{2}\right)\right\}$$

$$u_2(\xi) = \frac{1}{E \cdot I_3} \cdot \left\{F_C \cdot \left(\frac{\xi^3}{3} - \frac{\xi}{L}\left(-\frac{\xi^3}{6} + \frac{L\xi^2}{2}\right)\right) + F_B \cdot \left(\left(-\frac{\xi^3}{6} + \frac{L\xi^2}{2}\right) - \frac{\xi}{L}\frac{L^3}{3}\right)\right\}$$

En remplaçant F_B par $-\frac{\xi}{L} \cdot F_C$, on retrouve :

$$\boxed{u_2(\xi) = \frac{-F_C}{3L \cdot E \cdot I_3} \cdot \xi^2 \cdot (L - \xi)^2}$$

RESULTAT

La forme usinée correspond à celle trouvée précédemment.

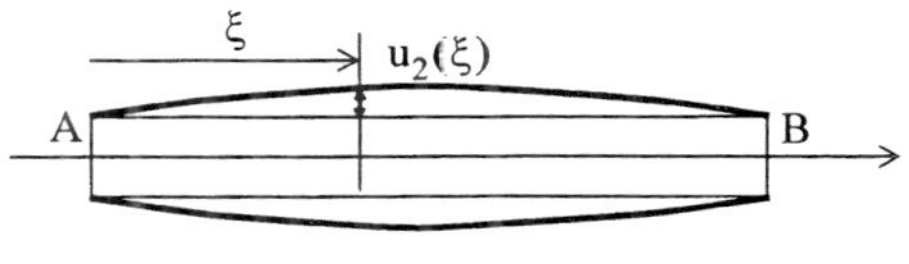

Exercice 5 : Déformation d'un outil à aléser

ENONCE

On considère un outil à aléser intérieur schématisé comme suit :

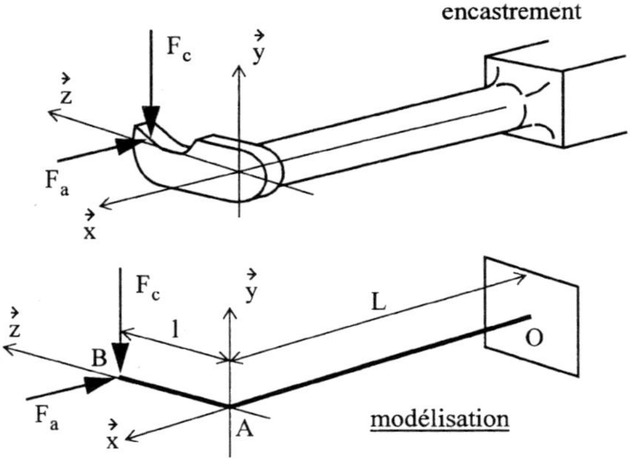

Déterminer sous l'action des composantes de l'effort de coupe F_a et F_c le déplacement de l'extrémité de l'outil B.

> ***CONNAISSANCES ET MÉTHODES***
>
> ***Sollicitations de flexion-torsion.***
> ***Formules de Bresse.***
>
> → ***Calcul des composantes du torseur des efforts intérieurs entre O et A puis entre A et B.***
> → ***Identification des sollicitations sur chaque zone.***
> → ***Calcul du déplacement en B par les formules de Bresse.***

RESOLUTION

Calcul du torseur des efforts intérieurs

En isolant la partie (II), il n'est pas utile de calculer les actions de liaison en O.

$\{\mathfrak{I}_{\text{efforts interieurs}}\} = \{\mathfrak{I}_{\text{ext} \rightarrow (\text{II})}\}$

→ $0 < x_1 < L$ (entre O et A)

$$\{\mathfrak{I}_{\text{efforts interieurs}}\} = {}_G\left\{ \begin{matrix} -F_a \cdot \vec{x_1} - F_c \cdot \vec{x_2} \\ \overrightarrow{GB} \wedge (-F_a \cdot \vec{x_1} - F_c \cdot \vec{x_2}) \end{matrix} \right\}$$

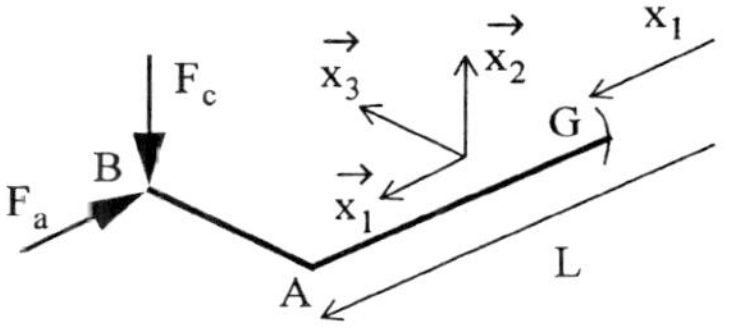

$$\{\mathfrak{I}_{\text{efforts interieurs}}\} = {}_G\left\{ \begin{matrix} -(F_a \cdot \vec{x_1}) - (F_c \cdot \vec{x_2}) \\ (F_c \cdot l \cdot \vec{x_1}) - (F_a \cdot l \cdot \vec{x_2}) - (F_c \cdot (L - x_1) \cdot \vec{x_3}) \end{matrix} \right\}$$

→ $0 < x_1 < l$ (entre A et B)

on définit une base locale $(\vec{x'_1}, \vec{x'_2}, \vec{x'_3})$

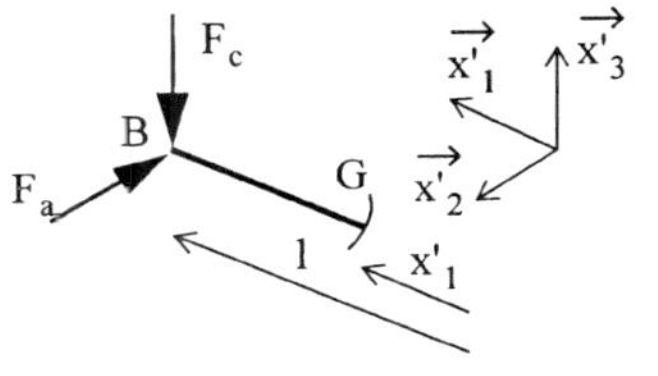

$$\{\mathfrak{I}_{\text{efforts interieurs}}\} = {}_G\left\{ \begin{matrix} -F_a \cdot \vec{x'_2} - F_c \cdot \vec{x'_3} \\ \overrightarrow{GB} \wedge (-F_a \cdot \vec{x'_2} - F_c \cdot \vec{x'_3}) \end{matrix} \right\}$$

$$\{\mathfrak{I}_{\text{efforts interieurs}}\} = {}_G\left\{ \begin{matrix} (-F_a \cdot \vec{x'_2}) - (F_c \cdot \vec{x'_3}) \\ (F_c \cdot (l - x'_1) \cdot \vec{x'_2}) - (F_a \cdot (l - x'_1) \cdot \vec{x'_3}) \end{matrix} \right\}$$

Identification des sollicitations

La partie (OA) travaille en flexion-torsion : $\left\{ \begin{array}{ll} Mt = F_c \cdot l & \\ Mf_2 = -F_a \cdot l & \quad Mf_3 = -F_c \cdot (L - x_1) \end{array} \right.$

La partie (AB) travaille en flexion : $\left\{ \begin{array}{ll} Mt = 0 & \\ Mf_2 = F_c \cdot (l - x'_1) & \quad Mf_3 = -F_a \cdot (l - x'_1) \end{array} \right.$

Lorsque le problème est spacial, les formules de Bresse permettent de calculer plus facilement le vecteur déplacement.

Déplacement du point B en utilisant les formules de Bresse.

$$\vec{u}_B = \underset{= \vec{0}}{\underset{\uparrow}{\vec{u}_O}} + \left\{ \underset{= \vec{0}}{\underset{\uparrow}{\vec{\theta}_O}} \wedge \overrightarrow{OB} \right\} + \left\{ \int_{\widehat{OB}} [\vec{\gamma}^* \wedge \overrightarrow{GB}] \cdot dx_1 \right\}$$

$$\vec{u}_B = \left\{ \int_0^L \left(\left[\frac{F_c \cdot l}{G \cdot I_0} \cdot \vec{x}_1 + \frac{-F_a \cdot l}{E \cdot I_2} \cdot \vec{x}_2 + \frac{-F_c \cdot (L - x_1)}{E \cdot I_3} \cdot \vec{x}_3 \right] \wedge [(L - x_1) \cdot \vec{x}_1 + l \cdot \vec{x}_3] \right) dx_1 \right\}$$
$$+ \left\{ \int_0^l \left(\left[\frac{F_c \cdot (l - x'_1)}{E \cdot I_3} \cdot \vec{x'}_2 + \frac{-F_a \cdot (l - x'_1)}{E \cdot I_2} \cdot \vec{x'}_3 \right] \wedge [(l - x'_1) \cdot \vec{x'}_1] \right) dx'_1 \right\}$$

$$\vec{u}_B = \left[\frac{-F_c \cdot l^2}{G \cdot I_0} \cdot \vec{x}_2 \cdot \int_0^L dx_1 \right] - \left[\frac{F_a \cdot l^2}{E \cdot I_2} \cdot \vec{x}_1 \cdot \int_0^L dx_1 \right] + \left[\frac{F_a \cdot l}{E \cdot I_2} \cdot \vec{x}_3 \cdot \int_0^L (L - x_1) dx_1 \right]$$
$$+ \left[\frac{F_c}{E \cdot I_3} \cdot \vec{x}_2 \cdot \int_0^L (L - x_1)^2 dx_1 \right] - \left[\frac{F_a}{E \cdot I_2} \cdot \vec{x'}_2 \cdot \int_0^l (l - x'_1)^2 dx'_1 \right] - \left[\frac{F_c}{E \cdot I_3} \cdot \vec{x'}_3 \cdot \int_0^l (l - x'_1)^2 dx'_1 \right]$$

$$\vec{u}_B = \left[\frac{-F_c \cdot l^2 \cdot L}{G \cdot I_0} \cdot \vec{x}_2 \right] - \left[\frac{F_a \cdot l^2 \cdot L}{E \cdot I_2} \cdot \vec{x}_1 \right] + \left[\frac{F_a \cdot l \cdot L^2}{2 \cdot E \cdot I_2} \cdot \vec{x}_3 \right] + \left[\frac{F_c \cdot L^3}{3 \cdot E \cdot I_3} \cdot \vec{x}_2 \right]$$
$$- \left[\frac{F_a \cdot l^3}{3 \cdot E \cdot I_2} \cdot \vec{x'}_2 \right] - \left[\frac{F_c \cdot l^3}{3 \cdot E \cdot I_3} \cdot \vec{x'}_3 \right]$$

En ramenant l'expression dans la base unique $(\vec{x}_1, \vec{x}_2, \vec{x}_3)$:

$$\boxed{\vec{u}_B = -\left[\frac{F_a \cdot l^2}{E \cdot I_2} \cdot \left(L + \frac{l}{3} \right) \right] \cdot \vec{x}_1 + F_c \cdot \left[\frac{-l^2 \cdot L}{G \cdot I_0} + \frac{L^3}{3 \cdot E \cdot I_3} - \frac{l^3}{3 \cdot E \cdot I_3} \right] \cdot \vec{x}_2 + \left[\frac{F_a \cdot l \cdot L^2}{2 \cdot E \cdot I_2} \right] \cdot \vec{x}_3}$$

RESULTAT

Le déplacement du point B s'écrit :

$$\boxed{\vec{u}_B = -\left[\frac{F_a \cdot l^2}{E \cdot I_2} \cdot \left(L + \frac{l}{3} \right) \right] \cdot \vec{x}_1 + F_c \cdot \left[\frac{-l^2 \cdot L}{G \cdot I_0} + \frac{L^3}{3 \cdot E \cdot I_3} - \frac{l^3}{3 \cdot E \cdot I_3} \right] \cdot \vec{x}_2 + \left[\frac{F_a \cdot l \cdot L^2}{2 \cdot E \cdot I_2} \right] \cdot \vec{x}_3}$$

Exercice 6 : Raideur d'un accouplement élastique

ENONCE

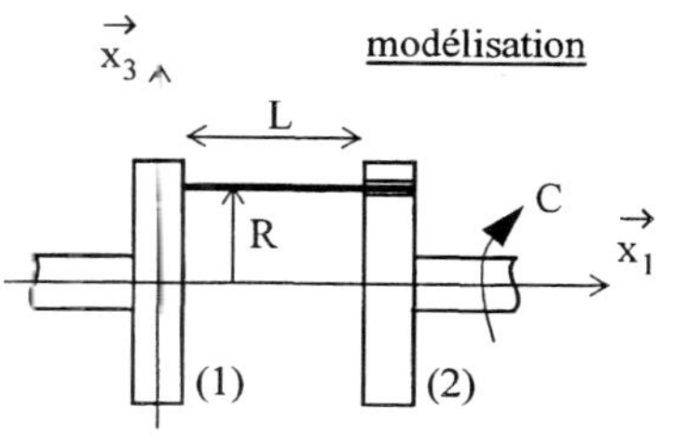

Un accouplement élastique est constitué de deux plateaux parallèles de (1) et (2) reliés par n broches rectilignes identiques disposées sur une surface cylindrique de rayon R.
Les broches de longueur L et de moment quadratique I sont encastrées sur (1) et présentent une liaison pivot glissant sur (2).

Déterminer la raideur de cet accouplement.

CONNAISSANCES ET MÉTHODES

Formules de Bresse.

→ ***Modélisation d'une broche.***

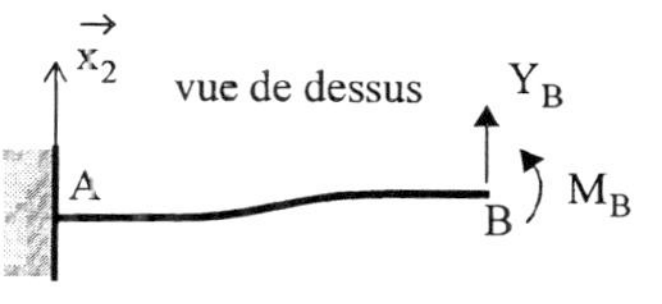

→ ***Calcul du torseur des efforts intérieurs en fonction de*** Y_B ***et de*** M_B.

→ ***Calcul du déplacement tangentiel du point B en fonction de*** Y_B ***(formules de Bresse).***

→ ***Retour à l'accouplement complet composé des n broches.***

RESOLUTION

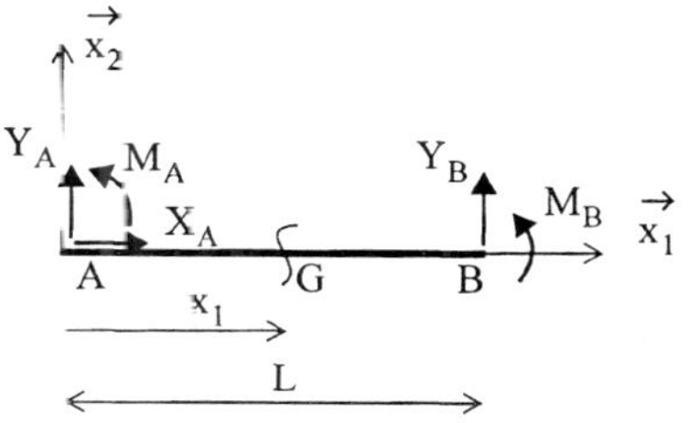

❐ Modélisation d'une broche

Le problème est hyperstatique de degré 2.
(3 équations de la statique pour 5 inconnues)

→ L'objectif de l'étude consiste à écrire le déplacement du point B en fonction de la composante Y_B qui est liée au couple à transmettre.

Il faut donc trouver une condition supplémentaire pour déterminer M_B en fonction de Y_B.
Cette équation est donnée par la condition de rotation nulle au point B.

Torseur des efforts intérieurs

$\{\mathfrak{I}_{\text{efforts interieurs}}\} = \{\mathfrak{I}_{ext \to (II)}\}$ d'où : $\begin{cases} T_2 = Y_B \\ Mf_3 = Y_B \cdot (L - x_1) + M_B \end{cases}$

Déplacement du point B

$$\underset{= \vec{0}}{\overset{\uparrow}{\vec{\theta}_B}} = \underset{= \vec{0}}{\overset{\uparrow}{\vec{\theta}_A}} + \left\{ \int_{\widehat{AB}} \vec{\gamma}^* \cdot dx_1 \right\} \quad \Rightarrow \quad \int_{\widehat{AB}} \gamma_3^* \cdot dx_1 = 0 \quad (1)$$

Cette première équation permet d'écrire M_B en fonction de Y_B.

$$\vec{u}_B = \underset{= \vec{0}}{\overset{\uparrow}{\vec{u}_A}} + \left\{ \underset{= \vec{0}}{\overset{\uparrow}{\vec{\theta}_A}} \wedge \overrightarrow{AB} \right\} + \left\{ \int_{\widehat{AB}} [\vec{\gamma}^* \wedge \overrightarrow{GB}] \cdot dx_1 \right\} \quad (2)$$

Cette deuxième équation permet d'obtenir le déplacement du point B en fonction de Y_B.

(1) $\Rightarrow$ $\displaystyle\int_{\widehat{AB}} \frac{Mf_3}{EI} \cdot dx_1 = 0$ $\Rightarrow$ $\displaystyle\int_0^L \{Y_B \cdot (L - x_1) + M_B\} \cdot dx_1 = 0$

d'où : $\boxed{Y_B \cdot \frac{L^2}{2} = -M_B \cdot L \qquad M_B = -Y_B \cdot \frac{L}{2}}$

(2) $\Rightarrow$ $\displaystyle\vec{u}_B = \int_{\widehat{AB}} [\gamma_3^* \cdot \vec{x}_3 \wedge (L - x_1) \cdot \vec{x}_1] \cdot dx_1 = \int_{\widehat{AB}} \left[\frac{Mf_3}{EI} \cdot (L - x_1)\right] \cdot dx_1 \cdot \vec{x}_2$

$$u_B = \frac{1}{EI} \cdot \int_0^L [\{Y_B \cdot (L - x_1) + M_B\} \cdot (L - x_1)] \cdot dx_1 = \frac{1}{EI} \cdot \left\{ Y_B \cdot \frac{L^3}{3} + M_B \cdot \frac{L^2}{2} \right\}$$

En remplaçant l'expression de M_B, on trouve : $\boxed{u_B = \frac{Y_B \cdot L^3}{12 \cdot E \cdot I}}$

On aurait pû également utiliser d'autres méthodes pour le calcul du déplacement du point B.
- Principe de superposition
- Théorèmes énergétiques
- Equation de la déformée par intégration.

Les formules de Bresse ont l'avantage de pouvoir écrire directement les relations entre déplacements et efforts intérieurs, ce qui permet de traduire clairement les conditions aux limites.

Les résultats précédents peuvent se mettre sous la forme d'une relation matricielle dans le cas général

$$\begin{bmatrix} \theta_B \\ u_B \end{bmatrix} = \underbrace{\begin{bmatrix} \frac{L}{EI} & \frac{L^2}{2EI} \\ \frac{L^2}{2EI} & \frac{L^3}{3EI} \end{bmatrix}}_{\uparrow} \cdot \begin{bmatrix} M_B \\ Y_B \end{bmatrix}$$

matrice de souplesse en flexion

■ Raideur en torsion de l'accouplement.

En isolant la pièce (2), on obtient en valeur absolue :

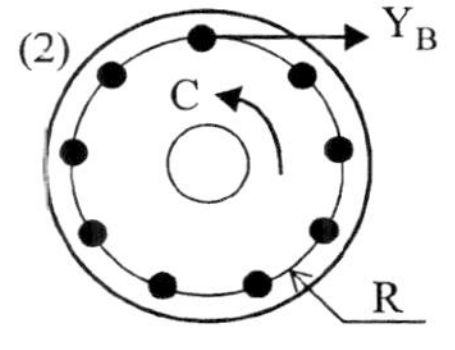

$$C = n \cdot R \cdot Y_B$$

La rotation du plateau (2) par rapport au plateau (1) vaut :

$$\Delta\alpha = \frac{u_B}{R}$$

En remplaçant dans les expressions, on obtient : $\Delta\alpha = \dfrac{Y_B \cdot L^3}{12 \cdot E \cdot I \cdot R} = \dfrac{L^3}{12 \cdot n \cdot E \cdot I \cdot R^2} \cdot C$

d'où : $$\boxed{C = \frac{12 \cdot n \cdot E \cdot I \cdot R^2}{L^3} \cdot \Delta\alpha}$$

RESULTAT

La raideur de l'accouplement vaut donc : $$\boxed{k = \frac{12 \cdot n \cdot E \cdot I \cdot R^2}{L^3}}$$

Exercice 7 : Déformation d'un pétale de moule

ENONCE

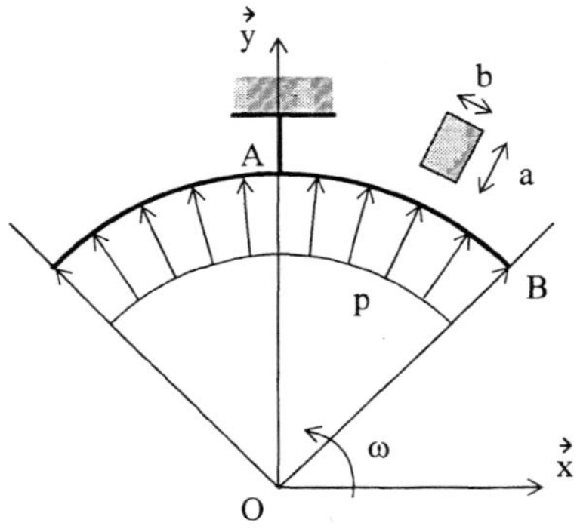

Le moulage par centrifugation devant permettre l'obtention de pièces quasiment finies, on se propose de vérifier que la déformation de chaque pétale constituant le moule reste modeste vis à vis des exigences de forme de la jante (pièce moulée).

Un pétale est assimilé à une poutre de section constante et de ligne moyenne circulaire encastrée au milieu de l'arc en A (voir figure) ; il est soumis à une pression fluide supposée uniforme p.
La masse volumique du matériau du pétale est ρ.

Déterminer le déplacement radial maximal.

CONNAISSANCES ET MÉTHODES

Flexion simple : $\gamma_3{}^* = \dfrac{d\theta_3}{dx_1} = \dfrac{Mf_3}{E \cdot I_3}$

Formules de Bresse

→ ***Modélisation des actions extérieures appliquées sur le pétale.***

Il ne faut pas oublier les effets d'inertie dûs à la rotation du pétale.

→ ***Calcul du moment fléchissant en un point courant G.***

→ ***Calcul du déplacement radial du point B.***

Etant donnée la symétrie, on travaillera sur un demi pétale.

RESOLUTION

Modélisation des actions extérieures agissant sur le pétale.

En plus de la pression de contact p du fluide sur le pétale, il faut prendre en compte les effets d'inertie dûs à la rotation par rapport au bati.

Sur chaque élément de poutre, il existe une charge supplémentaire : $\overrightarrow{df} = \rho \cdot a \cdot b \cdot dx_1 \cdot R \cdot \omega^2 \cdot \overrightarrow{e_r}$

Par unité de longueur $dx_1 = Rd\theta$, l'effet centrifuge prend alors la valeur :

$$\frac{df}{Rd\theta} = \rho \cdot a \cdot b \cdot R \cdot \omega^2$$

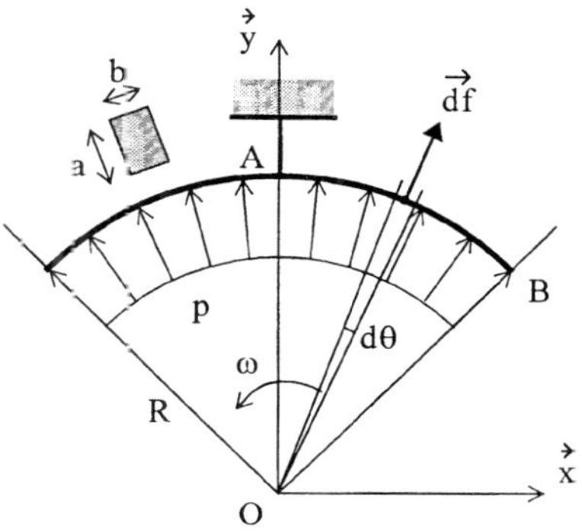

Finalement, tout se passe comme si le pétale était soumis à une charge linéique q uniformément répartie résultant de l'action du fluide d'une part et des effets d'inertie d'autre part.

$$\boxed{q = p + \rho \cdot a \cdot b \cdot R \cdot \omega^2}$$

Torseur des efforts intérieurs.

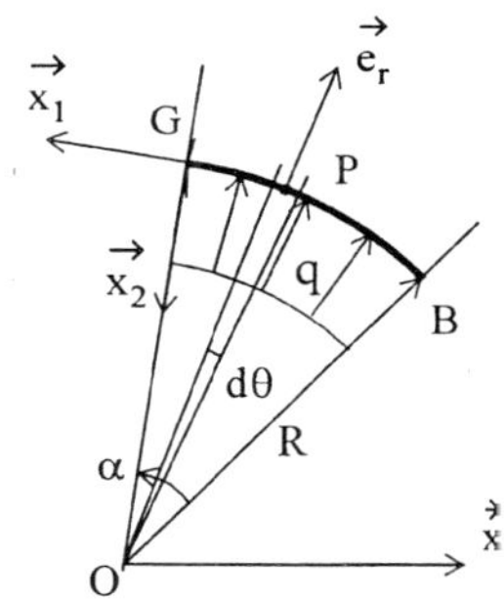

$$\{\mathfrak{T}_{\text{efforts interieurs}}\} = -\{\mathfrak{T}_{\text{ext} \to (I)}\}$$

La poutre étant sollicitée en flexion simple, si on néglige l'effet de l'effort tranchant, il nous reste à déterminer le moment fléchissant.

$$\overrightarrow{Mf} = -\int_{\widehat{BG}} \left\{ \overrightarrow{GP} \wedge q \cdot \vec{e}_r \right\} \cdot Rd\theta$$

$$\overrightarrow{Mf} = -\int_{\widehat{BG}} \left\{ (\overrightarrow{GO} + \overrightarrow{OP}) \wedge q \cdot \vec{e}_r \right\} \cdot Rd\theta = -\int_{\widehat{BG}} \left\{ R \cdot \vec{x}_2 \wedge q \cdot \vec{e}_r \right\} \cdot Rd\theta$$

$$\overrightarrow{Mf} = -q \cdot R^2 \cdot \int_0^{\alpha} \sin(\alpha - \theta) \cdot d\theta \cdot \vec{z} = -q \cdot R^2 \cdot (1 - \cos\alpha) \cdot \vec{z}$$

Déplacement radial du point B.

$$\vec{u}_B = \underset{= \vec{0}}{\vec{u}_A} + \left\{ \underset{= \vec{0}}{\vec{\theta}_A} \wedge \overrightarrow{AB} \right\} + \left\{ \int_{\widehat{AB}} \vec{\varepsilon}^* \cdot dx_1 \right\} + \left\{ \int_{\widehat{AB}} [\vec{\gamma}^* \wedge \overrightarrow{GB}] \cdot dx_1 \right\}$$

(symétrie)

En négligeant l'effet de l'effort tranchant : $\vec{u}_B = \int_{\widehat{AB}} \left[\frac{-q \cdot R^2 \cdot (1 - \cos\alpha) \cdot \vec{z}}{E \cdot I_3} \wedge \overrightarrow{GB} \right] \cdot dx_1$

$$\vec{u}_B = -\frac{q \cdot R^2}{E \cdot I_3} \cdot \int_{\widehat{AB}} [(1 - \cos\alpha) \cdot \vec{z} \wedge (R \cdot \vec{x}_2 + R \cdot \overrightarrow{e_{r(B)}})] \cdot dx_1$$

La composante radiale du déplacement vaut donc :

$$\overrightarrow{u_B} \cdot \overrightarrow{e_{r(B)}} = -\frac{q \cdot R^3}{E \cdot I_3} \cdot \int_{\widehat{AB}} [(1 - \cos\alpha) \cdot (\vec{z}, \overrightarrow{x_2}, \overrightarrow{e_{r(B)}})] \cdot dx_1$$

$(\vec{z}, \overrightarrow{x_2}, \overrightarrow{e_{r(B)}})$ représente un produit mixte ; $(\vec{z}, \overrightarrow{x_2}, \overrightarrow{e_{r(B)}}) = \sin\alpha$

$$u_{rB} = -\frac{q \cdot R^3}{E \cdot I_3} \cdot \int_{\frac{\pi}{2}}^{0} \{(1 - \cos\alpha) \cdot \sin\alpha\} \cdot R d\alpha = -\frac{q \cdot R^4}{E \cdot I_3} \cdot \int_{\frac{\pi}{2}}^{0} \{(1 - \cos\alpha) \cdot \sin\alpha\} \cdot d\alpha$$

$$u_{rB} = -\frac{q \cdot R^4}{E \cdot I_3} \cdot \int_{\frac{\pi}{2}}^{0} \{(1 - \cos\alpha) \cdot \sin\alpha\} \cdot d\alpha = \frac{q \cdot R^4}{2 \cdot E \cdot I_3}$$

En remplaçant $I_3 = \frac{ab^3}{12}$ et $q = p + \rho \cdot a \cdot b \cdot R \cdot \omega^2$, on obtient :

$$\boxed{u_{rB} = \frac{6 \cdot R^4}{E \cdot ab^3} \cdot (p + \rho \cdot a \cdot b \cdot R \cdot \omega^2)}$$

RESULTAT

Le déplacement radial maximal est donc donné par l'expression :

$$\boxed{u_{rB} = \frac{6 \cdot R^4}{E \cdot ab^3} \cdot (p + \rho \cdot a \cdot b \cdot R \cdot \omega^2)}$$

Pour ce type de problème, les formules de Bresse sont particulièrement bien adaptées.

En effet, dans le cas des poutres courbes, on ne peut utiliser l'équation de la déformée telle qu'elle a été définie.
D'autre part, le théorème de Castigliano impose de considérer un effort virtuel au point B ce qui complique sensiblement la résolution du problème.

CHAPITRE 4 / LIMITES DE L'ETUDE

1- COMPORTEMENT

Les lois de comportement utilisées jusque là sont des lois linéaires qui relient les contraintes $[\sigma]$ et les déformations $[\varepsilon]$.

Pour des applications dynamiques d'efforts (phénomènes de chocs), il faut introduire le taux de déformation $[\dot{\varepsilon}] = \dfrac{d[\varepsilon]}{dt}$.

Pour la prise en compte de phénomènes thermiques, il faut introduire la température.

$[\sigma]$	◄── **le lien est la Rhéologie** ──►	$[\varepsilon]$ $[\dot{\varepsilon}]$ **Température**

Un **matériau**, suivant les valeurs de températures, de $[\varepsilon]$ et de $[\dot{\varepsilon}]$ a des **comportements**

- **élastiques** (comportement linéaire entre $[\sigma]$ et $[\varepsilon]$).
  Si on supprime le chargement, le matériau reprend sa forme initiale.
- **élasto-plastiques** (comportement non linéaire entre $[\sigma]$ et $[\varepsilon]$).
  Si on supprime le chargement, le matériau ne reprend pas sa forme initiale.
- **visco-plastiques** (comportement non linéaire entre $[\sigma]$, $[\varepsilon]$ et $[\dot{\varepsilon}]$).
- ....

On se limite ici à la prise en compte de $[\varepsilon]$.

Si le matériau est écrouissable, Re ↗

$\sigma_1 <$ Re comportement élastique

$\sigma_1 >$ Re comportement élasto-plastique

ε^p déformation plastique irreversible

ε^e déformation élastique

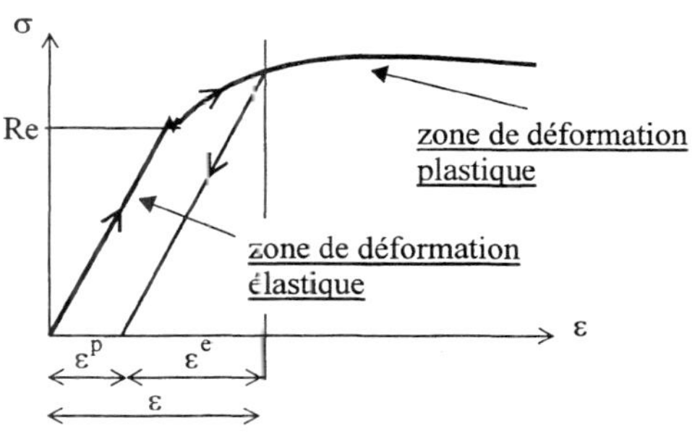

L'étude précédente suppose : $\sigma_1 \leq Re$

2- CRITÈRES DE LIMITE ÉLASTIQUE

On applique le critère de plastification

- de **VON-MISES**

$$\sigma_{equi} = \sqrt{\sigma_1^2 + 3 \cdot \tau^2} \qquad \text{avec} \qquad \tau^2 = (\tau_2^2 + \tau_3^2) \qquad \sigma_{equi} \leq Re$$

- de **TRESCA**

$$\sigma_{equi} = \sqrt{\sigma_1^2 + 4 \cdot \tau^2} \qquad \text{avec} \qquad \tau^2 = (\tau_2^2 + \tau_3^2) \qquad \sigma_{equi} \leq Re$$

3- ACCIDENTS DE SURFACE

Un arbre de transmision ou tout autre élément technologique modélisable par une poutre peut comprendre des épaulements, des cannelures, ... autant de singularités par rapport à l'évolution continue des dimensions.

On introduit alors **le coefficient de concentration de contraintes statiques** K_T.

$$K_T = \frac{\sigma_{max}}{\sigma_{poutre}}$$

K_T dépend
- de la singularité
- pour une même singularité, de la sollicitation

Les courbes ci-contre donnent par exemple K_T
- pour un épaulement
- pour une sollicitation de flexion.

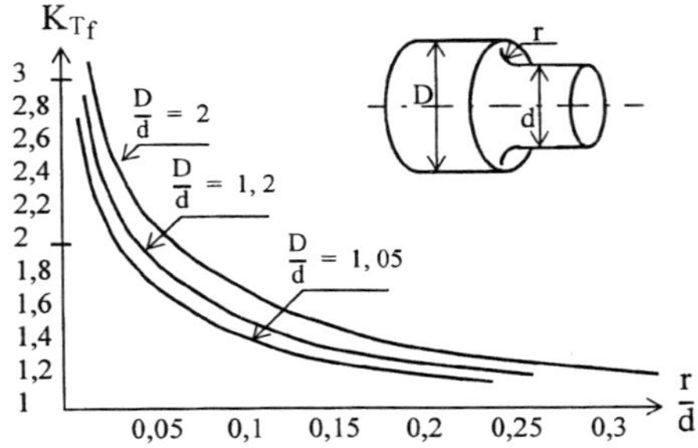

CHAPITRE 4 / EXERCICES

Exercice 1 : Plastification d'une barre en traction

ENONCE

On considère deux barres (1) et (2) de matériau parfaitement élastique (limite élastique Re).
E_1 et E_2 sont les modules d'élasticité longitudinaux.
A_1 et A_2 sont les aires des sections droites.
$E_1 < E_2$ et $A_1 < A_2$

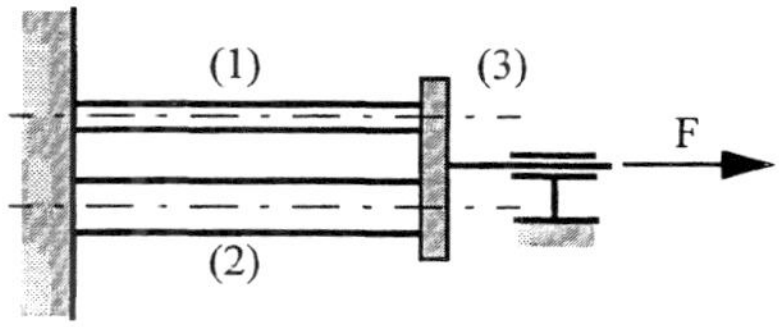

Déterminer la valeur de F entrainant la plastification de la barre (1), le solide (3) étant indéformable.

CONNAISSANCES ET MÉTHODES

Traction : $\sigma = E \cdot \varepsilon$ ***et*** $\sigma = \dfrac{N}{A}$

Plastification : $\sigma = Re$

Les deux barres ont le même déplacement donc le même ε.

→ ***Traduire l'égalité des déformations.***

→ ***Ecrire la condition de plastification pour obtenir l'effort admissible F.***

RESOLUTION

Egalité des déformations de la barre (1) et de la barre (2)

Barre (1) : $\sigma_1 = E_1 \cdot \varepsilon \quad N_1 = \sigma_1 \cdot A_1 = A_1 \cdot E_1 \cdot \varepsilon$

Barre (2) : $\sigma_2 = E_2 \cdot \varepsilon \quad N_2 = \sigma_2 \cdot A_2 = A_2 \cdot E_2 \cdot \varepsilon$

$$\Rightarrow \boxed{\frac{N_1}{A_1 \cdot E_1} = \frac{N_2}{A_2 \cdot E_2}}$$

Condition de plastification

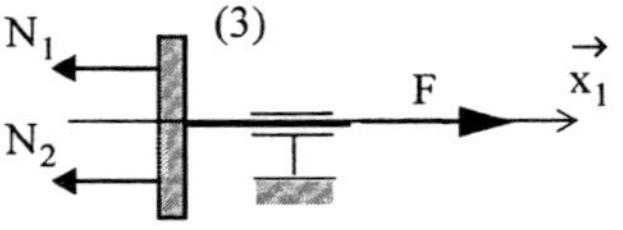

On isole (3)

Equilibre : $\left| \overrightarrow{\Sigma F_{ext \to (3)}} = \vec{0} \right.$

On projette sur l'axe $\vec{x_1}$ d'où $F - N_1 - N_2 = 0$

La relation entre N_1 et N_2 permet d'obtenir F : $F = N_1 + N_2 = N_1 \cdot \left(\frac{E_1 \cdot A_1 + E_2 \cdot A_2}{E_1 \cdot A_1}\right)$

A la plastification, $\sigma_1 = Re$.

$$\sigma_1 = \frac{N_1}{A_1} = \frac{E_1 \cdot F}{E_1 \cdot A_1 + E_2 \cdot A_2} \quad \text{d'où} \quad \boxed{F = Re \cdot \frac{(E_1 \cdot A_1 + E_2 \cdot A_2)}{E_1}}$$

RESULTAT

La valeur de F entrainant la plastification de la barre (1) est donc : $\boxed{F = Re \cdot \frac{(E_1 \cdot A_1 + E_2 \cdot A_2)}{E_1}}$

Exercice 2 : Plastification d'un tube cylindrique en torsion

ENONCE

Un tube cylindrique de longueur L, de diamètre intérieur d, de diamètre extérieur D est soumis à une sollicitation de torsion de moment Mt.
On désigne par Re la limite élastique, le matériau étant parfaitement plastique.

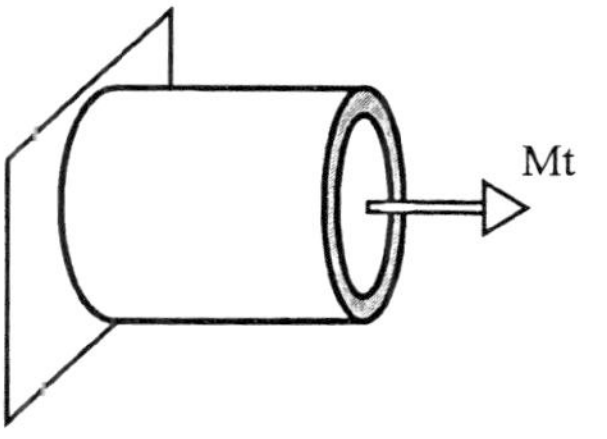

Déterminer la valeur Mt_i du moment Mt qui entraine l'apparition de la plastification.

Déterminer la valeur Mt_u du moment Mt qui correspond à la plastification de toute la section droite.

CONNAISSANCES ET MÉTHODES

Torsion : $\tau = \frac{Mt}{I_0} \cdot r$ ***avec*** $I_0 = \frac{\pi}{32} \cdot (D^4 - d^4)$

Plastification : $\tau^2 = \frac{Re^2}{3}$

→ ***Ecrire la condition de plastification. Attention, les relations relatives à la torsion ne sont applicables que pour un comportement élastique du matériau.***

RESOLUTION

❐ Premier cas

La contrainte τ est plus grande à la périphérie du tube ; la plastification y débutera.

$$\tau = \frac{Mt_i}{I_0} \cdot \frac{D}{2} \quad \text{avec} \quad \tau^2 = \frac{Re^2}{3} \qquad \text{et} \quad I_0 = \frac{\pi}{32} \cdot (D^4 - d^4)$$

$$\frac{Mt_i}{\frac{\pi}{32} \cdot (D^4 - d^4)} \cdot \frac{D}{2} = \frac{Re}{\sqrt{3}}$$

On en déduit : $\boxed{Mt_i = \frac{\pi \cdot Re \cdot (D^4 - d^4)}{16\sqrt{3} \cdot D}}$

Deuxième cas

La relation $\tau = \dfrac{Mt}{I_0} \cdot r$ *n'est relative qu'au comportement élastique et donc non recevable ici.*

Quand $Mt_i < Mt < Mt_u$, **on a la coexistence de deux régions** :

$d <$ diamètre courant $< d_l$: zone à comportement élastique.

$d_l <$ diamètre courant $< D$: zone à comportement plastique.

Pour Mt_u , toute la zone est plastifiée donc : $\tau = \dfrac{Re}{\sqrt{3}}$, $\forall r$.

Le moment élémentaire s'écrit : $dMt_u = (2\pi \cdot r \cdot dr \cdot \tau) \cdot r$

↑ force élémentaire (désigne $2\pi \cdot r \cdot dr \cdot \tau$)

d'où $dMt_u = 2\pi \cdot r^2 \cdot dr \cdot \tau$

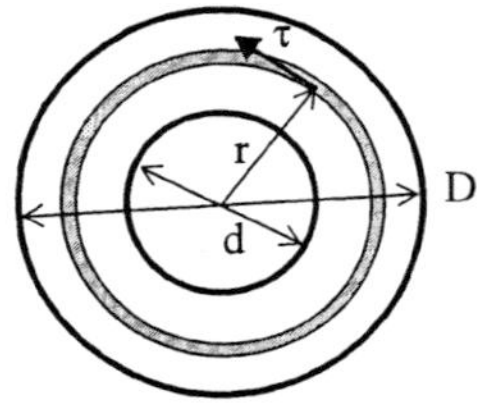

On en déduit :

$$Mt_u = 2\pi \cdot \int_{\frac{d}{2}}^{\frac{D}{2}} r^2 dr \cdot \frac{Re}{\sqrt{3}} = \frac{2\pi}{3} \cdot \left\{ \left(\frac{D}{2}\right)^3 - \left(\frac{d}{2}\right)^3 \right\} \cdot \frac{Re}{\sqrt{3}}$$

d'où $$\boxed{Mt_u = \frac{\pi}{12\sqrt{3}} \cdot (D^3 - d^3) \cdot Re}$$

RESULTAT

On observe l'apparition de la plastification lorsque : $$\boxed{Mt_i = \frac{\pi \cdot Re \cdot (D^4 - d^4)}{16\sqrt{3} \cdot D}}$$

Toute la section est plastifiée lorsque : $$\boxed{Mt_u = \frac{\pi}{12\sqrt{3}} \cdot (D^3 - d^3) \cdot Re}$$

Exercice 3 : Plastification d'une poutre de section rectangulaire en flexion

ENONCE

On considère une poutre de section rectangulaire de longueur L, encastrée en A et soumise en B à une force F.
On négligera l'effet de l'effort tranchant.
On désigne par Re la limite élastique, le matériau étant parfaitement plastique.

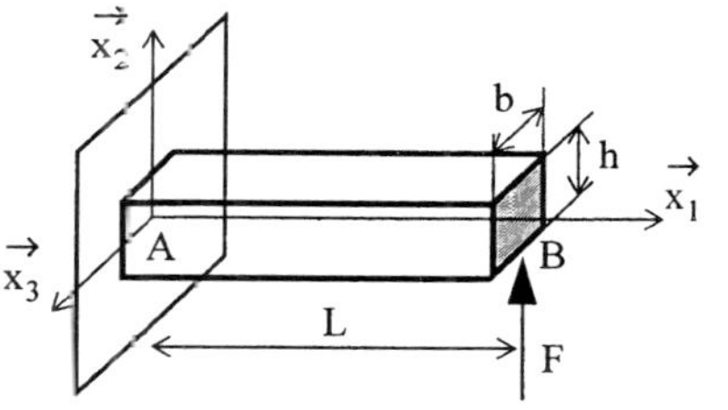

Déterminer la valeur F_i de la force F qui entraine l'apparition de la plastification.
Quelle est la valeur F_m de la force F qui entraine la plastification de la moitié de la section droite.
Déterminer la valeur F_u de la force F qui correspond à la plastification de toute la section droite.

CONNAISSANCES ET MÉTHODES

Flexion : $\sigma_1 = \dfrac{-Mf_3}{I_3} \cdot x_2$ ***avec*** $I_3 = \dfrac{b \cdot h^3}{12}$

Moment fléchissant : $Mf_3 = F \cdot (L - x_1)$

Plastification : $\sigma = Re$

→ ***Rechercher la section la plus chargée.***

→ ***Ecrire la condition de plastification. Attention, les relations relatives à la flexion ne sont applicables que pour un comportement élastique du matériau.***

RESOLUTION

Mf_3 est maximal pour $x_1 = 0$; $Mf_{3(maxi)} = F \cdot L$

- Dans le premier cas, la contrainte σ est maximale pour $x_2 = -\dfrac{h}{2}$; la plastification y débutera.

$$\sigma = \frac{-Mf_3}{I_3} \cdot \left(-\frac{h}{2}\right) = \frac{6 \cdot F_i \cdot L}{b \cdot h^2} \qquad \text{avec} \qquad \sigma = Re$$

d'où lors de la plastification : $Re = \dfrac{6 \cdot F_i \cdot L}{b \cdot h^2}$ $\Rightarrow$ $\boxed{F_i = \dfrac{bh^2 \cdot Re}{6L}}$

La moitié de la section droite est plastifiée

La relation $\sigma_1 = \dfrac{-Mf_3}{I_3} \cdot x_2$ *n'est relative qu'au comportement élastique et donc non* *recevable* *ici.*

On a donc :

$$-\frac{h}{4} < x_2 < \frac{h}{4} \quad \Rightarrow \quad \sigma_1 = -\frac{Re \cdot x_2}{\frac{h}{4}} = -4 \cdot Re \cdot \frac{x_2}{h}$$

$$x_2 < -\frac{h}{4} \quad \text{ou} \quad x_2 > \frac{h}{4} \quad \Rightarrow \quad |\sigma_1| = Re$$

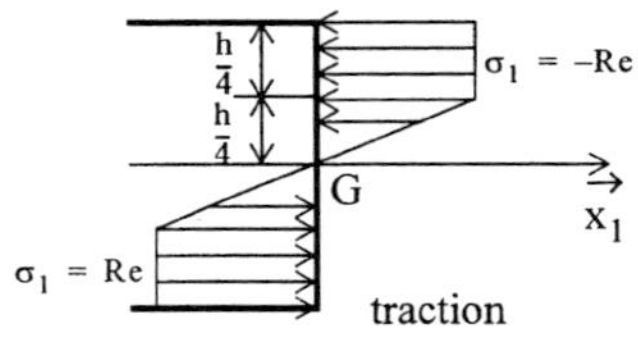

$$Mf_3 = \int_{(S)} (\overrightarrow{GM} \wedge \sigma_1 \cdot \overrightarrow{x_1}) \cdot da = \left\{ \int_{-\frac{h}{4}}^{\frac{h}{4}} -\sigma_1 \cdot b \cdot x_2 \cdot dx_2 \right\} + 2 \cdot \left\{ b \cdot Re \cdot \frac{h}{4} \cdot \frac{3h}{8} \right\}$$

$$F_m \cdot L = \left\{ \frac{4 \cdot Re \cdot b}{h} \cdot \int_{-\frac{h}{4}}^{\frac{h}{4}} x_2^2 \cdot dx_2 \right\} + \frac{3}{16} \cdot \{ b \cdot Re \cdot h^2 \} = \frac{b \cdot Re \cdot h^2}{24} + \frac{3 \cdot b \cdot Re \cdot h^2}{16}$$

$$\boxed{F_m = \frac{11}{48} \cdot \frac{b \cdot h^2}{L} \cdot Re}$$

Toute la section droite est plastifiée

On a alors la distribution de contraintes :

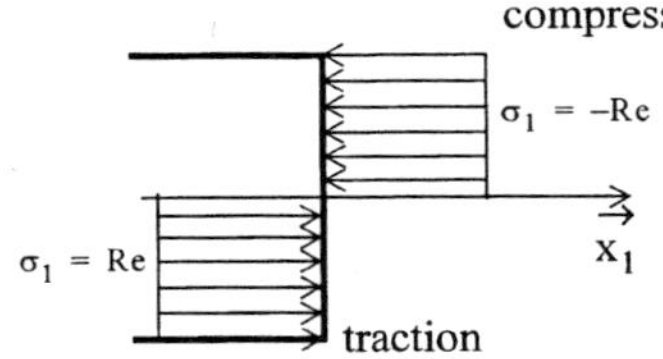

≈

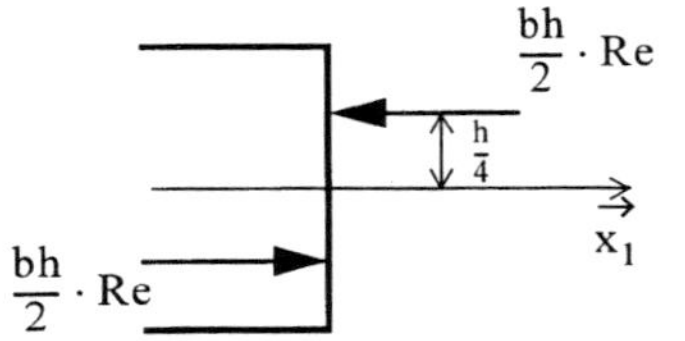

On en déduit : $Mf_3 = F_u \cdot L = \dfrac{bh}{2} \cdot Re \cdot \dfrac{h}{2}$

d'où $$\boxed{F_u = \frac{b \cdot h^2}{4L} \cdot Re}$$

Exercice 4 : Plastification d'une structure hyperstatique

ENONCE

On considère l'élément de structure défini sur la figure.
Les barres sont dans le même matériau et ont pour section commune A.
On donne : AD = CD = L

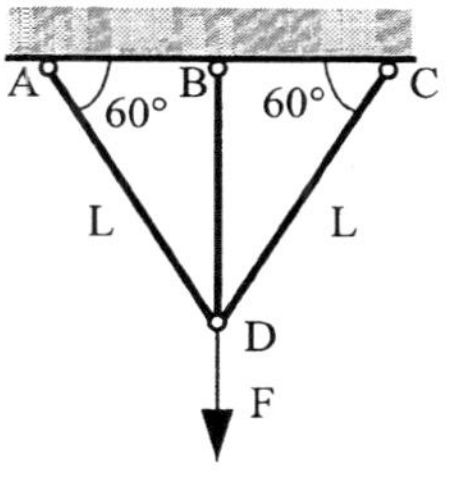

Déterminer la valeur de F qui entraine la première plastification.

CONNAISSANCES ET MÉTHODES

Traction : $\sigma = E \cdot \varepsilon \quad , \quad \sigma = \dfrac{N}{A} \quad$ ***et*** $\quad \varepsilon = \dfrac{\Delta L}{L_0}$

Plastification : $\sigma = Re$

Le point D commun aux barres a un déplacement vertical u.

→ ***Calculer les efforts dans les barres en fonction de u.***

→ ***Traduire l'équilibre du noeud D pour trouver u en fonction de l'effort F.***

→ ***Ecrire la condition de plastification sur la barre la plus sollicitée.***

RESOLUTION

❐ Efforts dans les barres en fonction de u

Barre BD : $\varepsilon = \dfrac{u}{L\frac{\sqrt{3}}{2}} \qquad \sigma = E \cdot \varepsilon = \dfrac{2 \cdot E \cdot u}{L\sqrt{3}} \qquad N_{BD} = \dfrac{2 \cdot E \cdot A}{L\sqrt{3}} \cdot u$

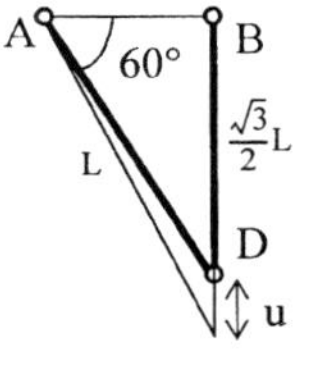

Barres AD et CD : variation de longueur $u \cdot \cos 30 = u \cdot \dfrac{\sqrt{3}}{2}$

$\varepsilon = \dfrac{u\sqrt{3}}{2L} \qquad \sigma = E \cdot \varepsilon = \dfrac{\sqrt{3} \cdot E \cdot u}{2L} \qquad N_{AD} = N_{CD} = \dfrac{\sqrt{3} \cdot E \cdot A}{2L} \cdot u$

Equilibre du noeud D

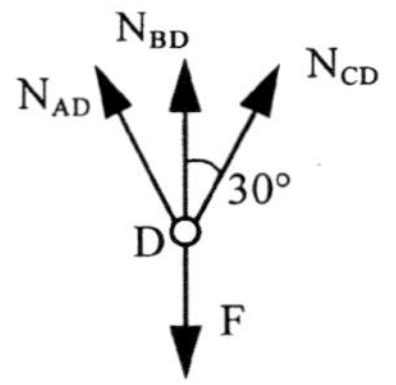

$$\overrightarrow{\Sigma F_{ext \to (D)}} = \vec{0} \quad \text{d'où} \quad F - N_{BD} - 2\left(N_{AD} \cdot \frac{\sqrt{3}}{2}\right) = 0$$

$$F = N_{BD} + N_{AD} \cdot \sqrt{3}$$

En remplaçant en fonction de u :

$$F = \frac{2 \cdot E \cdot A}{L\sqrt{3}} \cdot u + \sqrt{3} \cdot \frac{\sqrt{3} \cdot E \cdot A}{2L} \cdot u = \frac{E \cdot A \cdot u}{L} \cdot \left(\frac{3}{2} + \frac{2}{\sqrt{3}}\right)$$

d'où $\boxed{u = \frac{F \cdot L}{E \cdot A} \cdot \frac{2\sqrt{3}}{(3\sqrt{3} + 4)}}$

Détermination de la barre la plus sollicitée

Barre BD : $N_{BD} = \frac{2 \cdot E \cdot A}{L\sqrt{3}} \cdot \frac{F \cdot L}{E \cdot A} \cdot \frac{1}{\left(\frac{3}{2} + \frac{2}{\sqrt{3}}\right)} = \frac{4}{(3\sqrt{3} + 4)} \cdot F$

Barres AD et CD : $N_{AD} = N_{CD} = \frac{\sqrt{3} \cdot E \cdot A}{2L} \cdot \frac{F \cdot L}{E \cdot A} \cdot \frac{1}{\left(\frac{3}{2} + \frac{2}{\sqrt{3}}\right)} = \frac{3}{(3\sqrt{3} + 4)} \cdot F$

L'effort dans la barre BD est plus important ; *c'est elle qui se plastifiera en premier.*

Condition de plastification

$$\sigma = Re \quad \Rightarrow \quad \frac{4}{(3\sqrt{3} + 4)} \cdot \frac{F}{A} = Re \quad \Rightarrow \quad \boxed{F = \frac{A \cdot Re}{4} \cdot (3\sqrt{3} + 4)}$$

RESULTAT

La valeur de F entrainant la première plastification est donc : $\boxed{F = \frac{A \cdot Re}{4} \cdot (3\sqrt{3} + 4)}$

Exercice 5 : Plastification pour une sollicitation composée

ENONCE

On considère une poutre cylindrique (AB) de diamètre D soumise au torseur de sollicitation en son extrémité B.

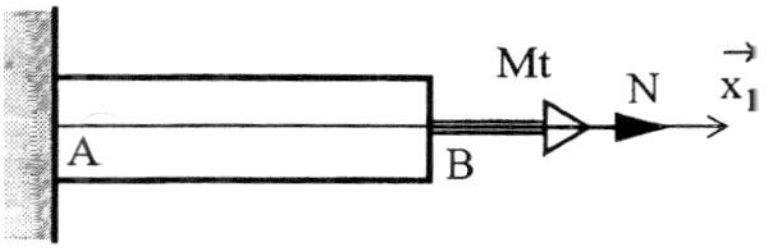

$$\left\{ \begin{matrix} N \cdot \vec{x}_1 \\ Mt \cdot \vec{x}_1 \end{matrix} \right\}_B$$

Quelle relation existe t'il entre N et Mt lors de l'apparition de la première plastification au sens du critère de Von-Mises ?

CONNAISSANCES ET MÉTHODES

Traction : $\sigma = \frac{N}{A}$ ***Torsion :*** $\tau = \frac{Mt}{I_0} \cdot r$ ***avec*** $I_0 = \frac{\pi D^4}{32}$

Plastification : $\sqrt{\sigma^2 + 3\tau^2} = Re$

RESOLUTION

Traction : σ est uniforme $\sigma = \frac{N}{A} = \frac{4 \cdot N}{\pi \cdot D^2}$

Torsion : τ est maximal à la périphérie du cylindre $\tau_{maxi} = \frac{Mt}{I_0} \cdot \frac{D}{2} = \frac{16 \cdot Mt}{\pi \cdot D^3}$

Plastification : $\sqrt{\left(\frac{4 \cdot N}{\pi \cdot D^2}\right)^2 + 3 \cdot \left(\frac{16 \cdot Mt}{\pi \cdot D^3}\right)^2} = Re$

$$\sqrt{(N)^2 + 48 \cdot \left(\frac{Mt}{D}\right)^2} = \frac{\pi \cdot D}{4} \cdot Re$$

RESULTAT

La relation qui lie N et Mt lors de l'apparition de la plastification est :

$$\boxed{\sqrt{(N)^2 + 48 \cdot \left(\frac{Mt}{D}\right)^2} = \frac{\pi \cdot D}{4} \cdot Re}$$

Exercice 6 : Influence d'une concentration de contraintes.

ENONCE

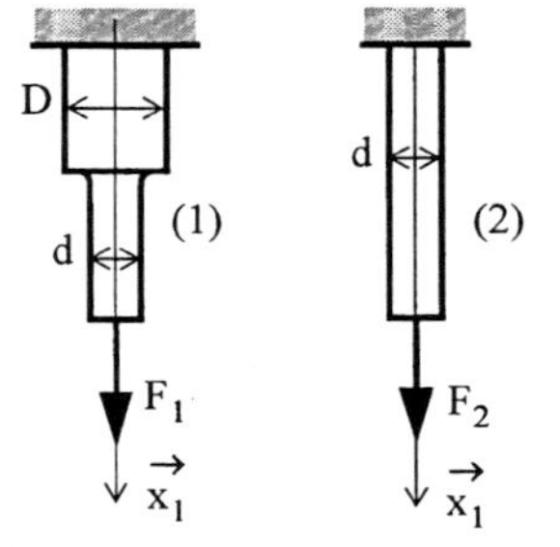

On considère deux poutres réalisées dans le même matériau de limite élastique Re.

Pour la poutre (1), le coefficient de concentration de contrainte est : $K_T = 4$.

Déterminer les valeurs de F_1 et F_2 à la plastification.

CONNAISSANCES ET MÉTHODES
Traction : $\sigma = \dfrac{N}{A}$ ***Plastification :*** $\sigma = Re$
Concentration de contraintes : $\sigma_{maxi} = K_T \cdot \sigma$

RESOLUTION

Poutre (1) : $\sigma(1) = \dfrac{F_1}{\dfrac{\pi \cdot d^2}{4}}$ $\qquad \sigma_{maxi} = K_T \cdot \sigma(1) = 4 \cdot \dfrac{F_1}{\dfrac{\pi \cdot d^2}{4}}$

$$\sigma_{maxi} = Re \quad \Rightarrow \quad \boxed{F_1 = \frac{\pi \cdot d^2}{16} \cdot Re}$$

Poutre (2) : $\sigma(2) = \dfrac{F_2}{\dfrac{\pi \cdot d^2}{4}} = Re \quad \Rightarrow \quad \boxed{F_2 = \dfrac{\pi \cdot d^2}{4} \cdot Re}$

RESULTAT

Si on compare le comportement des poutres (1) et (2), **un accident de surface favorise l'apparition de la plastification** : $F_2 = 4 \cdot F_1$

CHAPITRE 5 / THEOREMES ENERGETIQUES

1- ENERGIE DE DEFORMATION

Dans le repère principal d'inertie, en une section courante, les composantes du torseur des efforts intérieurs et du torseur des déformations sont liées par les lois du comportement élastique.

$$\begin{cases} N = E \cdot A \cdot \dfrac{du_1}{dx_1} \\[2mm] T_2 = G \cdot S_{2_{red}} \cdot \dfrac{du_2}{dx_1} \\[2mm] T_3 = G \cdot S_{3_{red}} \cdot \dfrac{du_3}{dx_1} \end{cases} \qquad \begin{cases} Mt = G \cdot I_0 \cdot \dfrac{d\theta_1}{dx_1} \\[2mm] Mf_2 = E \cdot I_2 \cdot \dfrac{d^2u_2}{dx_1^2} \\[2mm] Mf_3 = E \cdot I_3 \cdot \dfrac{d^2u_3}{dx_1^2} \end{cases}$$

$$\{\Im_{int}\} = [\wp] \cdot \{\Im_{deformations}\}$$

On démontre alors que le travail élémentaire des efforts intérieurs élémentaire pour un tronçon de poutre dx_1 entre un état initial (poutre non sollicitée) et un état final (poutre sollicitée) s'écrit sous la forme :

$$dW_i = -\frac{1}{2} \cdot \left[\frac{N^2}{E \cdot A} + \frac{T_2^{\,2}}{G \cdot S_{2_{red}}} + \frac{T_3^{\,2}}{G \cdot S_{3_{red}}} + \frac{Mt^2}{G \cdot I_0} + \frac{Mf_2^{\,2}}{E \cdot I_2} + \frac{Mf_3^{\,2}}{E \cdot I_3}\right] \cdot dx_1$$

La densité linéique de l'énergie de déformation (ou d'énergie potentielle élastique) vaut alors :

$$\frac{dE_d}{dx_1} = -\frac{dW_i}{dx_1} = \frac{1}{2} \cdot \left[\frac{N^2}{E \cdot A} + \frac{T_2^{\,2}}{G \cdot S_{2_{red}}} + \frac{T_3^{\,2}}{G \cdot S_{3_{red}}} + \frac{Mt^2}{G \cdot I_0} + \frac{Mf_2^{\,2}}{E \cdot I_2} + \frac{Mf_3^{\,2}}{E \cdot I_3}\right]$$

Ceci est à rapprocher des relations concernant un ressort soumis à un effort F.

$$U = -\frac{1}{2} \cdot k \cdot x^2 = -\frac{1}{2} \cdot \frac{F^2}{k} \qquad \textit{fonction de force}$$

$$E_p = -U = \frac{1}{2} \cdot k \cdot x^2 = \frac{1}{2} \cdot \frac{F^2}{k} \qquad \textit{énergie potentielle}$$

L'énergie potentielle élastique est l'opposée du travail des efforts intérieurs.

Elle correspond en statique au travail des forces extérieures agissant sur la structure.

$$E_{def}(\text{structure}) = \int_{\text{ligne moyenne}} dE_{def}$$

Remarque : le caractère extensif de l'énergie de déformation associé à l'indépendance des sollicitations dûe au choix du centre de surface G et des directions principales permet d'additionner les contributions de chaque sollicitation.

$$E_d(\text{structure}) = E_d(\text{traction}) + E_d(\text{cisaillement}) + E_d(\text{torsion}) + E_d(\text{flexion})$$

2- THÉORÈME DE CASTIGLIANO

- Cas où un effort est appliqué au point considéré.

Au point A d'une structure, est appliqué $\overrightarrow{F_A} = F_A \cdot \vec{\delta}$.

On désigne par $\overrightarrow{u_A}$ le vecteur déplacement de A.

On a alors :

$$\overrightarrow{u_A} \cdot \vec{\delta} = \frac{\partial E_{def}(\text{structure})}{\partial F_A}$$

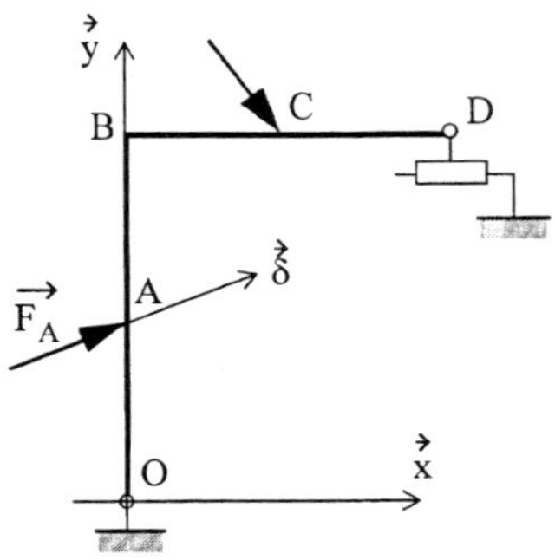

Le théorème de Castigliano permet de calculer directement un déplacement seulement lorsque sa direction est connue. Dans un cas général, il donne seulement la projection du vecteur déplacement sur la droite d'action de l'effort F appliqué au point A.

On retrouve une formulation analogue dans le cas d'un couple appliqué en A $\overrightarrow{C_A} = C_A \cdot \vec{\delta}'$ et d'une rotation de section $\overrightarrow{\omega_A}$.

$$\boxed{\overrightarrow{\omega_A} \cdot \vec{\delta}' = \frac{\partial E_{def}(\text{structure})}{\partial C_A}}$$

Il est beaucoup moins fastidieux de dériver sous le symbole $\int$ avant d'intégrer.

$$\boxed{\frac{\partial E_{def}(\text{structure})}{\partial F} = \int_{\text{ligne moyenne}} \frac{\partial}{\partial F}(dE_{def}) = \int_{\text{ligne moyenne}} d\left(\frac{\partial E_{def}}{\partial F}\right)}$$

Par exemple, dans le cas de la traction :

$$\frac{\partial E_{def}(\text{structure})}{\partial F} = \int_{\text{ligne moyenne}} \left(\frac{N}{E \cdot A} \cdot \frac{\partial N}{\partial F}\right) \cdot dx_1$$

- <u>Cas où aucun effort n'est appliqué au point considéré</u>.

Si on cherche $\overrightarrow{u_B}$ et si aucune force n'est appliquée au point B, il suffit :

1- de considérer un effort virtuel $\overrightarrow{F_B} = F_{B_x} \cdot \vec{x} + F_{B_y} \cdot \vec{y}$

2- de calculer l'énergie de déformation en fonction de $\overrightarrow{F_B}$

3- d'appliquer le théorème de Castigliano en considérant les composantes de l'effort nulles.

$$\boxed{u_{B_x} = \left\{\frac{\partial E_d(\text{structure})}{\partial F_{B_x}}\right\}_{F_{B_x} = 0}} \qquad \boxed{u_{B_y} = \left\{\frac{\partial E_d(\text{structure})}{\partial F_{B_y}}\right\}_{F_{B_y} = 0}}$$

3- THEOREME DE MENABREA

- Il concerne les problèmes hyperstatiques et permet d'obtenir les équations complémentaires à la Statique pour la détermination des efforts de liaison.

- <u>Démarche de résolution</u>

On isole la poutre considérée

↓

On écrit le PFS + conditions de symétrie

↓

On choisit les inconnues hyperstatiques

↓

On exprime l'énergie de déformation de la poutre en fonction des seules inconnues hyperstatiques et des charges extérieures connues

$$E_{def} = E_{def}(X_i)$$

↓

Les valeurs des inconnues hyperstatiques rendent optimale l'énergie de déformation E_{def}

$$\frac{\partial E_{def}}{\partial X_i} = 0 \qquad \forall X_i$$

Il y a autant d'équations que d'inconnues hyperstatiques.

Hyperstatique	Isostatique associé	Inconnue hyperstatique	condition cinématique	Ménabréa
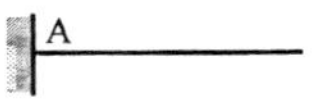	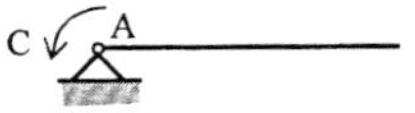	C	$\omega_A = 0$	$\frac{\partial W}{\partial C} = 0$
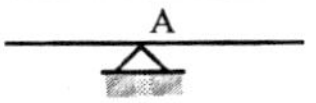		F	$u_A = 0$	$\frac{\partial W}{\partial F} = 0$
	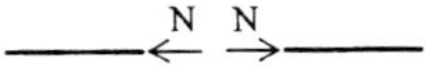	N	$u_A^+ = u_A^-$	$\frac{\partial W}{\partial N} = 0$

4- THEOREME DE MAXWELL-BETTI

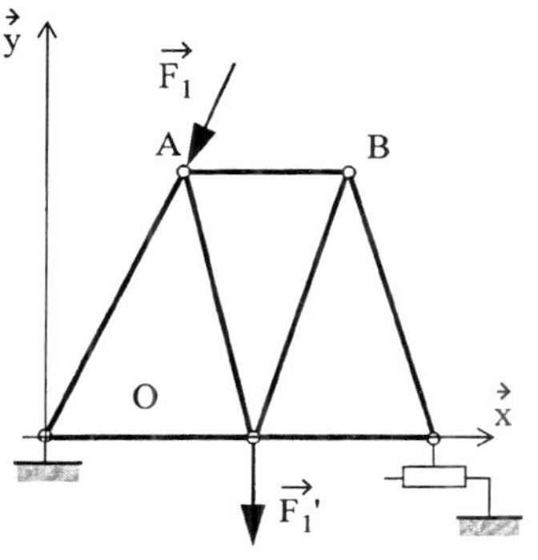

Chargement $\{F_1\}$ Déplacement $\{D_1\}$

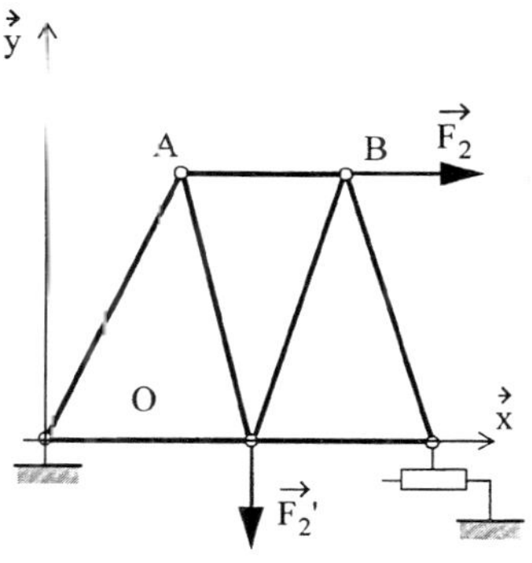

Chargement $\{F_2\}$ Déplacement $\{D_2\}$

Le travail du chargement 1 dans le déplacement 2 est égal au travail du chargement 2 dans le déplacement 1.

$$\{F_1\} \cdot \{D_2\} = \{F_2\} \cdot \{D_1\}$$

il permet de calculer un déplacement dans un problème isostatique.

chargement 1

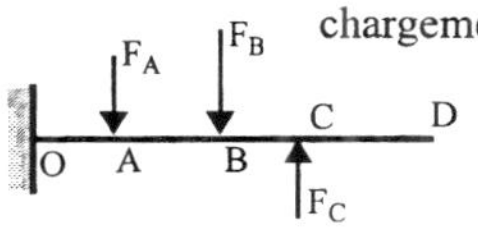

chargement 2

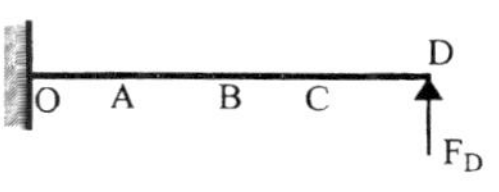

$$F_D \cdot u_{D(1)} = -F_A \cdot u_{A(2)} - F_B \cdot u_{B(2)} - F_C \cdot u_{C(2)} \quad \text{d'où} \quad u_{D(1)}$$

il permet de calculer un effort aux appuis dans un problème hyperstatique.

chargement 1

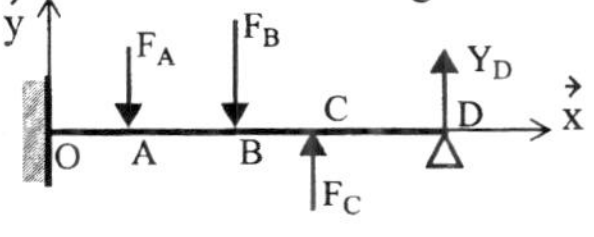

chargement 2

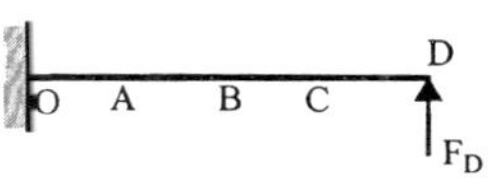

$$0 = -F_A \cdot u_{A(2)} - F_B \cdot u_{B(2)} + F_C \cdot u_{C(2)} - Y_D \cdot u_{D(2)} \quad \text{d'où} \quad Y_D$$

CHAPITRE 5 / EXERCICES

Exercice 1 : Poutre coudée à angle droit

ENONCE

On considère une poutre encastrée en A et chargée en son extrémité B conformément au schéma ci-contre.
Les caractéristiques d'inertie sont connues.

Déterminer par l'emploi du théorème de Castigliano le déplacement suivant x du point B.

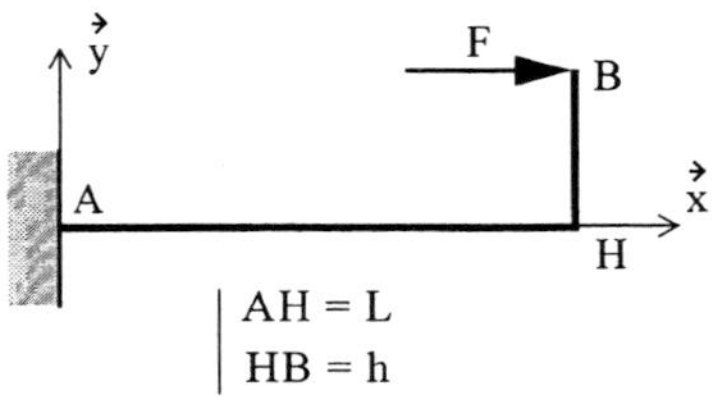

CONNAISSANCES ET MÉTHODES

Energie de déformation : $E_{def} = \int \frac{1}{2} \cdot \left[\frac{Mf_3^{\,2}}{E \cdot I_3}\right] \cdot dx_1$

Théorème de Castigliano : $\vec{u}_B \cdot \vec{x} = \frac{\partial E_{def}(\text{structure})}{\partial F}$

On ne tient compte que des termes liés au moment fléchissant sur (AB) (les autres termes sont négligeables).

→ ***Identification des sollicitations.***

→ ***Calcul du moment fléchissant sur (AB).***

→ ***Calcul de l'énergie de déformation*** E_d.

→ ***Calcul de*** $\vec{u}_B \cdot \vec{x} = \frac{\partial E_{def}}{\partial F}$

RESOLUTION

Identification des sollicitations et calcul des moments fléchissants

→ $G \in (HB)$

$T_2 = -F$
$Mf_3 = -F \cdot (h-y)$

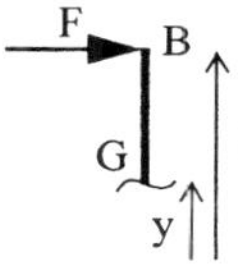

→ $G \in (AH)$

$N = F$
$Mf_3 = -F \cdot h$

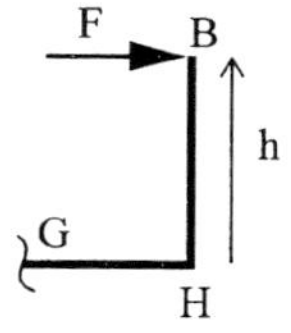

Calcul de l'énergie de déformation

L'énergie de déformation dûe au moment fléchissant est prépondérante devant celle dûe à l'effort tranchant et celle dûe à l'effort normal.

$$E_{def} = \int \frac{1}{2} \cdot \left[\frac{Mf_3^{\,2}}{E \cdot I_3}\right] \cdot dx_1 = \frac{1}{2} \cdot \left\{ \int_0^h \frac{(F(h-y))^2}{E \cdot I_3} \cdot dy + \int_0^L \frac{(Fh)^2}{E \cdot I_3} \cdot dx \right\}$$

On dérive sous le signe $\int$ avant de réaliser l'intégration effective.

$$\frac{\partial E_{def}}{\partial F} = \left\{ \int_0^h \frac{F \cdot (h-y)^2}{E \cdot I_3} \cdot dy + \int_0^L \frac{F \cdot h^2}{E \cdot I_3} \cdot dx \right\}$$

Calcul du déplacement de B suivant $\vec{x}$

$$\vec{u}_B \cdot \vec{x} = \frac{\partial E_{def}}{\partial F} = \frac{F}{E \cdot I_3} \cdot \left\{ \frac{h^3}{3} + h^2 L \right\}$$

Il est utile de savoir que : $\int_0^h (h-y)^n \cdot dy = \int_0^h Y^n \cdot dY$

RESULTAT

Le déplacement suivant $\vec{x}$ du point B vaut : $\boxed{\vec{u}_B \cdot \vec{x} = \frac{F \cdot h^2}{E \cdot I_3} \cdot \left\{ \frac{h}{3} + L \right\}}$

Exercice 2 : Poutre coudée à angle droit

ENONCE

On reconsidère la structure de l'exercice précédent mais cette fois, on souhaite déterminer le déplacement vertical et la rotation de la section B.

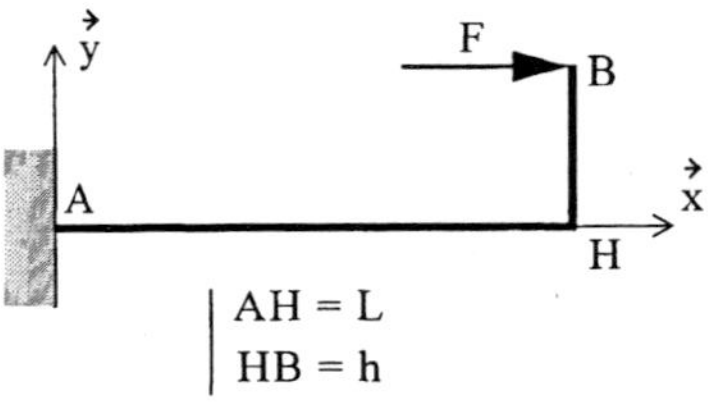

> ***CONNAISSANCES ET MÉTHODES***
>
> → ***On applique en B une composante verticale d'effort virtuelle*** F_v* ***et un moment virtuel*** $M*$.
>
> → ***Calcul du moment fléchissant sur (AB) en fonction de*** F_v* ***et de*** $M*$.
>
> → ***Calcul de l'énergie de déformation*** E_d.
>
> → ***Calcul de*** $\vec{u}_B \cdot \vec{y} = \left(\dfrac{\partial E_{def}}{\partial F_v*}\right)_{F_v* = 0}$ et de $\theta_B = \left(\dfrac{\partial E_{def}}{\partial M*}\right)_{M* = 0}$

RESOLUTION

❐ Mise en place des actions virtuelles et calcul des moments fléchissants

Comme dans l'exercice précédent, on calcule uniquement les termes de moments fléchissants (ces termes étant prépondérant devant les termes d'effort tranchant et d'effort normal).

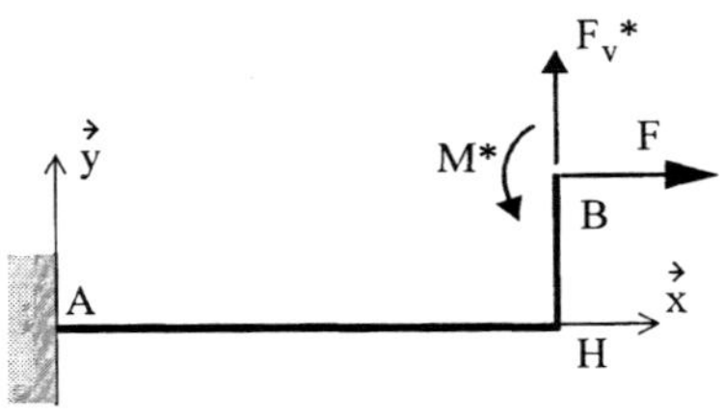

→ $G \in (HB)$: $Mf_3 = M* - F(h - y)$

→ $G \in (AH)$: $Mf_3 = M* + F_v*(L - x) - F \cdot h$

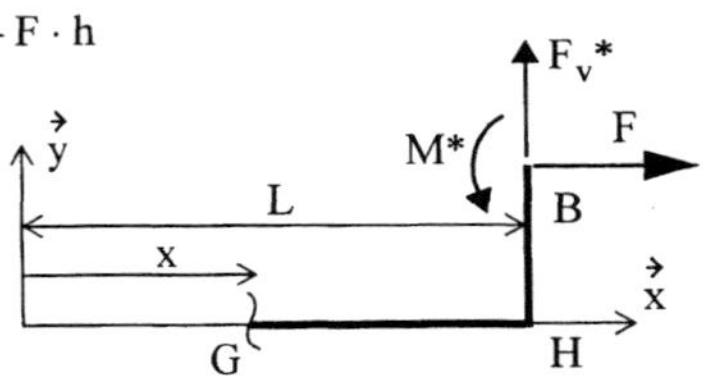

Calcul de l'énergie de déformation

$$E_{def} = \int \frac{1}{2} \cdot \left[\frac{Mf_3^{\,2}}{E \cdot I_3}\right] \cdot dx_1 = \frac{1}{2 \cdot E \cdot I_3} \cdot \left\{\int Mf_3^{\,2} \cdot dx_1\right\}$$

On dérive sous le signe $\int$ avant de réaliser l'intégration effective.

$$\vec{u}_B \cdot \vec{y} = \left(\frac{\partial E_{def}}{\partial F_v^*}\right)_{F_v^* = 0} = \frac{1}{E \cdot I_3} \cdot \left\{\int Mf_3 \cdot \frac{\partial Mf_3}{\partial F_v^*} \cdot dx_1\right\}_{F_v^* = 0}$$

$$\theta_B = \left(\frac{\partial E_{def}}{\partial M^*}\right)_{M^* = 0} = \frac{1}{E \cdot I_3} \cdot \left\{\int Mf_3 \cdot \frac{\partial Mf_3}{\partial M^*} \cdot dx_1\right\}_{M^* = 0}$$

En remplaçant, on obtient :

$$\left(\frac{\partial E_{def}}{\partial F_v^*}\right) = \frac{1}{E \cdot I_3} \cdot \left\{\int_0^L (M^* + F_v^*(L - x) - F \cdot h) \cdot (L - x) \cdot dx\right\}$$

$$\left(\frac{\partial E_{def}}{\partial M^*}\right) = \frac{1}{E \cdot I_3} \cdot \left\{\left(\int_0^h \{M^* - F(h - y)\} \cdot dy\right) + \left(\int_0^L \{M^* + F_v^*(L - x) - F \cdot h\} \cdot dx\right)\right\}$$

Calcul du déplacement suivant $\vec{y}$ et de la rotation de B

Avant l'intégration, on a intérêt à annuler F_v^* et M^*.

$$\vec{u}_B \cdot \vec{y} = \left(\frac{\partial E_{def}}{\partial F_v^*}\right)_{F_v^* = 0} = \frac{1}{E \cdot I_3} \cdot \left\{\int_0^L (-F \cdot h) \cdot (L - x) \cdot dx\right\} = -\frac{F \cdot h \cdot L^2}{2 \cdot E \cdot I_3}$$

$$\theta_B = \left(\frac{\partial E_{def}}{\partial M^*}\right)_{M^* = 0} = \frac{1}{E \cdot I_3} \cdot \left\{\left(\int_0^h -F(h - y) \cdot dy\right) + \left(\int_0^L (-F \cdot h) \cdot dx\right)\right\} = \frac{-F \cdot h}{2 \cdot E \cdot I_3} \cdot (h + 2L)$$

RESULTAT

On obtient : $\boxed{\vec{u}_B \cdot \vec{y} = -\frac{F \cdot h \cdot L^2}{2 \cdot E \cdot I_3}}$ et $\boxed{\theta_B = -\frac{F \cdot h}{2 \cdot E \cdot I_3} \cdot (h + 2L)}$

Exercice 3 : Système de barres articulées hyperstatique

ENONCE

On considère le système de barres articulées défini sur la figure et soumis à un chargement F en C.

Déterminer les efforts dans chaque barre.
Déterminer le déplacement du point C.

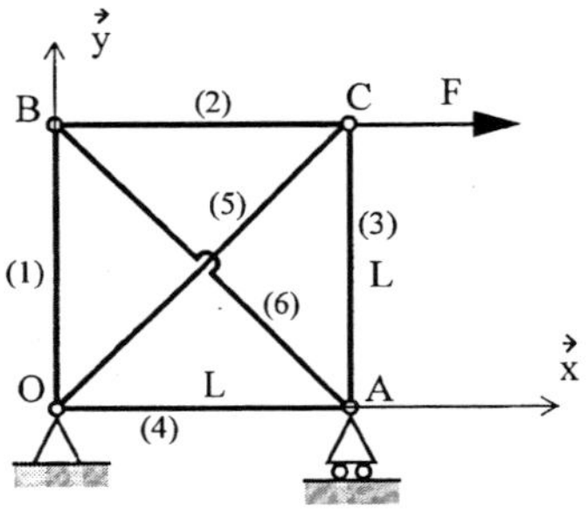

CONNAISSANCES ET MÉTHODES

Ménabréa : $\dfrac{\partial E_{def}}{\partial X_i} = 0 \qquad \forall X_i$ ***avec*** $dE_{def} = \dfrac{1}{2} \cdot \left[\dfrac{N^2}{E \cdot A}\right] \cdot dx_1$

→ ***On se donne un repère*** $(O, \vec{x}, \vec{y}, \vec{z})$.

→ ***On isole chaque noeud et on écrit le principe fondamental de la statique. On obtient ainsi un système de p équations à n inconnues.***
Les inconnues sont les inconnues de liaison et les efforts dans chaque barre.

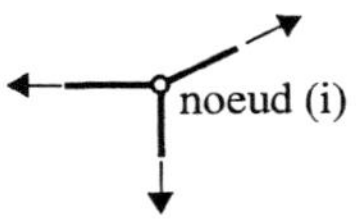

$$\sum \overrightarrow{F_{(ext \to (i))}} = \vec{0}$$

Problème plan → 2 équations/noeud

Problème spacial → 3 équations/noeud

→ ***Problème isostatique*** $\Rightarrow$ ***on résoud le système d'équations.***

→ ***Problème hyperstatique*** $\Rightarrow$ ***on choisit (n-p) inconnues hyperstatiques*** X_j.
Le choix se porte sur les inconnues qui apparaissent le plus souvent dans les équations.

→ ***On calcule l'énergie de déformation du système.***

$$E_{def} = \frac{1}{2} \cdot \sum_i \frac{N_i^2}{E_i \cdot A_i} \cdot l_i$$

→ ***On écrit le théorème de Ménabréa.***

$$\frac{\partial E_{def}}{\partial X_j} = 0 \qquad \forall X_j$$

on obtient alors (n-p) équations supplémentaires.

RESOLUTION

Equations de la statique

on isole le noeud O

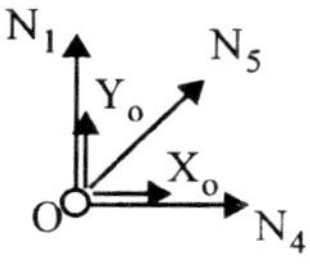

$$\begin{cases} X_o + N_4 + \dfrac{N_5}{\sqrt{2}} = 0 \\ Y_o + N_1 + \dfrac{N_5}{\sqrt{2}} = 0 \end{cases}$$

on isole le noeud A

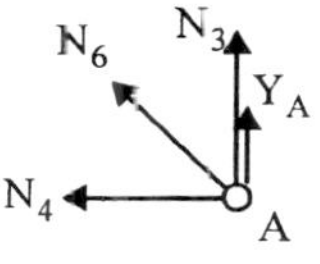

$$\begin{cases} -N_4 - \dfrac{N_6}{\sqrt{2}} = 0 \\ Y_A + N_3 + \dfrac{N_6}{\sqrt{2}} = 0 \end{cases}$$

on isole le noeud B

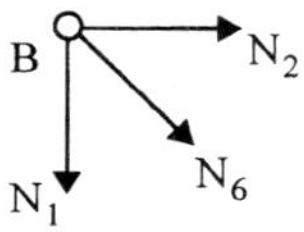

$$\begin{cases} N_2 + \dfrac{N_6}{\sqrt{2}} = 0 \\ -N_1 - \dfrac{N_6}{\sqrt{2}} = 0 \end{cases}$$

on isole le noeud C

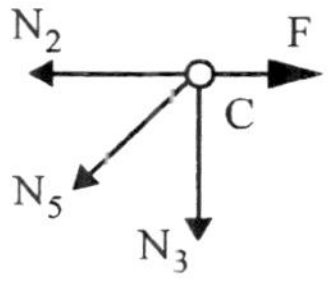

$$\begin{cases} -N_2 - \dfrac{N_5}{\sqrt{2}} + F = 0 \\ -N_3 - \dfrac{N_5}{\sqrt{2}} = 0 \end{cases}$$

On obtient alors un système de 8 équations indépendantes à 9 inconnues

$\Rightarrow$ Le système est hyperstatique de degré 1

Les équations donnent $N_1 = N_2 = N_4$. *Il est alors opportun de choisir* N_1 *comme inconnue hyperstatique. On pose* $N_1 = X$.

Calcul des actions dans les barres en fonction de l'inconnue hyperstatique

Le système d'équations donne alors :

- les actions de liaison $X_O = -F$ $\quad Y_O = -F$ $\quad Y_A = F$

L'équilibre global de la structure peut nous permettre de calculer facilement et directement ces actions de liaison.

- les efforts dans les barres en fonction de X $\begin{cases} N_2 = N_4 = X \\ N_3 = X - F \end{cases}$ $\begin{cases} N_6 = -\sqrt{2}X \\ N_5 = -\sqrt{2}(X - F) \end{cases}$

Calcul de l'énergie de déformation $E_{def} = \dfrac{1}{2} \cdot \sum_i \dfrac{N_i^2}{E_i \cdot A_i} \cdot l_i$

d'où $E_{def} = \dfrac{1}{2} \cdot \dfrac{L}{ES} \cdot \{(3 + 2\sqrt{2}) \cdot X^2 + (1 + 2\sqrt{2}) \cdot (X - F)^2\}$

Détermination de l'inconnue hyperstatique (théorème de ménabréa)

$$\frac{\partial E_{def}}{\partial X} = 0 \quad \Rightarrow \quad (3+2\sqrt{2}) \cdot X + (1+2\sqrt{2}) \cdot (X - F) = 0 \quad \Rightarrow \quad \boxed{X = \frac{F}{4} \cdot \left(\frac{1+2\sqrt{2}}{1+\sqrt{2}}\right)}$$

On déduit les actions dans les barres : $N_1 = N_2 = N_4 = \frac{F}{4} \cdot \left(\frac{1+2\sqrt{2}}{1+\sqrt{2}}\right)$

$$N_6 = \frac{-F}{4} \cdot \left(\frac{4+\sqrt{2}}{1+\sqrt{2}}\right) \qquad N_3 = \frac{-F}{4} \cdot \left(\frac{3+2\sqrt{2}}{1+\sqrt{2}}\right) \qquad N_5 = \frac{F}{4} \cdot \left(\frac{4+3\sqrt{2}}{1+\sqrt{2}}\right)$$

Déplacement du point C

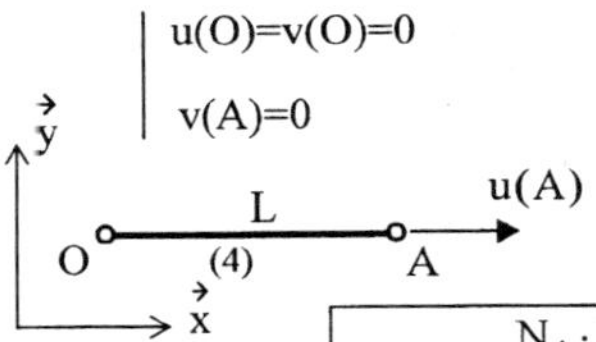

d'où $\boxed{u(A) = \frac{N_4 \cdot L}{E \cdot A}}$

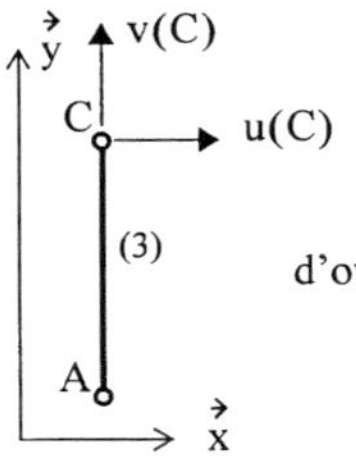

u(A)=v(A)=0

d'où $\boxed{v(C) = \frac{N_3 \cdot L}{E \cdot A}}$

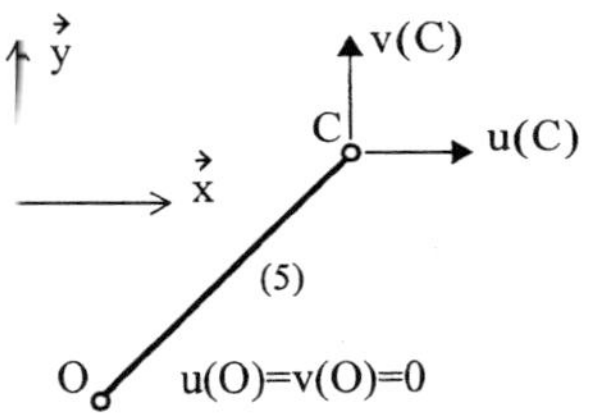

$$u(C) \cdot \frac{\sqrt{2}}{2} + v(C) \cdot \frac{\sqrt{2}}{2} = \frac{N_5 \cdot \sqrt{2} L}{E \cdot A}$$

d'où $\boxed{u(C) = -v(C) + \frac{2 \cdot N_5 \cdot L}{E \cdot A} = \frac{(-N_3 + 2N_5) \cdot L}{E \cdot A}}$

RESULTATS

En remplaçant N_3 et N_5, on obtient :

$$\boxed{\begin{aligned} v(C) &= \frac{-F \cdot L}{4 \cdot E \cdot A} \cdot \left(\frac{3+2\sqrt{2}}{1+\sqrt{2}}\right) \\ u(C) &= \frac{F \cdot L}{4 \cdot E \cdot A} \cdot \left(\frac{11+8\sqrt{2}}{1+\sqrt{2}}\right) \end{aligned}}$$

Le théorème de Castigliano donne seulement : $\frac{\partial E_{def}}{\partial F} = u(C)$

Exercice 4 : Elément d'ossature hyperstatique

ENONCE

On considère l'élément d'ossature constitué conformément à la figure ci-contre :

Les parties (AB) et (BC) ont pour longueur L, pour moment quadratique I et pour module d'élasticité E.

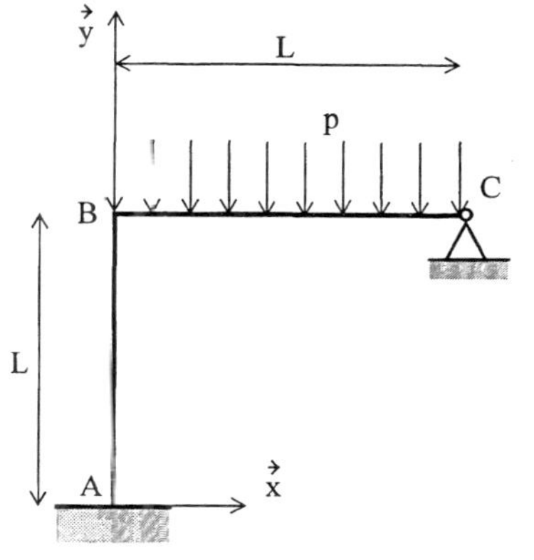

Déterminer sous l'action de la charge répartie p les actions de liaison en A et C.

CONNAISSANCES ET MÉTHODES

Energie de déformation : $E_{def} = \int \frac{1}{2} \cdot \left[\frac{Mf_3^{\,2}}{E \cdot I_3}\right] \cdot dx_1$

Théorème de Ménabréa : $\frac{\partial E_{def}(\text{structure})}{\partial X} = 0 \qquad \forall X$ inconnue hyperstatique

Seule l'énergie de déformation de flexion sera comptabilisée.

- ***Modélisation des liaisons.***
- ***Identification de la nature de la structure (degré d'hyperstaticité).***
- ***Identification des sollicitations.***
- ***Choix des inconnues hyperstatiques X.***
- ***Calcul de l'énergie de déformation*** E_d ***en fonction des inconnues hyperstatiques.***
- ***Théorème de Ménabréa.***

RESOLUTION

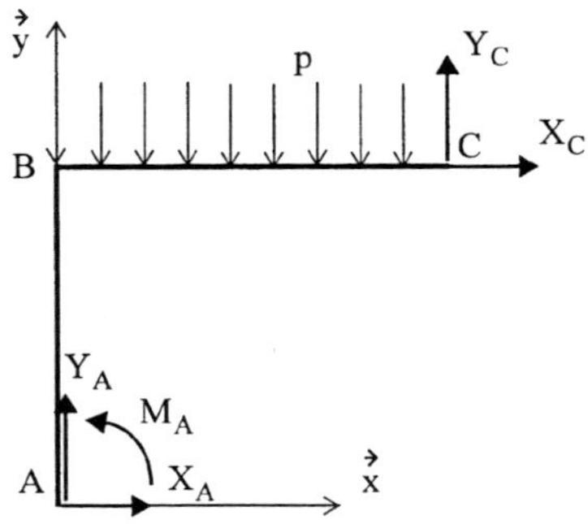

Modélisation des liaisons et nature de la structure

On isole l'ensemble

$$\text{Equilibre}\quad \left|\begin{array}{l} \overrightarrow{\Sigma F_{ext \rightarrow (ABC)}} = \vec{0} \\ \overrightarrow{\Sigma M_A(F_{ext \rightarrow (ABC)})} = \vec{0} \end{array}\right.$$

$$\text{D'où}\quad \begin{cases} X_A + X_C = 0 \\ Y_A + Y_C - pL = 0 \\ M_A - X_C L + Y_C L - p\dfrac{L^2}{2} = 0 \end{cases}$$

système de 3 équations à 5 inconnues

$\Rightarrow$ <u>Le système est hyperstatique de degré 2</u>

Calcul des moments fléchissants en fonction des inconnues hyperstatiques

Choix des inconnues hyperstatiques : X_C et Y_C.

On traduit que le déplacement de C est nul : $\dfrac{\partial E_{def}(\text{structure})}{\partial X_C} = \dfrac{\partial E_{def}(\text{structure})}{\partial Y_C} = 0$

On ne tient compte que de l'énergie de déformation de flexion ; on doit alors exprimer les moments de flexion en fonction des efforts appliqués et des seules inconnues hyperstatiques.

→ $G \in (BC)$

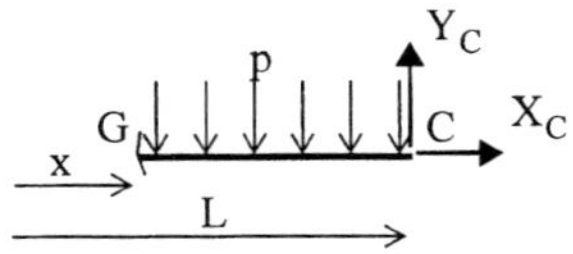

$$Mf_3 = Y_C \cdot (L - x) - \frac{p \cdot (L - x)^2}{2}$$

→ $G \in (AB)$

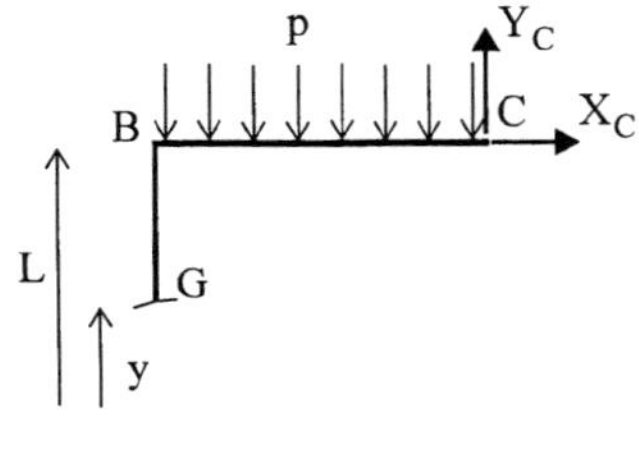

$$Mf_3 = Y_C \cdot L - \frac{p \cdot L^2}{2} - X_C \cdot (L - y)$$

- Calcul de l'énergie de déformation $E_{def} = \int \frac{1}{2} \cdot \left[\frac{Mf_3^{\,2}}{E \cdot I}\right] \cdot dx_1$

$$E_{def} = \frac{1}{2} \cdot \left\{ \int_{(AB)} \frac{\left(Y_C \cdot L - \frac{p \cdot L^2}{2} - X_C \cdot (L-y)\right)^2}{E \cdot I} \cdot dy + \int_{(BC)} \frac{\left(Y_C \cdot (L-x) - \frac{p \cdot (L-x)^2}{2}\right)^2}{E \cdot I} \cdot dx \right\}$$

- Théorème de Ménabréa

On écrit : $\begin{cases} \dfrac{\partial E_{def}}{\partial X_C} = 0 \\ \dfrac{\partial E_{def}}{\partial Y_C} = 0 \end{cases}$

Ces deux équations constituent les équations supplémentaires permettant de lever l'hyperstaticité.

$$\frac{\partial E_{def}}{\partial X_C} = \frac{1}{E \cdot I} \cdot \int_0^L -(L-y) \cdot \left(Y_C L - \frac{pL^2}{2} - X_C(L-y)\right) \cdot dy = \frac{1}{E \cdot I} \cdot \left\{ -\frac{Y_C L^3}{2} + \frac{pL^4}{4} + \frac{X_C L^3}{3} \right\}$$

$$\frac{\partial E_{def}}{\partial Y_C} = \frac{1}{E \cdot I} \cdot \left\{ \int_0^L L \cdot \left(Y_C L - \frac{pL^2}{2} - X_C(L-y)\right) \cdot dy + \int_0^L (L-x) \cdot \left(Y_C(L-x) - \frac{p(L-x)^2}{2}\right) \cdot dx \right\}$$

$$\frac{\partial E_{def}}{\partial Y_C} = \frac{1}{E \cdot I} \cdot \left\{ Y_C L^3 - \frac{pL^4}{2} - \frac{X_C L^3}{2} + \frac{Y_C L^3}{3} - \frac{pL^4}{8} \right\} = \frac{1}{E \cdot I} \cdot \left\{ -\frac{X_C L^3}{2} + \frac{4 Y_C L^3}{3} - \frac{5pL^4}{8} \right\}$$

$$\begin{cases} \dfrac{\partial E_{def}}{\partial X_C} = 0 \\ \dfrac{\partial E_{def}}{\partial Y_C} = 0 \end{cases} \Rightarrow \begin{cases} \left\{ -\dfrac{Y_C L^3}{2} + \dfrac{pL^4}{4} + \dfrac{X_C L^3}{3} \right\} = 0 \\ \left\{ -\dfrac{X_C L^3}{2} + \dfrac{4 Y_C L^3}{3} - \dfrac{5pL^4}{8} \right\} = 0 \end{cases} \Rightarrow \begin{cases} X_C = -\dfrac{3pL}{28} \\ Y_C = \dfrac{3pL}{7} \end{cases}$$

RESULTAT

Actions de liaison en C (articulation)

$$X_C = -\frac{3pL}{28} \qquad Y_C = \frac{3pL}{7}$$

Actions de liaison en A (encastrement)

$$X_A = \frac{3pL}{28} \qquad Y_A = \frac{4pL}{7} \qquad M_A = -\frac{pL^2}{28}$$

Exercice 5 : Capteur d'effort

ENONCE

Un capteur d'effort peut être modélisé comme sur la figure ci-contre ; un anneau de rayon R soumis à deux forces appliquées en A et B.

Pour connaître l'intensité des efforts appliqués, il est nécessaire de définir la relation entre l'effort F et le déplacement du point B. L'objectif de l'exercice est la détermination de cette relation.

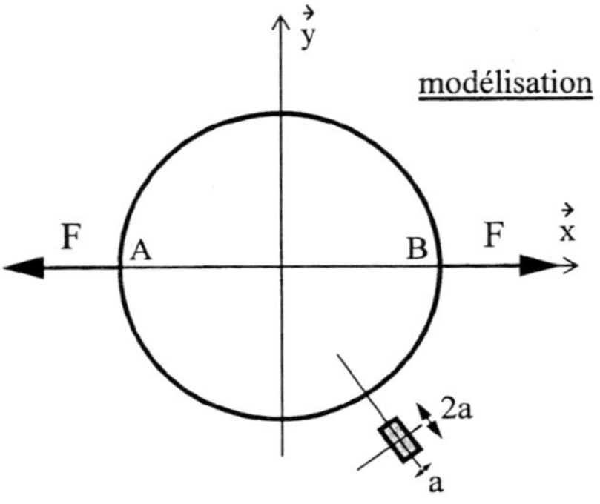

CONNAISSANCES ET MÉTHODES

Energie de déformation : $E_{def} = \int \frac{1}{2} \cdot \left[\frac{Mf_3^{\,2}}{E \cdot I_3}\right] \cdot dx_1$

Théorème de Ménabréa : $\frac{\partial E_{def}(\text{structure})}{\partial X} = 0$ X : inconnue hyperstatique

Théorème de Castigliano : $\frac{\partial E_{def}(\text{structure})}{\partial F} = u(B)$ u(B) : déplacement de B

Le système est hyperstatique intérieur (les équations de la statique ne permettent pas de définir le torseur des efforts intérieurs).

Il faut donc isoler une partie du système et mettre en place sur les "coupures" les éléments de réduction de $\{\Im_{\text{efforts interieurs}}\}$.

→ ***Utilisation des symétries du système (on isole un demi anneau).***

→ ***Identification des inconnues hyperstatiques intérieures.***

→ ***Calcul de l'énergie de déformation*** E_d.

→ ***Théorème de Ménabréa. Détermination des inconnues hyperstatiques.***

→ ***Théorème de Castigliano. Détermination du déplacement de B suivant*** $\vec{x}$.

RESOLUTION

Utilisation des symétries du système

En deux points symétriques, les composantes suivant l'axe de symétrie sont égales et les composantes dans un plan orthogonal à l'axe de symétrie sont opposées.

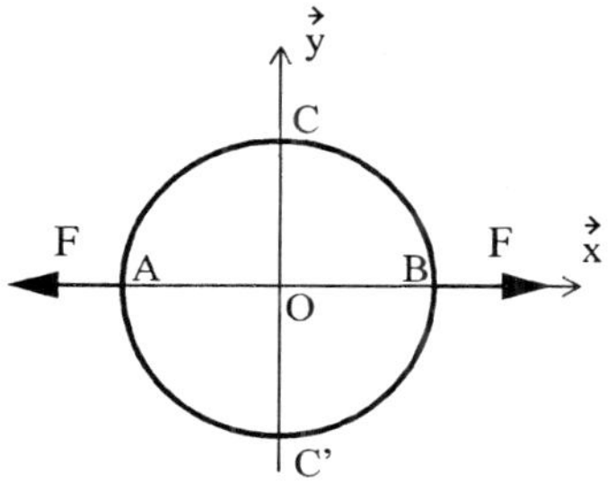

→ Au point C (ou C'), on a :

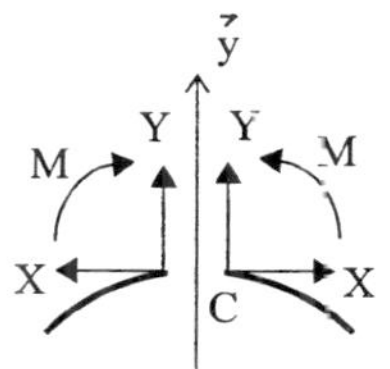

symétrie d'axe $O\vec{y}$

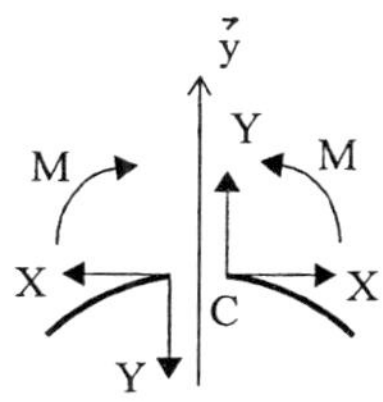

théorème des actions réciproques

$$\Rightarrow \quad Y = 0$$

<u>En un point non chargé de l'axe de symétrie, l'effort tranchant est nul.</u>

→ Au point B (ou A), on a :

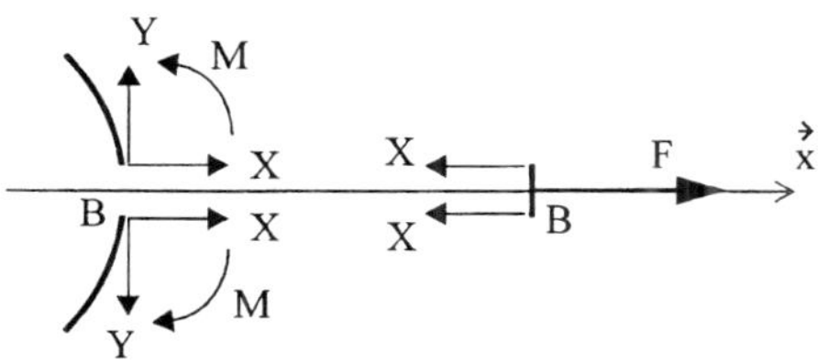

symétrie : $X_{B^-} = X_{B^+}$

principe de la statique : $X_{B^-} + X_{B^+} = F$

$$\Rightarrow \quad X = \frac{F}{2}$$

<u>En un point chargé de l'axe de symétrie, l'effort tranchant est égal à la moitié de l'effort appliqué.</u>

Nature de la structure

On isole un quart de cercle

Equilibre
$$\begin{cases} \Sigma \overrightarrow{F_{ext \to (BC)}} = \vec{0} \\ \Sigma \overrightarrow{M_B(F_{ext \to (BC)})} = \vec{0} \end{cases}$$

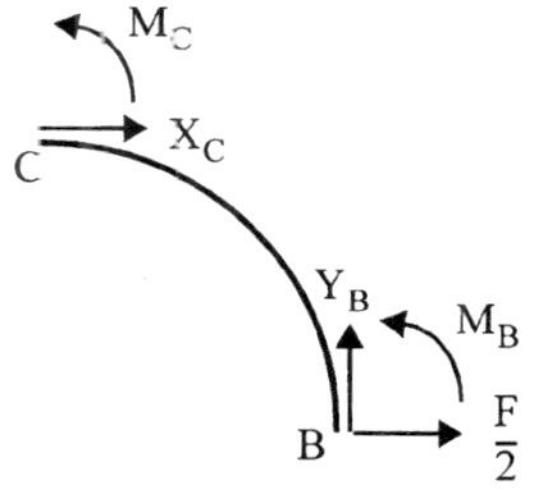

$$\begin{cases} X_C + \frac{F}{2} = 0 \\ Y_B = 0 \\ M_B + M_C - RX_C = 0 \end{cases} \quad \Rightarrow \quad \begin{cases} X_C = -\frac{F}{2} \\ Y_B = 0 \\ M_B + M_C + \frac{RF}{2} = 0 \end{cases}$$

$\Rightarrow$ Le système est hyperstatique de degré 1

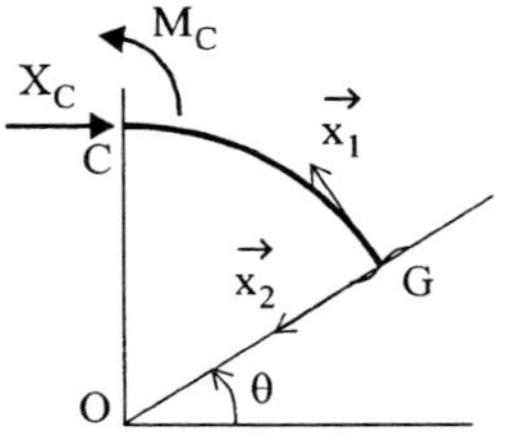

Choisissons M_C comme inconnue hyperstatique

entre B et C : $Mf_3 = M_C + \frac{F}{2} \cdot R \cdot (1 - \sin\theta)$

Energie de déformation

$$E_{def}(BC) = \frac{1}{2} \cdot \int_0^{\frac{\pi}{2}} \frac{Mf_3^2}{E \cdot I} \cdot R d\theta = \frac{1}{2 \cdot E \cdot I} \cdot \int_0^{\frac{\pi}{2}} \left\{ M_C + \frac{F}{2} \cdot R \cdot (1 - \sin\theta) \right\}^2 \cdot R d\theta$$

Théorème de Ménabréa ; détermination de M_C

$$\frac{\partial E_{def}(BC)}{\partial M_C} = 0 \quad \Rightarrow \quad \int_0^{\frac{\pi}{2}} \left\{ M_C + \frac{F}{2} \cdot R \cdot (1 - \sin\theta) \right\} \cdot R d\theta = 0$$

$$\text{d'où : } M_C = -\frac{F}{2} \cdot R \cdot \left(1 - \frac{2}{\pi}\right)$$

Théorème de Castigliano ; détermination du déplacement de B

$$\frac{\partial E_{def}(\Sigma)}{\partial F} = u(B) \quad \text{avec} \quad E_{def}(\Sigma) = 4 \cdot E_{def}(BC) = \frac{2 \cdot R}{E \cdot I} \cdot \int_0^{\frac{\pi}{2}} \left\{ \frac{F}{2} \cdot R \cdot \left(\frac{2}{\pi} - \sin\theta\right) \right\}^2 d\theta$$

$$u(B) = \frac{F \cdot R^3}{2 \cdot E \cdot I} \cdot \left\{ \frac{2}{\pi} - \frac{4}{\pi} + \frac{\pi}{2} \right\} = \frac{F \cdot R^3}{2 \cdot \pi \cdot E \cdot I} \cdot (\pi^2 - 4)$$

RESULTAT

En posant $I = \frac{\pi r^4}{4}$, on obtient :

$$\boxed{u(B) = \frac{2 \cdot F \cdot R^3}{E \cdot I \cdot r^4} \cdot \left(1 - \frac{4}{\pi^2}\right)}$$

Exercice 6 : Montage de roulements hyperstatique

ENONCE

Un arbre intermédiaire de machine à découper monté sur deux roulements peut être modélisé comme sur la figure ci-contre.

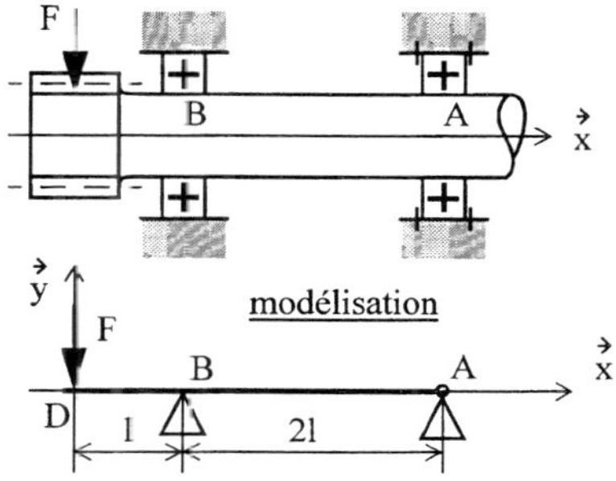

La flèche au point D étant trop importante, on envisage de rajouter un palier en bout d'arbre (au point C).

Calculer alors les nouveaux efforts aux paliers A, B et C ainsi que le déplacement du point D. On donne le module d'élasticité de l'arbre E et son diamètre d supposé constant sur AC.

On supposera donc, dans une première itération, les roulements comme indéformables.

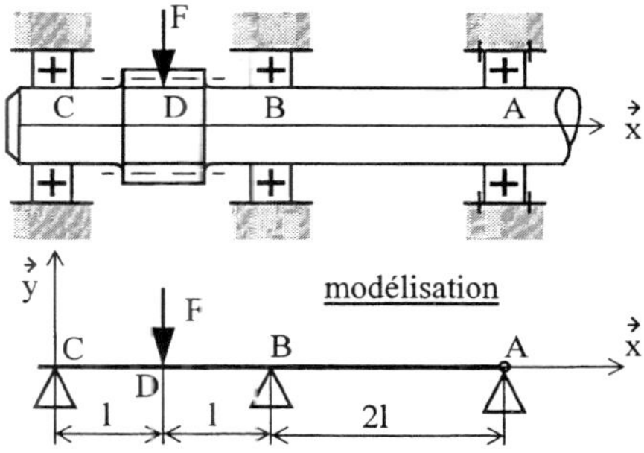

CONNAISSANCES ET MÉTHODES

Théorème de Ménabréa : $\dfrac{\partial E_{def}(\text{structure})}{\partial X} = 0$ avec $E_{def} = \displaystyle\int \frac{1}{2} \cdot \left[\frac{Mf_3^{\,2}}{E \cdot I_3}\right] \cdot dx_1$

Théorème de Castigliano : $\dfrac{\partial E_{def}(\text{structure})}{\partial F} = u(D)$ u(D) : déplacement de D.

→ ***Modélisation des liaisons.***

→ ***Principe fondamental de la statique ; choix des inconnues hyperstatiques.***

→ ***Calcul de l'énergie de déformation*** E_d.

→ ***Théorème de Ménabréa. Détermination des actions de liaison.***

→ ***Théorème de Castigliano. Détermination du déplacement de D.***

RESOLUTION

Préliminaire

Le déplacement de D calculé dans le cas où l'appui C n'existe pas vaut : $u(D) = \frac{F \cdot l^3}{E \cdot I}$

Modélisation - équations de la statique

On isole la poutre (CA)

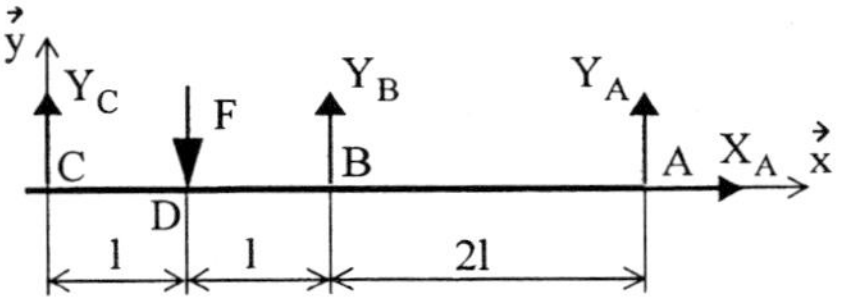

Equilibre $\left| \begin{array}{l} \Sigma\overrightarrow{F_{ext \to (BC)}} = \vec{0} \\ \Sigma\overrightarrow{M_A(\overrightarrow{F_{ext \to (CA)}})} = \vec{0} \end{array} \right. \Rightarrow \left| \begin{array}{l} X_A = 0 \\ Y_A + Y_B + Y_C - F = 0 \\ -4l \cdot Y_C + 3l \cdot F - 2l \cdot Y_B = 0 \end{array} \right.$

On choisit Y_C comme inconnue hyperstatique. On a alors : $\boxed{\left\{ \begin{array}{l} Y_B = \frac{3}{2}F - 2Y_C \\ Y_A = -\frac{1}{2}F + Y_C \end{array} \right.}$

Energie de déformation

On détermine les moments fléchissants :

→ $0 \le x \le l \qquad Mf_3 = Y_C \cdot x$ → $l \le x \le 2l \qquad Mf_3 = Y_C \cdot x - F \cdot (x - l)$

→ $2l \le x \le 4l \qquad Mf_3 = Y_A \cdot (4l - x) = Y_C \cdot (4l - x) - \frac{F}{2} \cdot (4l - x)$

On exprime l'energie de déformation en fonction de la seule inconnue hyperstatique Y_C

$$E_{def} = \int_{\widehat{CA}} \frac{1}{2} \cdot \left[\frac{{Mf_3}^2}{E \cdot I}\right] \cdot dx$$

$$E_{def} = \frac{1}{2 \cdot E \cdot I} \cdot \left\{ \int_0^l Y_C^2 \cdot x^2 \cdot dx + \int_l^{2l} (Y_C \cdot x - F \cdot (x - l))^2 \cdot dx + \int_{2l}^{4l} \left(Y_C - \frac{F}{2}\right)^2 \cdot (4l - x)^2 \cdot dx \right\}$$

Théorème de Ménabréa - détermination de l'inconnue hyperstatique

Y_C étant la seule inconnue hyperstatique, on écrit : $\boxed{\frac{\partial E_{def}}{\partial Y_C} = 0}$

$$\frac{\partial E_{def}}{\partial Y_C} = \frac{1}{E \cdot I} \cdot \left\{ \int_0^l Y_C \cdot x^2 \cdot dx + \int_l^{2l} (Y_C \cdot x^2 - F \cdot (x^2 - lx)) \cdot dx + \int_{2l}^{4l} \left(Y_C - \frac{F}{2}\right) \cdot (4l - x)^2 \cdot dx \right\}$$

$$\frac{\partial E_{def}}{\partial Y_C} = \frac{1}{E \cdot I} \cdot \left\{ \left(Y_C \cdot \frac{8l^3}{3}\right) - \left(F \cdot \int_l^{2l} (x^2 - lx) \cdot dx\right) + \left(Y_C - \frac{F}{2}\right) \cdot \left(\frac{8l^3}{3}\right) \right\}$$

$$\frac{\partial E_{def}}{\partial Y_C} = 0 \qquad \Rightarrow \qquad Y_C \cdot \frac{16l^3}{3} - F \cdot \frac{5l^3}{6} - F \cdot \frac{4l^3}{3} = 0 \qquad \Rightarrow \qquad \boxed{Y_C = \frac{13}{32} \cdot F}$$

RESULTAT

Les actions aux paliers sont : $\boxed{Y_C = \frac{13}{32} \cdot F \qquad Y_B = \frac{22}{32} \cdot F \qquad Y_A = \frac{-3}{32} \cdot F}$

- Théorème de Castigliano ; détermination du déplacement de D: $u(D) = \frac{\partial E_{def}}{\partial F}$

On exprime l'énergie de déformation en fonction de F :

$$E_{def} = \frac{1}{2 \cdot E \cdot I} \cdot \left\{ \int_0^l \left(\frac{13}{32}\right)^2 \cdot F^2 \cdot x^2 \cdot dx + \int_l^{2l} \left(l - \frac{19}{32}x\right)^2 \cdot F^2 \cdot dx - \int_{2l}^{4l} \left(\frac{-3}{32}\right)^2 \cdot F^2 \cdot (4l - x)^2 \cdot dx \right\}$$

$$\frac{\partial E_{def}}{\partial F} = \frac{F}{E \cdot I} \cdot \left\{ \left[\left(\frac{13}{32}\right)^2 \cdot \frac{l^3}{3}\right] + \left[\int_{-\frac{6}{32}l}^{\frac{13}{32}l} \frac{32}{19} \cdot X^2 \cdot dX\right] + \left[\left(\frac{3}{32}\right)^2 \cdot \frac{8l^3}{3}\right] \right\}$$

$$\frac{\partial E_{def}}{\partial F} = \frac{F \cdot l^3}{3 \cdot E \cdot I} \cdot \left\{ \left(\frac{13}{32}\right)^2 + \frac{32}{19}\left[\left(\frac{13}{32}\right)^3 + \left(\frac{6}{32}\right)^3\right] + 8\left(\frac{3}{32}\right)^2 \right\} = \frac{F \cdot l^3}{3 \cdot E \cdot I} \cdot \left\{ \frac{368}{(32)^2} \right\} = \frac{7}{48} \cdot \frac{F \cdot l^3}{E \cdot I}$$

RESULTAT

Lorsque l'on rajoute l'appui en C, le déplacement de D devient : $\boxed{u(D) = \frac{7}{48} \cdot \frac{F \cdot l^3}{E \cdot I}}$

On constate que l'appui supplémentaire en C permet de réduire considérablement la flèche en D.

$$\boxed{u(D)_{hyperstatique} = 0,14 \cdot u(D)_{isostatique}}$$

Exercice 7 : Influence d'un défaut d'alignement

ENONCE

On reprend le montage de l'exercice précédent. On s'intéresse à la variation des efforts aux paliers dans le cas d'un défaut d'alignement du palier B.
On impose alors un déplacement radial de B d'une valeur e.

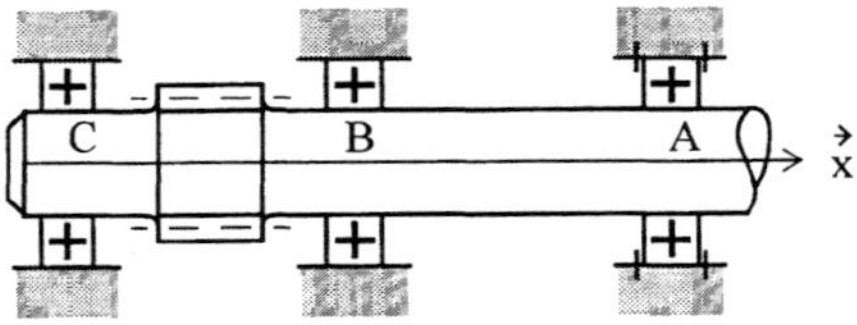

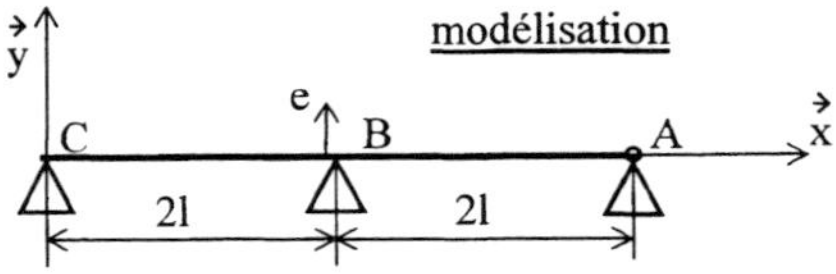

Calculer alors les nouveaux efforts aux paliers A, B et C en supposant toujours les roulements indéformables.

CONNAISSANCES ET MÉTHODES

Théorème de Ménabréa : $\frac{\partial E_{def}(\text{structure})}{\partial X} = 0$ avec $E_{def} = \int \frac{1}{2} \cdot \left[\frac{Mf_3^{\,2}}{E \cdot I_3}\right] \cdot dx_1$

Théorème de Castigliano : $\frac{\partial E_{def}(\text{structure})}{\partial F} = e$ e=u(B) : déplacement de B.

→ ***Modélisation des liaisons.***

→ ***Principe fondamental de la statique ; choix des inconnues hyperstatiques.***

→ ***Calcul de l'énergie de déformation*** E_d.

→ ***Théorème de Castigliano. Détermination de*** Y_B ***en fonction de e.***

RESOLUTION

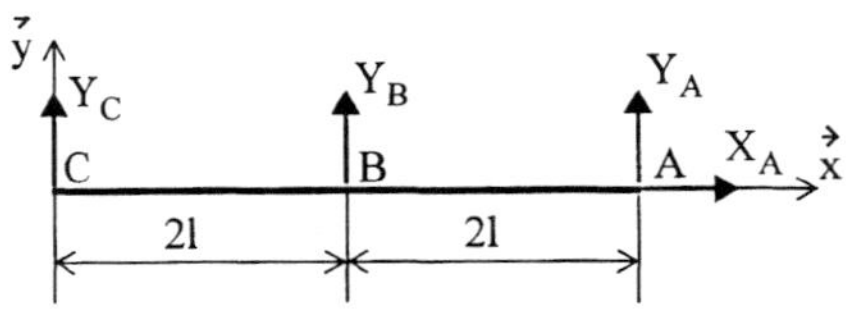

■ Modélisation - Equations de la Statique.

On isole la poutre

Equilibre $\left|\begin{array}{l} \Sigma\overrightarrow{F_{ext \to (BC)}} = \vec{0} \\ \Sigma\overrightarrow{M_B(F_{ext \to (AC)})} = \vec{0} \end{array}\right.$ $\Rightarrow$ $\left|\begin{array}{l} X_A = 0 \\ Y_A + Y_B + Y_C = 0 \\ Y_A = Y_C \end{array}\right.$

⇒ Le système est hyperstatique de degré 1 (3 équations pour 4 inconnues).

On choisit Y_B comme inconnue hyperstatique.

Les équations donnent : $Y_A = Y_C = -\frac{Y_B}{2}$

Energie de déformation

On utilise la symétrie du problème : $E_{def(systeme)} = 2 \cdot E_{def(AB)}$

On détermine le moment fléchissant sur (AB) en fonction de l'inconnue hyperstatique Y_B :

$$Mf_3 = Y_A \cdot x = -\left(\frac{Y_B}{2} \cdot x\right)$$

On en déduit l'energie de déformation en fonction de Y_B :

On pose : $L = 2l$.

$$E_{def} = 2 \cdot \left\{ \int_{\widehat{AB}} \frac{1}{2} \cdot \left[\frac{Mf_3^{\,2}}{E \cdot I}\right] \cdot dx \right\} \quad \Rightarrow \quad E_{def} = \frac{1}{E \cdot I} \cdot \int_0^L \frac{Y_B^2}{4} \cdot x^2 \cdot dx = \frac{Y_B^2 \cdot L^3}{12 \cdot E \cdot I}$$

Théorème de Castigliano - détermination de l'inconnue hyperstatique.

$$\frac{\partial E_{def}}{\partial Y_B} = e$$

On en déduit : $\frac{Y_B \cdot L^3}{6 \cdot E \cdot I} = e$ d'où : $\boxed{Y_B = \frac{6 \cdot E \cdot I}{L^3} \cdot e}$

RESULTAT

Les actions aux paliers sont : $\boxed{Y_A = \frac{3 \cdot E \cdot I}{L^3} \cdot e \qquad Y_B = \frac{6 \cdot E \cdot I}{L^3} \cdot e \qquad Y_C = \frac{3 \cdot E \cdot I}{L^3} \cdot e}$

Conséquence : nous avons vu dans l'exemple précédent l'intérêt du montage hyperstatique si l'on souhaite limiter le déplacement du point D.
Cet exemple montre que ce type de montage doit forcément s'accompagner d'une condition de coaxialité entre les portées de roulements si l'on veut éviter de surcharger fortuitement les liaisons.

Exercice 8 : Arbres en torsion

ENONCE

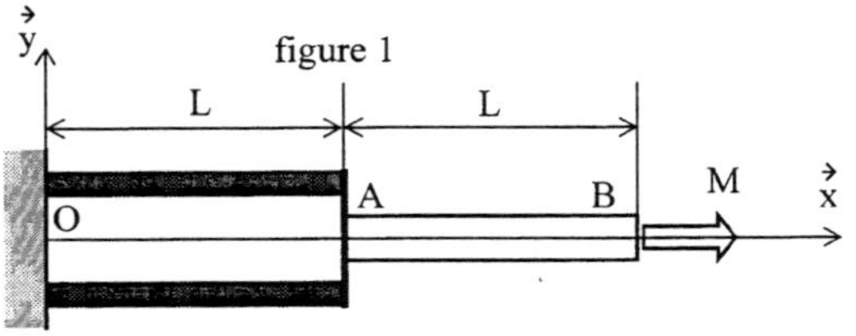

figure 1

On considère deux barres de torsion de même longueur L.
- L'une est constituée par un tube de rayon R et d'épaisseur e.
- L'autre est un cylindre plein de rayon r.

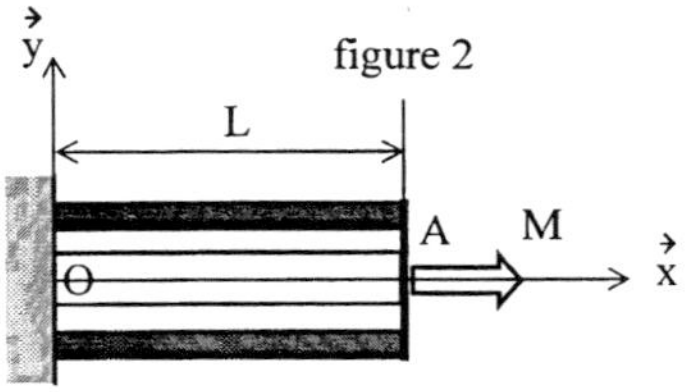

figure 2

On peut les monter en série (figure 1) ou en parallèle (figure 2).

Par application des théorèmes énergétiques, retrouver la raideur de la barre réputée équivalente.

CONNAISSANCES ET MÉTHODES

Théorème de Castigliano : $\dfrac{\partial E_{def}(\text{structure})}{\partial M} = \theta$

→ ***Calcul de l'énergie de déformation*** E_d.

→ ***Théorème de Castigliano.***

Il faut être très attentif aux paramètres de positions angulaires.

RESOLUTION

- 1er cas : montage en série

Le moment de torsion sur les pièces (1) et (2) vaut M.

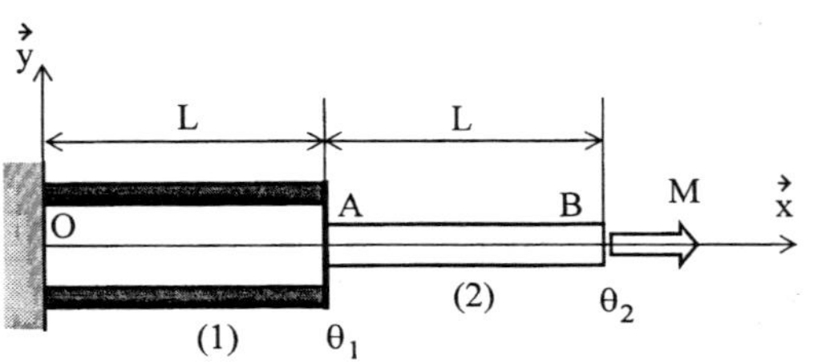

$$E_{def}(1) = \frac{1}{2} \cdot \int_0^L \frac{M^2}{G_{(1)} \cdot I_{0(1)}} \cdot dx$$

$$E_{def}(2) = \frac{1}{2} \cdot \int_0^L \frac{M^2}{G_{(2)} \cdot I_{0(2)}} \cdot dx$$

D'où : $E_{def}(1) = \frac{1}{2} \cdot \frac{M^2}{G_{(1)} \cdot I_{0(1)}} \cdot L = \frac{1}{2} \cdot K_1 \cdot \theta_1^2$ avec : $K_1 = \frac{M}{\theta_1} = \frac{G_{(1)} \cdot I_{0(1)}}{L}$

et $E_{def}(2) = \frac{1}{2} \cdot \frac{M^2}{G_{(2)} \cdot I_{0(2)}} \cdot L = \frac{1}{2} \cdot K_2 \cdot (\theta_2 - \theta_1)^2$ avec : $K_2 = \frac{M}{(\theta_2 - \theta_1)} = \frac{G_{(2)} \cdot I_{0(2)}}{L}$

L'équilibre de la pièce (2) donne : $K_1 \cdot \theta_1 = K_2 \cdot (\theta_2 - \theta_1)$ ou encore : $(K_1 + K_2) \cdot \theta_1 = K_2 \cdot \theta_2$

Calcul de la raideur équivalente : $\frac{dE_{def}(syst)}{d\theta_2} = K_{equ} \cdot \theta_2$

avec $E_{def}(syst) = E_{def}(1) + E_{def}(2) = \frac{1}{2} \cdot K_1 \cdot \theta_1^2 + \frac{1}{2} \cdot K_2 \cdot (\theta_2 - \theta_1)^2$

$$\frac{dE_{def}(syst)}{d\theta_2} = \frac{\partial E_{def}(syst)}{\partial \theta_2} + \frac{\partial E_{def}(syst)}{\partial \theta_1} \cdot \frac{\partial \theta_1}{\partial \theta_2} = \frac{\partial E_{def}(syst)}{\partial \theta_2} + \frac{\partial E_{def}(syst)}{\partial \theta_1} \cdot \frac{K_2}{K_1 + K_2}$$

$$\frac{dE_{def}(syst)}{d\theta_2} = K_2 \cdot (\theta_2 - \theta_1) + \{K_1 \cdot \theta_1 + K_2 \cdot (\theta_1 - \theta_2)\} \cdot \frac{K_2}{K_1 + K_2} = \frac{K_1 \cdot K_2}{K_1 + K_2} \cdot \theta_2$$

Bilan : $K_{equ} = \frac{K_1 \cdot K_2}{K_1 + K_2}$ ou $\boxed{\frac{1}{K_{equ}} = \frac{1}{K_1} + \frac{1}{K_2}}$

On retrouve la raideur équivalente de deux ressorts en série.

2ème cas : montage en parallèle

figure 2

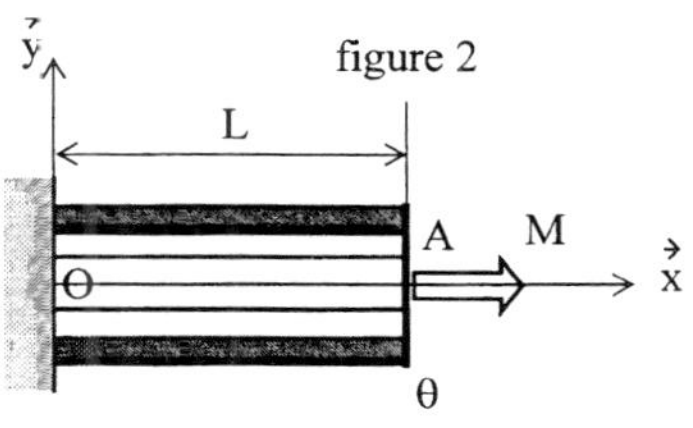

$E_{def}(1) = \frac{1}{2} \cdot K_1 \cdot \theta^2$ et $E_{def}(1) = \frac{1}{2} \cdot K_2 \cdot \theta^2$

$E_{def}(syst) = E_{def}(1) + E_{def}(2) = \frac{1}{2} \cdot (K_1 + K_2) \cdot \theta^2$

Bilan : $\boxed{K_{equ} = K_1 + K_2}$

On retrouve la raideur équivalente de deux ressorts en parallèle.

APPLICATION

On considère une machine à tester les engrenages à la fatigue schématisée ci-contre.
Afin de précontraindre l'ensemble, on impose un déphasage angulaire $\Delta\theta$ du plateau (2) par rapport au plateau (1).

L'objectif de l'étude est de déterminer la valeur du couple M permettant de réaliser cette précontrainte.

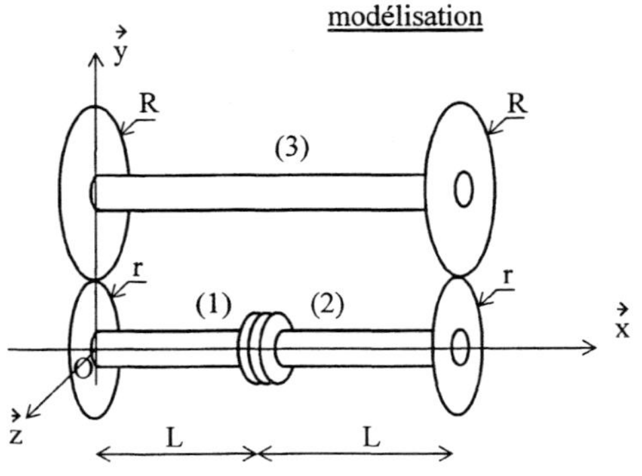

CONNAISSANCES ET MÉTHODES

Théorème de Castigliano : $\dfrac{\partial E_{def}(\text{structure})}{\partial M} = \theta$

→ ***Calcul de l'énergie de déformation*** E_d.

→ ***Théorème de Castigliano.***

Il faut être très attentif aux paramètres de positions angulaires.

RESOLUTION

On a le schéma équivalent ci-contre :

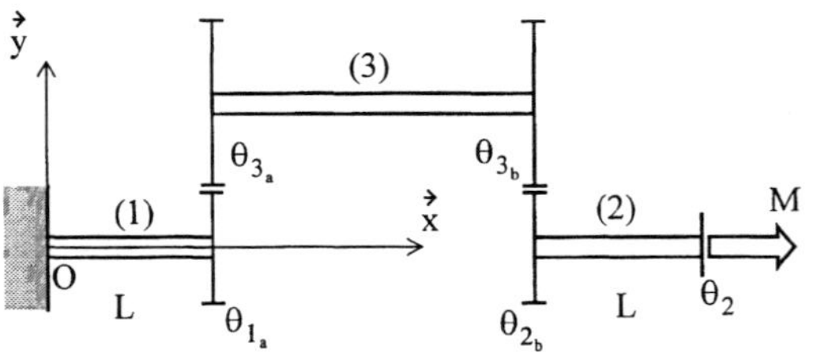

Les énergies de déformation s'écrivent

$$E_{def}(1) = \frac{1}{2} \cdot K_1 \cdot \theta_{1_a}^2$$

$$E_{def}(3) = \frac{1}{2} \cdot K_3 \cdot (\theta_{3_b} - \theta_{3_a})^2 \quad \text{avec :} \quad R \cdot \theta_{1_a} = -(r \cdot \theta_{3_a})$$

$$E_{def}(2) = \frac{1}{2} \cdot K_2 \cdot (\theta_2 - \theta_{2_b})^2 \quad \text{avec :} \quad R \cdot \theta_{2_b} = -(r \cdot \theta_{3_b})$$

Si on écrit les énergies de déformation en fonction de θ_{1_a}, θ_{2_b} et θ_2 :

$$E_{def}(3) = \frac{1}{2} \cdot K_3 \cdot \left(\frac{R}{r}\right)^2 \cdot (\theta_{1_a} - \theta_{2_b})^2$$

Les équations d'équilibre s'écrivent :

$$\boxed{\frac{\partial E_{def}(systeme)}{\partial \theta_{1_a}} = 0 \quad ; \quad \frac{\partial E_{def}(systeme)}{\partial \theta_{2_b}} = 0 \quad ; \quad \frac{\partial E_{def}(systeme)}{\partial \theta_2} = M}$$

D'où :

$$\begin{cases} K_1 \cdot \theta_{1_a} + K_3 \cdot \frac{R}{r} \cdot (\theta_{1_a} - \theta_{2_b}) = 0 \\ -K_3 \cdot \frac{R}{r} \cdot (\theta_{1_a} - \theta_{2_b}) - K_2 \cdot (\theta_2 - \theta_{2_b}) = 0 \\ M = K_2 \cdot (\theta_2 - \theta_{2_b}) \end{cases}$$

Le système d'équations s'écrit :

$$\begin{bmatrix} K_1 + K_3 \cdot \frac{R}{r} & -K_3 \cdot \frac{R}{r} & 0 \\ -K_3 \cdot \frac{R}{r} & K_1 + K_3 \cdot \frac{R}{r} & 0 \\ 0 & K_2 & 1 \end{bmatrix} \begin{Bmatrix} \theta_{1_a} \\ \theta_{2_b} \\ M \end{Bmatrix} = \begin{Bmatrix} 0 \\ K_2 \cdot \theta_2 \\ K_2 \cdot \theta_2 \end{Bmatrix}$$

On en déduit :

$$\boxed{M = \frac{K_1 \cdot K_2 \cdot K_3 \cdot \left(\frac{R}{r}\right)^2}{K_1 \cdot K_2 + K_2 \cdot K_3 \cdot \left(\frac{R}{r}\right) + K_1 \cdot K_3 \cdot \left(\frac{R}{r}\right)^2} \cdot \theta_2}$$

RESULTAT

Le moment de torsion nécessaire pour assurer la rotation relative θ_2 vaut alors :

$$\boxed{M = \frac{K_1 \cdot K_2 \cdot K_3 \cdot \left(\frac{R}{r}\right)^2}{K_1 \cdot K_2 + K_2 \cdot K_3 \cdot \left(\frac{R}{r}\right) + K_1 \cdot K_3 \cdot \left(\frac{R}{r}\right)^2} \cdot \theta_2}$$

CHAPITRE 6 / FORMULATION ELEMENTS FINIS

1 - GÉNÉRALITÉS

- Définition : Formulation basée sur la connaissance discrète des contraintes et des déformations d'une structure.

- Objectif : connaissance des contraintes. (nous sommes dans le cadre d'une méthode de déplacements).

- Inconnues : déplacements de sections droites particulières appelées noeuds.

- Hypothèses : poutre rectiligne ; section uniforme.

2- EFFORTS NODAUX

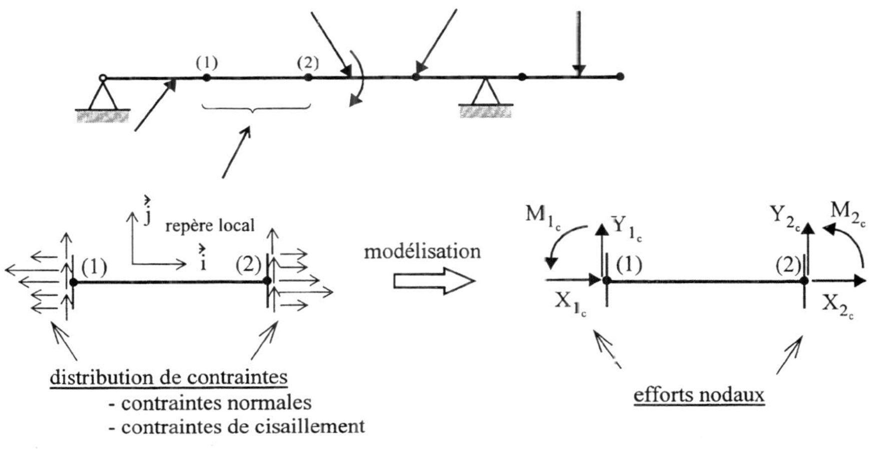

$$\left\{\begin{matrix} X_{2_c}\cdot\vec{i} + Y_{2_c}\cdot\vec{j} \\ M_{2_c}\cdot\vec{k} \end{matrix}\right\} \Rightarrow \{\Im_{\text{efforts interieurs}}\}_{(2)}$$

3- MATRICE DE RIGIDITÉ EN COMPORTEMENT STATIQUE

Traction

→ Axes locaux

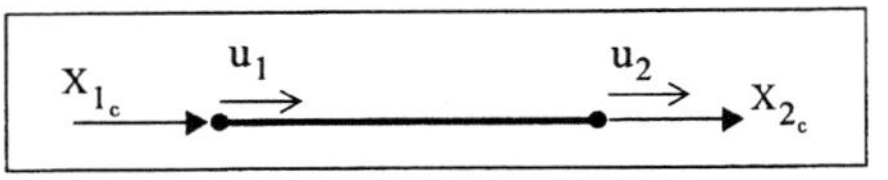

inconnues : u_1 ; u_2

déplacement supposé : $u(x) = a_0 + a_1 \cdot x$ avec $u(0) = u_1$ $u(l) = u_2$

d'où $a_0 = u_1 \qquad a_1 = \dfrac{(u_2 - u_1)}{l}$

Le champ de déplacement coïncide avec la solution vraie.

$$\frac{E \cdot A}{l} \cdot \begin{bmatrix} 1 & -1 \\ -1 & 1 \end{bmatrix} \cdot \begin{Bmatrix} u_1 \\ u_2 \end{Bmatrix} = \begin{Bmatrix} X_{1_c} \\ X_{2_c} \end{Bmatrix}$$

$$[K]_{local} = \begin{bmatrix} \frac{E \cdot A}{l} & -\frac{E \cdot A}{l} \\ -\frac{E \cdot A}{l} & \frac{E \cdot A}{l} \end{bmatrix}$$

$[K]_{local}$ matrice de rigidité locale

→ Axes globaux

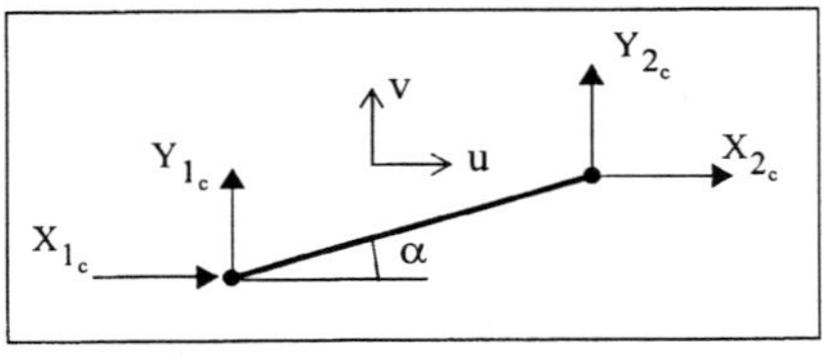

inconnues : $\begin{vmatrix} u_1 \\ v_1 \end{vmatrix} \quad \begin{vmatrix} u_2 \\ v_2 \end{vmatrix}$

$\lambda = \cos\alpha \qquad \mu = \sin\alpha$

$$\frac{E \cdot A}{l} \cdot \begin{bmatrix} \lambda^2 & \lambda\mu & -\lambda^2 & -\lambda\mu \\ \lambda\mu & \mu^2 & -\lambda\mu & -\mu^2 \\ -\lambda^2 & -\lambda\mu & \lambda^2 & \lambda\mu \\ -\lambda\mu & -\mu^2 & \lambda\mu & \mu^2 \end{bmatrix} \cdot \begin{Bmatrix} u_1 \\ v_1 \\ u_2 \\ v_2 \end{Bmatrix} = \begin{Bmatrix} X_{1_c} \\ Y_{1_c} \\ X_{2_c} \\ Y_{2_c} \end{Bmatrix}$$

$$[K]_{global} = \frac{E \cdot A}{l} \cdot \begin{bmatrix} \lambda^2 & \lambda\mu & -\lambda^2 & -\lambda\mu \\ \lambda\mu & \mu^2 & -\lambda\mu & -\mu^2 \\ -\lambda^2 & -\lambda\mu & \lambda^2 & \lambda\mu \\ -\lambda\mu & -\mu^2 & \lambda\mu & \mu^2 \end{bmatrix}$$

$[K]_{global}$ matrice de rigidité globale

Flexion

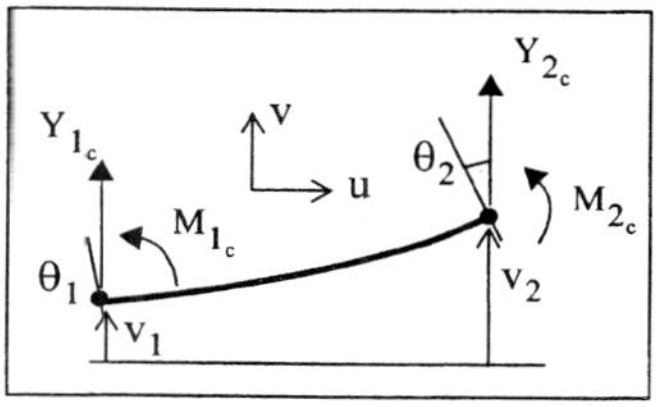

→ Axes locaux

inconnues : v_1 ; v_2 ; θ_1 ; θ_2

déplacement supposé : $v(x) = a_0 + a_1 \cdot x + a_2 \cdot x^2 + a_3 \cdot x^3$

avec $v(0)= u_1$ $\quad \frac{dv}{dx}(0)= \theta_1$ $\quad v(L)= v_2$ $\quad \frac{dv}{dx}(L)= \theta_2$

d'où $a_0 = v_1 \qquad a_1 = \theta_1 \qquad a_2 = \frac{3}{L^2}\cdot(v_2 - v_1) - \frac{1}{L}\cdot(2\theta_1 + \theta_2) \qquad a_3 = \frac{2}{L^3}\cdot(v_1 - v_2) + \frac{1}{L^2}\cdot(\theta_1 + \theta_2)$

Le champ de déplacement coïncide avec la solution vraie dans le cas de poutre non chargée transversalement.

matrice de rigidité locale

$$[K]_{local} = \frac{E \cdot I}{L^3} \cdot \begin{bmatrix} 12 & 6L & -12 & 6L \\ 6L & 4L^2 & -6L & 2L^2 \\ -12 & -6L & 12 & -6L \\ 6L & 2L^2 & -6L & 4L^2 \end{bmatrix}$$

→ Axes globaux

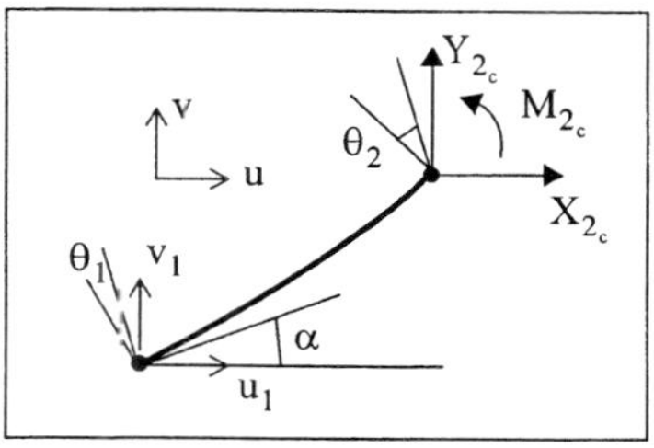

inconnues : $\begin{vmatrix} u_1 \\ v_1 \\ \theta_1 \end{vmatrix} \begin{vmatrix} u_2 \\ v_2 \\ \theta_2 \end{vmatrix}$

$\lambda = \cos\alpha \qquad \mu = \sin\alpha$

matrice de rigidité globale

$$[K]_{global} = \frac{E \cdot I}{L^3} \cdot \begin{bmatrix} 12\mu^2 & & & & & \\ -12\lambda\mu & 12\lambda^2 & & & \text{(symétrique)} & \\ -6L\mu & 6L\lambda & 4L^2 & & & \\ -12\mu^2 & 12\lambda\mu & 6L\mu & 12\mu^2 & & \\ 12\lambda\mu & -12\lambda^2 & -6L\lambda & -12\lambda\mu & 12\lambda^2 & \\ -6L\mu & 6L\lambda & 2L^2 & 6L\mu & -6L\lambda & 4L^2 \end{bmatrix}$$

Poutre non chargée transversalement

axes locaux

$$[K]_{local} \cdot \begin{Bmatrix} v_1 \\ \theta_1 \\ v_2 \\ \theta_2 \end{Bmatrix} = \begin{Bmatrix} Y_{1_c} \\ M_{1_c} \\ Y_{2_c} \\ M_{2_c} \end{Bmatrix}$$

axes globaux

$$[K]_{global} \cdot \begin{Bmatrix} u_1 \\ v_1 \\ \theta_1 \\ u_2 \\ v_2 \\ \theta_2 \end{Bmatrix} = \begin{Bmatrix} X_{1_c} \\ Y_{1_c} \\ M_{1_c} \\ X_{2_c} \\ Y_{2_c} \\ M_{2_c} \end{Bmatrix}$$

Poutre chargée transversalement

axes locaux

$$[K]_{local} \cdot \begin{Bmatrix} v_1 \\ \theta_1 \\ v_2 \\ \theta_2 \end{Bmatrix} = \begin{Bmatrix} Y_{1_c} \\ M_{1_c} \\ Y_{2_c} \\ M_{2_c} \end{Bmatrix} + \begin{Bmatrix} Y_{1(tr)} \\ M_{1(tr)} \\ Y_{2(tr)} \\ M_{2(tr)} \end{Bmatrix}$$

axes globaux

$$[K]_{global} \cdot \begin{Bmatrix} u_1 \\ v_1 \\ \theta_1 \\ u_2 \\ v_2 \\ \theta_2 \end{Bmatrix} = \begin{Bmatrix} X_{1_c} \\ Y_{1_c} \\ M_{1_c} \\ X_{2_c} \\ Y_{2_c} \\ M_{2_c} \end{Bmatrix} + \begin{Bmatrix} X_{1(tr)} \\ Y_{1(tr)} \\ M_{1(tr)} \\ X_{2(tr)} \\ Y_{2(tr)} \\ M_{2(tr)} \end{Bmatrix}$$

axes locaux

$$\begin{Bmatrix} Y_{1(tr)} \\ M_{1(tr)} \\ Y_{2(tr)} \\ M_{2(tr)} \end{Bmatrix} = \int_0^L q(x) \cdot \begin{Bmatrix} 1 - \frac{3x^2}{L^2} + \frac{2x^3}{L^3} \\ x - \frac{2x^2}{L} + \frac{x^3}{L^2} \\ \frac{3x^2}{L^2} - \frac{2x^3}{L^3} \\ -\frac{x^2}{L} + \frac{x^3}{L^2} \end{Bmatrix} \cdot dx + F_i \cdot \begin{Bmatrix} 1 - \frac{3x_i^2}{L^2} + \frac{2x_i^3}{L^3} \\ x_i - \frac{2x_i^2}{L} + \frac{x_i^3}{L^2} \\ \frac{3x_i^2}{L^2} - \frac{2x_i^3}{L^3} \\ -\frac{x_i^2}{L} + \frac{x_i^3}{L^2} \end{Bmatrix} + M_i \cdot \begin{Bmatrix} -\frac{6x_i}{L^2} + \frac{6x_i^2}{L^3} \\ 1 - \frac{4x_i}{L} + \frac{3x_i^2}{L^2} \\ \frac{6x_i}{L^2} - \frac{6x_i^2}{L^3} \\ -\frac{2x_i}{L} + \frac{3x_i^2}{L^2} \end{Bmatrix}$$

$q(x)$: charge répartie entre 0 et L
F_i : force ponctuelle appliquée en x_i
M_i : moment ponctuel appliqué en x_i

Dans le cas des axes globaux, on effectue les calculs en axes locaux et on projette.

Torsion de poutres cylindriques

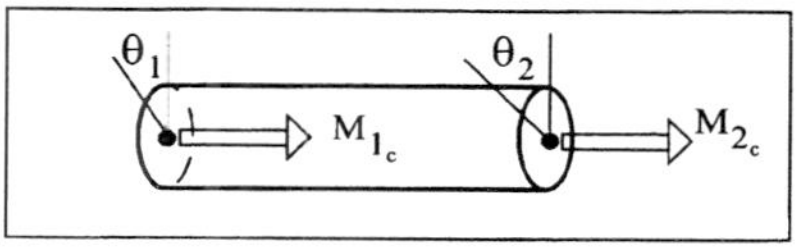

inconnues : θ_1 ; θ_2

déplacement supposé : $\theta(x) = a_0 + a_1 \cdot x$ avec $\theta(0) = \theta_1$ $\theta(L) = \theta_2$

d'où $a_0 = \theta_1 \qquad a_1 = \dfrac{(\theta_2 - \theta_1)}{L}$

Le champ de déplacement coïncide avec la solution vraie.

$$\frac{G \cdot I_0}{L} \cdot \begin{bmatrix} L & -L \\ -L & L \end{bmatrix} \cdot \begin{Bmatrix} \theta_1 \\ \theta_2 \end{Bmatrix} = \begin{Bmatrix} M_{1_c} \\ M_{2_c} \end{Bmatrix}$$

$$[K] = \begin{bmatrix} \dfrac{G \cdot I_0}{L} & -\dfrac{G \cdot I_0}{L} \\ -\dfrac{G \cdot I_0}{L} & \dfrac{G \cdot I_0}{L} \end{bmatrix}$$

$[K]$ matrice de rigidité locale

Matrice de rigidité représentant les différents effets

$$[K]_{local} = \begin{bmatrix}
\frac{EA}{l} & & & & & & & & & & & \\
0 & \frac{12 \cdot EI_z}{L^3} & & & & & & & & & & \\
0 & 0 & \frac{12 \cdot EI_y}{L^3} & & & & & & \text{(symétrique)} & & & \\
0 & 0 & 0 & \frac{GI_0}{L} & & & & & & & & \\
0 & 0 & -\frac{6 \cdot EI_y}{L^2} & 0 & \frac{4 \cdot EI_y}{L} & & & & & & & \\
0 & \frac{6 \cdot EI_z}{L^2} & 0 & 0 & 0 & \frac{4 \cdot EI_z}{L} & & & & & & \\
-\frac{EA}{L} & 0 & 0 & 0 & 0 & 0 & \frac{EA}{L} & & & & & \\
0 & -\frac{12 \cdot EI_z}{L^3} & 0 & 0 & 0 & -\frac{6 \cdot EI_z}{L^2} & 0 & \frac{12 \cdot EI_z}{L^3} & & & & \\
0 & 0 & -\frac{12 \cdot EI_y}{L^3} & 0 & \frac{6 \cdot EI_y}{L^2} & 0 & 0 & 0 & \frac{12 \cdot EI_y}{L^3} & & & \\
0 & 0 & 0 & -\frac{GI_0}{L} & 0 & 0 & 0 & 0 & 0 & \frac{GI_0}{L} & & \\
0 & 0 & -\frac{6 \cdot EI_y}{L^2} & 0 & \frac{2 \cdot EI_y}{L} & 0 & 0 & 0 & \frac{6 \cdot EI_y}{L^2} & 0 & \frac{4 \cdot EI_y}{L} & \\
0 & \frac{6 \cdot EI_z}{L^2} & 0 & 0 & 0 & \frac{2 \cdot EI_z}{L} & 0 & -\frac{6 \cdot EI_z}{L^2} & 0 & 0 & 0 & \frac{4 \cdot EI_z}{L}
\end{bmatrix}$$

4- METHODE DE RESOLUTION E.F. D'UNE STRUCTURE

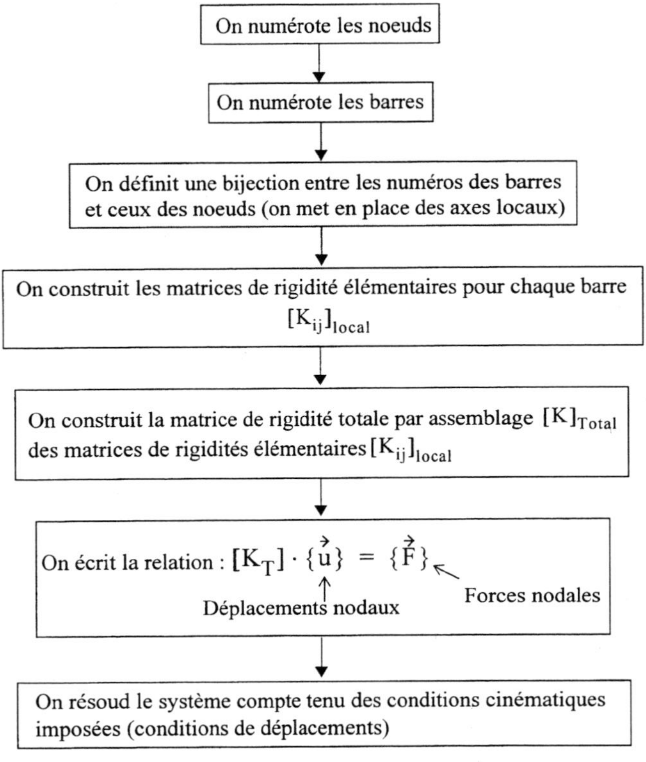

CHAPITRE 6 / EXERCICES

Exercice 1 : Système de barres en traction

ENONCE

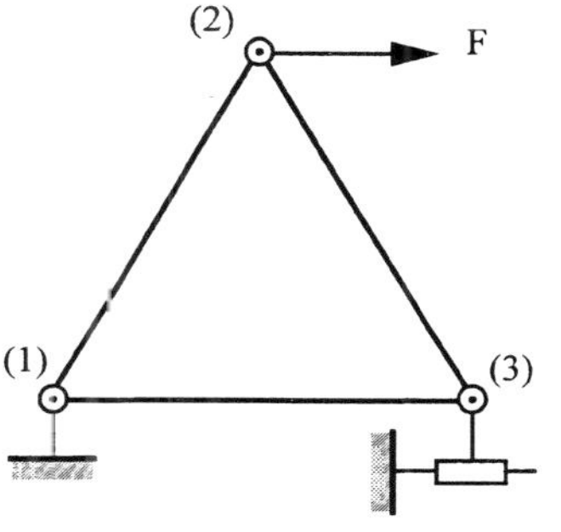

On considère trois barres identiques de longueur L, de section A et de même matériau. Elles sont soumises à un effort F comme l'indique la figure ci-contre.

Déterminer le déplacement du noeud (2) sous l'action de F.

> ***CONNAISSANCES ET MÉTHODES***
>
> ***Objectif : se familiariser avec les différentes étapes de la méthode***
>
> → ***On numérote les noeuds.***
>
> → ***On numérote les barres.***
>
> → ***On écrit pour chaque barre la relation entre les forces nodales et les déplacements des noeuds (sous forme matricielle).***
>
> → ***On procède à l'assemblage (assemblage des matrices).***
>
> → ***On relie les efforts nodaux aux charges extérieures à la structure.***
>
> → ***On prend en compte les déplacements imposés (conditions aux limites).***

RESOLUTION

Barre (12)

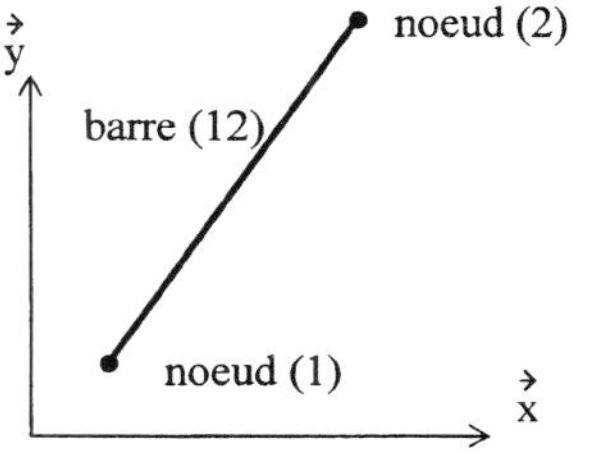

$$\alpha = \frac{\pi}{3} \qquad \lambda = \frac{1}{2} \qquad \mu = \frac{\sqrt{3}}{2}$$

$$\frac{EA}{L} \cdot \begin{bmatrix} \frac{1}{4} & \frac{\sqrt{3}}{4} & -\frac{1}{4} & -\frac{\sqrt{3}}{4} \\ \frac{\sqrt{3}}{4} & \frac{3}{4} & -\frac{\sqrt{3}}{4} & -\frac{3}{4} \\ -\frac{1}{4} & -\frac{\sqrt{3}}{4} & \frac{1}{4} & \frac{\sqrt{3}}{4} \\ -\frac{\sqrt{3}}{4} & -\frac{3}{4} & \frac{\sqrt{3}}{4} & \frac{3}{4} \end{bmatrix} \cdot \begin{Bmatrix} u_1 \\ v_1 \\ u_2 \\ v_2 \end{Bmatrix} = \begin{Bmatrix} X_{c1\to(12)} \\ Y_{c1\to(12)} \\ X_{c2\to(12)} \\ Y_{c2\to(12)} \end{Bmatrix}$$

$X_{c1\to(12)}$ composante suivant x de l'action du noeud 1 sur la barre (12)

Barre (13)

$$\frac{EA}{L}\cdot\begin{bmatrix}1 & 0 & -1 & 0\\ 0 & 0 & 0 & 0\\ -1 & 0 & 1 & 0\\ 0 & 0 & 0 & 0\end{bmatrix}\cdot\begin{Bmatrix}u_1\\ v_1\\ u_3\\ v_3\end{Bmatrix}=\begin{Bmatrix}X_{c1\to(13)}\\ Y_{c1\to(13)}\\ X_{c3\to(13)}\\ Y_{c3\to(13)}\end{Bmatrix}$$

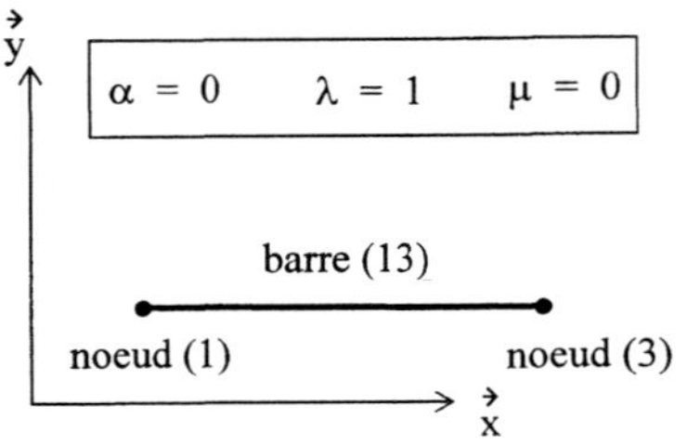

Barre (23)

$$\frac{EA}{L}\cdot\begin{bmatrix}\frac{1}{4} & -\frac{\sqrt{3}}{4} & -\frac{1}{4} & \frac{\sqrt{3}}{4}\\ -\frac{\sqrt{3}}{4} & \frac{3}{4} & \frac{\sqrt{3}}{4} & -\frac{3}{4}\\ -\frac{1}{4} & \frac{\sqrt{3}}{4} & \frac{1}{4} & -\frac{\sqrt{3}}{4}\\ \frac{\sqrt{3}}{4} & -\frac{3}{4} & -\frac{\sqrt{3}}{4} & \frac{3}{4}\end{bmatrix}\cdot\begin{Bmatrix}u_2\\ v_2\\ u_3\\ v_3\end{Bmatrix}=\begin{Bmatrix}X_{c2\to(23)}\\ Y_{c2\to(23)}\\ X_{c3\to(23)}\\ Y_{c3\to(23)}\end{Bmatrix}$$

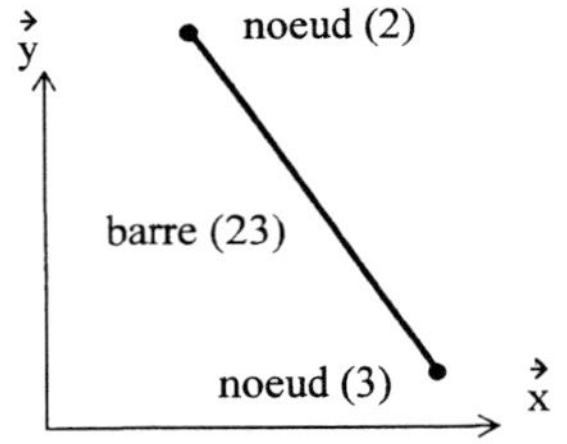

$$\alpha = -\frac{\pi}{3} \qquad \lambda = \frac{1}{2} \qquad \mu = -\frac{\sqrt{3}}{2}$$

Assemblage des matrices

$$\frac{EA}{L}\cdot\begin{bmatrix}\frac{1}{4}+1 & \frac{\sqrt{3}}{4} & -\frac{1}{4} & -\frac{\sqrt{3}}{4} & -1 & 0\\ \frac{\sqrt{3}}{4} & \frac{3}{4} & -\frac{\sqrt{3}}{4} & -\frac{3}{4} & 0 & 0\\ -\frac{1}{4} & -\frac{\sqrt{3}}{4} & \frac{1}{4}+\frac{1}{4} & \frac{\sqrt{3}}{4}-\frac{\sqrt{3}}{4} & -\frac{1}{4} & \frac{\sqrt{3}}{4}\\ -\frac{\sqrt{3}}{4} & -\frac{3}{4} & \frac{\sqrt{3}}{4}-\frac{\sqrt{3}}{4} & \frac{3}{4}+\frac{3}{4} & \frac{\sqrt{3}}{4} & -\frac{3}{4}\\ -1 & 0 & -\frac{1}{4} & \frac{\sqrt{3}}{4} & 1+\frac{1}{4} & -\frac{\sqrt{3}}{4}\\ 0 & 0 & \frac{\sqrt{3}}{4} & -\frac{3}{4} & -\frac{\sqrt{3}}{4} & \frac{3}{4}\end{bmatrix}\cdot\begin{Bmatrix}u_1\\ v_1\\ u_2\\ v_2\\ u_3\\ v_3\end{Bmatrix}=\begin{Bmatrix}X_{c1\to(12)}+X_{c1\to(13)}\\ Y_{c1\to(12)}+Y_{c1\to(13)}\\ X_{c2\to(12)}+X_{c2\to(23)}\\ Y_{c2\to(12)}+Y_{c2\to(23)}\\ X_{c3\to(13)}+X_{c3\to(23)}\\ Y_{3\to(13)}+Y_{c3\to(23)}\end{Bmatrix}$$

Charges extérieures

noeud (1) $\begin{cases} X_{c1 \to (12)} + X_{c1 \to (13)} = X_{1L} \\ Y_{c1 \to (12)} + Y_{c1 \to (13)} = Y_{1L} \end{cases}$

noeud (2) $\begin{cases} X_{c2 \to (12)} + X_{c2 \to (23)} = F \\ Y_{c2 \to (12)} + Y_{c2 \to (23)} = 0 \end{cases}$

noeud (3) $\begin{cases} X_{c3 \to (13)} + X_{c3 \to (23)} = 0 \\ Y_{3 \to (13)} + Y_{c3 \to (23)} = Y_{3L} \end{cases}$

X_{1L}, Y_{1L} et Y_{3L} sont les inconnues de liaisons.

Conditions aux limites sur les déplacements

$u_1 = 0 \qquad v_1 = 0 \qquad v_3 = 0$

Résolution du système

$$\frac{EA}{L} \cdot \begin{bmatrix} \frac{1}{2} & 0 & -\frac{1}{4} \\ 0 & \frac{3}{2} & \frac{\sqrt{3}}{4} \\ -\frac{1}{4} & \frac{\sqrt{3}}{4} & \frac{5}{4} \end{bmatrix} \cdot \begin{Bmatrix} u_2 \\ v_2 \\ u_3 \end{Bmatrix} = \begin{Bmatrix} F \\ 0 \\ 0 \end{Bmatrix}$$

$$\det \begin{vmatrix} \frac{1}{2} & 0 & -\frac{1}{4} \\ 0 & \frac{3}{2} & \frac{\sqrt{3}}{4} \\ -\frac{1}{4} & \frac{\sqrt{3}}{4} & \frac{5}{4} \end{vmatrix} = \frac{1}{2} \cdot \left(\frac{15}{8} - \frac{3}{16}\right) - \frac{1}{4} \cdot \left(\frac{3}{8}\right) = \frac{3}{4}$$

$$u_2 = \frac{\begin{vmatrix} F & 0 & -\frac{1}{4} \\ 0 & \frac{3}{2} & \frac{\sqrt{3}}{4} \\ 0 & \frac{\sqrt{3}}{4} & \frac{5}{4} \end{vmatrix}}{\frac{3}{4} \cdot \frac{EA}{L}} = \frac{F \cdot \left(\frac{15}{8} - \frac{3}{16}\right)}{\frac{3}{4} \cdot \frac{EA}{L}} = \frac{27}{12} \cdot \frac{FL}{EA}$$

$$v_2 = \frac{\begin{vmatrix} \frac{1}{2} & F & -\frac{1}{4} \\ 0 & 0 & \frac{\sqrt{3}}{4} \\ -\frac{1}{4} & 0 & \frac{5}{4} \end{vmatrix}}{\frac{3}{4} \cdot \frac{EA}{L}} = \frac{-1}{4\sqrt{3}} \cdot \frac{FL}{EA}$$

RESULTATS

Les composantes du déplacement du noeud (2) sont : $\boxed{u_2 = \frac{27}{12} \cdot \frac{FL}{EA}}$ et $\boxed{v_2 = \frac{-1}{4\sqrt{3}} \cdot \frac{FL}{EA}}$

Exercice 2 : Structure en flexion

ENONCE

On considère une structure constituée de deux poutres identiques montées conformément à la figure ci-contre.

Déterminer le déplacement du noeud (2) sous l'action de F.

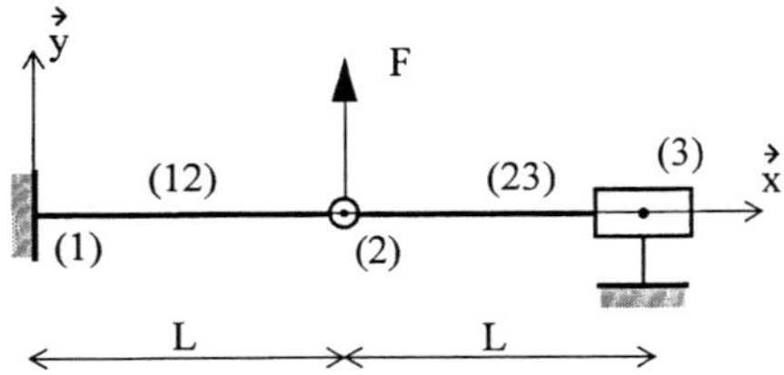

CONNAISSANCES ET MÉTHODES

Objectif : manipuler les matrices de rigidité en flexion.

- ***On numérote les noeuds et les poutres.***
- ***On écrit pour chaque poutre la relation entre les forces nodales et les dépla cements des noeuds (sous forme matricielle).***
- ***On procède à l'assemblage (assemblage des matrices).***
- ***On relie les efforts nodaux aux charges extérieures à la structure.***
- ***On prend en compte les déplacements imposés (conditions aux limites).***

RESOLUTION

Matrices de rigidité

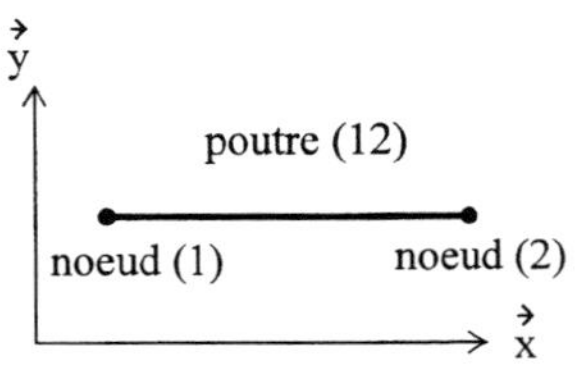

Poutre (12)

$$\frac{EI}{L^3} \cdot \begin{bmatrix} 12 & 6L & -12 & 6L \\ 6L & 4L^2 & -6L & 2L^2 \\ -12 & -6L & 12 & -6L \\ 6L & 2L^2 & -6L & 4L^2 \end{bmatrix} \cdot \begin{Bmatrix} v_1 \\ \theta_1 \\ v_2 \\ \theta_{2g} \end{Bmatrix} = \begin{Bmatrix} Y_{1L} \\ M_{1L} \\ Y_{2(\text{noeud} \to 12)} \\ M_{2(\text{noeud} \to 12)} \end{Bmatrix}$$

Au noeud (2), on a une liaison pivot donc : $M_{2(\text{noeud} \to 12)} = M_{2c} = 0$

Poutre (23)

$$\frac{EI}{L^3}\cdot\begin{bmatrix} 12 & 6L & -12 & 6L \\ 6L & 4L^2 & -6L & 2L^2 \\ -12 & -6L & 12 & -6L \\ 6L & 2L^2 & -6L & 4L^2 \end{bmatrix}\cdot\begin{Bmatrix} v_2 \\ \theta_{2d} \\ v_3 \\ \theta_3 \end{Bmatrix} = \begin{Bmatrix} Y_{2(noeud \to 23)} \\ 0 \\ Y_{3L} \\ M_{3L} \end{Bmatrix}$$

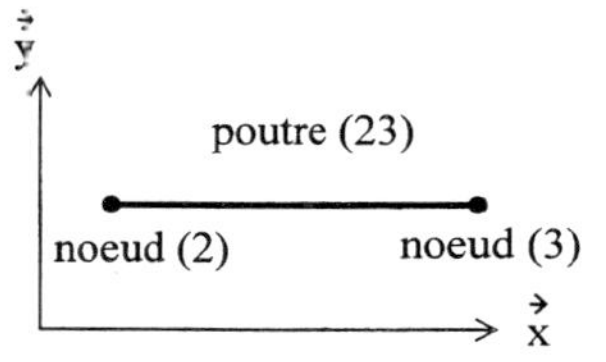

Assemblage des matrices

$$\frac{EI}{L^3}\cdot\begin{bmatrix} 12 & 6L & -12 & 6L & 0 & 0 & 0 \\ 6L & 4L^2 & -6L & 2L^2 & 0 & 0 & 0 \\ -12 & -6L & 12+12 & -6L & 6L & -12 & 6L \\ 6L & 2L^2 & -6L & 4L^2 & 0 & 0 & 0 \\ 0 & 0 & 6L & 0 & 4L^2 & -6L & 2L^2 \\ 0 & 0 & -12 & 0 & -6L & 12 & -6L \\ 0 & 0 & 6L & 0 & 2L^2 & -6L & 4L^2 \end{bmatrix}\cdot\begin{Bmatrix} v_1 \\ \theta_1 \\ v_2 \\ \theta_{2g} \\ \theta_{2d} \\ v_3 \\ \theta_3 \end{Bmatrix} = \begin{Bmatrix} Y_{1L} \\ M_{1L} \\ F \\ 0 \\ 0 \\ Y_{3L} \\ M_{3L} \end{Bmatrix}$$

On a utilisé : $Y_{2(noeud \to 12)} + Y_{2(noeud \to 23)} = F$

Résolution du système

Les conditions géométriques s'écrivent :
$v_1 = \theta_1 = v_3 = \theta_3 = 0$

Pour déterminer le déplacement de (2), il nous faut donc résoudre le système :

$$\frac{EI}{L^3}\cdot\begin{bmatrix} 24 & -6L & 6L \\ -6L & 4L^2 & 0 \\ 6L & 0 & 4L^2 \end{bmatrix}\cdot\begin{Bmatrix} v_2 \\ \theta_{2g} \\ \theta_{2d} \end{Bmatrix} = \begin{Bmatrix} F \\ 0 \\ 0 \end{Bmatrix}$$

On déduit :
$$v_2 = \frac{1}{\frac{EI}{L^3}}\cdot\frac{\begin{vmatrix} F & -6L & 6L \\ 0 & 4L^2 & 0 \\ 0 & 0 & 4L^2 \end{vmatrix}}{\begin{vmatrix} 24 & -6L & 6L \\ -6L & 4L^2 & 0 \\ 6L & 0 & 4L^2 \end{vmatrix}} = \frac{L^3}{EI}\cdot\frac{F\cdot 16L^4}{96L^4} = \frac{F\cdot L^3}{6\cdot EI}$$

RESULTATS

Le déplacement vertical du noeud (2) vaut : $v_2 = \dfrac{F\cdot L^3}{6\cdot EI}$

Exercice 3 : Structure en flexion-traction

ENONCE

On considère l'élément d'une structure constituée de deux poutres schématisé sur la figure ci-contre.
Les poutres sont de même longueur L et de caractéristiques d'inertie identiques.

Déterminer les actions de liaison au noeud (1).

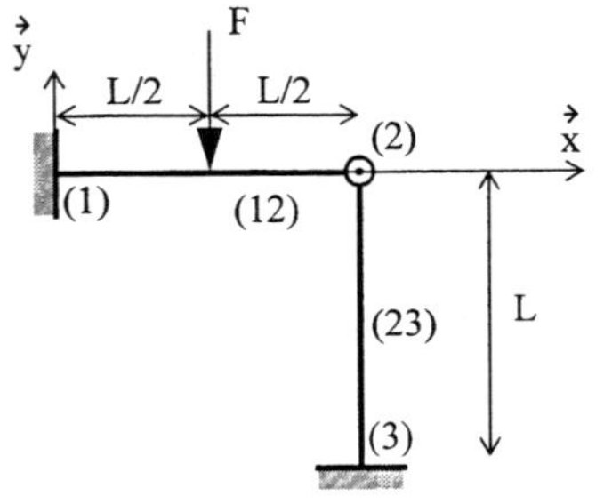

> ***CONNAISSANCES ET MÉTHODES***
>
> ***Objectif : superposer des sollicitations (faire intervenir des matrices associées aux sollicitations de flexion et de traction).***
>
> → ***On numérote les noeuds et les poutres.***
>
> → ***On écrit pour chaque poutre la relation entre les forces nodales et les dépla cements des noeuds (en utilisant les matrices de flexion et de traction).***
>
> → ***On procède à l'assemblage (assemblage des matrices).***
>
> → ***On relie les efforts nodaux aux charges extérieures à la structure.***
>
> → ***On prend en compte les déplacements imposés (conditions aux limites).***

RESOLUTION

- Matrices de rigidité

Rappels :

Traction

$$K]_{traction} = \frac{E \cdot A}{l} \cdot \begin{bmatrix} \lambda^2 & \lambda\mu & -\lambda^2 & -\lambda\mu \\ \lambda\mu & \mu^2 & -\lambda\mu & -\mu^2 \\ -\lambda^2 & -\lambda\mu & \lambda^2 & \lambda\mu \\ -\lambda\mu & -\mu^2 & \lambda\mu & \mu^2 \end{bmatrix}$$

$$\lambda = \cos\alpha \qquad \mu = \sin\alpha$$

Flexion

$$[K]_{global} = \frac{E \cdot I}{l^3} \cdot \begin{bmatrix} 12\mu^2 & & & & & \text{(symétrique)} \\ -12\lambda\mu & 12\lambda^2 & & & & \\ -6l\mu & 6l\lambda & 4l^2 & & & \\ -12\mu^2 & 12\lambda\mu & 6l\mu & 12\mu^2 & & \\ 12\lambda\mu & -12\lambda^2 & -6l\lambda & -12\lambda\mu & 12\lambda^2 & \\ -6l\mu & 6l\lambda & 2l^2 & 6l\mu & -6l\lambda & 4l^2 \end{bmatrix}$$

Poutre (12)

$$\alpha = 0 \qquad \lambda = 1 \qquad \mu = 0$$

$$\begin{bmatrix} [K_{traction}] \\ + \\ [K_{flexion}] \end{bmatrix} \longrightarrow \begin{bmatrix} \frac{EA}{L} & 0 & 0 & -\frac{EA}{L} & 0 & 0 \\ 0 & \frac{12EI}{L^3} & 0 & 0 & -\frac{12EI}{L^3} & \frac{6EI}{L^2} \\ 0 & 0 & \frac{4EI}{L} & 0 & 0 & \frac{2EI}{L} \\ -\frac{EA}{L} & 0 & 0 & \frac{EA}{L} & 0 & 0 \\ 0 & -\frac{12EI}{L^3} & 0 & 0 & \frac{12EI}{L^3} & -\frac{6EI}{L^2} \\ 0 & \frac{6EI}{L^2} & \frac{2EI}{L} & 0 & -\frac{6EI}{L^2} & \frac{4EI}{L} \end{bmatrix} \cdot \begin{Bmatrix} u_1 \\ v_1 \\ \theta_1 \\ u_2 \\ v_2 \\ \theta_{2g} \end{Bmatrix} = \begin{Bmatrix} X_{1L} \\ Y_{1L} - \frac{F}{2} \\ M_{1L} + \frac{FL}{8} \\ X_{noeud \to (12)} \\ Y_{noeud \to (12)} - \frac{F}{2} \\ -\frac{FL}{8} \end{Bmatrix}$$

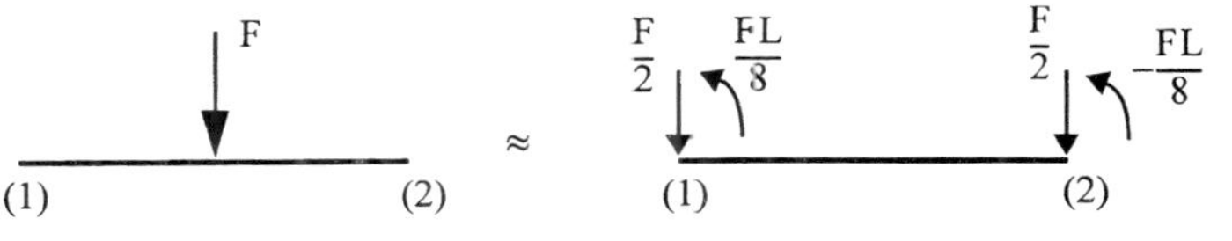

Poutre (23)

$$\alpha = \frac{\pi}{2} \qquad \lambda = 0 \qquad \mu = 1$$

$$\begin{bmatrix} [K_{traction}] \\ + \\ [K_{flexion}] \end{bmatrix} \longrightarrow \begin{bmatrix} \frac{12EI}{L^3} & 0 & -\frac{6EI}{L^2} & -\frac{12EI}{L^3} & 0 & -\frac{6EI}{L^2} \\ 0 & \frac{EA}{L} & 0 & 0 & -\frac{EA}{L} & 0 \\ -\frac{6EI}{L^2} & 0 & \frac{4EI}{L} & \frac{6EI}{L^2} & 0 & \frac{2EI}{L} \\ -\frac{12EI}{L^3} & 0 & \frac{6EI}{L^2} & \frac{12EI}{L^3} & 0 & \frac{6EI}{L^2} \\ 0 & -\frac{EA}{L} & 0 & 0 & \frac{EA}{L} & 0 \\ -\frac{6EI}{L^2} & 0 & \frac{2EI}{L} & \frac{6EI}{L^2} & 0 & \frac{4EI}{L} \end{bmatrix} \cdot \begin{Bmatrix} u_2 \\ v_2 \\ \theta_{2d} \\ u_3 \\ v_3 \\ \theta_3 \end{Bmatrix} = \begin{Bmatrix} X_{noeud \to (23)} \\ Y_{noeud \to (23)} \\ 0 \\ X_{3L} \\ Y_{3L} \\ M_{3L} \end{Bmatrix}$$

Résolution du système.

Le système est résolu en tenant compte des conditions géométriques :

$$u_1 = v_1 = \theta_1 = u_3 = v_3 = \theta_3 = 0$$

Il s'écrit :

$$\begin{bmatrix}
\frac{EA}{L} & 0 & 0 & -\frac{EA}{L} & 0 & 0 & 0 & 0 & 0 & 0 \\
0 & \frac{12EI}{L^3} & 0 & 0 & -\frac{12EI}{L^3} & \frac{6EI}{L^2} & 0 & 0 & 0 & 0 \\
0 & 0 & \frac{4EI}{L} & 0 & 0 & \frac{2EI}{L} & 0 & 0 & 0 & 0 \\
-\frac{EA}{L} & 0 & 0 & \frac{EA}{L}+\frac{12EI}{L^3} & 0 & 0 & -\frac{6EI}{L^2} & -\frac{12EI}{L^3} & 0 & -\frac{6EI}{L^2} \\
0 & -\frac{12EI}{L^3} & 0 & 0 & \frac{12EI}{L^3}+\frac{EA}{L} & -\frac{6EI}{L^2} & 0 & 0 & -\frac{EA}{L} & 0 \\
0 & \frac{6EI}{L^2} & \frac{2EI}{L} & 0 & -\frac{6EI}{L^2} & \frac{4EI}{L} & 0 & 0 & 0 & 0 \\
0 & 0 & 0 & -\frac{6EI}{L^2} & 0 & 0 & \frac{4EI}{L} & \frac{6EI}{L^2} & 0 & \frac{2EI}{L} \\
0 & 0 & 0 & -\frac{12EI}{L^3} & 0 & 0 & \frac{6EI}{L^2} & \frac{12EI}{L^3} & 0 & \frac{6EI}{L^2} \\
0 & 0 & 0 & 0 & -\frac{EA}{L} & 0 & 0 & 0 & \frac{EA}{L} & 0 \\
0 & 0 & 0 & -\frac{6EI}{L^2} & 0 & 0 & \frac{2EI}{L} & \frac{6EI}{L^2} & 0 & \frac{4EI}{L}
\end{bmatrix} \cdot \begin{Bmatrix} 0 \\ 0 \\ 0 \\ u_2 \\ v_2 \\ \theta_{2g} \\ \theta_{2d} \\ 0 \\ 0 \\ 0 \end{Bmatrix} = \begin{Bmatrix} X_{1L} \\ Y_{1L} - \frac{F}{2} \\ M_{1L} + \frac{FL}{8} \\ 0 \\ -\frac{F}{2} \\ -\frac{FL}{8} \\ 0 \\ X_{3L} \\ Y_{3L} \\ M_{3L} \end{Bmatrix}$$

On déduit les déplacements du noeud (2) (système d'équations en pointillés) :

$$u_2 = 0 \qquad v_2 = -\frac{11}{16} \cdot \frac{F}{\left(\frac{EA}{L} + \frac{3EI}{L^3}\right)} \qquad \theta_{2g} = -\frac{FL}{8} \cdot \frac{\left(\frac{EA}{L} + \frac{36EI}{L^3}\right)}{\frac{4EI}{L} \cdot \left(\frac{EA}{L} + \frac{3EI}{L^3}\right)} \qquad \theta_{2d} = 0$$

En remplaçant dans le système d'équations, on détermine alors les actions de liaisons

RESULTATS

$$\begin{cases} X_{1L} = 0 \\ Y_{1L} = \frac{F}{2} - \frac{12EI}{L^3} \cdot v_2 + \frac{6EI}{L^2} \cdot \theta_{2g} \\ M_{1L} = \frac{FL}{8} + \frac{2EI}{L} \cdot \theta_{2g} \end{cases}$$

$$\begin{cases} X_{3L} = 0 \\ Y_{3L} = -\frac{EA}{L} \cdot v_2 \\ M_{3L} = 0 \end{cases}$$

Exercice 4 : Structure en flexion-traction avec charges réparties

ENONCE

On considère l'élément d'une structure constituée de deux poutres schématisé sur la figure ci-contre.
Les poutres sont de même longueur L et de caractéristiques d'inertie identiques.

Déterminer les actions de liaison au noeud (1).

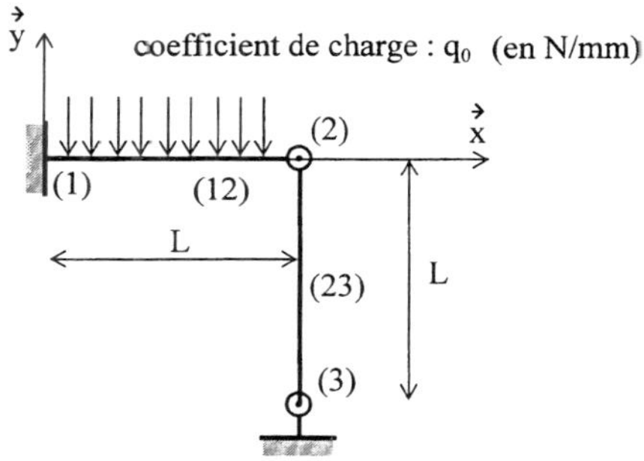

> ***CONNAISSANCES ET MÉTHODES***
>
> ***Objectif : calculer les contributions nodales dues à une charge répartie.***
>
> ***La matrice de rigidité est identique à celle de l'exercice précédent (même structure).***
> ***Par contre , on fait varier :***
> ***- les liaisons avec l'extérieur de la structure (modification des conditions aux limites.***
> ***- les charges extérieures appliquées sur la structure (charges réparties).***
>
> → ***On reprend la même matrice que précédemment.***
>
> → ***On relie les efforts nodaux à la distribution de charges réparties.***
>
> → ***On prend en compte les déplacements imposés (conditions aux limites).***

RESOLUTION

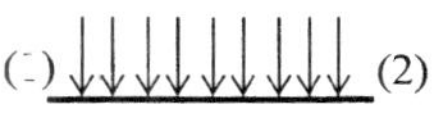

- Détermination des contributions nodales

$$\begin{Bmatrix} Y_{1tr} \\ M_{1tr} \\ Y_{2tr} \\ M_{2tr} \end{Bmatrix} = \int_0^L -q_0 \cdot \begin{Bmatrix} 1 - \dfrac{3x^2}{L^2} + \dfrac{2x^3}{L^3} \\ x - \dfrac{2x^2}{L} + \dfrac{x^3}{L^2} \\ \dfrac{3x^2}{L^2} - \dfrac{2x^3}{L^3} \\ -\dfrac{x^2}{L} + \dfrac{x^3}{L^2} \end{Bmatrix} \cdot dx = -q_0 \cdot \begin{Bmatrix} \left[x - \dfrac{x^3}{L^2} + \dfrac{x^4}{2L^3} \right]_0^L \\ \left[\dfrac{x^2}{2} - \dfrac{2x^3}{3L} + \dfrac{x^4}{4L^2} \right]_0^L \\ \left[\dfrac{x^3}{L^2} - \dfrac{x^4}{2L^3} \right]_0^L \\ \left[-\dfrac{x^3}{3L} + \dfrac{x^4}{4L^2} \right]_0^L \end{Bmatrix} = -q_0 \cdot \begin{Bmatrix} \dfrac{L}{2} \\ \dfrac{L^2}{12} \\ \dfrac{L}{2} \\ -\dfrac{L^2}{12} \end{Bmatrix}$$

Résolution du système.

$$
\begin{bmatrix}
\frac{EA}{L} & 0 & 0 & -\frac{EA}{L} & 0 & 0 & 0 & 0 & 0 & 0 \\
0 & \frac{12EI}{L^3} & 0 & 0 & -\frac{12EI}{L^3} & \frac{6EI}{L^2} & 0 & 0 & 0 & 0 \\
0 & 0 & \frac{4EI}{L} & 0 & 0 & \frac{2EI}{L} & 0 & 0 & 0 & 0 \\
-\frac{EA}{L} & 0 & 0 & \frac{EA}{L}+\frac{12EI}{L^3} & 0 & 0 & -\frac{6EI}{L^2} & -\frac{12EI}{L^3} & 0 & -\frac{6EI}{L^2} \\
0 & -\frac{12EI}{L^3} & 0 & 0 & \frac{12EI}{L^3}+\frac{EA}{L} & -\frac{6EI}{L^2} & 0 & 0 & -\frac{EA}{L} & 0 \\
0 & \frac{6EI}{L^2} & \frac{2EI}{L} & 0 & -\frac{6EI}{L^2} & \frac{4EI}{L} & 0 & 0 & 0 & 0 \\
0 & 0 & 0 & -\frac{6EI}{L^2} & 0 & 0 & \frac{4EI}{L} & \frac{6EI}{L^2} & 0 & \frac{2EI}{L} \\
0 & 0 & 0 & -\frac{12EI}{L^3} & 0 & 0 & \frac{6EI}{L^2} & \frac{12EI}{L^3} & 0 & \frac{6EI}{L^2} \\
0 & 0 & 0 & 0 & -\frac{EA}{L} & 0 & 0 & 0 & \frac{EA}{L} & 0 \\
0 & 0 & 0 & -\frac{6EI}{L^2} & 0 & 0 & \frac{2EI}{L} & \frac{6EI}{L^2} & 0 & \frac{4EI}{L}
\end{bmatrix}
\cdot
\begin{Bmatrix} 0 \\ 0 \\ 0 \\ u_2 \\ v_2 \\ \theta_{2g} \\ \theta_{2d} \\ 0 \\ 0 \\ \theta_3 \end{Bmatrix}
=
\begin{Bmatrix} X_{1L} \\ Y_{1L}-\frac{q_0 L}{2} \\ M_{1L}-\frac{q_0 L^2}{12} \\ 0 \\ -\frac{q_0 L}{2} \\ \frac{q_0 L^2}{12} \\ 0 \\ X_{3L} \\ Y_{3L} \\ 0 \end{Bmatrix}
$$

Calcul des déplacements aux noeuds

$$
\begin{bmatrix}
\frac{EA}{L}+\frac{12EI}{L^3} & 0 & 0 & -\frac{6EI}{L^2} & -\frac{6EI}{L^2} \\
0 & \frac{EA}{L}+\frac{12EI}{L^3} & -\frac{6EI}{L^2} & 0 & 0 \\
0 & -\frac{6EI}{L^2} & \frac{4EI}{L} & 0 & 0 \\
-\frac{6EI}{L^2} & 0 & 0 & \frac{4EI}{L} & \frac{2EI}{L} \\
-\frac{6EI}{L^2} & 0 & 0 & \frac{2EI}{L} & \frac{4EI}{L}
\end{bmatrix}
\cdot
\begin{Bmatrix} u_2 \\ v_2 \\ \theta_{2g} \\ \theta_{2d} \\ \theta_3 \end{Bmatrix}
=
\begin{Bmatrix} 0 \\ -q_0\frac{L}{2} \\ q_0\frac{L^2}{12} \\ 0 \\ 0 \end{Bmatrix}
$$

On peut alors écrire un premier système :

$$
\begin{bmatrix}
\frac{EA}{L}+\frac{12EI}{L^3} & -\frac{6EI}{L^2} & -\frac{6EI}{L^2} \\
-\frac{6EI}{L^2} & \frac{4EI}{L} & \frac{2EI}{L} \\
-\frac{6EI}{L^2} & \frac{2EI}{L} & \frac{4EI}{L}
\end{bmatrix}
\cdot
\begin{Bmatrix} u_2 \\ \theta_{2d} \\ \theta_3 \end{Bmatrix}
=
\begin{Bmatrix} 0 \\ 0 \\ 0 \end{Bmatrix}
$$

On en déduit :

$$
\boxed{\begin{cases} u_2 = 0 \\ \theta_{2d} = 0 \\ \theta_3 = 0 \end{cases}}
$$

Il nous reste le système d'équations : $\begin{bmatrix} \frac{EA}{L}+\frac{12EI}{L^3} & -\frac{6EI}{L^2} \\ -\frac{6EI}{L^2} & \frac{4EI}{L} \end{bmatrix} \cdot \begin{Bmatrix} v_2 \\ \theta_{2g} \end{Bmatrix} = \begin{Bmatrix} -q_0\frac{L}{2} \\ q_0\frac{L^2}{12} \end{Bmatrix}$

On en déduit :

$$v_2 = -\frac{3 \cdot q_0 \cdot L^2}{8EI} \cdot \frac{1}{\left(\frac{EA}{L}+\frac{3EI}{L^3}\right)} \qquad \theta_{2g} = \frac{q_0 \cdot L^2}{48EI} \cdot \frac{\left(\frac{EA}{L}-\frac{6EI}{L^3}\right)}{\left(\frac{EA}{L}+\frac{3EI}{L^3}\right)}$$

En remplaçant dans le système d'équations, on détermine les actions de liaison

RESULTATS

$$\begin{cases} X_{1L} = 0 \\ Y_{1L} = \frac{q_0 \cdot L}{2} - \frac{12EI}{L^3} \cdot v_2 + \frac{6EI}{L^2} \cdot \theta_{2g} \\ M_{1L} = \frac{q_0 \cdot L^2}{2} + \frac{2EI}{L} \cdot \theta_{2g} \end{cases} \qquad \begin{cases} X_{3L} = 0 \\ Y_{3L} = -\frac{EA}{L} \cdot v_2 \end{cases}$$

Exercice 5 : Structure en flexion-traction avec ressort

ENONCE

On considère l'élément d'une structure constituée de deux poutres schématisé sur la figure ci-contre.
Les poutres sont de même longueur L et de caractéristiques d'inertie identiques.

Déterminer les déplacements nodaux.

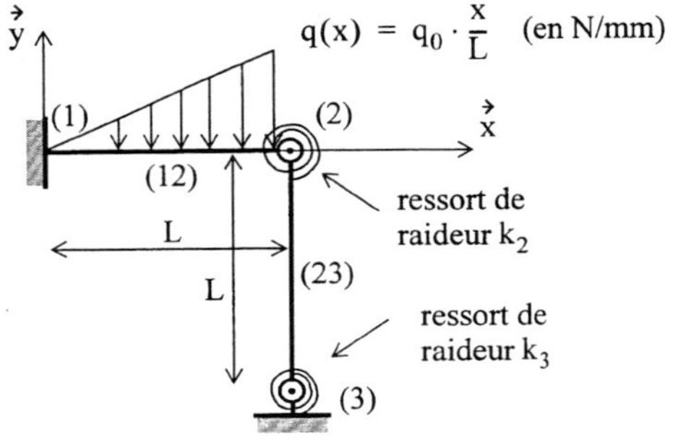

> ***CONNAISSANCES ET MÉTHODES***
>
> ***Objectif : exploiter des conditions relatives à des ressorts.***
>
> ***La matrice de rigidité est identique à celle de l'exercice précédent (même structure). Par contre :***
>
> ***- on fait varier les charges extérieures appliquées sur la structure.***
>
> ***- on introduit deux ressorts de raideurs k_2 et k_3 aux noeuds (2) et (3).***
>
> → ***On reprend la même matrice que précédemment.***
>
> → ***On relie les efforts nodaux à la distribution de charges réparties.***
>
> → ***On traduit les relations de comportement dues aux ressorts.***
>
> → ***On prend en compte les déplacements imposés (conditions aux limites).***

RESOLUTION

- Détermination des contributions nodales.

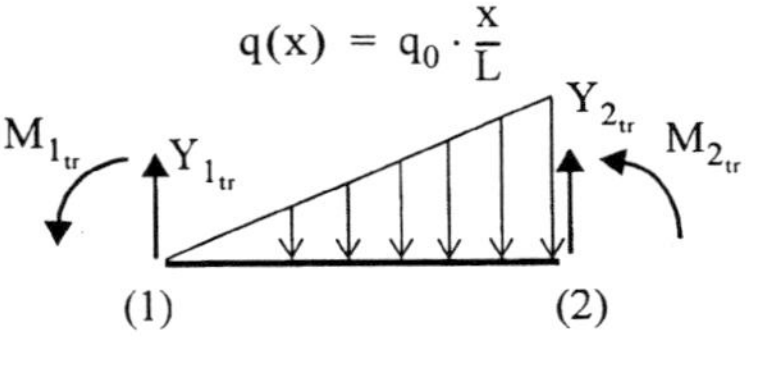

$$\begin{Bmatrix} Y_{1tr} \\ M_{1tr} \\ Y_{2tr} \\ M_{2tr} \end{Bmatrix} = \int_0^L -q_0 \cdot \frac{x}{L} \cdot \begin{Bmatrix} 1 - \dfrac{3x^2}{L^2} + \dfrac{2x^3}{L^3} \\ x - \dfrac{2x^2}{L} + \dfrac{x^3}{L^2} \\ \dfrac{3x^2}{L^2} - \dfrac{2x^3}{L^3} \\ -\dfrac{x^2}{L} + \dfrac{x^3}{L^2} \end{Bmatrix} \cdot dx = -q_0 \cdot \begin{Bmatrix} \left[\dfrac{x^2}{2L} - \dfrac{3x^4}{4L^3} + \dfrac{2x^5}{5L^4}\right]_0^L \\ \left[\dfrac{x^3}{3L} - \dfrac{x^4}{2L^2} + \dfrac{x^5}{5L^3}\right]_0^L \\ \left[\dfrac{3x^4}{4L^3} - \dfrac{2x^5}{5L^4}\right]_0^L \\ \left[-\dfrac{x^4}{4L^2} + \dfrac{x^5}{5L^3}\right]_0^L \end{Bmatrix} = -q_0 \cdot \begin{Bmatrix} \dfrac{3L}{20} \\ \dfrac{L^2}{30} \\ \dfrac{7L}{20} \\ -\dfrac{L^2}{20} \end{Bmatrix}$$

Comportement des ressorts

Le ressort de raideur k_2 donne : $\begin{cases} M_{(23)\to(12)} = k_2 \cdot (\theta_{2d} - \theta_{2g}) \\ M_{(12)\to(23)} = -k_2 \cdot (\theta_{2d} - \theta_{2g}) \end{cases}$

Le ressort de raideur k_3 donne : $M_{(3)\to(23)} = -k_3 \cdot \theta_3$

Matrice de rigidité du système

$$\begin{bmatrix}
\frac{EA}{L} & 0 & 0 & -\frac{EA}{L} & 0 & 0 & 0 & 0 & 0 & 0 \\
0 & \frac{12EI}{L^3} & 0 & 0 & -\frac{12EI}{L^3} & \frac{6EI}{L^2} & 0 & 0 & 0 & 0 \\
0 & 0 & \frac{4EI}{L} & 0 & 0 & \frac{2EI}{L} & 0 & 0 & 0 & 0 \\
-\frac{EA}{L} & 0 & 0 & \frac{EA}{L}+\frac{12EI}{L^3} & 0 & 0 & -\frac{6EI}{L^2} & -\frac{12EI}{L^3} & 0 & -\frac{6EI}{L^2} \\
0 & -\frac{12EI}{L^3} & 0 & 0 & \frac{12EI}{L^3}+\frac{EA}{L} & -\frac{6EI}{L^2} & 0 & 0 & -\frac{EA}{L} & 0 \\
0 & \frac{6EI}{L^2} & \frac{2EI}{L} & 0 & -\frac{6EI}{L^2} & \frac{4EI}{L}+k_2 & -k_2 & 0 & 0 & 0 \\
0 & 0 & 0 & -\frac{6EI}{L^2} & 0 & -k_2 & \frac{4EI}{L}k_2 & \frac{6EI}{L^2} & 0 & \frac{2EI}{L} \\
0 & 0 & 0 & -\frac{12EI}{L^3} & 0 & 0 & \frac{6EI}{L^2} & \frac{12EI}{L^3} & 0 & -\frac{6EI}{L^2} \\
0 & 0 & 0 & 0 & -\frac{EA}{L} & 0 & 0 & 0 & \frac{EA}{L} & 0 \\
0 & 0 & 0 & -\frac{6EI}{L^2} & 0 & 0 & \frac{2EI}{L} & -\frac{6EI}{L^2} & 0 & \frac{4EI}{L}+k_3
\end{bmatrix} \cdot \begin{Bmatrix} 0 \\ 0 \\ 0 \\ u_2 \\ v_2 \\ \theta_{2g} \\ \theta_{2d} \\ 0 \\ 0 \\ \theta_3 \end{Bmatrix} = \begin{Bmatrix} X_{1L} \\ Y_{1L} - \frac{3q_0L}{20} \\ M_{1L} - \frac{q_0L^2}{30} \\ 0 \\ -\frac{7q_0L}{20} \\ \frac{q_0L^2}{20} \\ 0 \\ X_{3L} \\ Y_{3L} \\ 0 \end{Bmatrix}$$

Résolution du système

On calcule les déplacements nodaux

$$\begin{bmatrix} \frac{EA}{L}+\frac{12EI}{L^3} & 0 & 0 & -\frac{6EI}{L^2} & 0 \\ 0 & \frac{EA}{L}+\frac{12EI}{L^3} & 0 & 0 & 0 \\ 0 & 0 & \frac{4EI}{L}+k_2 & -k_2 & 0 \\ -\frac{6EI}{L^2} & 0 & -k_2 & \frac{4EI}{L}+k_2 & \frac{2EI}{L} \\ 0 & 0 & 0 & \frac{2EI}{L} & \frac{4EI}{L}+k_3 \end{bmatrix} \cdot \begin{Bmatrix} u_2 \\ v_2 \\ \theta_{2g} \\ \theta_{2d} \\ \theta_3 \end{Bmatrix} = \begin{Bmatrix} 0 \\ -q_0\frac{L}{2} \\ q_0\frac{L^2}{12} \\ 0 \\ 0 \end{Bmatrix}$$

⇒ La résolution du système linéaire permet d'obtenir $u_2, v_2, \theta_{2g}, \theta_{2d}, \theta_3$

⇒ En revenant aux matrices élémentaires, on peut déterminer :

- les actions de liaisons.
- le torseur des efforts intérieurs aux noeuds.
- les contraintes maximales dans la poutre.

Exercice 6 : Structure de pont

ENONCE

On considère la structure de pont (fig1) constituée de motifs élémentaires (fig2).

En exploitant les conditions de symétrie, que proposez vous comme conditions aux limites pour les noeuds (1), (2) et (3) ?

Ecrire la matrice de comportement du motif élémentaire.

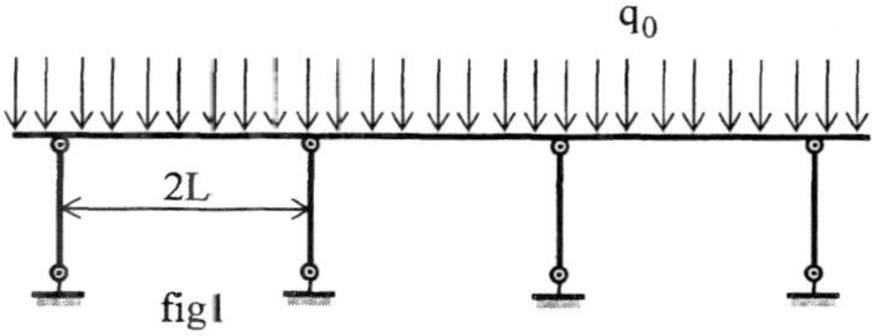

fig1

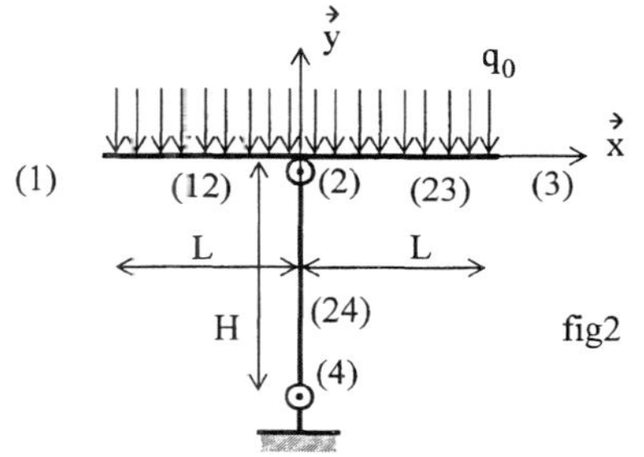

fig2

> ***CONNAISSANCES ET MÉTHODES***
>
> ***Objectif : exploiter des conditions de symétrie.***
>
> → ***On traduit les conditions aux limites aux noeuds (1), (2) et (3).***
>
> → ***On définit les matrices élémentaires des poutres (12), (23) et (24).***
>
> → ***On construit la matrice de rigidité globale du motif élémentaire.***
>
> → ***On détermine les déplacements des noeuds (1), (2) et (3).***

RESOLUTION

Conditions aux limites

Les conditions aux différents noeuds du motif élémentaire sont :

$u_1 = 0 \quad \theta_1 = 0 \quad u_2 = 0 \quad \theta_2 = 0$

$u_3 = 0 \quad \theta_3 = 0 \quad v_1 = v_3$

D'où le schéma cinématique équivalent :

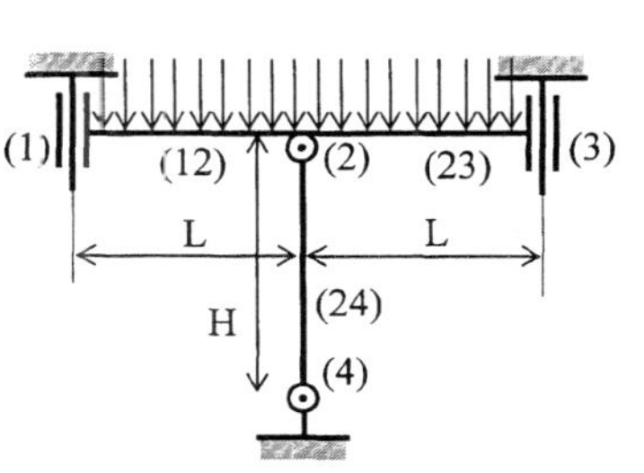

Matrice de rigidité du système

$$\begin{bmatrix}
0 & 0 & 0 & 0 & 0 & 0 & 0 & 0 & 0 & 0 & 0 & 0 \\
0 & \frac{12EI}{L^3} & \frac{6EI}{L^2} & 0 & -\frac{12EI}{L^3} & \frac{6EI}{L^2} & 0 & 0 & 0 & 0 & 0 & 0 \\
0 & \frac{6EI}{L^2} & \frac{4EI}{L} & 0 & -\frac{6EI}{L^2} & \frac{2EI}{L} & 0 & 0 & 0 & 0 & 0 & 0 \\
0 & 0 & 0 & 0 & 0 & 0 & 0 & 0 & 0 & 0 & 0 & 0 \\
0 & -\frac{12EI}{L^3} & -\frac{6EI}{L^2} & 0 & \frac{12EI}{L^3}+\frac{12EI}{L^3}+\frac{EA}{H} & -\frac{6EI}{L^2}+\frac{6EI}{L^2} & 0 & -\frac{12EI}{L^3} & \frac{6EI}{L^2} & 0 & -\frac{EA}{H} & 0 \\
0 & \frac{6EI}{L^2} & \frac{2EI}{L} & 0 & -\frac{6EI}{L^2}+\frac{6EI}{L^2} & \frac{4EI}{L}+\frac{4EI}{L} & 0 & -\frac{6EI}{L^2} & \frac{2EI}{L} & 0 & 0 & 0 \\
0 & 0 & 0 & 0 & 0 & 0 & 0 & 0 & 0 & 0 & 0 & 0 \\
0 & 0 & 0 & 0 & -\frac{12EI}{L^3} & -\frac{6EI}{L^2} & 0 & \frac{12EI}{L^3} & -\frac{6EI}{L^2} & 0 & 0 & 0 \\
0 & 0 & 0 & 0 & \frac{6EI}{L^2} & \frac{2EI}{L} & 0 & -\frac{6EI}{L^2} & \frac{4EI}{L} & 0 & 0 & 0 \\
0 & 0 & 0 & 0 & 0 & 0 & 0 & 0 & 0 & 0 & 0 & 0 \\
0 & 0 & 0 & 0 & -\frac{EA}{H} & 0 & 0 & 0 & 0 & 0 & \frac{EA}{H} & 0 \\
0 & 0 & 0 & 0 & 0 & 0 & 0 & 0 & 0 & 0 & 0 & 0 \\
0 & 0 & 0 & 0 & 0 & 0 & 0 & 0 & 0 & 0 & 0 & 0
\end{bmatrix} \cdot \begin{Bmatrix} u_1(=0) \\ v_1 \\ \theta_1(=0) \\ u_2(=0) \\ v_2 \\ \theta_2(=0) \\ u_3(=0) \\ v_3 \\ \theta_3(=0) \\ 0 \\ 0 \\ 0 \end{Bmatrix} = \begin{Bmatrix} 0 \\ Y_{1c}-\frac{q_0L}{2} \\ M_{1c}-\frac{q_0L^2}{12} \\ 0 \\ -\frac{q_0L}{2}-\frac{q_0L^2}{12} \\ -\frac{q_0L^2}{12}+\frac{q_0L^2}{12} \\ 0 \\ Y_{3c}-\frac{q_0L}{2} \\ M_{3c}-\frac{q_0L^2}{12} \\ 0 \\ Y_{4L} \\ 0 \end{Bmatrix}$$

Le système se ramène donc à :

$$\begin{bmatrix} \frac{12EI}{L^3} & -\frac{12EI}{L^3} & 0 \\ -\frac{12EI}{L^3} & \frac{12EI}{L^3}+\frac{EA}{H} & -\frac{12EI}{L^3} \\ 0 & -\frac{12EI}{L^3} & \frac{12EI}{L^3} \end{bmatrix} \cdot \begin{Bmatrix} v_1 \\ v_2 \\ v_3 \end{Bmatrix} = \begin{Bmatrix} Y_{1c}-\frac{q_0L}{2} \\ -q_0L \\ Y_{3c}-\frac{q_0L}{2} \end{Bmatrix}$$

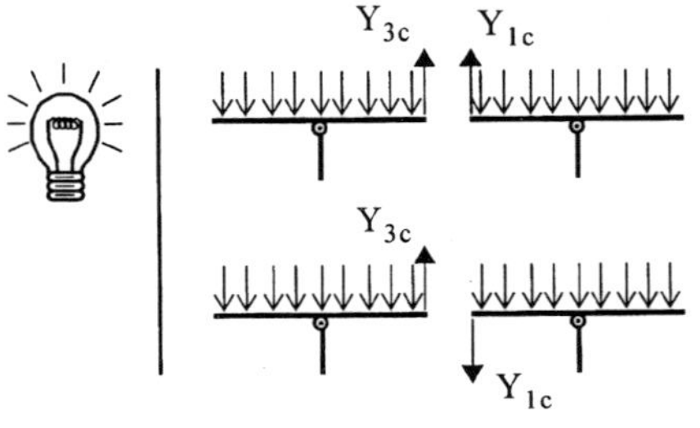

symétrie : $Y_{1c} = Y_{3c}$

actions réciproques :

$Y_{1c} = -Y_{3c}$

$\Rightarrow Y_{1c} = Y_{3c} = 0$

RESULTATS

En traduisant l'égalité $v_1 = v_3$, on obtient : $\boxed{v_2 = -\frac{q_0 \cdot L}{\frac{EA}{H}}}$ $\boxed{v_1 = v_3 = -\frac{q_0 \cdot L}{\frac{EA}{H}} - \frac{q_0 \cdot L}{\frac{24EI}{L^3}}}$

CHAPITRE 7 / THERMIQUE

1- CHAMP DE TEMPÉRATURE

résulte d'échanges par

- conduction (au sein du milieu)
- convection (lié à l'écoulement)
- rayonnement (sans support matériel)

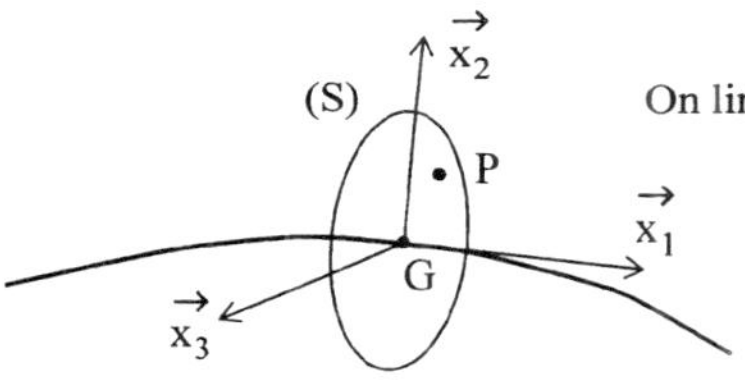

On linéarise le champ de température dans la section droite

$$T_{(P)} = T_{(G)} + A^* \cdot x_2 + B^* \cdot x_3$$

α : coefficient de dilatation thermique

2- CONTRAINTES ET DÉFORMATIONS

Sollicitations	**Contraintes**	**Déformations**
Traction (T est uniforme)	$\sigma_1 = \frac{N}{A}$	$\varepsilon_1(P) = \frac{\sigma_1}{E} + \alpha \cdot (T - T_0)$
Flexion autour de x_3	$\sigma_{11} = -\frac{M_3}{I_3} \cdot x_2$	$\varepsilon_1(P) = \left(-\frac{M_3}{EI_3} + \alpha A^*\right) \cdot x_2$
Flexion autour de x_2	$\sigma_1 = \frac{M_2}{I_2} \cdot x_3$	$\varepsilon_1(P) = \left(\frac{M_2}{EI_2} + \alpha B^*\right) \cdot x_3$
Cisaillement	inchangé	inchangé
Torsion	inchangé	inchangé

3- FORMULES DE BRESSE

$$\overrightarrow{\theta_B} = \overrightarrow{\theta_A} + \left\{ \int_{\widehat{AB}} \vec{\gamma} \cdot dx_1 \right\}$$

$$\overrightarrow{u_B} = \overrightarrow{u_A} + \left\{ \overrightarrow{\theta_A} \wedge \overrightarrow{AB} \right\} + \left\{ \int_{\widehat{AB}} \vec{\varepsilon} \cdot dx_1 \right\} + \left\{ \int_{\widehat{AB}} [\vec{\gamma} \wedge \overrightarrow{GB}] \cdot dx_1 \right\}$$

avec

$$\begin{cases} \vec{\gamma} = \left[\dfrac{Mt}{G \cdot I_0} \cdot \overrightarrow{x_1} + \left(\dfrac{Mf_2}{E \cdot I_2} + (\alpha \cdot B^*) \right) \cdot \overrightarrow{x_2} + \left(\dfrac{Mf_3}{E \cdot I_3} - (\alpha \cdot A^*) \right) \cdot \overrightarrow{x_3} \right] \\ \vec{\varepsilon} = \left[\left(\dfrac{N}{E \cdot A} + \alpha \cdot (T - T_0) \right) \cdot \overrightarrow{x_1} + \dfrac{T_2}{G \cdot S_{2_{red}}} \cdot \overrightarrow{x_2} + \dfrac{T_3}{G \cdot S_{3_{red}}} \cdot \overrightarrow{x_3} \right] \end{cases}$$

CHAPITRE 7 / EXERCICES

Exercice 1 : Deux barres en parallèle

ENONCE

On considère deux barres (1) et (2) de caractéristiques respectives (E_1, A_1, L, α_1) et (E_2, A_2, L, α_2) montées comme l'indique la figure ci-contre.
Le solide (3) est considéré comme indéformable. L'ensemble est monté sans jeu et sans contrainte à la température T_0.
On amène l'ensemble à la température $T_1 > T_0$

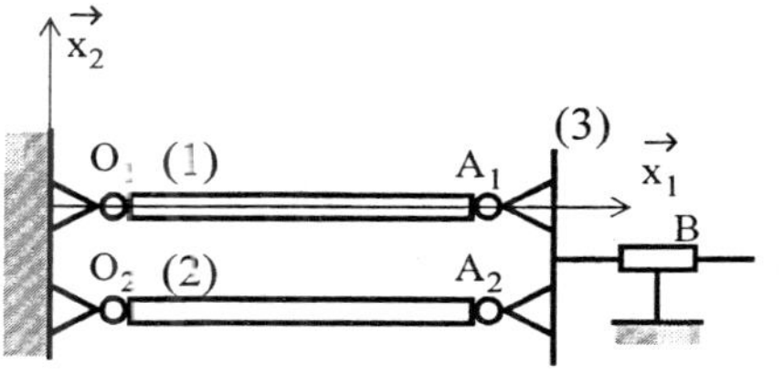

Déterminer les contraintes dans les barres.

> ***CONNAISSANCES ET MÉTHODES***
>
> ***Champ de température uniforme :*** $\varepsilon_1(P) = \frac{\sigma_1}{E} + \alpha \cdot (T - T_0) \quad ; \quad \sigma_1 = \frac{N}{A}$
>
> → ***Modélisation des liaisons avec l'extérieur.***
>
> → ***Ecrire les équations issues du Principe fondamental de la statique.***
>
> → ***Traduire l'égalité des allongements des deux barres pour déterminer les efforts aux liaisons .***

RESOLUTION

- Modélisation des liaisons et PFS

Les barres (1) et (2) sont soumises à deux forces. Elles travaillent donc en traction compression.
Soit X_1 (respectivement X_2) l'effort normal appliqué à la barre (1) (respectivement (2)).

On isole le corps (3)

Equilibre $\quad \overrightarrow{\Sigma F_{ext \to (3)}} = \vec{0}$

En projection sur $\vec{x}_1$, on obtient : $X_1 + X_2 = 0$

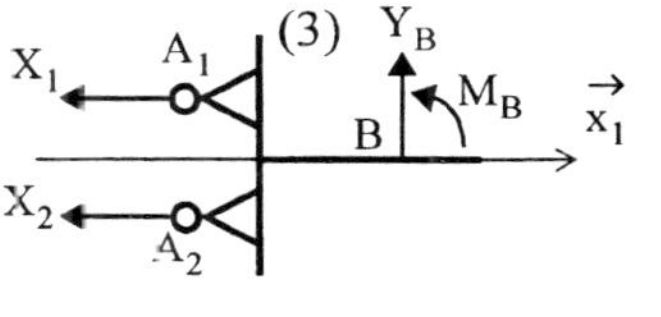

Allongement des barres

→ barre (1) : $\sigma_1 = \dfrac{X_1}{A_1}$ et $\varepsilon_1 = \dfrac{\Delta L}{L} = \dfrac{\sigma_1}{E_1} + \alpha_1 \cdot (T_1 - T_0)$.

→ barre (2) : $\sigma_2 = \dfrac{X_2}{A_2}$ et $\varepsilon_2 = \dfrac{\Delta L}{L} = \dfrac{\sigma_2}{E_2} + \alpha_2 \cdot (T_1 - T_0)$.

Contraintes dans chaque barre

(3) étant supposé indéformable, l'égalité des déplacements des deux barres donnent :

$$\frac{X_1}{E_1 A_1} + \alpha_1 \cdot (T_1 - T_0) = \frac{X_2}{E_2 A_2} + \alpha_2 \cdot (T_1 - T_0)$$

En posant $X_1 = -X_2$, on obtient : $X_1 \cdot \left(\dfrac{1}{E_1 A_1} + \dfrac{1}{E_2 A_2}\right) = (\alpha_2 - \alpha_1) \cdot (T_1 - T_0)$

Dans la barre (1) : $\sigma_1 = \dfrac{X_1}{A_1} = \dfrac{E_1 E_2 A_2}{E_1 A_1 + E_2 A_2} \cdot (\alpha_2 - \alpha_1) \cdot (T_1 - T_0)$

Dans la barre (2) : $\sigma_2 = \dfrac{X_2}{A_2} = \dfrac{E_1 E_2 A_1}{E_1 A_1 + E_2 A_2} \cdot (\alpha_2 - \alpha_1) \cdot (T_1 - T_0)$

RESULTAT

Une barre est tendue avec un effort normal X_1. L'autre barre est comprimée avec un effort normal opposé X_2 ; X_1 et X_2 sont proportionnels à la différence des coefficients de dilatation α_1 et α_2.

$$\boxed{X_1 = -X_2 = \frac{(\alpha_2 - \alpha_1) \cdot (T_1 - T_0)}{\left(\dfrac{1}{E_1 A_1} + \dfrac{1}{E_2 A_2}\right)}}$$

Les contraintes dans les barres sont :

$$\begin{cases} \sigma_1 = \dfrac{E_1 E_2 A_2}{E_1 A_1 + E_2 A_2} \cdot (\alpha_2 - \alpha_1) \cdot (T_1 - T_0) \\ \sigma_2 = \dfrac{E_1 E_2 A_1}{E_1 A_1 + E_2 A_2} \cdot (\alpha_2 - \alpha_1) \cdot (T_1 - T_0) \end{cases}$$

Exercice 2 : Changement de température sur un accouplement

ENONCE

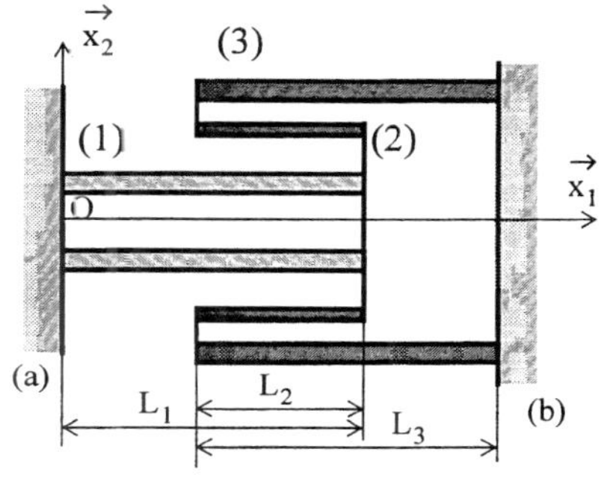

On considère un accouplement modélisé par trois tubes coaxiaux de caractéristiques $(E_i, A_i, L_i, \alpha_i)$ comme l'indique la figure ci-contre.
Le montage est effectué à la température T_0. On porte l'ensemble à la température $T_1 > T_0$.

1ere Partie : On souhaite aucune variation de longueur de l'ensemble. Quelle relation doivent vérifier α_1, α_2, α_3, L_1, L_2 et L_3 pour que cette condition soit vérifiée.

2eme Partie : La condition n'étant pas satisfaite, que devient l'effort normal en supposant l'indéformabilité des supports externes.

CONNAISSANCES ET MÉTHODES

Champ de température uniforme : $\varepsilon_1(P) = \dfrac{\sigma_1}{E} + \alpha \cdot (T - T_0) \quad ; \quad \sigma_1 = \dfrac{N}{A}$

- ***Allongement de chaque barre dû à la variation de température.***
- ***Ecrire la condition en fonction des allongements.***
- ***Traduire l'équilibre de l'ensemble et déduire l'effort normal X en écrivant la condition sur les déplacements .***

RESOLUTION

1ere Partie

La condition s'écrit : $\overrightarrow{\Delta L_1} + \overrightarrow{\Delta L_2} + \overrightarrow{\Delta L_3} = \vec{0}$

Sur chaque barre, en l'absence d'effort, on peut poser :

$\Delta L_1 = \alpha_1 \cdot (T_1 - T_0) \cdot L_1 \qquad \Delta L_2 = \alpha_2 \cdot (T_1 - T_0) \cdot L_2 \qquad \Delta L_3 = \alpha_3 \cdot (T_1 - T_0) \cdot L_3$

En projection sur $\vec{x}_1$, on obtient : $(\alpha_1 L_1 - \alpha_2 L_2 + \alpha_3 L_3) \cdot (T_1 - T_0) = 0 \qquad \forall (T_1 - T_0)$

On en déduit la relation : $\boxed{\alpha_1 L_1 - \alpha_2 L_2 + \alpha_3 L_3 = 0}$

Si cette solution n'est pas satisfaite, on verra apparaître un effort normal proportionnel à $(T_1 - T_0)$.

□ <u>2eme Partie</u> : $\alpha_1 L_1 - \alpha_2 L_2 + \alpha_3 L_3 \neq 0$

Si X_1, X_2, X_3 sont les efforts dans chaque tube, l'équilibre montre que les différents tubes sont soumis au même effort normal X ;

$$X = X_1 = -X_2 = X_3$$

Variation de longueur du tube (1) :

$$\frac{\Delta L_1}{L_1} = \frac{X}{E_1 A_1} + \alpha_1 \cdot (T_1 - T_0)$$

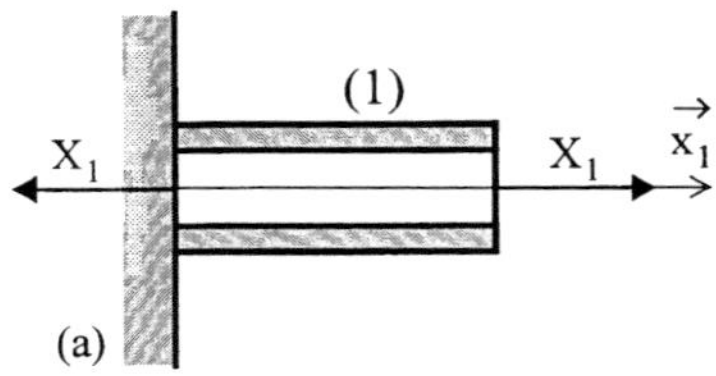

Variation de longueur du tube (2) :

$$\frac{\Delta L_2}{L_2} = \frac{-X}{E_2 A_2} + \alpha_2 \cdot (T_1 - T_0)$$

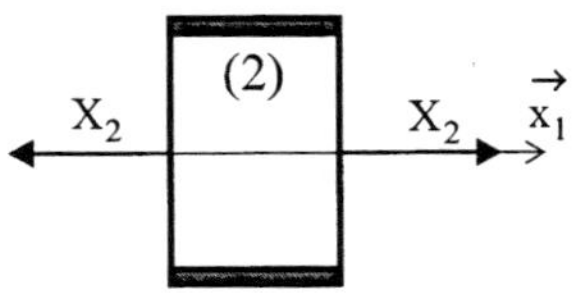

Variation de longueur du tube (3) :

$$\frac{\Delta L_3}{L_3} = \frac{X}{E_3 A_3} + \alpha_3 \cdot (T_1 - T_0)$$

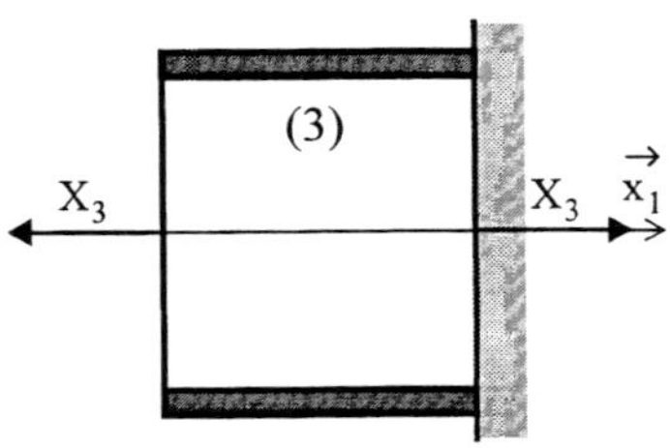

(b)

Le support étant indéformable, on a la relation : $\overrightarrow{\Delta L_1} + \overrightarrow{\Delta L_2} + \overrightarrow{\Delta L_3} = \vec{0} \qquad \Rightarrow$

$$L_1 \cdot \left\{ \frac{X}{E_1 A_1} + \alpha_1 \cdot (T_1 - T_0) \right\} - L_2 \cdot \left\{ \frac{-X}{E_2 A_2} + \alpha_2 \cdot (T_1 - T_0) \right\} + L_3 \cdot \left\{ \frac{X}{E_3 A_3} + \alpha_3 \cdot (T_1 - T_0) \right\} = 0$$

On en déduit : $$\boxed{X = \frac{-(\alpha_1 L_1 + \alpha_2 L_2 + \alpha_3 L_3) \cdot (T_1 - T_0)}{\dfrac{L_1}{E_1 A_1} + \dfrac{L_2}{E_2 A_2} + \dfrac{L_3}{E_3 A_3}}}$$

RESULTAT

Les tubes (1) et (3) sont soumis à un effort normal :

$$\boxed{X_1 = X_3 = X = \frac{-(\alpha_1 L_1 + \alpha_2 L_2 + \alpha_3 L_3) \cdot (T_1 - T_0)}{\dfrac{L_1}{E_1 A_1} + \dfrac{L_2}{E_2 A_2} + \dfrac{L_3}{E_3 A_3}}}$$

Le tube (2) est soumis à un effort normal : $$\boxed{X_2 = -X = \frac{(\alpha_1 L_1 + \alpha_2 L_2 + \alpha_3 L_3) \cdot (T_1 - T_0)}{\dfrac{L_1}{E_1 A_1} + \dfrac{L_2}{E_2 A_2} + \dfrac{L_3}{E_3 A_3}}}$$

Exercice 3 : Poutre sur un poste de soudage

ENONCE

On considère une poutre de section droite rectangulaire et de caractéristiques (E, A, L, α) utilisée comme support sur un poste de soudage.
Elle est montée conformément au schéma ci-contre.
Les températures des faces supérieure et inférieure sont respectivement T_1 et T_2.

Déterminer la sollicitation qui apparaît et les contraintes qui en résultent.

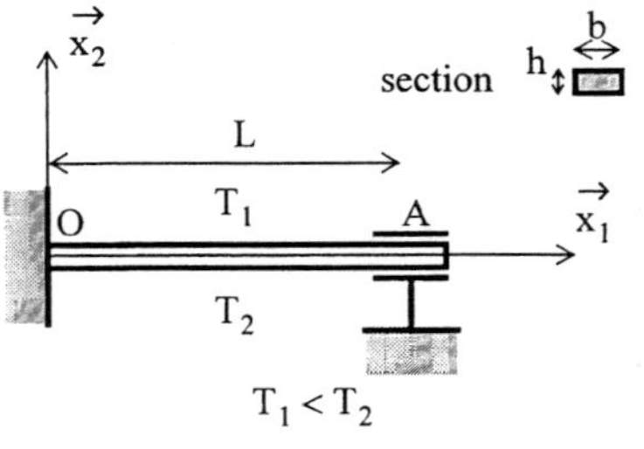

CONNAISSANCES ET MÉTHODES

Champ de température : $T_{(P)} = T_{(G)} + A^* \cdot x_2 + B^* \cdot x_3$

Formules de Bresse : $\overrightarrow{\theta_A} = \overrightarrow{\theta_O} + \left\{ \int_{\widehat{OA}} \vec{\gamma} \cdot dx_1 \right\}$ ***avec***

$$\vec{\gamma} = \left[\frac{Mt}{G \cdot I_0} \cdot \vec{x_1} + \left(\frac{Mf_2}{E \cdot I_2} + (\alpha \cdot B^*) \right) \cdot \vec{x_2} + \left(\frac{Mf_3}{E \cdot I_3} - (\alpha \cdot A^*) \right) \cdot \vec{x_3} \right]$$

- ***Ecrire l'équilibre de la poutre.***
- ***Déduire le type de sollicitation.***
- ***Utiliser les formules de Bresse pour lever l'hyperstaticité et déterminer les contraintes.***

RESOLUTION

❐ Modélisation des liaisons et PFS

- en O, encastrement $\Rightarrow$ trois inconnues X_0, Y_0, M_0.
- en A, glissière $\Rightarrow$ deux inconnues Y_A, M_A.

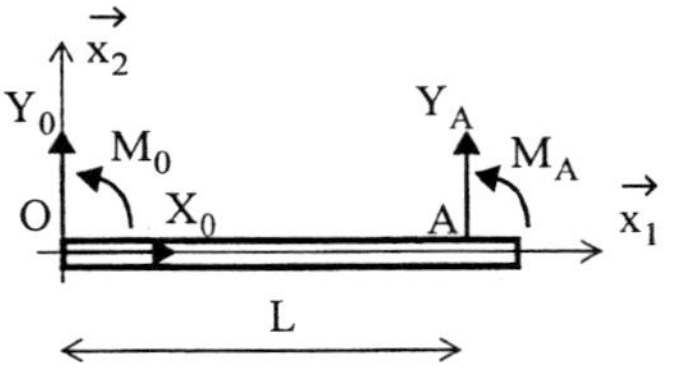

On isole la poutre.

Equilibre

$$\overrightarrow{\Sigma F_{ext \to (OA)}} = \vec{0} \quad \Rightarrow \quad X_0 = 0 \quad \text{et}$$

$$\Sigma M_O(\overrightarrow{F_{ext \to (OA)}}) = \vec{0} \quad \Rightarrow \quad M_0 + M_A + Y_A \cdot L = 0$$

La symétrie du problème permet d'écrire : $\begin{cases} Y_O = Y_A \\ M_O = -M_A \end{cases}$ d'où : $Y_O = Y_A = 0$

$\Rightarrow$ La poutre est donc sollicité en flexion pure (seul $Mf_3 \neq 0$)

Calcul de Mf_3

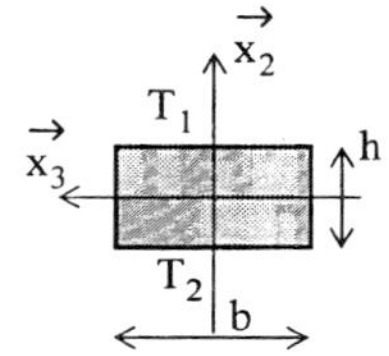

La linéarisation du champ de températures sur l'épaisseur de la poutre donne :

$$T(P) = \frac{(T_1 + T_2)}{2} + \frac{x_2}{h} \cdot (T_1 - T_2)$$

Formules de Bresse : $\overrightarrow{\theta_A} = \overrightarrow{\theta_O} + \left\{ \int_{\widehat{OA}} \vec{\gamma} \cdot dx_1 \right\}$

En projection sur $\vec{x_3}$, on obtient : $\theta_A = \theta_O + \int \left(\frac{Mf_3}{EI_3} - \alpha \cdot \frac{(T_1 - T_2)}{h} \right) \cdot dx_1$ avec $Mf_3 = M_A$

Les conditions aux limites imposent : $\theta_A = \theta_O = 0$, d'où : $\frac{M_A}{EI_3} \cdot L - \alpha \cdot \frac{(T_1 - T_2)}{h} \cdot L = 0$

On en déduit l'inconnue hyperstatique : $\boxed{M_A = \frac{EI_3}{h} \cdot \alpha \cdot (T_1 - T_2)}$

Contraintes dans la poutre

Les contraintes qui apparaissent sont : $\boxed{\sigma_1 = -\frac{Mf_3}{I_3} \cdot x_2 = -\frac{E}{h} \alpha \cdot (T_1 - T_2) \cdot x_2}$

ce qui nous montre que : $x_2 < 0 \Rightarrow \sigma_1 < 0$ $\quad x_2 > 0 \Rightarrow \sigma_1 > 0$

RESULTAT

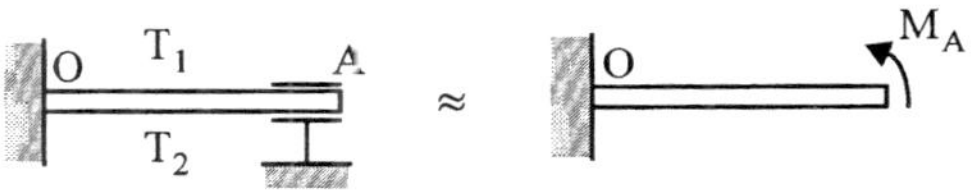

La poutre se comporte comme une poutre sollicitée en flexion pure de moment :

$$\boxed{M_A = \frac{EI_3}{h} \cdot \alpha \cdot (T_1 - T_2)}$$

Les contraintes dans la poutre valent alors :

$$\boxed{\sigma_1 = -\frac{E}{h} \cdot \alpha \cdot (T_1 - T_2) \cdot x_2}$$

Exercice 4 : Deux barres en parallèle

ENONCE

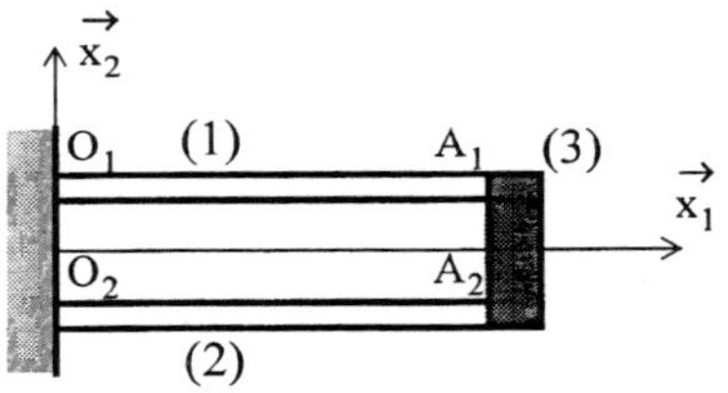

On considère deux tiges (1) et (2) encastrées en O_1 et O_2 et reliées en A_1 et A_2 à une platine indéformable (3) par l'intermédiaire d'un encastrement et d'une liaison glissière.
Les caractéristiques respectives des tiges sont (E, A, I, L, α_1) et (E, A, I, L, α_2).
L'ensemble est monté sans jeu et sans contrainte à la température T_0.

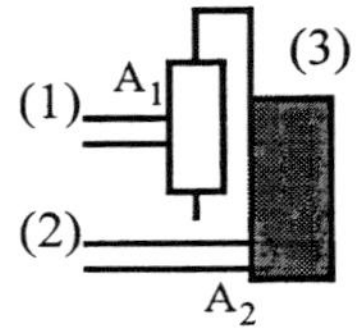

Que se passe t'il quand on amène l'ensemble à la température $T_1 > T_0$?

CONNAISSANCES ET MÉTHODES

Champ de température uniforme : $\varepsilon_1(P) = \dfrac{\sigma_1}{E} + \alpha \cdot (T - T_0) \quad ; \quad \sigma_1 = \dfrac{N}{A}$

Formules de Bresse

- ***Modélisation des liaisons avec l'extérieur.***
- ***Ecrire les équations issues du Principe fondamental de la statique sur (3).***
- ***Traduire l'égalité des rotations en*** A_1 ***et*** A_2 ***(formules de Bresse).***
- ***Calculer cette rotation en fonction de*** $(T_1 - T_0)$ ***(formules de Bresse).***

RESOLUTION

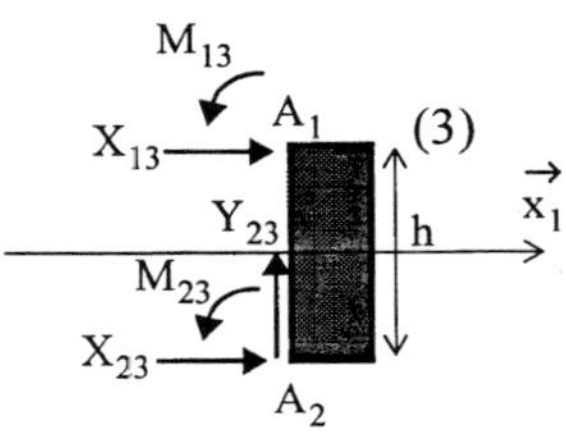

▫ Modélisation des liaisons et PFS

on isole le corps (3)

$$\text{Equilibre} \left| \begin{array}{l} \overrightarrow{\Sigma F_{ext \to (3)}} = \vec{0} \\ \overrightarrow{\Sigma M_{A_1}(\overrightarrow{F_{ext \to (3)}})} = \vec{0} \end{array} \right. \quad \Rightarrow \quad \left\{ \begin{array}{l} X_{13} + X_{23} = 0 \\ Y_{23} = 0 \\ M_{13} + M_{23} + h \cdot X_{23} = 0 \end{array} \right.$$

Rotations en A_1 et A_2

Les formules de Bresse donnent : $\begin{cases} \theta_{A_1} = \theta_{O_1} + \int_0^L \frac{M_{31}}{EI} \cdot dx = \frac{M_{31}}{EI} \cdot L \\ \theta_{A_2} = \theta_{O_2} + \int_0^L \frac{M_{32}}{EI} \cdot dx = \frac{M_{32}}{EI} \cdot L \end{cases}$

Le solide (3) n'a qu'une rotation de solide rigide $\theta_A = \theta_{A_1} = \theta_{A_2}$

d'où la relation : $\boxed{M_{31} = M_{32} = \frac{EI}{L} \cdot \theta_A}$

Calcul de la rotation en fonction de $T_1 - T_0$

La rotation θ_A s'exprime en fonction des allongements des tiges : $\theta_A = \frac{\Delta L_2 - \Delta L_1}{h}$

Tige (1) : $\frac{\Delta L_1}{L} = \frac{X_{31}}{EA} + \alpha_1 \cdot (T_1 - T_0)$

Tige (2) : $\frac{\Delta L_2}{L} = \frac{X_{32}}{EA} + \alpha_2 \cdot (T_1 - T_0) = \frac{-X_{31}}{EA} + \alpha_2 \cdot (T_1 - T_0)$

On en déduit : $\Delta L_2 - \Delta L_1 = -\frac{2X_{31}}{EA} \cdot L + (\alpha_2 - \alpha_1) \cdot L \cdot (T_1 - T_0)$

$M_{13} + M_{23} + h \cdot X_{23} = 0 \qquad \Rightarrow \qquad -2 \cdot M_{31} + h \cdot X_{31} = 0$

En remplaçant M_{31} et X_{31} en fonction des déplacements , l'expression devient :

$$-\left\{2 \cdot \frac{EI \cdot \theta_A}{L}\right\} + \left\{h \cdot \left(\frac{(\Delta L_2 - \Delta L_1)}{2L} + \frac{(\alpha_2 - \alpha_1) \cdot (T_1 - T_0)}{2}\right) EA\right\} = 0$$

On en déduit θ_A : $\boxed{\theta_A = \frac{(\alpha_2 - \alpha_1) \cdot (T_1 - T_0) \cdot EALh}{(4EI + EA \cdot h^2)}}$

RESULTAT

Les tiges subissent une sollicitation de traction-compression accompagnée de flexion.

Tige (1) : $\begin{cases} N(1) = X_{31} = \frac{2EI \times \theta_A}{Lh} \\ Mf_3(1) = M_{31} = \frac{EI \times \theta_A}{L} \end{cases}$

Tige (2) : $\begin{cases} N(2) = X_{32} = \frac{-2EI \times \theta_A}{Lh} \\ Mf_3(2) = M_{32} = \frac{EI \times \theta_A}{L} \end{cases}$

Exercice 5 : Cadre de fuselage

ENONCE

On considère un cadre de fuselage constitué schématiquement par un anneau de rayon moyen R_m et de section droite rectangulaire (voir figure).

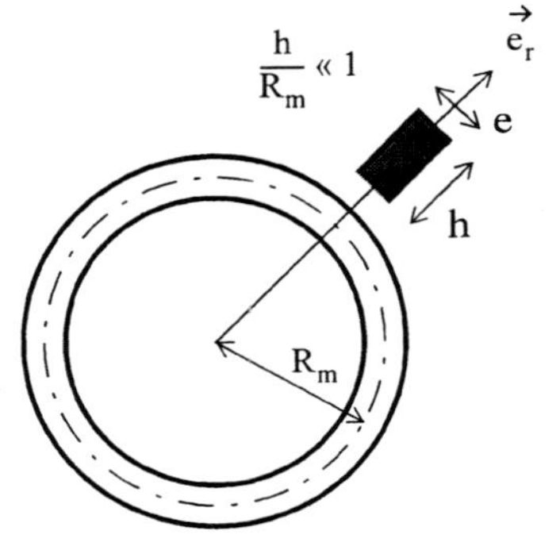

Les conditions de vol font que l'intérieur est à une température T_i et l'extérieur à une température T_e, la température de montage étant T_i.

Déterminer l'état de contraintes dans le cadre.

> ***CONNAISSANCES ET MÉTHODES***
>
> ***Champ de température :*** $T_{(P)} = T_{(G)} + A^* \cdot x_2 + B^* \cdot x_3$
>
> ***Déformation en flexion :*** $\varepsilon_1(P) = \left(-\dfrac{M_3}{EI_3} + \alpha A^*\right) \cdot x_2$
>
> → ***Calcul des efforts intérieurs (utilisation des symétries et application du PFS).***
>
> → ***Détermination des contraintes dans le cadre.***

RESOLUTION

Calcul des efforts intérieurs

On considère une section courante.

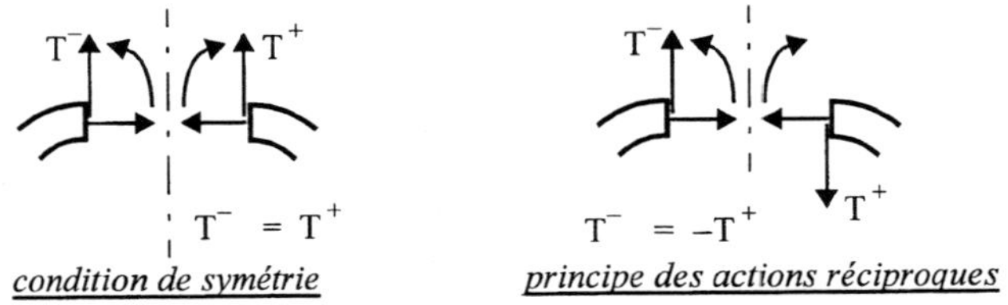

⇒ *L'effort tranchant est donc nul :* $T^- = T^+ = 0$

En isolant un secteur quelconque :

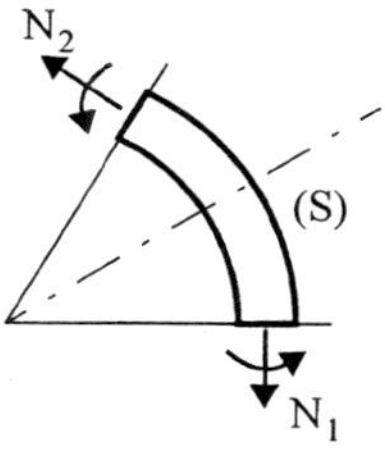

- symétrie $\Rightarrow$ $N_1 = N_2$
- $\overrightarrow{\Sigma F_{ext \to (S)}} = \vec{0}$ $\Rightarrow$ $N_1 + N_2 = 0$

$\Big\}$ $N_1 = N_2 = 0$

La symétrie de révolution du problème et l'écoulement méridien associé entraîne :

$$\frac{d\theta}{dx} = 0 \quad , \ \theta \text{ étant la rotation de la section droite.}$$

On déduit : $\gamma = \dfrac{d\theta}{dx} = \dfrac{Mf_3}{E \cdot I_3} - (\alpha \cdot A^*) = 0$ avec $A^* = \dfrac{(T_e - T_i)}{h}$

on suppose une linéarité de l'évolution des températures

$$\Rightarrow \quad \boxed{Mf_3 = E \cdot I_3 \cdot \alpha \cdot \frac{(T_e - T_i)}{h}}$$

- Calcul des contraintes dans une section droite

$$\boxed{\sigma_{11} = -\frac{Mf_3}{I_3} \cdot x_2 = -E \cdot \alpha \cdot \frac{(T_e - T_i)}{h} \cdot x_2}$$

RESULTAT

Le cadre de fuselage est donc soumis à une sollicitation de flexion pure de moment :

$$\boxed{Mf_3 = E \cdot I_3 \cdot \alpha \cdot \frac{(T_e - T_i)}{h}}$$

La distribution des contraintes dans une section droite est : $\boxed{\sigma_1 = -E \cdot \alpha \cdot \dfrac{(T_e - T_i)}{h} \cdot x_2}$

CHAPITRE 8 / FATIGUE ET MECANIQUE DE LA RUPTURE

1- FATIGUE

1-1- Définition

intervient lors de **chargement instationnaire cumulatif**.

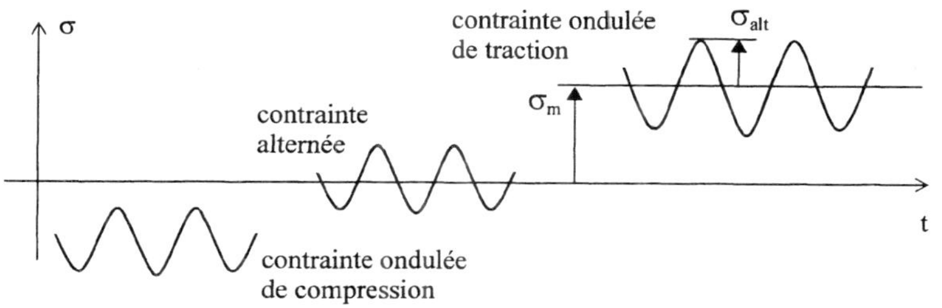

On peut avoir rupture de la pièce avec un champ de contraintes n'entrainant même pas la plastification de la pièce

1-2- Essai de fatigue

Courbe de WOHLER

L'essai est celui de la flexion rotative

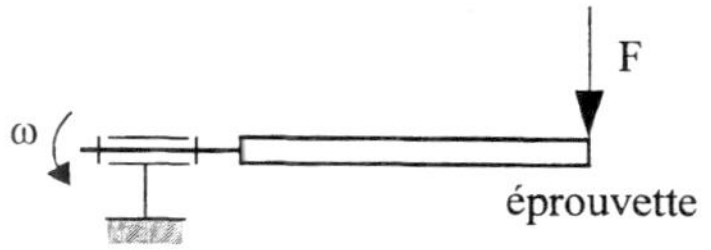

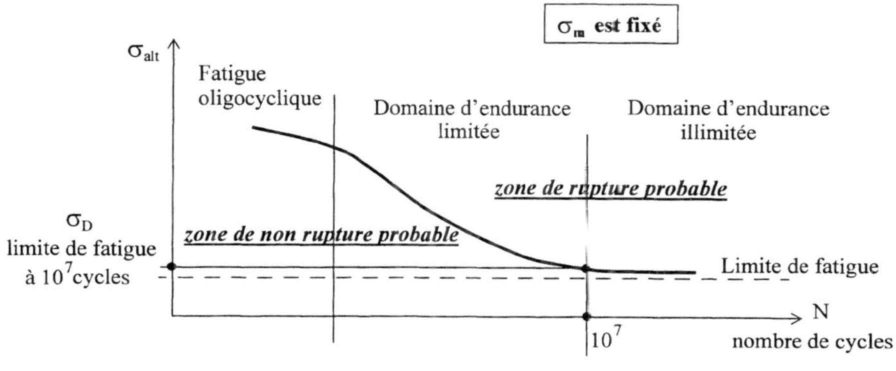

Diagramme de HAIGH

On se fixe par exemple une rupture de 50% des éprouvettes à $N=10^7$ cycles.

L'évolution de σ_{alt} en fonction de σ_m pour un nombre donné N de cycles est représentable par le diagramme de HAIGH que l'on approxime par :

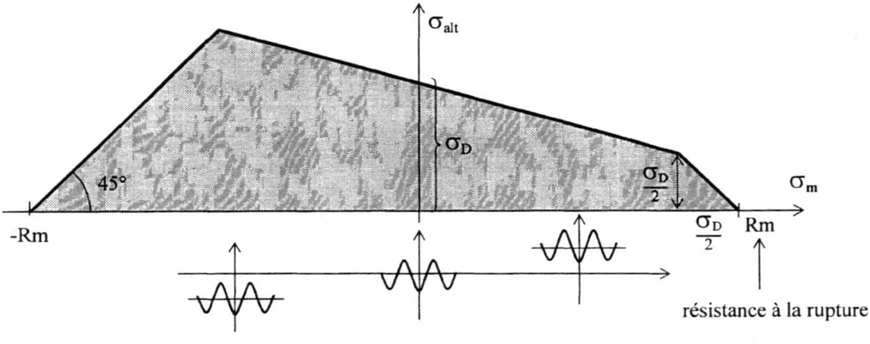

Le diagramme de HAIGH représente le **diagramme de potentialité du matériau** de l'éprouvette.

(σ_m, σ_{alt}) : point représentant l'état de contraintes pour un chargement donné de l'éprouvette.

> (σ_m, σ_{alt}) est à l'intérieur de la zone hachurée $\Rightarrow$ non rupture de l'éprouvette avec une probabilité correspondant à celle de la frontière de la zone hachurée (50% ou plus).

Nous constatons sur le diagramme de Haigh que les contraintes résiduelles ont une influence non négligeable sur la durée de vie du matériau :

- les contraintes résiduelles de traction limitent la durée de vie.

- les contraintes résiduelles de compression renforcent la durée de vie, d'où l'intérêt d'une précontrainte mécanique (grenaillage, écrouissage) ou d'une précontrainte thermique (traitements thermiques).

Valeurs de σ_D

Les résultats expérimentaux donnent l'évolution de la limite de fatigue σ_D en fonction de la résistance à la traction R_m.

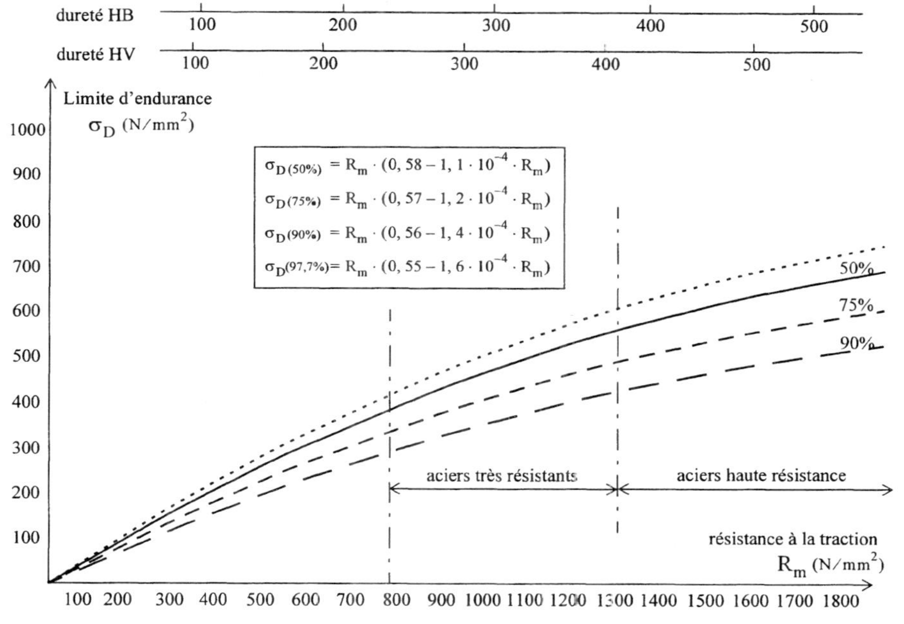

Dans le cas d'autres types de sollicitations, on se ramène aux résultats expérimentaux de la flexion rotative par l'intermédiaire d'un coefficcient K_p :

→ Sollicitation de Traction :

$$K_p = \frac{\sigma_{D(Traction)}}{\sigma_{D(Flexionrotative)}} = 0,9$$

→ Sollicitation de Torsion :

$$K_p = \frac{\sigma_{D(Torsion)}}{\sigma_{D(Flexionrotative)}} = 0,6$$

1-3- Adaptation de la pièce à l'essai de référence

- Facteur d'échelle Ke $\quad K_e = \dfrac{\sigma_D(\text{piece})}{\sigma_D(\text{eprouvette})}$

La rupture par fatigue est dûe à la progression de microfissures donc de défauts dont la probabilité d'existence est d'autant plus grande que les dimensions sont importantes.

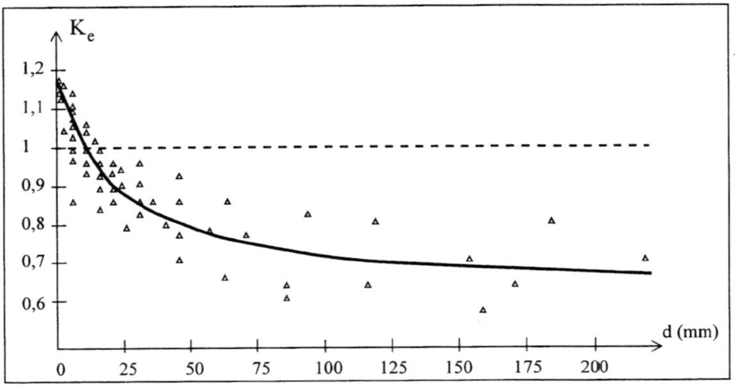

- Facteur de surface Ks $\quad K_s = \dfrac{\sigma_D(\text{piece})}{\sigma_D(\text{eprouvette})}$

Un mauvais état de surface favorise fortement la rupture par fatigue ; il existe alors des défauts favorisant la progression de fissures.

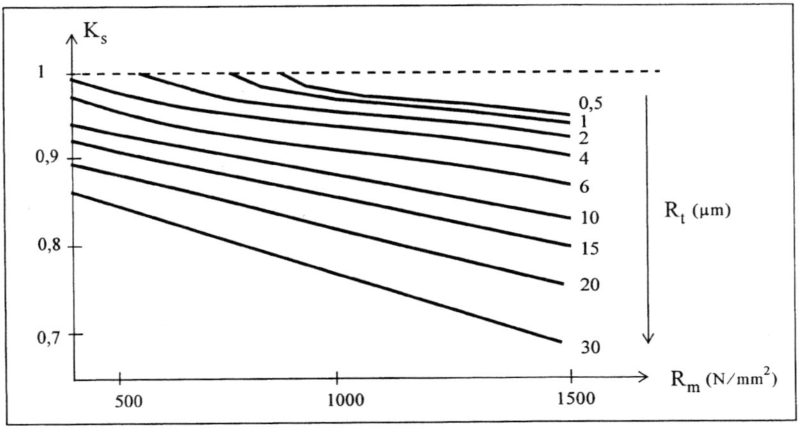

Facteur d'entaille Kf

Un accident de surface (épaulement, gorge, ...) favorise la rupture par fatigue.

$$K_f = \frac{\sigma_D(\text{eprouvette})}{\sigma_D(\text{piece})}$$

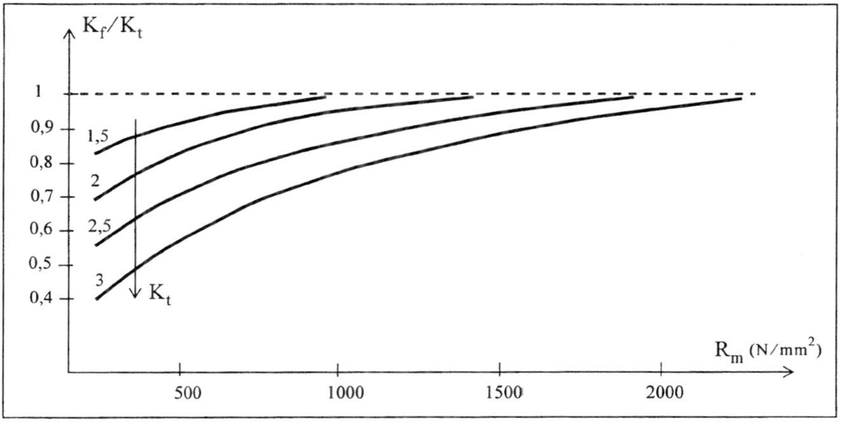

$\sigma_D(\text{eprouvette}) \nearrow$ si $R_m \nearrow$

$K_f = \frac{\sigma_D(\text{eprouvette})}{\sigma_D(\text{piece})} \nearrow$ si $R_m \nearrow$

$\sigma_D(\text{piece})$ *peut*

- $\nearrow$ si $R_m \nearrow$ (≤ 1300MPa)

MAIS AUSSI

- $\searrow$ si $R_m \nearrow$ (≥ 1300MPa)

Ce n'est pas comme en chargement stationnaire où si $R_m \nearrow$ *, on a par définition une meilleure tenue du matériau.*

$\Rightarrow$ *L'augmentation de la résistance mécanique à la rupture* R_m *n'entraine pas forcément une amélioration du comportement en fatigue.*

- Effets cumulés

$$\sigma_D(\text{piece}) = \sigma_D(\text{eprouvette}) \cdot \frac{K_P \cdot K_e \cdot K_s}{K_f}$$

D'autres effets peuvent intervenir : température, aggressivité extérieure,....

1-4- Méthode de calcul en sollicitation simple

- Objectif : prédire le comportement d'une pièce en fatigue.

- Technique

Ramener pièce

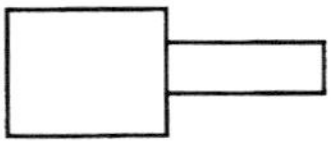

→ Eprouvette de flexion rotative

σ_m → affecté par K_t

σ_{alt} → affecté par K_f, K_e, K_s, K_P....

$$\sigma_m(\text{eprouvette}) = K_t \cdot \sigma_m(\text{piece})$$

$$\sigma_{alt}(\text{eprouvette}) = \frac{K_f}{K_e \cdot K_S \cdot K_P} \cdot \sigma_{alt}(\text{piece})$$

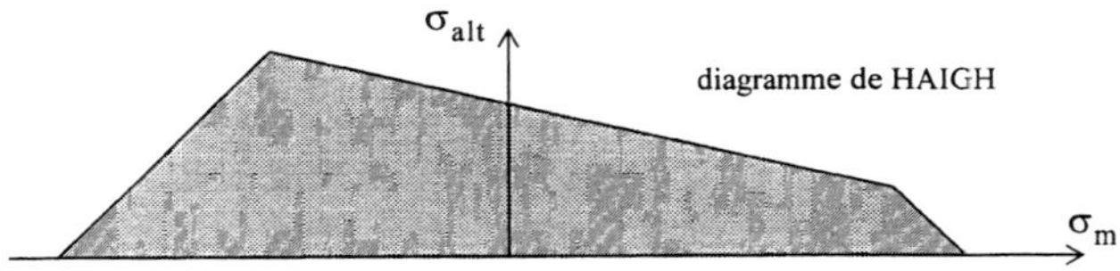

Point de coordonnées $(\sigma_m, \sigma_{alt})_{eprouvette}$

$\in$ zone hachurée $\Rightarrow$ **non rupture de la pièce avec une probabilité**

$\notin$ zone hachurée $\Rightarrow$ **rupture de la pièce avec une probabilité**

1-5- Méthode de calcul en sollicitations composées

- Objectif : prédire le comportement d'une pièce en fatigue.

- Technique

Ramener pièce

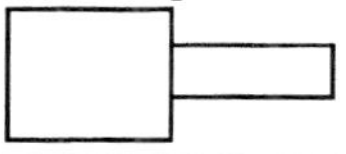

chargement

torsion
flexion
....

→ Eprouvette de flexion rotative

↓

On adopte la notion de contrainte de traction équivalente au champ de contrainte donnée au sens du critère de VON-MISES.

$$\sigma_{equi} = \sqrt{\sigma_1^2 + 3(\tau_2^2 + \tau_3^2)}$$

on admet
$$\begin{cases} \sigma_{m\ equi} = \sqrt{\sigma_m^2 + 3(\tau_m^2)} \\ \sigma_{alt\ equi} = \sqrt{\sigma_{alt}^2 + 3(\tau_{alt}^2)} \end{cases} \quad \text{avec} \quad (\tau^2 = \tau_2^2 + \tau_3^2)$$

↓

Contrainte moyenne

Flexion	$\sigma_{m_{flexion}}$	$K_{t_{flexion}}$
Torsion	$\sigma_{m_{torsion}}$	$K_{t_{torsion}}$

$$\Rightarrow K_{te} = \sqrt{\left(\frac{\sigma_m}{\sigma_{m\ equi}} K_{t_{flexion}}\right)^2 + 3\left(\frac{\tau_m}{\sigma_{m\ equi}} K_{t_{torsion}}\right)^2}$$

$$\sigma_{m\ equi}(piece) \rightarrow \sigma_{m\ equi}(eprouvette) = K_{te} \cdot \sigma_{m\ equi}(piece)$$

Contrainte alternée

Flexion	$\sigma_{alt_{flexion}}$	$K_{f_{flexion}}$
Torsion	$\sigma_{alt_{torsion}}$	$K_{f_{torsion}}$

$$\Rightarrow K_{fe} = \sqrt{\left(\frac{\sigma_{alt}}{\sigma_{alt\ equi}} K_{f_{flexion}}\right)^2 + 3\left(\frac{\tau_{alt}}{\sigma_{alt\ equi}} K_{f_{torsion}}\right)^2}$$

$$\sigma_{alt\ equi}(piece) \rightarrow \sigma_{alt\ equi}(eprouvette) = K_{fe} \cdot \sigma_{alt\ equi}(piece)$$

↓

Point de coordonnées $(\sigma_m, \sigma_{alt})_{eprouvette}$

$\in$ zone hachurée $\Rightarrow$ **non rupture de la pièce avec une probabilité**

$\notin$ zone hachurée $\Rightarrow$ **rupture de la pièce avec une probabilité**

2- MÉCANIQUE DE LA RUPTURE

2-1- Différents modes de rupture

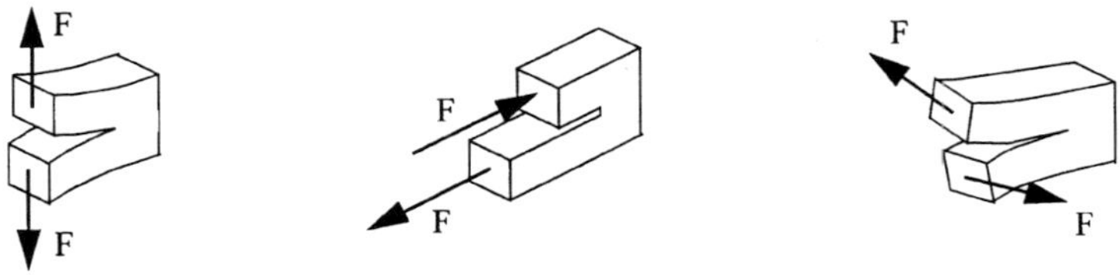

mode I — mode par ouverture

mode II — glissement de translation

mode III — glissement de rotation

Le mode I (mode par ouverture) est le plus pénalisant.

2-2- Facteur d'intensité des contraintes K

- associé à
  - un défaut
  - l'épaisseur de la pièce

- représente l'état des contraintes au voisinage de la fissure.

K_{1c} est la tenacité du matériau ou l'aptitude du matériau à la résistance à la propagation des fissures (K_{1c} dépend en outre de la température, du traitement thermique, ...)

K_{1c} s'exprime en $MPa \cdot \sqrt{mm}$

Si	$K < K_{1c}$	$\Rightarrow$	**pas de propagation brutale de la fissure.**
Si	$K > K_{1c}$	$\Rightarrow$	**rupture brutale de la pièce.**

Il ne faut pas confondre le facteur d'intensité des contraintes K avec le facteur de concentration de contraintes K_T *(chapitre 4).*

Expression de K dans le cas d'une plaque infinie comportant une fissure de longueur 2a :

$$K = \sigma_\infty \cdot \sqrt{\pi a}$$

Expression de K dans le cas général : $K = \alpha \cdot \sigma \cdot \sqrt{\pi a}$

α : facteur de correction donné soit par des formules empiriques, soit à l'aide de graphes.

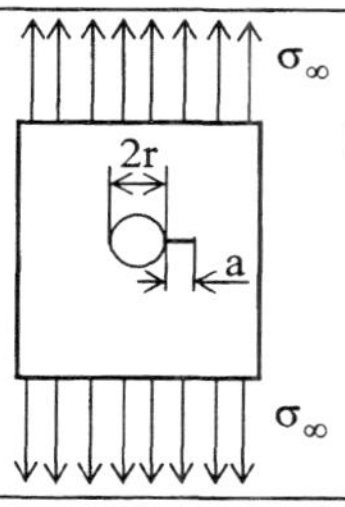

Fissure au bord d'un trou dans un milieu infini uniformément chargé

$$K = \alpha \cdot \sigma \cdot \sqrt{\pi a} \qquad \alpha = \frac{0,8734}{0,3246 + \frac{a}{r}} + 0,6762$$

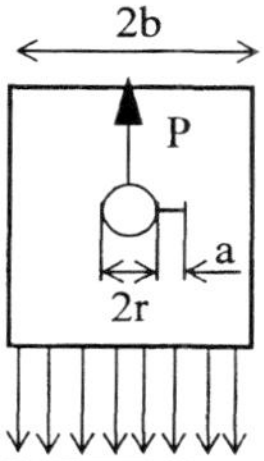

Fissure au bord d'un trou chargé (effort P)

$$K = \alpha \cdot \sigma_m \cdot \sqrt{\pi a}$$

$$\sigma = \frac{P}{2be} \qquad \sigma_m = \frac{P}{2re}$$

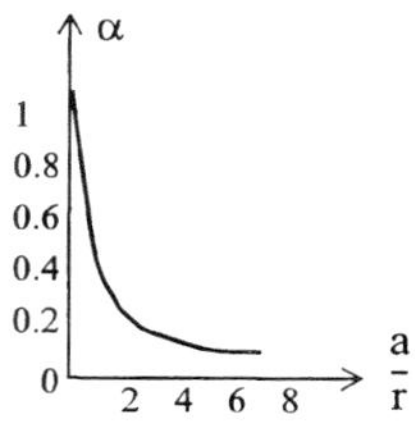

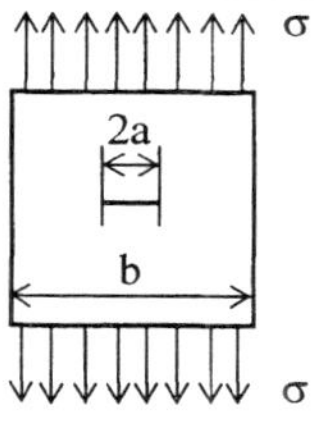

Fissure dans une plaque de largeur b finie : (A)

$$K = \alpha \cdot \sigma \cdot \sqrt{\pi a}$$

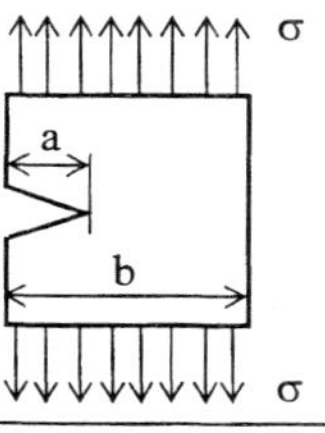

Fissure traversante sur un bord libre : (B)

$$K = \alpha \cdot \sigma \cdot \sqrt{\pi a}$$

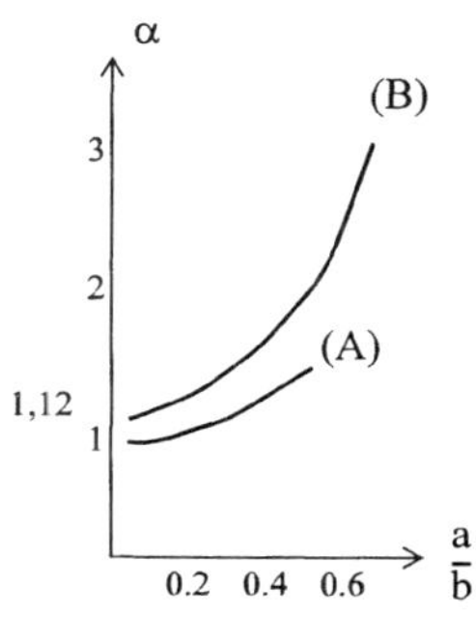

Valeurs typiques de la tenacité K_{1c} :

	Tenacité **K_{1c}** ($MPa \cdot \sqrt{mm}$)	Limite élastique **$R_{0,2}$** (MPa)	Longueur de la fissure critique lorsque $\sigma = 0,7 \cdot R_{0,2}$ **$2 \cdot a_c$** (mm)
Alliages d'aluminium	15 à 55	300 à 450	1,5 à 45
Alliages de titane	35 à 90	700 à 1000	1,5 à 20
Aciers haute résistance	50 à 150	700 à 1100	2,5 à 55
Aciers très haute résistance	30 à 100	1400 à 1800	0,5 à 6

$R_{0,2}$ est la limite élastique du matériau à 0,2% d'allongement résiduel.

Pour un alliage donné, toute augmentation de $R_{0,2}$ *s'accompagne généralement d'une diminution de* K_{1c}.

Pour les produits corroyés, K_{1c} *présente parfois une anisotropie beaucoup plus forte que pour* $R_{0,2}$.

2-3- Propagation lente des fissures

Objectif : La pièce est soumise à des chargements cycliques dont la valeur maximale n'entraine pas à elle seule la rupture de la pièce.
On va alors obtenir une progression du défaut avec à la clé la notion d'endommagement.

L'objectif est de déterminer cette progression de sorte à apprécier la durée de vie de la pièce.

$$R = \frac{F_{mini}}{F_{maxi}}$$

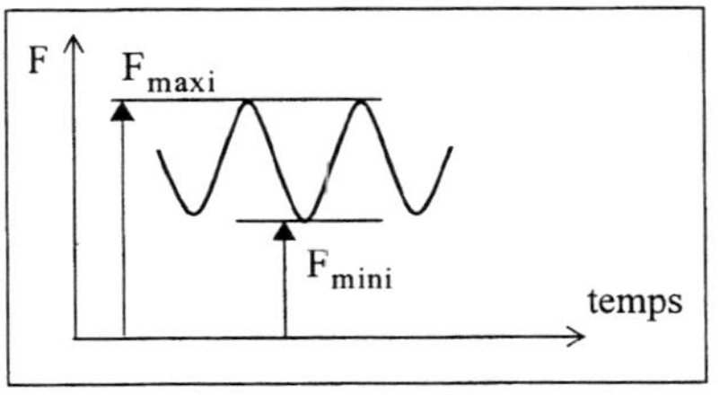

Pour un défaut : $\Delta K = (K)_{F_{maxi}} - (K)_{F_{mini}}$

a : associé à la dimension du défaut

n : associé au nombre de cycles

On a les lois
$$\begin{cases} \dfrac{da}{dn} = C \cdot (\Delta K)^m & \text{Loi de PARIS} \\ \dfrac{da}{dn} = \dfrac{C \cdot (\Delta K)^m}{(1-R) \cdot K_c - \Delta K} & \text{Loi de FORMAN} \end{cases}$$

$$m = \begin{cases} 3 & \text{pour les aciers} \\ 4 & \text{pour les alliages d'aluminium} \end{cases}$$

$$C \approx \begin{cases} 10^{-12} & \text{pour les aciers} \\ 10^{-10} & \text{pour les alliages d'aluminium} \end{cases} \qquad (\text{si } \Delta K \text{ est en } MPa \cdot \sqrt{mm})$$

$$\frac{K_c}{K_{1c}} = 1 + B_k \cdot e^{-\left(A_k \cdot \frac{t}{t_0}\right)^2}$$

t : épaisseur de la plaque

$$t_0 = 2,5 \cdot \left(\frac{K_{1c}}{R_{0,2}}\right)^2$$

A_k et B_k dépendent du matériau

	A_k	B_k
Aciers	0,75	0,5
Alliages d'aluminium	1	1

CHAPITRE 8 / EXERCICES

Exercice 1 : Torsion d'un arbre creux - Sollicitation simple

ENONCE

Un arbre de transmission de puissance est soumis à un moment de torsion : $Mt = M_0 + M_1 \cdot \sin\omega_e t$

avec $\left| \begin{array}{l} M_0 = 2000 Nm \\ M_1 = 1000 Nm \end{array} \right.$

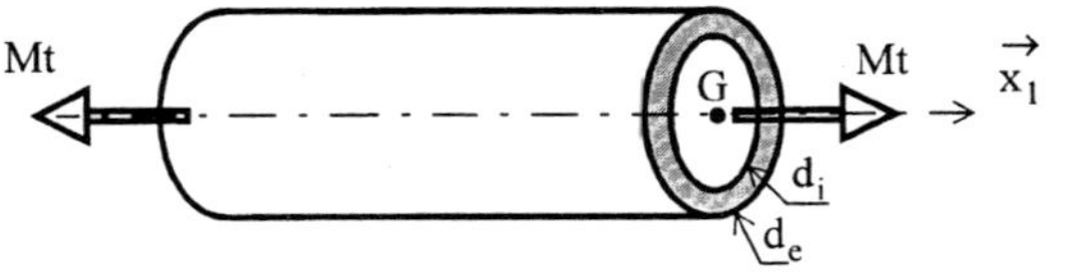

Le diamètre extérieur est $d_e = 40mm$; le diamètre intérieur est $d_i = 25mm$.

L'acier choisi a une résistance à la rupture de 800MPa avec une probabilité de non rupture de 90%. A t'on fait un bon choix ?

CONNAISSANCES ET MÉTHODES

Méthode de résolution pour des sollicitations simples ; Diagramme de Haigh.

→ ***Calculer les contraintes stationnaires et instationnaires :*** τ_m ***et*** τ_{alt}.

→ ***Ramener les contraintes calculées en contraintes normales équivalentes.***

→ ***Vérifier si le couple*** (σ_m, σ_{alt}) ***convient à partir du diagramme de Haigh.***

RESOLUTION

❐ Calcul des contraintes stationnaire et instationnaire

$$I_0 = \frac{\pi}{32} \cdot (d_e^4 - d_i^4) = \frac{\pi}{32} \cdot \{(4)^4 - (2,5)^4\} \cdot 10^{-8} = 21,3 \cdot 10^{-8} m^4$$

On déduit : $\tau_m = \frac{M_0}{I_0} \cdot \frac{d_e}{2} = 90 \cdot MPa$ et $\tau_{alt} = \frac{M_1}{I_0} \cdot \frac{d_e}{2} = 47 \cdot MPa$

Contraintes normales équivalentes de la pièce

On utilise le critère de Von-Mises : $\sigma_{equi} = \sqrt{\sigma_1^2 + 3(\tau_2^2 + \tau_3^2)} = \sqrt{3} \cdot \tau$

En stationnaire : $\boxed{\sigma_{m\ equi} = \sqrt{3} \cdot \tau_m = 156 \cdot MPa}$

En instationnaire : $\boxed{\sigma_{alt\ equi} = \sqrt{3} \cdot \tau_{alt} = 78 \cdot MPa}$

Contrainte normale équivalente de l'éprouvette

Le facteur de surface K_s et le facteur d'entaille K_f sont égaux à 1.

Le facteur de passage pour une sollicitation de torsion est : $K_p = 0,6$

Le facteur d'échelle vaut : $K_e = 0,82$

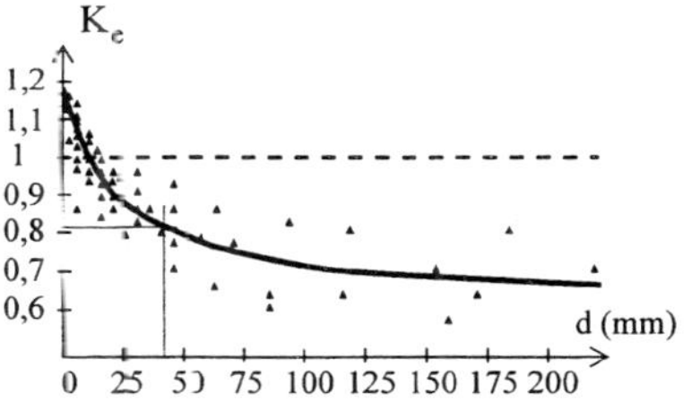

$$\Rightarrow \quad \sigma_{alt}(eprouvette) = \frac{K_f}{K_e \cdot K_S \cdot K_P} \cdot \sigma_{alt}(piece)$$

$$\Rightarrow \quad \boxed{\sigma_{alt}(eprouvette) \approx 160 \cdot MPa}$$

Diagramme de Haigh

Pour une probabilité de 90%, on a : $\sigma_D = R_m \cdot (0,56 - 1,4 \cdot 10^{-4} \cdot R_m) = 358,4 \cdot MPa$

Pour l'acier choisi, on peut donc admettre : $\boxed{\sigma_D \approx 360 \cdot MPa}$

Le diagramme de Haigh devient :

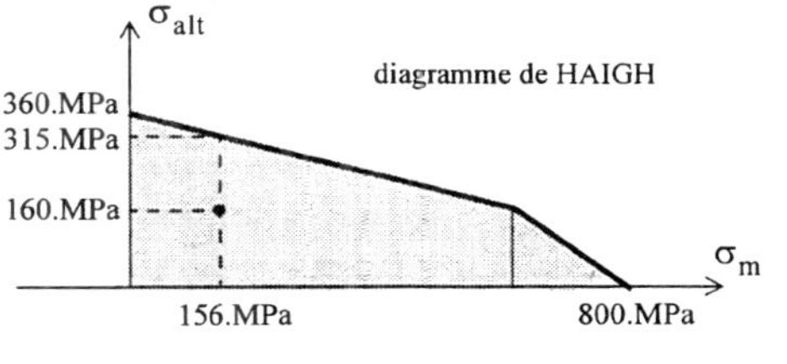

RESULTAT

Le point représentatif de l'état des contraintes du matériau de l'éprouvette est à l'intérieur de la zone hachurée $\Rightarrow$ L'acier choisi convient.

Exercice 2 : Arbre de transmission avec épaulement - Sollicitation simple

ENONCE

On considère un arbre de transmission portant un épaulement ; il est soumis à un moment de flexion alterné

$Mf = 200 daNm$.

L'état de surface entraine $K_s = 0,8$.

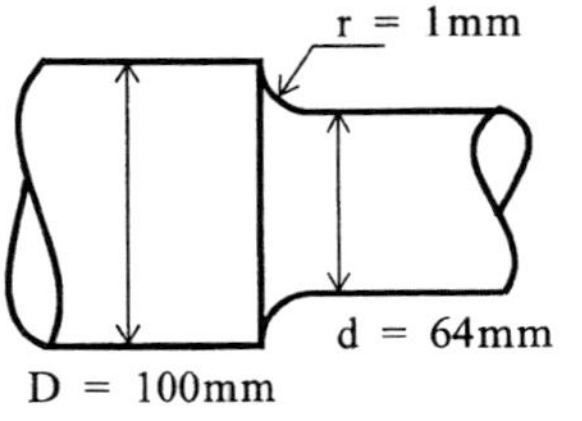

L'acier choisi a une résistance à la rupture de 1200MPa avec une probabilité de non rupture de 90%. L'arbre résiste t'il ? Quel est le coefficient de sécurité ?

CONNAISSANCES ET MÉTHODES

Méthode de résolution pour des sollicitations simples ; Diagramme de Haigh

→ ***Déterminer le coefficient de concentration de contraintes statique*** Kt_f

→ ***Calculer la contrainte normale alternée.***

→ ***Déterminer les différents facteurs pour se ramener à l'éssai de référence.***

→ ***Comparer la contrainte équivalente de l'éprouvette et la limite de fatigue à 10^7 cycles.***

RESOLUTION

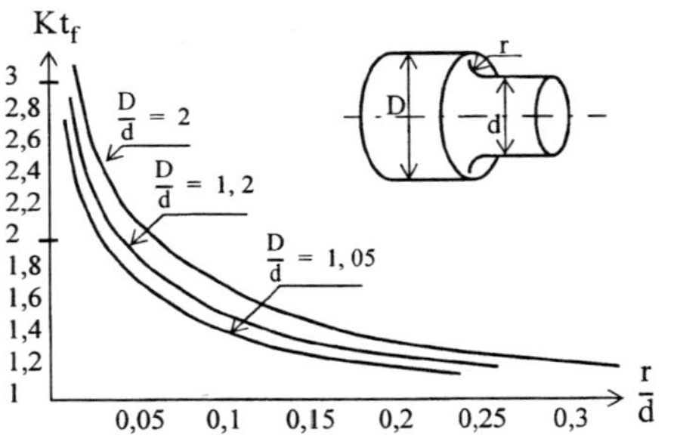

■ Coefficient de concentration de contraintes

Pour $\frac{D}{d} = \frac{100}{64} \approx 1,4$ et $\frac{r}{d} = \frac{1}{64} \approx 0,014$

On obtient : $Kt_f \approx 3$

■ Calcul de la contrainte normale alternée

L'arbre est soumis à une flexion alternée ; on calcule la contrainte normale maximale dans la section de diamètre d.

$$\sigma_{alt} = \frac{Mf}{I_3} \cdot d/2 \quad \text{avec} \quad I_3 = \frac{\pi \cdot d^4}{64} \quad \Rightarrow \quad \sigma_{alt} = \frac{32 \cdot 2000}{\pi \cdot 64^3} \cdot 10^3 = 78 \cdot N/mm^2$$

Facteurs pour se ramener à l'essai de référence

Facteur lié au type de sollicitation : $K_p = 1$

Facteur d'échelle : on lit $K_e = 0,78$

Facteur de surface : $K_s = 0,8$

Facteur d'entaille :

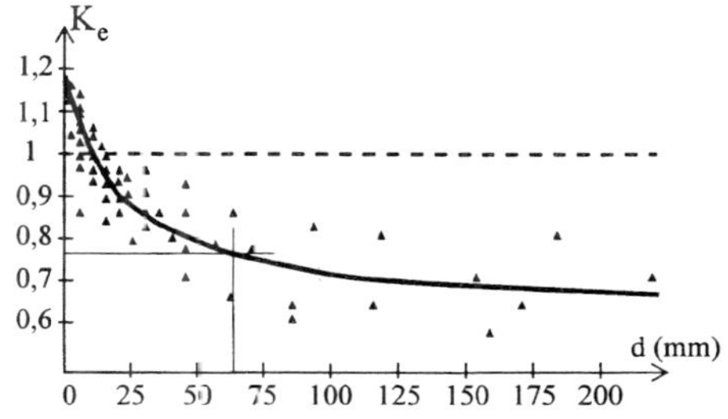

$$\left. \begin{array}{l} Rm = 1200 \cdot N/mm^2 \\ Kt_f = 3 \end{array} \right\} \Rightarrow \frac{Kf}{Kt} = 0,82$$

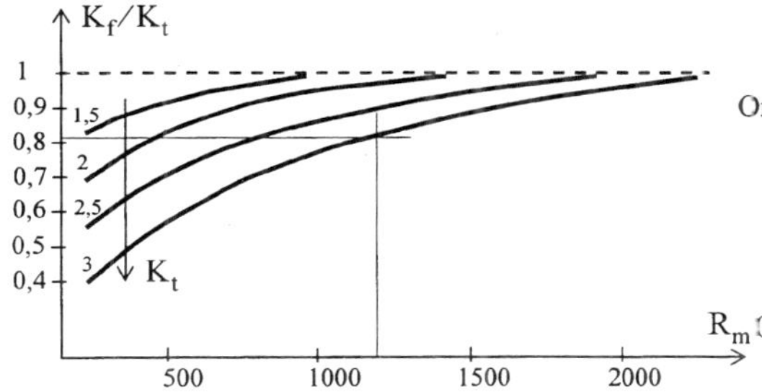

On déduit :

$$K_f = 3 \cdot 0,82 = 2,5$$

Contrainte équivalente de l'éprouvette

La contrainte alternée agissant sur l'arbre ramenée au matériau de l'éprouvette est :

$$\sigma_{alt}(eprouvette) = \sigma_{alt}(piece) \cdot \frac{K_f}{K_P \cdot K_e \cdot K_s} = 78 \cdot \frac{2,5}{0,8 \cdot 0,78 \cdot 1} = 312,5 \cdot N/mm^2$$

La limite de fatigue à 10^7 cycles pour une probabilité de 90% est :

$$\sigma_{D\,(90\%)} = R_m \cdot (0,56 - 1,4 \cdot 10^{-4} \cdot R_m) = 470 \cdot N/mm^2$$

L'arbre résiste avec un coefficient de sécurité : $s = \frac{\sigma_D}{\sigma_{alt}(eprouvette)} = \frac{470}{312,5} = 1,5$

RESULTAT

$\sigma_{alt}(eprouvette) = 292,5 \cdot N/mm^2 < \sigma_D = 470 \cdot N/mm^2$

$\Rightarrow$ L'arbre résiste avec un coefficient de sécurité : $s = 1,5$

Exercice 3 : Arbre de sortie d'un moto-réducteur

ENONCE

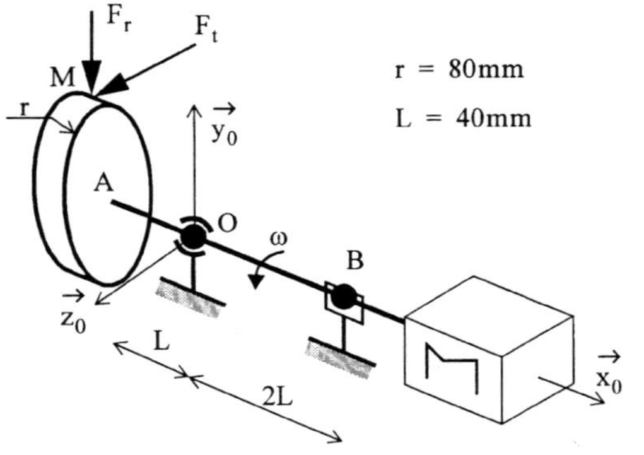

On considère l'arbre de sortie d'un moto-réducteur. Cet arbre est lié au bati par une liaison pivot d'axe $(O, \vec{x_0})$.

Il est entrainé par l'intermédiaire d'un pignon à dentures droites et entraine une machine à son autre extrémité.

L'action sur le pignon est :

$$\left\{ \begin{array}{c} -F_r \cdot \vec{y_0} + F_t \cdot \vec{z_0} \\ \vec{0} \end{array} \right\}_M$$

Déterminer la nature des sollicitations auxquelles est soumis le matériau entre A et O.

> ***CONNAISSANCES ET MÉTHODES***
>
> ***Calcul du torseur des efforts intérieurs.***
>
> → ***Déterminer le torseur des efforts intérieurs***
>
> → ***Se ramener dans un repère lié à l'arbre***
>
> → ***Identifier la nature des sollicitations stationnaires et instationnaires.***

RESOLUTION

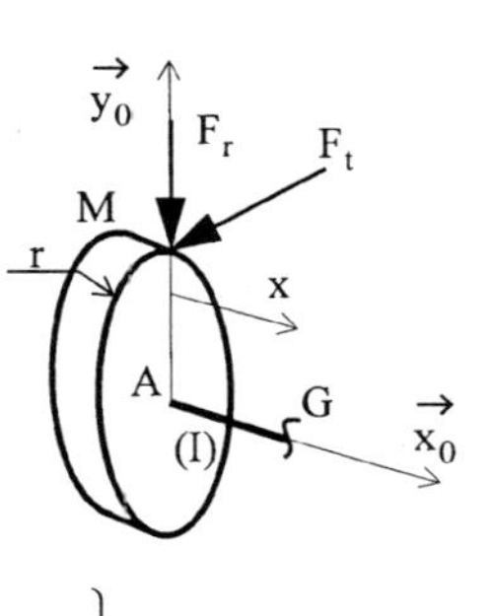

❐ Calcul du torseur des efforts intérieurs

On se place en un point courant de (AO) : G

On isole la partie (AG)

$$\{\Im_{\text{efforts interieurs}}\} = -\{\Im_{ext \to (I)}\} = -\left\{ \begin{array}{c} -F_r \cdot \vec{y_0} + F_t \cdot \vec{z_0} \\ \overrightarrow{GM} \wedge (-F_r \cdot \vec{y_0} + F_t \cdot \vec{z_0}) \end{array} \right\}_G$$

$$\overrightarrow{GM}\wedge(-F_r\cdot\vec{y_0}+F_t\cdot\vec{z_0}) = \left\{(-x\cdot\vec{x_0}+r\cdot\vec{y_0})\wedge(-F_r\cdot\vec{y_0}+F_t\cdot\vec{z_0})\right\}$$

$$= \{r\cdot F_t\}\cdot\vec{x_0}+\{x\cdot F_t\}\cdot\vec{y_0}+\{x\cdot F_r\}\cdot\vec{z_0}$$

d'où : $$\{\Im_{effortsinterieurs}\} = \left\{\begin{array}{c} F_r\cdot\vec{y_0}-F_t\cdot\vec{z_0} \\ -\{r\cdot F_t\}\cdot\vec{x_0}-\{x\cdot F_t\}\cdot\vec{y_0}--\{x\cdot F_r\}\cdot\vec{z_0} \end{array}\right\}_G$$

Expression dans le repère lié à l'arbre

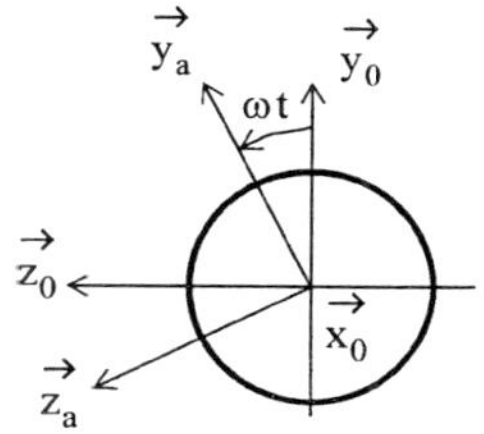

On a : $$\left\{\begin{array}{l} \vec{y_0} = \cos\omega t\cdot\vec{y_a}-\sin\omega t\cdot\vec{z_a} \\ \vec{z_0} = \sin\omega t\cdot\vec{y_a}+\cos\omega t\cdot\vec{z_a} \end{array}\right.$$

En reportant ceci dans l'expression de la coordonnée moment, on a :

$$\overrightarrow{M_G} = -\{r\cdot F_t\}\cdot\vec{x_0}-\{(x\cdot F_t\cdot\cos\omega t)+(x\cdot F_r\cdot\sin\omega t)\}\cdot\vec{y_a}$$
$$-\{-(x\cdot F_t\cdot\sin\omega t)+(x\cdot F_r\cdot\cos\omega t)\}\cdot\vec{z_a}$$

d'où : $$\left\{\begin{array}{l} Mt = -\{r\cdot F_t\} \\ Mf_y = -\{(x\cdot F_t\cdot\cos\omega t)+(x\cdot F_r\cdot\sin\omega t)\} \\ Mf_z = \{(x\cdot F_t\cdot\sin\omega t)-(x\cdot F_r\cdot\cos\omega t)\} \end{array}\right.$$

On a donc un moment de torsion stationnaire et de la flexion pulsée par rapport aux axes $G\vec{y_a}$, $G\vec{z_a}$.

RESULTAT

L'arbre est donc soumis à deux types de sollicitations :

- une sollicitation de torsion stationnaire : $\boxed{Mt = -\{r\cdot F_t\}}$.
- une sollicitation de flexion instationnaire : $\boxed{\left\{\begin{array}{l} Mf_y = -\{(x\cdot F_t\cdot\cos\omega t)+(x\cdot F_r\cdot\sin\omega t)\} \\ Mf_z = \{(x\cdot F_t\cdot\sin\omega t)-(x\cdot F_r\cdot\cos\omega t)\} \end{array}\right.}$

Exercice 4 : Arbre de transmission avec épaulement - Sollicitations composées

ENONCE

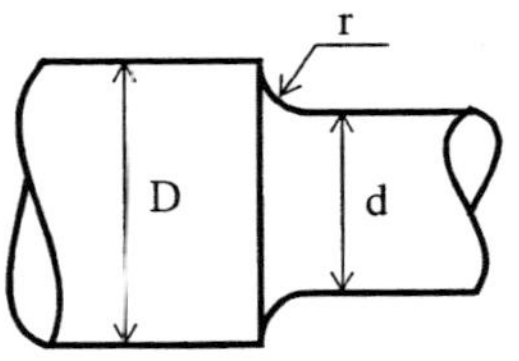

On considère un arbre de transmission portant un épaulement.
Cet arbre transmet :
- un moment de torsion pulsé $Mt = 150 + 150 \cdot \sin\omega t$ (en m.daN)
- un moment de flexion $Mf = 200 \ \ m \cdot daN$
- un effort normal donnant une contrainte de traction $100 \ N/mm^2$

$d = 64mm$

$D = 100mm$

$r = 1mm$

L'état de surface entraine $K_s = 0,8$.
Les coefficients de concentration de contraintes issus d'abaques sont $K_{t_{flexion}} = 3 \quad K_{t_{torsion}} = 2,2 \quad K_{t_{traction}} = 3,6$.
Le matériau a une résistance à la rupture $R_m = 1200 \ N/mm^2$

L'arbre peut-il remplir sa fonction avec une probabilité de non rupture de 50% au bout de 10^7 cycles.

CONNAISSANCES ET MÉTHODES

Méthode de résolution pour des sollicitations composées ; Diagramme de Haigh.

→ ***Calculer les contraintes moyennes et la contrainte moyenne équivalente.***

→ ***Calculer les contraintes alternées.***

→ ***Déterminer le coefficient*** K_{f_e} ***et calculer la contrainte alternée équivalente.***

→ ***Vérifier que le couple*** (σ_m, σ_{alt}) ***équivalent appartient bien à la zone admissible (diagramme de Haigh).***

RESOLUTION

Dans le repère lié à l'arbre, on observe :

- une contrainte moyenne de traction $\sigma = 100 \ N/mm^2$ *et un moment de torsion stationnaire* $Mt = 150 \ \ m \cdot daN$.

- un moment de torsion alterné $Mt = 150 \ \ m \cdot daN$ *et un moment de flexion alterné* $Mf = 200 \ \ m \cdot daN$.

Contraintes moyenne équivalente du matériau

→ contraintes moyennes

Traction : $\sigma = 100\ N/mm^2 = \sigma_m$ Torsion : $\tau = \dfrac{Mt_{stat}}{I_0} \cdot d/2 = 30\ N/mm^2 = \tau_m$

→ contrainte moyenne équivalente de l'arbre

$$\sigma_{m\ equi} = \sqrt{\sigma_m^2 + 3(\tau_m^2)} = 112\ N/mm^2$$

→ coefficient de concentration de contraintes équivalent

$$K_{te} = \sqrt{\left(\frac{\sigma_m}{\sigma_{m\ equi}} K_{t_{flexion}}\right)^2 + 3\left(\frac{\tau_m}{\sigma_{m\ equi}} K_{t_{torsion}}\right)^2} \approx 3,35$$

→ contrainte moyenne équivalente du matériau

$$\boxed{\sigma_{m\ equi}(materiau) = K_{te} \cdot \sigma_{m\ equi}(piece) = 3,35 \cdot 112\ N/mm^2 \approx 375\ N/mm^2}$$

Contrainte alternée équivalente du matériau

→ contraintes alternées

Flexion : $\sigma_{alt} = \dfrac{Mf_{alt}}{I} \cdot d/2 = 78\ N/mm^2$ Torsion : $\tau_{alt} = \dfrac{Mt_{alt}}{I_0} \cdot d/2 = 30\ N/mm^2$

→ contrainte alternée équivalente de l'arbre

$$\sigma_{alt\ equi} = \sqrt{\sigma_{alt}^2 + 3(\tau_{alt}^2)} = 92,6\ N/mm^2$$

→ coefficient d'entaille équivalent

$Rm = 1200 \cdot N/mm^2$

$K_{t_{flexion}} = 3 \Rightarrow \dfrac{Kf}{Kt} \approx 0,8$

$\Rightarrow K_{f_{flexion}} \approx 2,4$

$K_{t_{torsion}} = 2,2 \Rightarrow \dfrac{Kf}{Kt} \approx 0,9$

$\Rightarrow K_{f_{torsion}} \approx 2$

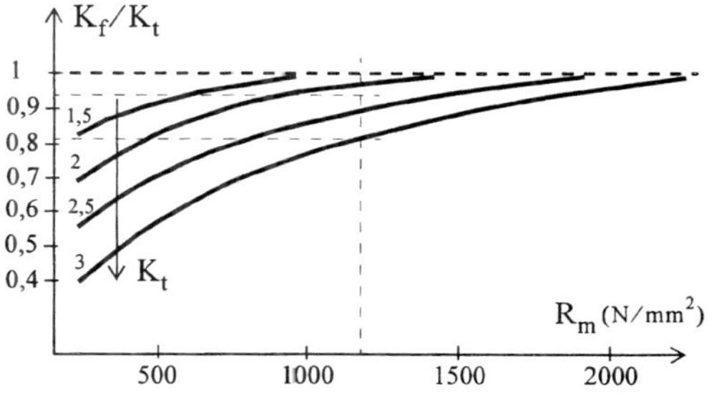

On déduit alors : $K_{f_e} = \sqrt{\left(\frac{\sigma_{alt}}{\sigma_{alt\ equi}} K_{f_{flexion}}\right)^2 + 3\left(\frac{\tau_{alt}}{\sigma_{alt\ equi}} K_{f_{torsion}}\right)^2} \approx 2,36$

→ contrainte alternée équivalente du matériau

$$\sigma_{alt\ equi}(\text{materiau}) = K_{f_e} \cdot \sigma_{alt\ equi}(\text{piece}) = 2,36 \cdot 92,6\ \text{N/mm}^2 \approx 218\ \text{N/mm}^2$$

Diagramme de Haigh

$\sigma_{D\,(50\%)} = R_m \cdot (0,58 - 1,1 \cdot 10^{-4} \cdot R_m)$ ⇒ $\sigma_{D\,(50\%)} \approx 540\ \text{N/mm}^2$

D'où le diagramme de Haigh :

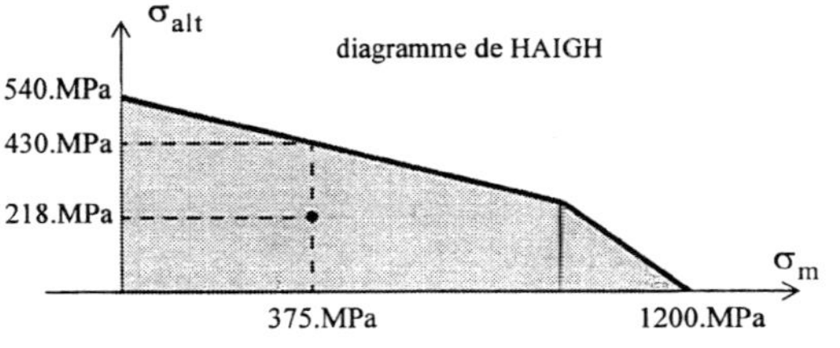

RESULTAT

Sur le diagramme de Haigh, le point de fonctionnement appartient à la zone hachurée

⇒ L'arbre peut donc remplir sa fonction.

Le coefficient de sécurité est : $s = \frac{430}{218} \approx 2$

Exercice 5 : Arbre creux sur roulement - Sollicitations composées

ENONCE

On considère un arbre-pignon creux comportant un épaulement d'appui sur un roulement (voir figure ci-contre).
Dans la section de l'épaulement, il est soumis
- à un moment de torsion $Mt = 80 \ m \cdot daN$
- à un moment de flexion $Mf = 50 \ m \cdot daN$

La variation de forme entraine des coefficients de concentration de contraintes $K_{t_{flexion}} = 2,3$ et $K_{t_{torsion}} = 1,85$.
L'usinage entraine une rugosité $R_t = 4 \mu m$.

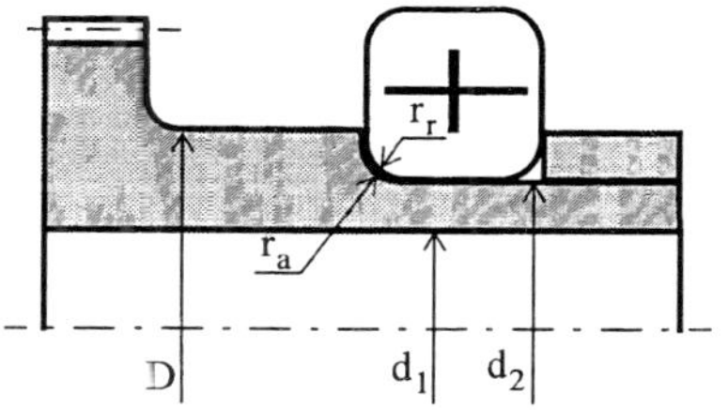

$d_1 = 30mm$ $\quad r_a = 1mm$
$d_2 = 40mm$ $\quad r_r = 1,5mm$
$D = 50mm$

L'acier utilisé est un 35CD4 traité avec une résistance à la rupture $R_m = 915 \ N/mm^2$ et une limite élastique $R_e = 845 \ N/mm^2$.

Le mécanisme tourne à 1860 tr/mn et doit satisfaire une durée de vie minimale de 7000 heures avec une fiabilité de 90% et un coefficient de sécurité supérieur à 1,5. L'arbre convient-il ?

> ***CONNAISSANCES ET MÉTHODES***
>
> ***Méthode de résolution pour des sollicitations composées ; Diagramme de Haigh***
>
> → ***Calculer les contraintes moyennes et la contrainte moyenne équivalente.***
>
> → ***Calculer les contraintes alternées et la contrainte alternée équivalente.***
>
> → ***Vérifier que le couple*** (σ_m, σ_{alt}) ***équivalent appartient bien à la zone admissible (diagramme de Haigh).***

RESOLUTION

Dans le repère lié à l'arbre, on observe :

- un moment de torsion stationnaire $Mt = 80 \ m \cdot daN$.

- un moment de flexion alterné $Mf = 50 \ m \cdot daN$.

Contrainte moyenne équivalente du matériau

→ contrainte moyenne de torsion

$$\tau = \frac{Mt_{stat}}{I_0} \cdot d_2/2 = \tau_m \quad \text{avec} \quad I_0 = \frac{\pi \cdot (d_2^4 - d_1^4)}{32} \approx 171806 mm^4$$

d'où : $\tau_m = 93,1\ N/mm^2$

→ contrainte moyenne équivalente de l'arbre

$$\sigma_{m\ equi} = \sqrt{3} \cdot \tau_m = 161,3\ N/mm^2$$

→ contrainte moyenne équivalente du matériau

$$\sigma_{m\ equi}(\text{materiau}) = K_{t_{torsion}} \cdot \sigma_{m\ equi}(\text{piece}) \quad \text{d'où} \quad \boxed{\sigma_{m\ equi}(\text{materiau}) \approx 300\ N/mm^2}$$

Contrainte alternée équivalente du matériau

→ contrainte alternée de flexion

$$\sigma_{alt} = \frac{Mf_{alt}}{I_3} \cdot d_2/2 \quad \text{avec} \quad I_3 = \frac{\pi \cdot (d_2^4 - d_1^4)}{64} \approx 85903 mm^4$$

d'où : $\sigma_{alt} = 116,4\ N/mm^2$

→ contrainte alternée équivalente de l'arbre

$$\sigma_{alt\ equi} = 116,4\ N/mm^2$$

→ coefficient d'entaille équivalent

$R_m = 915\ N/mm^2$

$$K_{t_{flexion}} = 2,3 \quad \Rightarrow \quad \frac{Kf}{Kt} = 0,88$$

$$\Rightarrow \quad K_{f_{flexion}} \approx 2$$

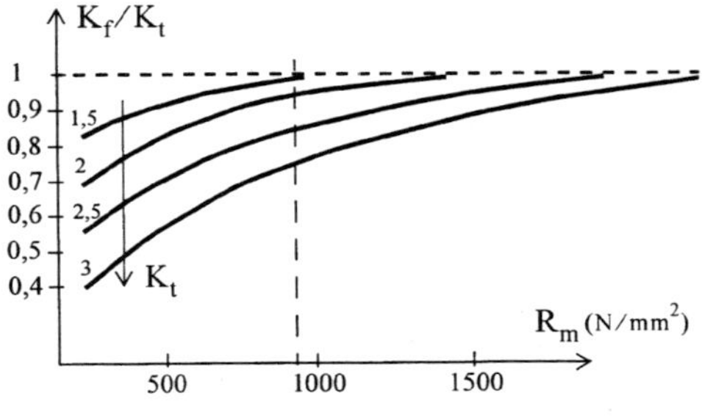

→ facteur d'échelle

Sur le diagramme (voir cours), on lit : $K_e = 0,85$

→ facteur de surface

$R_m = 915\ N/mm^2$

On lit : $K_s = 0,95$

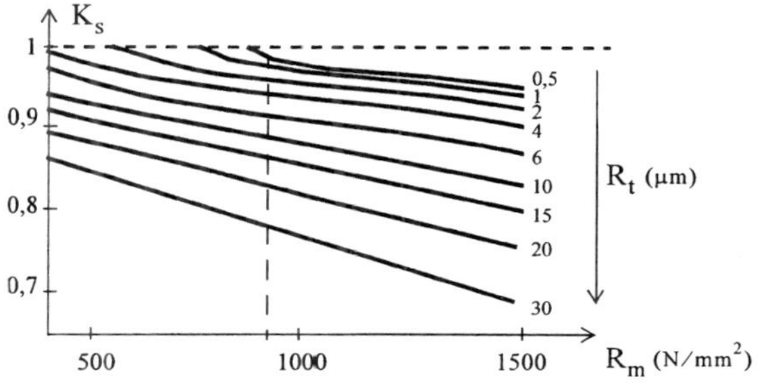

→ contrainte alternée équivalente du matériau

$$\sigma_{alt\ equi}(materiau) = \frac{K_{f_{flexion}}}{K_e \cdot K_s} \cdot \sigma_{alt\ equi}(piece)$$

⇒ $\boxed{\sigma_{alt\ equi}(materiau) = 290\ N/mm^2}$

Diagramme de Haigh.

$\sigma_{D\,(90\%)} = R_m \cdot (0,56 - 1,4 \cdot 10^{-4} \cdot R_m)$ ⇒ $\boxed{\sigma_{D\,(50\%)} \approx 400\ N/mm^2}$

D'où le diagramme de Haigh :

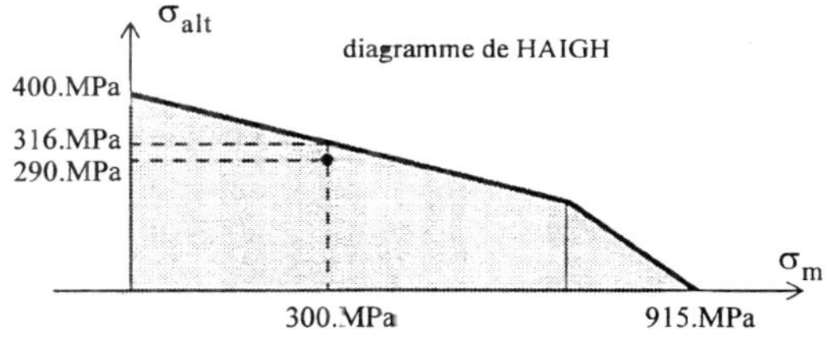

RESULTAT

Le coefficient de sécurité est : $s = \frac{316}{290} \approx 1,1$ ⇒ L'arbre ne convient pas.

Il est possible :

- soit de changer le matériau de l'arbre (prendre un 42CD4 avec $R_m = 1200\ N/mm^2$).

- soit de changer la géométrie pour diminuer les coefficients de concentration de contraintes.

Exercice 6 : Fissure au bord d'un trou chargé

ENONCE

On considère une plaque en alliage d'aluminium d'épaisseur 2mm.
Elle est soumis à un effort P appliqué par l'intermédiaire d'un trou percé dans la plaque de rayon 2r (figure ci-contre).
La tenacité de ce matériau vaut :

$$K_{1c} = 700 \text{ MPa}\sqrt{\text{mm}}$$

Calculer la longueur de fissure "a" critique correspondant à la rupture brutale de la pièce.

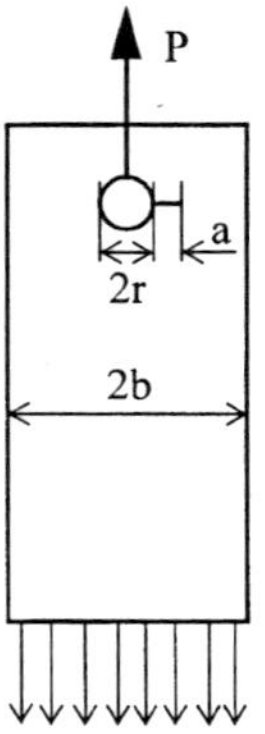

$P = 6000\text{N}$

$2r = 10\text{mm}$

$2b = 50\text{mm}$

CONNAISSANCES ET MÉTHODES

Condition de rupture brutale d'une pièce $K > K_{1c}$

→ ***Calcul du facteur de correction*** α.

→ ***Calcul du facteur d'intensité des contraintes K en fonction de a.***

→ ***Déduire de la condition de rupture brutale la valeur critique de a.***

RESOLUTION

La contrainte moyenne au bord du trou vaut : $\sigma_m = \dfrac{P}{2re} = \dfrac{6000}{20} = 300 \text{ N/mm}^2$

α dépendant de a, il est donc nécessaire de procéder par itérations successives :

$$a \Rightarrow \alpha \rightarrow K = \alpha \cdot \sigma_m \cdot \sqrt{\pi a} \rightarrow K > K_{1c} \ ?$$

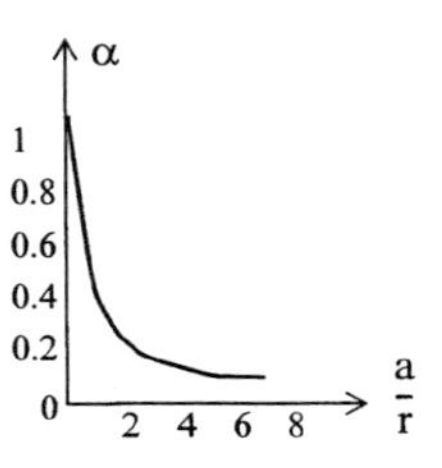

En prenant : $a = 3,5$ mm , on trouve : $\dfrac{a}{r} = 0,7 \Rightarrow \alpha = 0,7$

On trouve alors : $K = \alpha \cdot \sigma_m \cdot \sqrt{\pi a} = 695 \text{ MPa}\sqrt{\text{mm}} \approx K_{1c}$

RESULTAT

On a rupture brutale de la plaque pour une longueur critique de la fissure : $a_c = 3,5$ mm

Exercice 7 : Résutats expérimentaux de propagation

ENONCE

On considère les résultats de propagation expérimentaux lissés donnés sur la figure.

Ils ont été obtenus par un chargement d'amplitude constante de niveau maximal : $\sigma_{max} = 100 MPa$ et de rapport d'amplitude : $R = 0,1$

Le facteur de correction pour la pièce est : $\alpha = 1,22$.

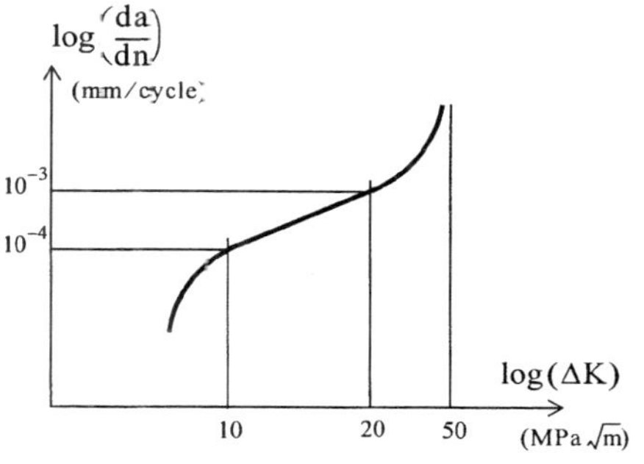

Après avoir retrouvé les grandeurs caractéristiques de la loi de Paris, déduire la valeur critique K_{crit} et calculer la longueur de la fissure pour laquelle s'est produite la rupture.

CONNAISSANCES ET MÉTHODES

Loi de Paris : $\frac{da}{dn} = C \cdot (\Delta K)^m$ ***Loi de Forman*** : $\frac{da}{dn} = \frac{C \cdot (\Delta K)^m}{(1-R) \cdot K_c - \Delta K}$

→ ***Détermination de la loi de Paris sur le graphique.***

La loi de Paris ne peut s'appliquer que sur la partie linéaire de la courbe (partie centrale). $10 \text{ MPa}\sqrt{m} \leq \Delta K \leq 20 \text{MPa}\sqrt{m}$.

On a alors une faible influence de la microstructure.

→ ***Calcul de la valeur critique*** K_{crit} ***en se plaçant à la limite de la rupture sur la courbe.***

→ ***En déduire la longueur de la fissure en utilisant l'expression du facteur d'intensité de contrainte.***

RESOLUTION

❐ Loi de Paris

$$\frac{da}{dn} = C \cdot (\Delta K)^m \quad \Rightarrow \quad \log\left(\frac{da}{dn}\right) = \log(C) + m \cdot \log(\Delta K)$$

$$\begin{cases} \log(10^{-4}) = \log(C) + m \cdot \log(10) \\ \log(10^{-3}) = \log(C) + m \cdot \log(20) \end{cases} \Rightarrow \begin{cases} -4 = \log(C) + m \\ -3 = \log(C) + m \cdot \log(20) \end{cases}$$

On en déduit : $\dfrac{-4 - \log(C)}{-3 - \log(C)} = \dfrac{1}{\log(20)} \Rightarrow \log(C) = \dfrac{4\log(20) - 3}{1 - \log(20)} = -7,3$

D'où : $\boxed{C = 4,76\ 10^{-8}\ \text{mm/cycle}}$ et $\boxed{m = 3,3}$

RESULTAT

> Sur l'intervalle $10\ \text{MPa}\sqrt{m} \le \Delta K \le 20\text{MPa}\sqrt{m}$,
>
> la loi de Paris s'écrit : $\dfrac{da}{dn} = 4,7610^{-8} \cdot (\Delta K)^{3,3}$

■ Longueur de la fissure à la rupture

A la limite de la rupture, on lit : $\Delta K = 50\ \text{MPa}\sqrt{m}$

On a alors : $\dfrac{da}{dn} \to \infty$. D'où, d'après la loi de Forman : $\dfrac{C \cdot (\Delta K)^m}{(1 - R) \cdot K_c - \Delta K} \to \infty$

On en déduit : $K_{crit} = \dfrac{\Delta K}{(1 - R)} = 55,5\ \text{MPa}\sqrt{m}$

L'expression du facteur d'intensité de contrainte à la rupture nous donne alors la longueur de la fissure à la rupture :

$$K_{crit} = \alpha \cdot \sigma \cdot \sqrt{\pi\, a_{crit}} \qquad \Rightarrow \qquad a_{crit} = \frac{K_{crit}^2}{(1,12\,\sigma)^2 \cdot \pi}$$

L'application numérique donne : $a_{crit} = 78\ \text{mm}$

RESULTAT

> La rupture de la pièce s'est produite pour une longueur de fissure : $a_{crit} = 78\ \text{mm}$

Exercice 8 : Loi de Paris d'une plaque fissurée

ENONCE

On considère la plaque schématisée ci-contre sollicitée suivant un chargement monotone d'amplitude :
$\Delta\sigma = \sigma_{max} - \sigma_{min} = 110 \text{ MPa}$.

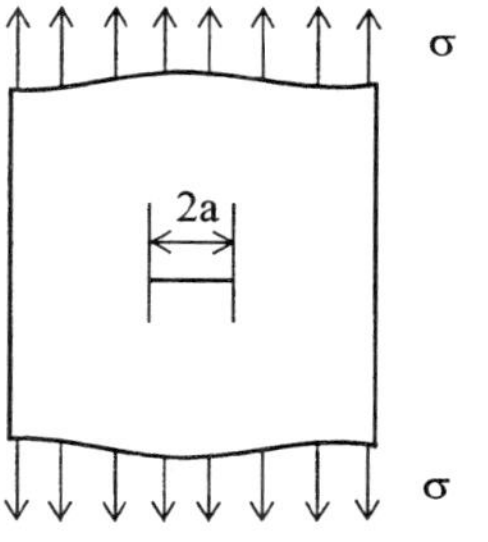

Initialement, la longueur de la fissure vaut : $2a = 2,4 \text{ mm}$.

Après 30000 cycles, la longueur de la fissure est égale à : $2a = 2,7 \text{ mm}$.

Les résultats d'essais montrent que la fissure propage de $2a = 97,6 \text{ mm}$ à $2a = 100 \text{ mm}$ en 1200 cycles.

Déterminer les paramètres C et m de la loi de Paris.

CONNAISSANCES ET MÉTHODES

Loi de Paris : $\dfrac{da}{dn} = C \cdot (\Delta K)^m$

→ ***Détermination de*** ΔK ***et de*** $\dfrac{da}{dn}$ ***pour l'étude et pour les résultats d'essai .***

→ ***Ecriture de la loi de Paris dans les deux cas.***

→ ***Détermination des constantes.***

RESOLUTION

❐ Expression de ΔK et de $\dfrac{da}{dn}$

- Le facteur d'intensité de contrainte s'écrit : $K = \sigma_\infty \cdot \sqrt{\pi a}$

On en déduit : $\Delta K = \Delta\sigma_\infty \cdot \sqrt{\pi \cdot a_{moy}}$

- $\dfrac{da}{dn}$ correspond à l'accroissement de la longueur de fissure pour un nombre de cycles donné.

→ cas de l'étude

En 30000 cycles, $2a = 2,7$ mm . D'où $\Delta a = 1,35 - 1,2 = 0,15$ mm et $2a_{moy} = 2,55$ mm .

$$\Rightarrow \quad \frac{da}{dn} \approx \frac{\Delta a}{\Delta n} = \frac{0,15}{30000} = 5\ 10^{-6}\ \text{mm/cycle}$$

$$\Rightarrow \quad \Delta K = \Delta\sigma_\infty \cdot \sqrt{\pi \cdot a_{moy}} = 110 \cdot \sqrt{\pi \cdot 2,55} = 311,4\,\text{MPa}\sqrt{\text{mm}}$$

→ résultats d'essai

En 1200 cycles, $\Delta a = 100 - 97,6 = 2,4$ mm et $a_{moy} = 98,8$ mm .

$$\Rightarrow \quad \frac{da}{dn} \approx \frac{\Delta a}{\Delta n} = \frac{1,2}{1200} = 10^{-3}\ \text{mm/cycle}$$

$$\Rightarrow \quad \Delta K = \Delta\sigma_\infty \cdot \sqrt{\pi \cdot a_{moy}} = 110 \cdot \sqrt{\pi \cdot 98,8} = 1938\,\text{MPa}\sqrt{\text{mm}}$$

■ Loi de Paris

Des résultats précédents, on déduit :

$$\begin{cases} 5 10^{-6} = C \cdot 311,4^m \\ 10^{-3} = C \cdot 1938^m \end{cases} \Rightarrow \begin{cases} \log(5 10^{-6}) = \log(C) + m \cdot \log(311,4) \\ \log(10^{-3}) = \log(C) + m \cdot \log(1938) \end{cases}$$

D'où : $m = \dfrac{\log(10^{-3}) - \log(5 10^{-6})}{\log(1938) - \log(311,4)} = 2,9$ et $C = \dfrac{10^{-3}}{1938^{2,9}} = 2,9\ 10^{-13}$ mm/cycle

RESULTAT

La loi de Paris s'écrit : $\dfrac{da}{dn} = 2,9 10^{-13} \cdot (\Delta K)^{2,9}$

Exercice 9 : Fissure d'une plaque d'épaisseur variable

ENONCE

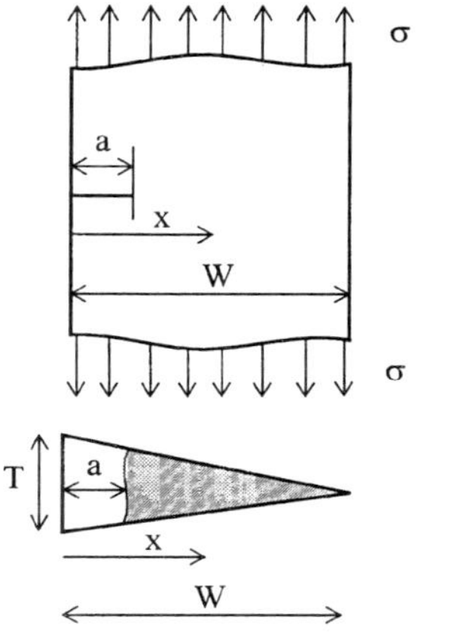

On considère une tôle de largeur W et d'épaisseur évolutive t.
T est l'épaisseur maximale de la tôle au bord de la pièce.

Pour le matériau utilisé, la tenacité K_c se déduit par l'expression suivante : $K_c = K_{1c} \cdot \left(1 + \sqrt{\frac{T}{t}}\right)$.

On donne : $\sigma_{max} = 100\,\text{MPa}$; $K_{1c} = 50\,\text{MPa}\sqrt{\text{mm}}$

Déterminer quelle largeur de tôle minimale est nécessaire pour ne pas avoir rupture dans le cas où $\frac{a}{W} = 0,2$ et $\frac{a}{W} = 0,5$.

> ***CONNAISSANCES ET MÉTHODES***
>
> ***Condition de rupture brutale d'une pièce*** $K > K_{1c}$
>
> ***Facteur d'intensité de contrainte*** $K = 1,12 \cdot \sigma \cdot \sqrt{\pi a} \cdot \left(\cos\frac{\pi a}{2W}\right)^{-\frac{1}{2}}$
>
> → ***Définir l'expression de*** K_c ***en fonction de*** K_{1c} ***et de*** $\frac{a}{W}$.
>
> → ***Définir l'expression de W à la limite de la rupture en fonction de*** K_c .
>
> → ***En déduire la valeur de W dans les deux cas de longueur relative de fissure.***

RESOLUTION

■ Expression de K_c

On a : $t = T - \left(\frac{T}{W}\right) \cdot x \quad \Rightarrow \quad K_c = K_{1c} \cdot \left(1 + \sqrt{\frac{T}{T - \frac{aT}{W}}}\right) = K_{1c} \cdot \left(1 + \sqrt{\frac{1}{1 - \frac{a}{W}}}\right)$

$\frac{a}{W} = 0,2 \quad \Rightarrow \quad K_c = 2,12 \cdot K_{1c}$; $\frac{a}{W} = 0,5 \quad \Rightarrow \quad K_c = 2,41 \cdot K_{1c}$

Expression de W

$$K = 1,12 \cdot \sigma \cdot \sqrt{\pi a} \cdot \left(\cos\frac{\pi a}{2W}\right)^{-\frac{1}{2}} \qquad \text{avec : } \sigma = \sigma_{max}$$

$$\frac{a}{W} = 0,2 \quad \Rightarrow \quad K = 1,12 \cdot \sigma_{max} \cdot \sqrt{0,2\pi} \cdot \sqrt{W} \cdot 1,025 = 91 \cdot \sqrt{W}$$

$$\frac{a}{W} = 0,5 \quad \Rightarrow \quad K = 1,12 \cdot \sigma_{max} \cdot \sqrt{0,5\pi} \cdot \sqrt{W} \cdot 1,189 = 167 \cdot \sqrt{W}$$

A la rupture, on a : $K = K_c$.
On en déduit :

- pour $\frac{a}{W} = 0,2$: $91 \cdot \sqrt{W} = 2,12 \cdot K_{1c} \quad \Rightarrow \quad W = 1,36 \text{ mm}$
- pour $\frac{a}{W} = 0,5$: $167 \cdot \sqrt{W} = 2,41 \cdot K_{1c} \quad \Rightarrow \quad W = 0,52 \text{ mm}$

RESULTAT

La largeur minimale de tôle pour ne pas avoir rupture est :

- pour $\frac{a}{W} = 0,2$, $\underline{W = 1,36 \text{ mm}}$
- pour $\frac{a}{W} = 0,5$, $\underline{W = 0,52 \text{ mm}}$

Dans les deux cas, la longueur de la fissure à la rupture est : $a_c \approx 0,26 \text{ mm}$

CHAPITRE 9 / MECANIQUE DES MILIEUX CONTINUS

1- CONTRAINTES

1-1- Définition

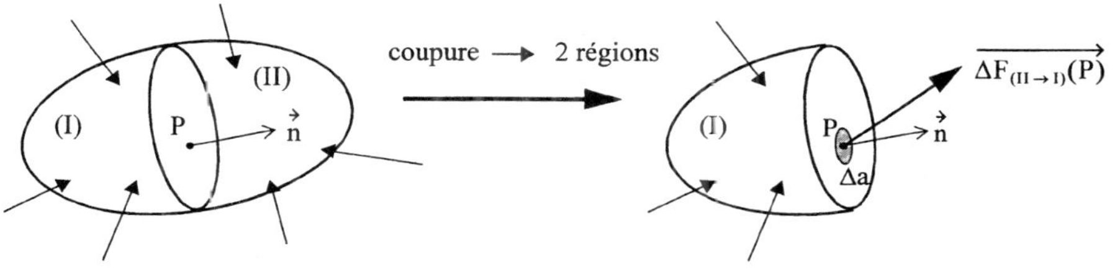

On définit également, à partir de la distribution de forces élémentaires de (II) sur (I), le vecteur contrainte en un point P de la coupure pour une facette orientée suivant la direction $\vec{n}$: $\overrightarrow{C(P, \vec{n})}$

$$\overrightarrow{C(P, \vec{n})} = \lim_{\Delta a \to 0}\left(\frac{\overrightarrow{\Delta F_{(II \to I)}(P)}}{\Delta a}\right)$$

Δa est l'aire élémentaire au point P.

$$\left[\overrightarrow{C(P, \vec{n})}\right] = [F] \cdot [L^{-2}] = M \cdot L^{-1} \cdot T^{-2}$$

L'unité est le Pascal.

On retrouve une définition analogue à celle du vecteur contrainte donnée dans le cas du modèle poutre (Chapitre I) pour lequel il existe une direction privilégiée : $\vec{n} = \vec{x}_1$

Le vecteur contrainte au point P dépend donc de la direction de la facette $\vec{n}$.

⇒ *Il est donc nécessaire de caractériser l'état de contraintes pour toute orientation* $\vec{n}$.

1-2- Matrice des contraintes

On choisit une base orthonormée $(\vec{e}_1, \vec{e}_2, \vec{e}_3)$

matrice des contraintes →

$$[\sigma_{ij}] = \begin{matrix} \vec{e}_1 \\ \vec{e}_2 \\ \vec{e}_3 \end{matrix} \left[\left(\overrightarrow{C(P, \vec{e}_1)} \right) \left(\overrightarrow{C(P, \vec{e}_2)} \right) \left(\overrightarrow{C(P, \vec{e}_3)} \right) \right]$$

La matrice des contraintes $[\sigma_{ij}]$ *dépend* *du point considéré P* *et* *de la base d'expression choisie* $(\vec{e}_1, \vec{e}_2, \vec{e}_3)$.

$$\overrightarrow{C(P, \vec{e}_1)} = \sigma_{11} \cdot \vec{e}_1 + \sigma_{21} \cdot \vec{e}_2 + \sigma_{31} \cdot \vec{e}_3$$

contrainte normale ($\sigma_{11} \cdot \vec{e}_1$) ; contrainte tangentielle (de cisaillement) ($\sigma_{21} \cdot \vec{e}_2 + \sigma_{31} \cdot \vec{e}_3$)

$$\overrightarrow{C(P, \vec{e}_i)} = \sigma_{1i} \cdot \vec{e}_1 + \sigma_{2i} \cdot \vec{e}_2 + \sigma_{3i} \cdot \vec{e}_3$$

On peut rapprocher cette décomposition de celle définie dans le cas des poutres (Chapitre I).

On avait alors : $\sigma_1 = \sigma_{11}$ *et* $\vec{\tau} = \sigma_{21} \cdot \vec{e}_2 + \sigma_{31} \cdot \vec{e}_3$

contrainte normale — *contrainte tangentielle*

On déduit la forme de la matrice des contraintes :

$$[\sigma_{ij}] = \begin{bmatrix} \sigma_{11} & \sigma_{12} & \sigma_{13} \\ \sigma_{21} & \sigma_{22} & \sigma_{23} \\ \sigma_{31} & \sigma_{32} & \sigma_{33} \end{bmatrix}$$

Cas des coordonnées cylindriques (base $(\vec{e}_r, \vec{e}_\theta, \vec{e}_z)$*)*

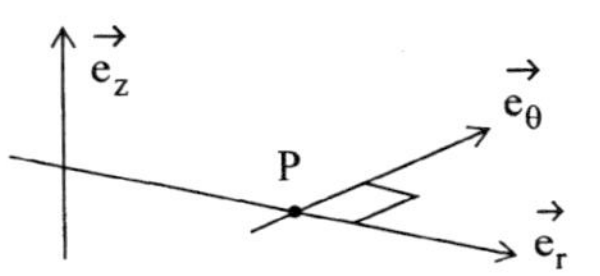

$$[\sigma_{ij}] = \begin{bmatrix} \sigma_{rr} & \sigma_{r\theta} & \sigma_{rz} \\ \sigma_{\theta r} & \sigma_{\theta\theta} & \sigma_{\theta z} \\ \sigma_{zr} & \sigma_{z\theta} & \sigma_{zz} \end{bmatrix}$$

Equilibre du tétraèdre

$$\boxed{\left[\overrightarrow{C(P,\vec{n})}\right] = [\sigma_{ij}] \cdot [\vec{n}]}$$

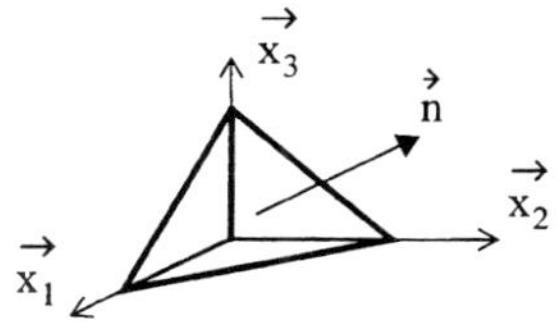

En P, on connait alors les vecteurs contraintes pour toute orientation $\vec{n}$.

$[\sigma_{ij}]$, $[\vec{n}]$ *et* $\left[\overrightarrow{C(P,\vec{n})}\right]$ *sont exprimés dans la* *<u>même base</u>*.

1-3- Propriétés de la matrice des contraintes

- Equilibre du parallèlépipède $\boxed{\sigma_{ij} = \sigma_{ji}}$

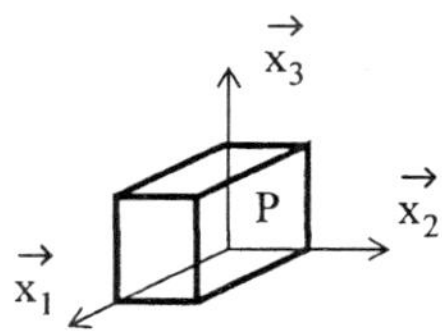

coordonnées cylindriques :

$\sigma_{r\theta} = \sigma_{\theta r}$ $\quad\sigma_{rz} = \sigma_{zr}$ $\quad\sigma_{\theta z} = \sigma_{z\theta}$

$[\sigma_{ij}]$ *est symétrique donc diagonalisable.*

En P, les directions principales sont celles des vecteurs propres $(\vec{e}_I, \vec{e}_{II}, \vec{e}_{III})$
les contraintes principales correspondent aux valeurs propres $\sigma_I, \sigma_{II}, \sigma_{III}$

$$P \xrightarrow{(\vec{e}_1, \vec{e}_2, \vec{e}_3)} \begin{bmatrix} \sigma_{11} & \sigma_{12} & \sigma_{13} \\ \sigma_{21} & \sigma_{22} & \sigma_{23} \\ \sigma_{31} & \sigma_{32} & \sigma_{33} \end{bmatrix} \xrightarrow[\text{directions principales}]{(\vec{e}_I, \vec{e}_{II}, \vec{e}_{III})} \begin{bmatrix} \sigma_I & 0 & 0 \\ 0 & \sigma_{II} & 0 \\ 0 & 0 & \sigma_{III} \end{bmatrix}$$

Pour les directions principales, il n'y a pas de contraintes de cisaillement.

par exemple, $\overrightarrow{C(P,\vec{e}_I)} = \sigma_I \cdot \vec{e}_I$

C'est le cas de la poutre en traction (Chapitre II) pour laquelle

$$\overrightarrow{C(P,\vec{x}_1)} = \sigma_1 \cdot \vec{x}_1$$

Equations d'équilibre

Equilibre d'un volume élémentaire autour de P

$$\sum \overrightarrow{F_{ext \to P}} = \vec{0} \quad \Rightarrow \quad \overrightarrow{div([\sigma_{ij}])} + \vec{f_v} = \vec{0}$$

en coordonnées cartésiennes :

$$\sum_{j=1}^{3} \frac{\partial \sigma_{ij}}{\partial x_j} + f_{v_i} = 0$$

ou

$$\begin{cases} \dfrac{\partial \sigma_{11}}{\partial x_1} + \dfrac{\partial \sigma_{12}}{\partial x_2} + \dfrac{\partial \sigma_{13}}{\partial x_3} + f_{v_1} = 0 \\ \dfrac{\partial \sigma_{21}}{\partial x_1} + \dfrac{\partial \sigma_{22}}{\partial x_2} + \dfrac{\partial \sigma_{23}}{\partial x_3} + f_{v_2} = 0 \\ \dfrac{\partial \sigma_{31}}{\partial x_1} + \dfrac{\partial \sigma_{32}}{\partial x_2} + \dfrac{\partial \sigma_{33}}{\partial x_3} + f_{v_3} = 0 \end{cases}$$

en coordonnées cylindriques :

$$\begin{cases} \dfrac{\partial \sigma_{rr}}{\partial r} + \dfrac{\partial \sigma_{r\theta}}{r \partial \theta} + \dfrac{\sigma_{rr} - \sigma_{\theta\theta}}{r} + \dfrac{\partial \sigma_{rz}}{\partial z} + f_{v_r} = 0 \\ \dfrac{\partial \sigma_{r\theta}}{\partial r} + \dfrac{\partial \sigma_{\theta\theta}}{r \partial \theta} + \dfrac{2\sigma_{r\theta}}{r} + \dfrac{\partial \sigma_{\theta z}}{\partial z} + f_{v_\theta} = 0 \\ \dfrac{\partial \sigma_{rz}}{\partial r} + \dfrac{\partial \sigma_{\theta z}}{r \partial \theta} + \dfrac{\sigma_{rz}}{r} + \dfrac{\partial \sigma_{zz}}{\partial z} + f_{v_z} = 0 \end{cases}$$

1-4- Conditions de raccordement

Elles ont lieu aux interfaces.

$$\overrightarrow{C(M, \vec{n})} = \lim_{\Delta a \to 0} \left(\frac{\overrightarrow{\Delta F_{(ext \to M)}}}{\Delta a} \right)$$

Cas d'un champ de pression

$$\overrightarrow{C(M, \vec{n})} = -p \cdot \vec{n}$$

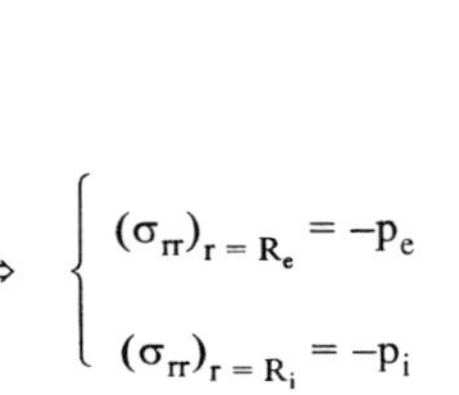

Exemple

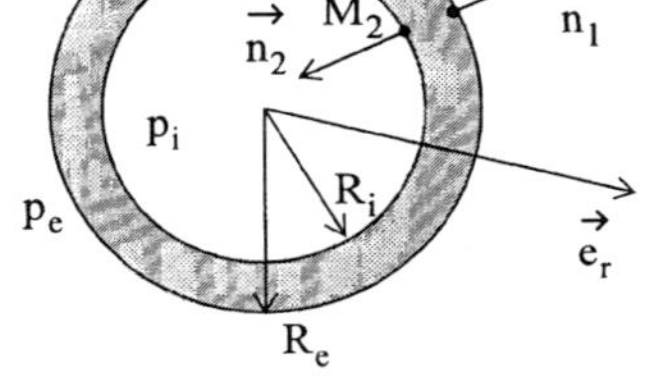

$$\begin{cases} \overrightarrow{C(M_1, \vec{n_1})} = -p_e \cdot \vec{n_1} \\ \overrightarrow{C(M_2, \vec{n_2})} = -p_i \cdot \vec{n_2} \end{cases} \Rightarrow \begin{cases} (\sigma_{rr})_{r = R_e} = -p_e \\ (\sigma_{rr})_{r = R_i} = -p_i \end{cases}$$

$$\boxed{\overrightarrow{C(M, -\vec{n})} = -\overrightarrow{C(M, \vec{n})}}$$

BILAN

Le champ de contraintes réel doit satisfaire :

→ **L'équilibre local** en tout point du domaine (forces volumiques) :

$$\boxed{\overrightarrow{\operatorname{div}([\sigma_{ij}])} + \vec{f}_v = \vec{0}}$$

→ **Les conditions de raccordement** en tout point de la frontière (forces surfaciques)

$$\boxed{\overrightarrow{C(M, \vec{n})} = \lim_{\Delta a \to 0}\left(\frac{\overrightarrow{\Delta F_{(ext \to M)}}}{\Delta a}\right)} \quad \textit{par exemple} \quad \boxed{\overrightarrow{C(M, \vec{n})} = -p \cdot \vec{n}}$$

Alors, c'est un champ statiquement admissible

1-5- Cercle de Mohr des contraintes

Objectif : représenter en un point l'état des contraintes afin d'exhiber les contraintes principales $\sigma_I, \sigma_{II}, \sigma_{III}$ ou la contrainte tangentielle maximale τ_{max} .

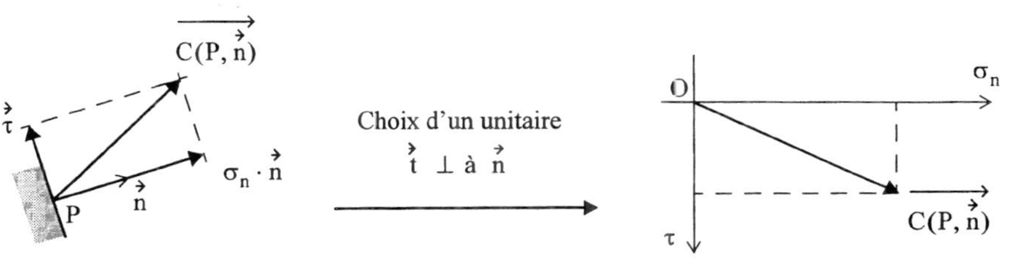

On définit en un point P de facette orientée suivant $\vec{n}$ les composantes normale et tangentielle du vecteur contrainte $\left[\overrightarrow{C(P, \vec{n})}\right]$: (σ_n, τ)

→ Etat de contraintes tridimensionnel.

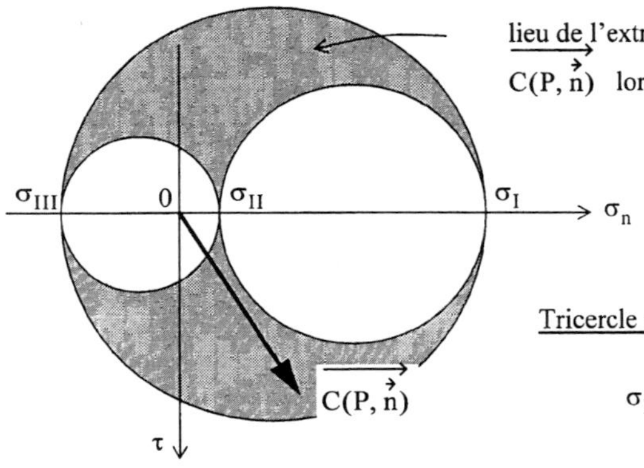

lieu de l'extrémité du vecteur contrainte $\overrightarrow{C(P, \vec{n})}$ lorsque l'on fait évoluer $\vec{n}$

Tricercle de MOHR des contraintes

$\sigma_I, \sigma_{II}, \sigma_{III}$ contraintes principales

→ Etat plan de contraintes (Plan $\vec{x}_1\ \vec{x}_2$)

$$\overrightarrow{C(P, \vec{x}_3)} = \vec{0} \quad \Rightarrow \quad \sigma_{13} = 0 \quad \sigma_{23} = 0 \quad \sigma_{33} = 0 \quad \Rightarrow \quad \boxed{[\sigma_{ij}] = \begin{bmatrix} \sigma_{11} & \sigma_{12} & 0 \\ \sigma_{21} & \sigma_{22} & 0 \\ 0 & 0 & 0 \end{bmatrix}}$$

Dans le plan $(\vec{x}_I, \vec{x}_{II})$, le lieu des extrémités du vecteur contrainte décrit un cercle centré sur l'axe (O, σ_n) → Cercle de Mohr des contraintes

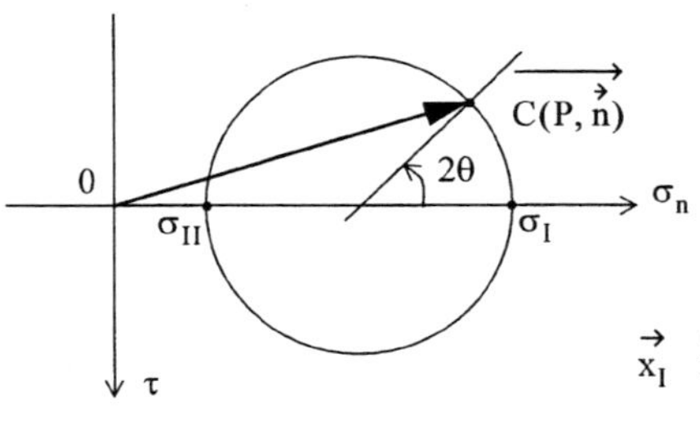

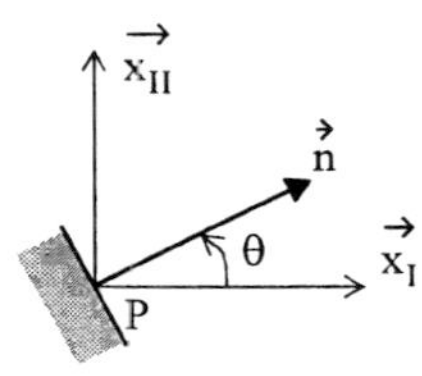

$\vec{x}_I\ \vec{x}_{II}$ directions principales

Si la normale à la facette $\vec{n}$ tourne d'un angle θ par rapport à la direction principale $\vec{x}_I$, le point représentant le vecteur contrainte tourne de 2θ.

L'axe correspondant à la contrainte de cisaillement τ est orienté volontairement vers le bas de telle sorte que l'angle 2θ soit orienté positivement sur la figure.

2- DÉFORMATION

2-1- Rappels de Mathématiques : développements limités

Cas d'une fonction scalaire

$$f(x_0+\Delta x) = f(x_0) + \Delta x \cdot \frac{df}{dx}(x_0) + \frac{1}{2}\cdot(\Delta x)^2\cdot\frac{d^2f}{dx^2}(x_0) + (\Delta x)^2\cdot h \qquad h \to 0 \text{ quand } \Delta x \to 0$$

$$f(x_{1_0}+\Delta x_1, x_{2_0}+\Delta x_2) = f(x_{1_0},x_{2_0}) + \frac{df}{dx_1}(x_{1_0},x_{2_0})(\Delta x_1) + \frac{df}{dx_2}(x_{1_0},x_{2_0})(\Delta x_2) +$$
$$\frac{1}{2}\frac{d^2f}{dx_1{}^2}(x_{1_0},x_{2_0})(\Delta x_1^2) + \frac{1}{2}\frac{d^2f}{dx_2{}^2}(x_{1_0},x_{2_0})(\Delta x_2^2) + \frac{d^2f}{dx_1dx_2}(x_{1_0},x_{2_0})(\Delta x_1\Delta x_2) + \sup(\Delta x_1^2,\Delta x_2^2)\cdot h$$

En linéarisant : $(x_{1_0},x_{2_0}) \to P_0$ $\qquad (x_{1_0}+\Delta x_1, x_{2_0}+\Delta x_2) \to Q_0$

$$f(Q_0) = f(P_0) + \overrightarrow{\text{grad}}\{f(P_0)\}\cdot\overrightarrow{P_0Q_0} - \sup(\Delta x_1,\Delta x_2)\cdot h$$

avec - en coordonnées cartésiennes : $\overrightarrow{\text{grad}}\{f\} = \frac{\partial f}{\partial x_1}\cdot\vec{e}_1 + \frac{\partial f}{\partial x_2}\cdot\vec{e}_2 + \frac{\partial f}{\partial x_3}\cdot\vec{e}_3$

- en coordonnées cylindriques : $\overrightarrow{\text{grad}}\{f\} = \frac{\partial f}{\partial r}\cdot\vec{e}_r + \frac{1}{r}\cdot\frac{\partial f}{\partial \theta}\cdot\vec{e}_\theta + \frac{\partial f}{\partial z}\cdot\vec{e}_z$

Cas d'une fonction vectorielle

$$\vec{u}(Q_0) = \vec{u}(P_0) + [\text{grad}\{\vec{u}\}]\cdot\overrightarrow{P_0Q_0} + h(\overrightarrow{P_0Q_0})$$

$[\text{grad}\{\vec{u}\}]$ est l'application linéaire tangente.

Dans une base, son image matricielle est la matrice jacobienne.

$$P_0 \xrightarrow{\text{base}} \left[\text{grad}\left\{\overrightarrow{u(P_0)}\right\}\right]$$

en coordonnées cartésiennes : $\overrightarrow{u(P_0)} = u_1(P_0) \cdot \vec{e}_1 + u_2(P_0) \cdot \vec{e}_2 + u_3(P_0) \cdot \vec{e}_3$

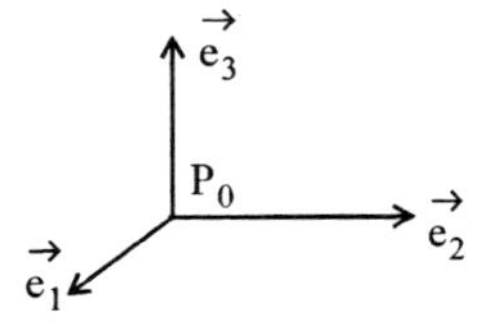

$$\left[\mathrm{grad}\left\{\overrightarrow{u(P_0)}\right\}\right] = \left[\frac{\partial u_i}{\partial x_j}\right] = \begin{bmatrix} \frac{\partial u_1}{\partial x_1} & \frac{\partial u_1}{\partial x_2} & \frac{\partial u_1}{\partial x_3} \\ \frac{\partial u_2}{\partial x_1} & \frac{\partial u_2}{\partial x_2} & \frac{\partial u_2}{\partial x_3} \\ \frac{\partial u_3}{\partial x_1} & \frac{\partial u_3}{\partial x_2} & \frac{\partial u_3}{\partial x_3} \end{bmatrix}$$

en coordonnées cylindriques : $\overrightarrow{u(P_0)} = u_r(P_0) \cdot \vec{e}_r + u_\theta(P_0) \cdot \vec{e}_\theta + u_z(P_0) \cdot \vec{e}_z$

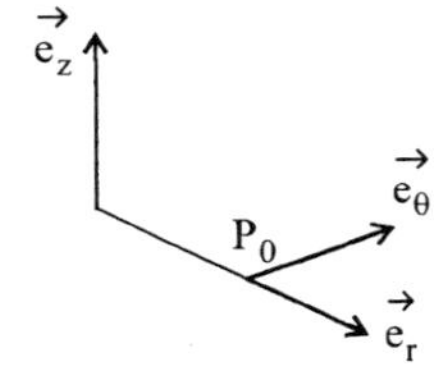

$$\left[\mathrm{grad}\left\{\overrightarrow{u(P_0)}\right\}\right] = \begin{bmatrix} \frac{\partial u_r}{\partial r} & \left(\frac{\partial u_r}{r\partial\theta} - \frac{u_\theta}{r}\right) & \frac{\partial u_r}{\partial z} \\ \frac{\partial u_\theta}{\partial r} & \left(\frac{\partial u_\theta}{r\partial\theta} + \frac{u_r}{r}\right) & \frac{\partial u_\theta}{\partial z} \\ \frac{\partial u_z}{\partial r} & \frac{\partial u_z}{r\partial\theta} & \frac{\partial u_z}{\partial z} \end{bmatrix}$$

2-2- Matrice des déformations

$\overrightarrow{u(P_0)}$ est la fonction déplacement.

$P_0 \rightarrow x_{1_0}, x_{2_0}, x_{3_0}$ $\qquad Q_0 \rightarrow x_{1_0} + \Delta x_1,\ x_{2_0} + \Delta x_2,\ x_{3_0} + \Delta x_3$

$$\vec{u}(Q_0) = \vec{u}(P_0) + [\mathrm{grad}(\vec{u})] \cdot \overrightarrow{P_0Q_0} + h(\overrightarrow{P_0Q_0})$$

On a linéarisé ; on est donc en ***petits déplacements, petites déformations***

Si $[A] = [\mathrm{grad}(\vec{u})]$

On peut poser :A] $= \frac{1}{2} \cdot \{([A] + [A]^T) + ([A] - [A]^T)\}$

$$\vec{u}(Q_0) = \vec{u}(P_0) + \frac{1}{2}\cdot\left([\mathrm{grad}(\vec{u})] - [\mathrm{grad}(\vec{u})]^T\right)\cdot\overrightarrow{P_0Q_0} + \frac{1}{2}\cdot\left([\mathrm{grad}(\vec{u})] + [\mathrm{grad}(\vec{u})]^T\right)\cdot\overrightarrow{P_0Q_0} + h(\overrightarrow{P_0Q_0})$$

opérateur antisymétrique $\frac{1}{2}\cdot\left([\mathrm{grad}(\vec{u})] - [\mathrm{grad}(\vec{u})]^T\right)\cdot\overrightarrow{P_0Q_0} = \underline{\frac{1}{2}\cdot\overrightarrow{\mathrm{rot}}(\vec{u})\wedge\overrightarrow{P_0Q_0}}$

$$\boxed{\vec{u}(Q_0) = \vec{u}(P_0) + \frac{1}{2}\cdot\overrightarrow{\mathrm{rot}}(\vec{u})\wedge\overrightarrow{P_0Q_0} + \frac{1}{2}\cdot\left([\mathrm{grad}(\vec{u})] + [\mathrm{grad}(\vec{u})]^T\right)\cdot\overrightarrow{P_0Q_0} + h(\overrightarrow{P_0Q_0})}$$

Le déplacement que l'on aurait en Q_0 si on était confronté à un solide indéformable.

$[\varepsilon_{ij}] = \frac{1}{2}\cdot\left([\mathrm{grad}(\vec{u})] + [\mathrm{grad}(\vec{u})]^T\right)$ est donc la négation de l'indéformabilité.

⟶ **<u>Déformabilité</u>**

base en P_0 ⟶ $[\varepsilon_{ij}] = \frac{1}{2}\cdot\left([\mathrm{grad}(\vec{u})] + [\mathrm{grad}(\vec{u})]^T\right)$

$[\varepsilon_{ij}]$ *est symétrique par construction donc* ***<u>diagonalisable.</u>***

<u>en coordonnées cartésiennes</u> :

$$[\varepsilon_{ij}] = \left[\frac{1}{2}\cdot\left(\frac{\partial u_i}{\partial x_j} + \frac{\partial u_j}{\partial x_i}\right)\right]$$

$$[\varepsilon_{ij}] = \begin{bmatrix} \frac{\partial u_1}{\partial x_1} & \frac{1}{2}\left(\frac{\partial u_1}{\partial x_2} + \frac{\partial u_2}{\partial x_1}\right) & \frac{1}{2}\left(\frac{\partial u_1}{\partial x_3} + \frac{\partial u_3}{\partial x_1}\right) \\ \frac{1}{2}\left(\frac{\partial u_1}{\partial x_2} + \frac{\partial u_2}{\partial x_1}\right) & \frac{\partial u_2}{\partial x_2} & \frac{1}{2}\left(\frac{\partial u_2}{\partial x_3} + \frac{\partial u_3}{\partial x_2}\right) \\ \frac{1}{2}\left(\frac{\partial u_1}{\partial x_3} + \frac{\partial u_3}{\partial x_1}\right) & \frac{1}{2}\left(\frac{\partial u_2}{\partial x_3} + \frac{\partial u_3}{\partial x_2}\right) & \frac{\partial u_3}{\partial x_3} \end{bmatrix}$$

sur les directions principales, $[\varepsilon_{ij}] = \begin{bmatrix} \varepsilon_I & 0 & 0 \\ 0 & \varepsilon_{II} & 0 \\ 0 & 0 & \varepsilon_{III} \end{bmatrix}$ avec $\varepsilon_i = \frac{\partial u_i}{\partial x_i}$

en coordonnées cylindriques : $[\varepsilon_{ij}] = \begin{bmatrix} \dfrac{\partial u_r}{\partial r} & & \text{(symétrique)} \\ \dfrac{1}{2}\left(\dfrac{\partial u_r}{r\partial\theta} - \dfrac{u_\theta}{r} + \dfrac{\partial u_\theta}{\partial r}\right) & \left(\dfrac{\partial u_\theta}{r\partial\theta} + \dfrac{u_r}{r}\right) & \\ \dfrac{1}{2}\left(\dfrac{\partial u_z}{\partial r} + \dfrac{\partial u_r}{\partial z}\right) & \dfrac{1}{2}\left(\dfrac{\partial u_z}{r\partial\theta} + \dfrac{\partial u_\theta}{\partial z}\right) & \dfrac{\partial u_z}{\partial z} \end{bmatrix}$

sur les directions principales, $[\varepsilon_{ij}] = \begin{bmatrix} \dfrac{\partial u_r}{\partial r} & 0 & 0 \\ 0 & \left(\dfrac{\partial u_\theta}{r\partial\theta} + \dfrac{u_r}{r}\right) & 0 \\ 0 & 0 & \dfrac{\partial u_z}{\partial z} \end{bmatrix}$

2-3- Interprétation géométrique

$\overrightarrow{P_0Q_0} = \left\|\overrightarrow{P_0Q_0}\right\| \cdot \vec{n}$

$\overrightarrow{\varepsilon(P_0, \vec{n})} = [\varepsilon_{ij}] \cdot \vec{n}$ vecteur déformation

$\varepsilon_n = \overrightarrow{\varepsilon(P_0, \vec{n})} \cdot \vec{n}$ déformation normale

$\vec{g} = \overrightarrow{\varepsilon(P_0, \vec{n})} - \varepsilon_n \cdot \vec{n}$ glissement (déformation tangentielle)

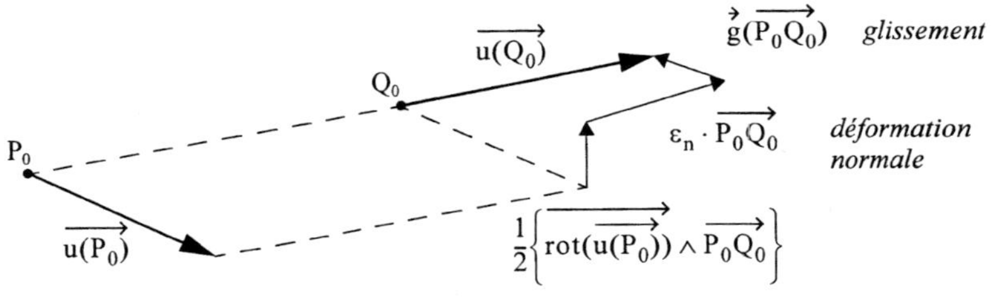

2-4- Cercle de MOHR des déformations

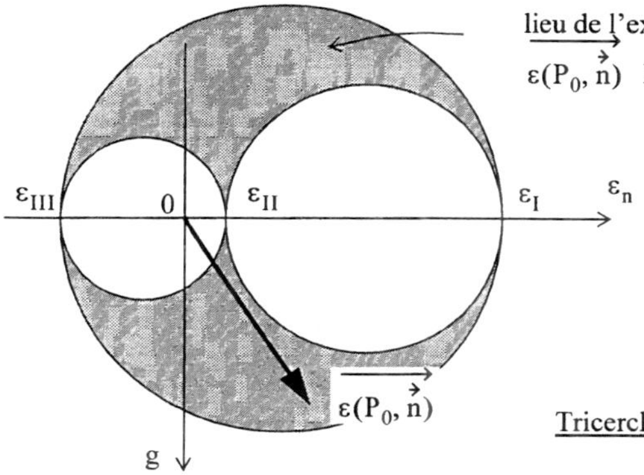

Tricercle de MOHR des déformations

Dans le plan $(\vec{x}_I, \vec{x}_{II})$, le lieu des extrémités du vecteur déformation décrit un cercle centré sur l'axe (O, ε_n) → Cercle de Mohr des déformations

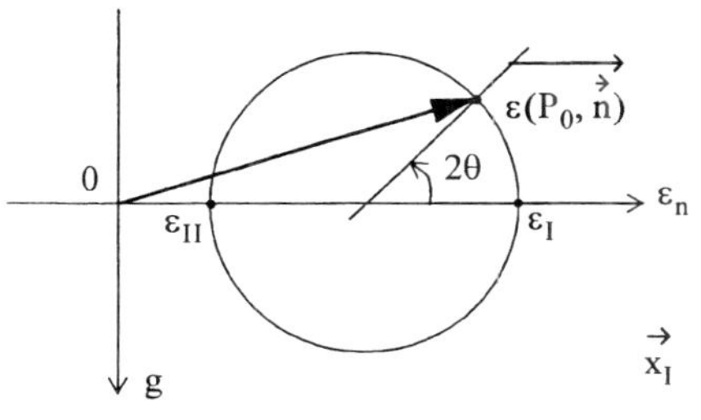

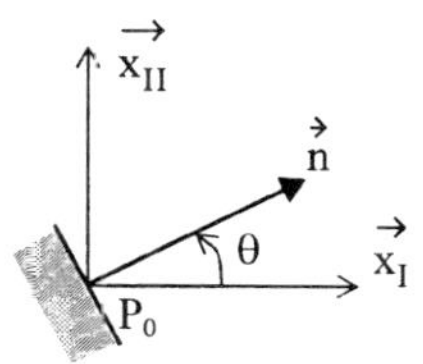

$\vec{x}_I$ $\vec{x}_{II}$ directions principales

Si la normale à la facette $\vec{n}$ tourne d'un angle θ par rapport à la direction principale $\vec{x}_I$, le point représentant le vecteur déformation tourne d'un angle 2θ.

L'axe correspondant au glissement g est orienté volontairement vers le bas de telle sorte que l'angle 2θ soit orienté positivement sur la figure.

Les jauges couramment vendues sont des jauges de déformation ; elles mesurent ε_n (leur variation de longueur $\frac{\Delta L}{L}$ sous les contraintes) par la variation de résistance électrique R.

$$\frac{\Delta R}{R} = k \cdot \frac{\Delta L}{L}$$ *k coefficient de la jauge*

2-5- Equations de compatibilité

$\overrightarrow{u(P_0)}$ ⟶ $[\varepsilon_{ij}]$

3 composantes — constitué de 6 fonctions (matrice symétrique)

Réciproquement

$[\varepsilon_{ij}]$ ⟶ $\overrightarrow{u(P_0)}$

sous réserve que soient vérifiées les équations de compatibilité

$$\varepsilon_{il,jk} + \varepsilon_{jk,il} - \varepsilon_{jl,ik} - \varepsilon_{ik,jl} = 0$$

ou

$$\begin{cases} \varepsilon_{12,21} + \varepsilon_{21,12} - \varepsilon_{22,11} - \varepsilon_{11,22} = 0 \\ \varepsilon_{23,32} + \varepsilon_{32,23} - \varepsilon_{33,22} - \varepsilon_{22,33} = 0 \\ \varepsilon_{13,31} + \varepsilon_{31,13} - \varepsilon_{33,11} - \varepsilon_{11,33} = 0 \\ \varepsilon_{13,21} + \varepsilon_{21,13} - \varepsilon_{23,11} - \varepsilon_{11,23} = 0 \\ \varepsilon_{21,32} + \varepsilon_{32,21} - \varepsilon_{31,22} - \varepsilon_{22,31} = 0 \\ \varepsilon_{32,13} + \varepsilon_{13,32} - \varepsilon_{12,33} - \varepsilon_{33,12} = 0 \end{cases}$$

2-6- Champ cinématiquement admissible

Un **champ cinématiquement admissible** vérifie les conditions cinématiques imposées

Exemples

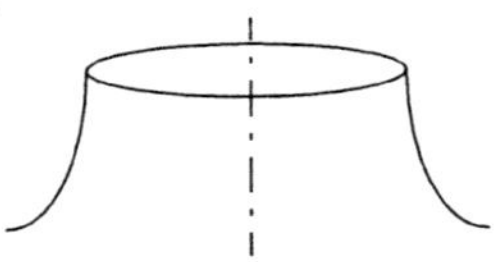

Les points sur l'axe ont un déplacement nul

déformable

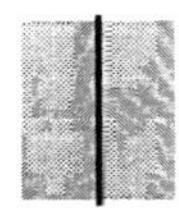

indéformable

Le déplacement à la frontière est nul

2-7- Taux de déformation

Le temps intervient implicitement

$$P_0, t \xrightarrow{\text{champ de déplacement}} \overrightarrow{u(P_0, t)} \xrightarrow{\text{déformations}} [\varepsilon(P_0, t)]$$

Taux de déformation $\quad [\dot{\varepsilon}(P_0)] = \dfrac{d[\varepsilon(P_0, t)]}{dt} = \lim_{\Delta t \to 0}\left(\dfrac{[\varepsilon(P_0, t + \Delta t)] - [\varepsilon(P_0, t)]}{\Delta t}\right)$

3- RHÉOLOGIE

3-1- Problème

Contraintes $[\sigma_{ij}]$

Le champ des contraintes doit être ***statiquement admissible*** :

- équilibre local
- conditions de raccordement

Rhéologie

Déformations $[\varepsilon_{ij}]$

Taux de déformation $[\dot{\varepsilon}_{ij}]$

Le champ des déplacements $\overrightarrow{u(P_0)}$ doit être ***cinématiquement admissible***.

Le comportement rhéologique du matériau relie donc $[\sigma]$, $[\varepsilon]$ et $[\dot{\varepsilon}]$.

Un matériau n'a pas un comportement mais des comportements rhéologiques qui dépendent:

- *de la température*
- *des valeurs de* $[\varepsilon]$
- *des valeurs de* $[\dot{\varepsilon}]$

3-2- Différents comportements élémentaires

- Comportement élastique (métaux à température faible et à $[\dot{\varepsilon}]$ faible)

Essai de traction	Modèle
$\sigma_x = E \cdot \varepsilon_x$	

$$[\varepsilon_{ij}] = \frac{1+\nu}{E} \cdot [\sigma_{ij}] - \frac{\nu}{E} \cdot \sigma_{kk} \cdot [I]$$

avec $\sigma_{kk} = \sigma_{11} + \sigma_{22} + \sigma_{33}$ et $[I]$ matrice unité

E : module d'élasticité longitudinal ou module d'Young.
ν : coefficient de poisson

$$[\sigma_{ij}] = \lambda \cdot \theta \cdot [I] + 2\mu \cdot [\varepsilon_{ij}]$$

avec $\theta = \varepsilon_{11} + \varepsilon_{22} + \varepsilon_{33}$ coefficient de dilatation cubique en P.

λ et μ : coefficients de Lamé $\qquad \lambda = \dfrac{E \cdot \nu}{(1+\nu) \cdot (1-2\nu)}$ et $\mu = G = \dfrac{E}{2 \cdot (1+\nu)}$

■ Comportement visqueux (plastiques, métaux à chaud)

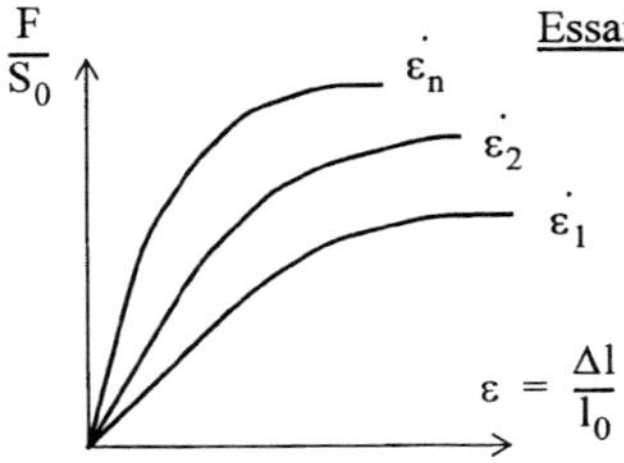

Essai de traction

sensibilité au taux de déformation

modèle

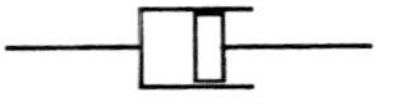

Loi linéarisée : $\frac{F}{S_0} = p \cdot \dot{\varepsilon}$ (Liquides) $\frac{F}{S_0} = B \cdot \dot{\varepsilon}^n$ (Métaux à chaud (emboutissage))

(aciers : $n \approx 0,1$)

■ Comportement plastique (métaux à température ambiante et déformation importante)

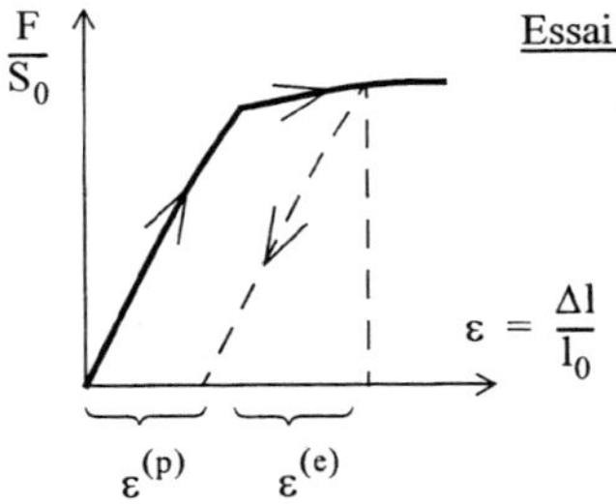

Essai de traction

se manifeste par une déformation résiduelle

modèle

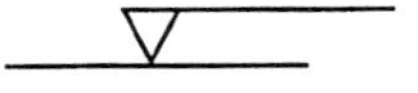

$\varepsilon^{(e)}$: déformation élastique.

$\varepsilon^{(p)}$: déformation plastique irréversible.

3-3- Comportement complexe : essai de recouvrance

Essai de traction

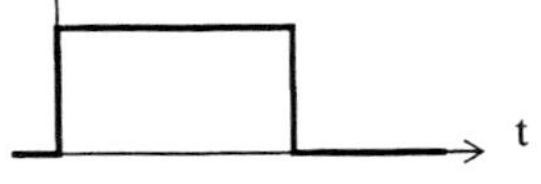

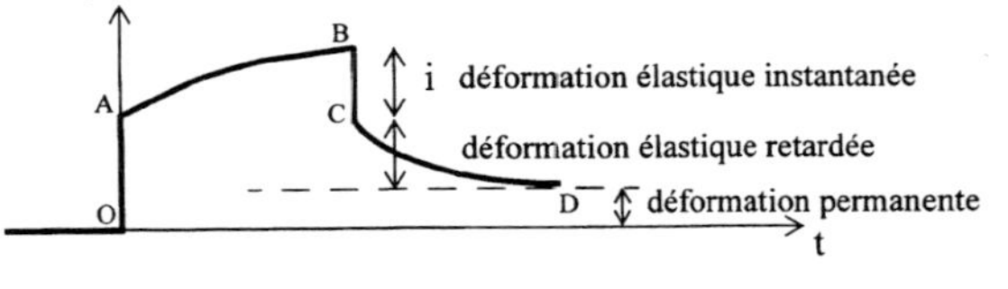

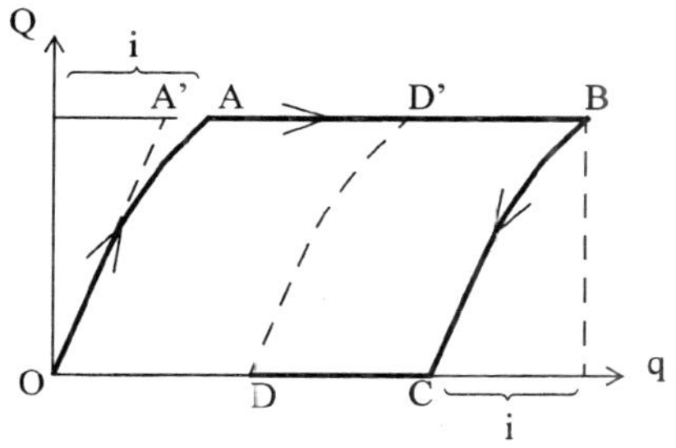

q : paramètre de déplacement

$Q = \frac{F}{A_0}$: paramètre de charge

OA' : comportement élastique instantanée

A'A : comportement plastique instantanée

AD' : comportement plastique différée (fluage

BC : retour élastique instantané

CD : retour élastique différé (recouvrance)

La plupart des matériaux sont modélisables par des associations des comportements élémentaires

- modèles visco-élastiques linéaires

Maxwell

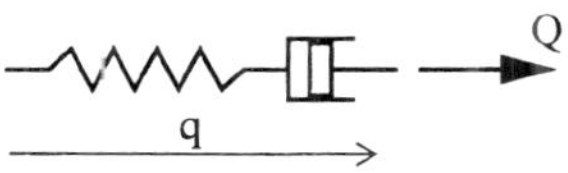

$$\frac{dq}{dt} = \frac{Q}{n} + \frac{\left(\frac{dQ}{dt}\right)}{E}$$

Kelvin

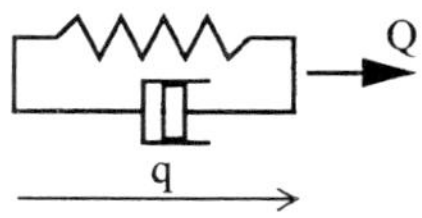

$$Q = E \cdot q + n \cdot \frac{dq}{dt}$$

- modèles élasto-plastiques

Elastoplastiques

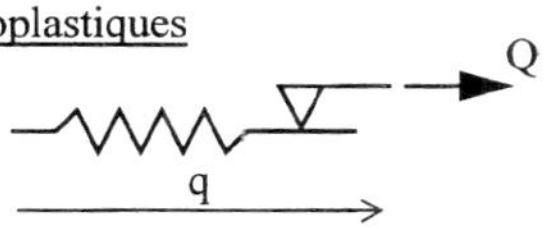

Plastiques écrouissables

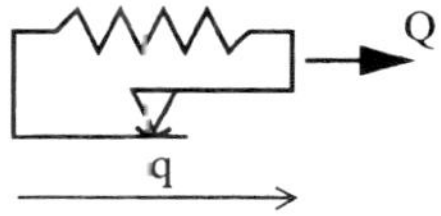

- modèles élasto-visco-plastiques

modèle de Bingham

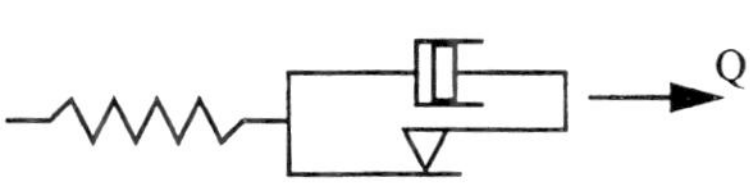

4- MÉTHODES DE RÉSOLUTION D'UN PROBLÈME D'ÉLASTICITÉ

4-1- Objectif

La pièce est chargée.
Le domaine de comportement est celui de l'élasticité.
On veut connaître le champ de contraintes en tout point de la pièce en vue d'un dimensionnement.

4-2- Méthode des déplacements (Méthode de Navier)

inconnues	variables cherchées
champ de déplacement $\overrightarrow{u(P)}$	matrice des contraintes en tout point $[\sigma_{ij}]$

> *Rendre le champ des déplacements statiquement et cinématiquement admissible.*

- Statiquement admissible :

$$\begin{cases} \overrightarrow{\text{div}}[\sigma_{ij}] + \vec{f}_v = \vec{0} \qquad (1) \\ \overrightarrow{C(P, \vec{n})} = \text{densité surfacique de forces extérieures appliquées} \end{cases}$$

(condition aux limites en terme d'effort)

$$(1) \Rightarrow \boxed{(\lambda + 2\mu) \cdot \overrightarrow{\text{grad}}(\text{div}(\vec{u})) - \mu \cdot \overrightarrow{\text{rot}}(\overrightarrow{\text{rot}}(\vec{u})) + \vec{f}_v = \vec{0}}$$

Equation de Navier (équation d'équilibre en terme de déplacements)

- Cinématiquement admissible: $\overrightarrow{u(P)}$ doit vérifier les conditions aux limites imposées. (condition aux limites en terme de déplacements)

4-3- Méthode des forces (Méthode de Beltrami)

inconnues	variables cherchées
matrice des contraintes en tout point $[\sigma_{ij}]$	champ de déplacement $\overrightarrow{u(P)}$

> *Rendre le champ des contraintes statiquement et cinématiquement admissible.*

- Statiquement admissible :
$$\begin{cases} \overrightarrow{\mathrm{div}}[\sigma_{ij}] + \vec{f}_v = \vec{0} \quad (1) \\ \overrightarrow{C(P,\vec{n})} = \text{densité surfacique de forces extérieures appliquées} \end{cases}$$

- Cinématiquement admissible : $\overrightarrow{u(P)}$ doit vérifier les conditions aux limites imposées.

$$[\sigma] \xrightarrow{\text{Lois de comportement}} [\varepsilon] \xrightarrow{\text{équations de compatibilité (2)}} \overrightarrow{u(P)}$$

4-4- Etat de contraintes planes

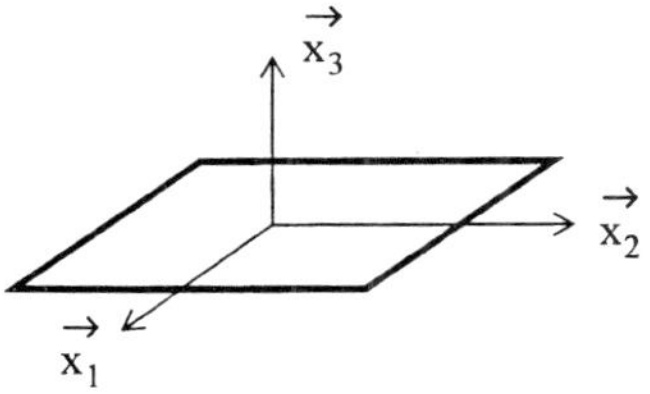

$$\forall\ P \qquad \overrightarrow{C(P,\vec{x}_3)} = \vec{0}$$

$$\Rightarrow \sigma_{13} = 0 \qquad \sigma_{23} = 0 \qquad \sigma_{33} = 0$$

$$[\sigma_{ij}] = \begin{bmatrix} \sigma_{11} & \sigma_{12} & 0 \\ \sigma_{21} & \sigma_{22} & 0 \\ 0 & 0 & 0 \end{bmatrix}$$

> *C'est par exemple le cas de plaques (ou tôles planes) soumises dans leur plan à des forces extérieures.*

En comportement élastique,
$$[\varepsilon_{ij}] = \begin{bmatrix} \varepsilon_{11} & \varepsilon_{12} & 0 \\ \varepsilon_{21} & \varepsilon_{22} & 0 \\ 0 & 0 & \varepsilon_{33} \end{bmatrix}$$

avec $$\varepsilon_{33} = -\frac{\nu}{E} \cdot (\sigma_{11} + \sigma_{22})$$

et $$\sigma_{33} = 0 = \lambda \cdot (\varepsilon_{11} + \varepsilon_{22} + \varepsilon_{33}) + 2\mu \cdot \varepsilon_{33}$$

A la périphérie d'une pièce, l'état de contraintes en un point où aucune charge extérieure n'est appliquée est connue et est assimilable localement à un état de contraintes planes.

4-5- Etat de déformation plane

Dans le plan ($\vec{x}_1$ $\vec{x}_2$)
$$[\varepsilon_{ij}] = \begin{bmatrix} \varepsilon_{11} & \varepsilon_{12} & 0 \\ \varepsilon_{21} & \varepsilon_{22} & 0 \\ 0 & 0 & 0 \end{bmatrix}$$

En comportement élastique
$$[\sigma_{ij}] = \begin{bmatrix} \sigma_{11} & \sigma_{12} & 0 \\ \sigma_{21} & \sigma_{22} & 0 \\ 0 & 0 & \sigma_{33} \end{bmatrix}$$

avec $$\varepsilon_{33} = 0 = \frac{\sigma_{33}}{E} - \frac{\nu}{E} \cdot (\sigma_{11} + \sigma_{22})$$

d'où $$\sigma_{33} = \nu \cdot (\sigma_{11} + \sigma_{22})$$

Exemple

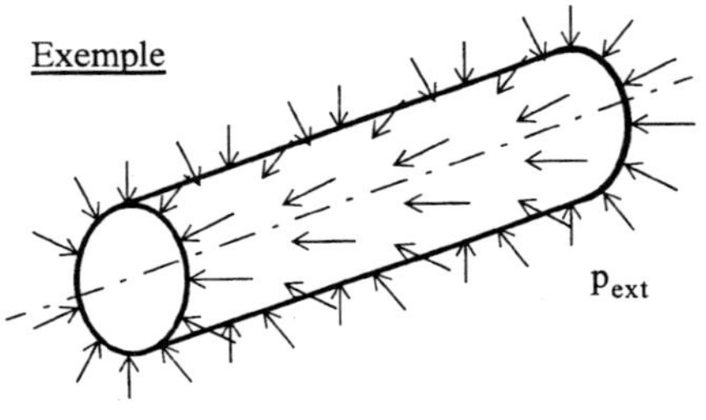

cas d'un cylindre long soumis à des pressions internes et (ou) externes.

CHAPITRE 9 / EXERCICES

Exercice 1 : Déformations et contraintes en coordonnées cartésiennes

ENONCE

On considère dans un milieu continu élastique linéaire le champ de déplacement défini par :

$$\overrightarrow{u(M)} \begin{cases} u_1 = x_1^2 + x_1 x_3 \\ u_2 = x_1 + 2x_2 x_3 \\ u_3 = x_3^2 \end{cases}$$

Déterminer l'expression de $[\text{grad}(\vec{u})]$, les composantes de $\overrightarrow{\text{rot}(\vec{u})}$, la matrice des déformations et la matrice des contraintes en comportement élastique.

> ***CONNAISSANCES ET MÉTHODES***
>
> $$\overrightarrow{du}(M) = [\text{grad}(\vec{u})] \cdot \overrightarrow{dM} = \frac{1}{2} \cdot \overrightarrow{\text{rot}}(\vec{u}) \wedge \overrightarrow{dM} + \frac{1}{2} \cdot [\varepsilon] \cdot \overrightarrow{dM}$$
>
> $$[\sigma] = \lambda \cdot \theta \cdot [I] + 2\mu \cdot [\varepsilon] \quad \text{avec} \quad \theta = \varepsilon_{11} + \varepsilon_{22} + \varepsilon_{33}$$
>
> - ***Calcul de*** $[\text{grad}(\vec{u})]$
> - ***Partie antisymétrique*** $\rightarrow \overrightarrow{\text{rot}(\vec{u})}$
> - ***Partie symétrique*** $\rightarrow$ ***matrice des déformations*** $[\varepsilon]$
> - ***Calcul de la matrice des contraintes*** $[\sigma]$ ***à partir des lois de comportement.***

RESOLUTION

- Détermination de $[\text{grad}(\vec{u})]$

$$[\text{grad}(\overrightarrow{u(M)})] = \left[\frac{\partial u_i}{\partial x_j}\right] = \begin{bmatrix} \frac{\partial u_1}{\partial x_1} & \frac{\partial u_1}{\partial x_2} & \frac{\partial u_1}{\partial x_3} \\ \frac{\partial u_2}{\partial x_1} & \frac{\partial u_2}{\partial x_2} & \frac{\partial u_2}{\partial x_3} \\ \frac{\partial u_3}{\partial x_1} & \frac{\partial u_3}{\partial x_2} & \frac{\partial u_3}{\partial x_3} \end{bmatrix} = \begin{bmatrix} 2x_1 + x_3 & 0 & x_1 \\ 1 & 2x_3 & 2x_2 \\ 0 & 0 & 2x_3 \end{bmatrix}$$

Détermination de $\overrightarrow{\text{rot}}(\vec{u})$

Il nous faut construire la matrice antisymétrique associée :

$$\frac{1}{2}([\text{grad}(\vec{u})] - [\text{grad}(\vec{u})]^T) = \frac{1}{2}\left\{\begin{bmatrix} 2x_1+x_3 & 0 & x_1 \\ 1 & 2x_3 & 2x_2 \\ 0 & 0 & 2x_3 \end{bmatrix} - \begin{bmatrix} 2x_1+x_3 & 1 & 0 \\ 0 & 2x_3 & 0 \\ x_1 & 2x_2 & 2x_3 \end{bmatrix}\right\} = \begin{bmatrix} 0 & -\frac{1}{2} & \frac{x_1}{2} \\ \frac{1}{2} & 0 & x_2 \\ -\frac{x_1}{2} & -x_2 & 0 \end{bmatrix}$$

$\overrightarrow{\text{rot}}(\vec{u}) \wedge \overrightarrow{dM} = \frac{1}{2}([\text{grad}(\vec{u})] - [\text{grad}(\vec{u})]^T) \cdot \overrightarrow{dM}$ d'où les composantes de $\overrightarrow{\text{rot}}(\vec{u}) \left| \begin{matrix} -x_2 \\ \frac{x_1}{2} \\ \frac{1}{2} \end{matrix} \right.$

Détermination de $[\varepsilon]$

Il nous faut construire la matrice symétrique associée :

$$[\varepsilon] = \frac{1}{2}([\text{grad}(\vec{u})] + [\text{grad}(\vec{u})]^T) = \begin{bmatrix} 2x_1+x_3 & \frac{1}{2} & \frac{x_1}{2} \\ \frac{1}{2} & 2x_3 & x_2 \\ \frac{x_1}{2} & x_2 & 2x_3 \end{bmatrix}$$

Détermination de $[\sigma]$

On applique les lois de comportement élastique linéaire :

$$[\sigma] = \lambda \cdot \theta \cdot [I] + \mu \cdot [\varepsilon] \quad \text{avec} \quad \theta = \varepsilon_{11} + \varepsilon_{22} + \varepsilon_{33} .$$

$\theta = (2x_1 + x_3) + 2x_3 + 2x_3 = 2x_1 + 5x_3$

On déduit alors les contraintes :

$$\begin{cases} \sigma_{11} = \lambda \cdot (2x_1 + 5x_3) + 2\mu \cdot (2x_1 + x_3) \\ \sigma_{22} = \lambda \cdot (2x_1 + 5x_3) + 2\mu \cdot (2x_3) \\ \sigma_{33} = \lambda \cdot (2x_1 + 5x_3) + 2\mu \cdot (2x_3) \end{cases}$$

$$\begin{cases} \sigma_{12} = 2\mu \cdot \left(\frac{1}{2}\right) = \mu \\ \sigma_{23} = 2\mu \cdot (x_2) \\ \sigma_{13} = 2\mu \cdot \left(\frac{x_1}{2}\right) = \mu \cdot x_1 \end{cases}$$

Exercice 2 : Déformations et contraintes en coordonnées cylindriques

ENONCE

On considère dans un milieu continu élastique linéaire le champ de déplacement défini par :

$$\overrightarrow{u(M)} = u_r \cdot \vec{e_r} + u_\theta \cdot \vec{e_\theta} + u_z \cdot \vec{e_z} \quad \text{avec} \quad \begin{cases} u_r = 2r + \dfrac{1}{r} \\ u_\theta = a\theta \\ u_3 = 2z \end{cases}$$

Déterminer l'expression de $[\text{grad}(\vec{u})]$, la matrice des déformations et la matrice des contraintes en comportement élastique.

CONNAISSANCES ET MÉTHODES

$$[\varepsilon] = \frac{1}{2} \cdot ([\text{grad}(\vec{u})] + [\text{grad}(\vec{u})]^T) \text{ (en coordonnées cylindriques)}$$

$$[\sigma] = \lambda \cdot \theta \cdot [I] + 2\mu \cdot [\varepsilon] \text{ avec } \theta = \varepsilon_{11} + \varepsilon_{22} + \varepsilon_{33}$$

→ ***Calcul de*** $[\text{grad}(\vec{u})]$ ***en coordonnées cylindriques.***

→ ***Partie symétrique → matrice des déformations*** $[\varepsilon]$

→ ***Calcul de la matrice des contraintes*** $[\sigma]$ ***à partir des lois de comportement.***

RESOLUTION

- Détermination de $[\text{grad}(\vec{u})]$

$$[\text{grad}(\overrightarrow{u(M)})] = \begin{bmatrix} \dfrac{\partial u_r}{\partial r} & \left(\dfrac{\partial u_r}{r\partial\theta} - \dfrac{u_\theta}{r}\right) & \dfrac{\partial u_r}{\partial z} \\ \dfrac{\partial u_\theta}{\partial r} & \left(\dfrac{\partial u_\theta}{r\partial\theta} + \dfrac{u_r}{r}\right) & \dfrac{\partial u_\theta}{\partial z} \\ \dfrac{\partial u_z}{\partial r} & \dfrac{\partial u_z}{\partial\theta} & \dfrac{\partial u_z}{\partial z} \end{bmatrix} = \begin{bmatrix} 2 - \dfrac{1}{r^2} & -\dfrac{a\theta}{r} & 0 \\ 0 & \dfrac{a}{r} + 2 + \dfrac{1}{r^2} & 0 \\ 0 & 0 & 2 \end{bmatrix}$$

Détermination de [ε]

Il nous faut construire la matrice symétrique associée :

$$[\varepsilon] = \frac{1}{2}([\mathrm{grad}(\vec{u})] + [\mathrm{grad}(\vec{u})]^T) = \begin{bmatrix} 2-\frac{1}{r^2} & -\frac{a\theta}{2r} & 0 \\ -\frac{a\theta}{2r} & \frac{a}{r}+2+\frac{1}{r^2} & 0 \\ 0 & 0 & 2 \end{bmatrix}$$

Détermination de [σ]

On applique les lois de comportement élastique linéaire :

$$[\sigma] = \lambda \cdot \theta \cdot [I] + 2\mu \cdot [\varepsilon] \quad \text{avec} \quad \theta = \varepsilon_{rr} + \varepsilon_{\theta\theta} + \varepsilon_{zz} .$$

$$\theta = \left(2-\frac{1}{r^2}\right) + \left(\frac{a}{r}+2+\frac{1}{r^2}\right) + (2) = 6+\frac{a}{r}$$

On déduit alors les contraintes :

$$\begin{cases} \sigma_{rr} = \lambda \cdot \left(6+\frac{a}{r}\right) + 2\mu \cdot \left(2-\frac{1}{r^2}\right) \\ \sigma_{\theta\theta} = \lambda \cdot \left(6+\frac{a}{r}\right) + 2\mu \cdot \left(\frac{a}{r}+2+\frac{1}{r^2}\right) \\ \sigma_{zz} = \lambda \cdot \left(6+\frac{a}{r}\right) + 2\mu \cdot (2) \end{cases}$$

$$\begin{cases} \sigma_{r\theta} = 2\mu \cdot \left(-\frac{a\theta}{2r}\right) = -\left(\mu \cdot \frac{a\theta}{r}\right) \\ \sigma_{rz} = 0 \\ \sigma_{\theta z} = 0 \end{cases}$$

Exercice 3 : Etat de contraintes d'un arbre soumis à une pression radiale p_0

ENONCE

On considère un arbre de diamètre D, de longueur L (grande devant D) et soumis à sa périphérie à u champ de pression p_0.

Déterminer l'état des contraintes ainsi que l'allongement de l'arbre.

CONNAISSANCES ET MÉTHODES

Equation d'équilibre en terme de déplacements :

$$(\lambda + 2\mu) \cdot \overrightarrow{\text{grad}}(\text{div}(\vec{u})) - \mu \cdot \overrightarrow{\text{rot}}(\overrightarrow{\text{rot}}(\vec{u})) + \vec{f_v} = \vec{0}$$

Loi de comportement élastique linéaire :

$$[\sigma] = \lambda \cdot \theta \cdot [I] + 2\mu \cdot [\varepsilon] \quad \text{avec} \quad \theta = \varepsilon_{11} + \varepsilon_{22} + \varepsilon_{33}$$

- ***Choisir un champ de déplacements respectant les symétrie du problème.***
- ***Ecrire l'équation d'équilibre local en terme de déplacements.***
- ***Calculer la matrice des déformations et la matrice des contraintes.***
- ***Prendre en compte les conditions aux limites sur les déplacements et sur les contraintes (rendre le champ cinématiquement admissible et statiquement admissible).***

RESOLUTION

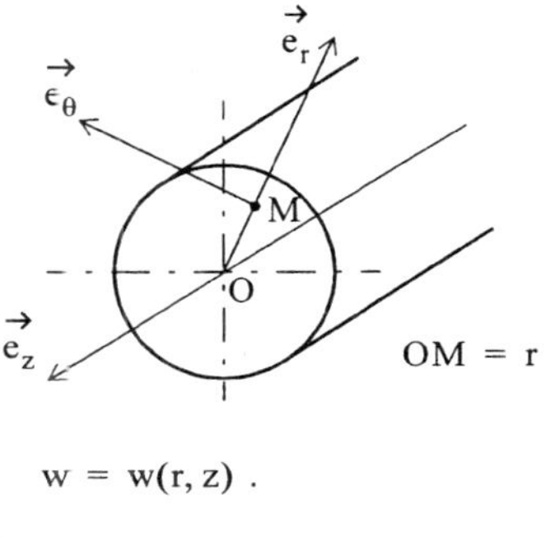

- Choix d'un champ de déplacements.

En coordonnées cylindriques : $\overrightarrow{u(M)} \begin{cases} u(r, \theta, z) \\ v(r, \theta, z) \\ w(r, \theta, z) \end{cases}$

La symétrie de révolution donne : $u = u(r, z) \qquad v = 0 \qquad w = w(r, z)$.

La dimension axiale infinie donne : $u = u(r) \qquad w = w(z)$

D'où le champ de déplacement : $\overrightarrow{u(M)} = u(r) \cdot \vec{e_r} + w(z) \cdot \vec{z}$

Equation d'équilibre local

L'équation de Navier s'écrit : $(\lambda + 2\mu) \cdot \overrightarrow{\text{grad}}(\text{div}(\vec{u})) - \mu \cdot \overrightarrow{\text{rot}}(\overrightarrow{\text{rot}}(\vec{u})) + \vec{f_v} = \vec{0}$

Les forces volumiques sont nulles : $\vec{f_v} = \vec{0}$

En projection sur les axes $\vec{e_r}$ et $\vec{e_z}$, on obtient :

$$\begin{cases} (\lambda + 2\mu) \cdot \left\{ \dfrac{d}{dr}\left(\dfrac{du}{dr} + \dfrac{u}{r}\right) \right\} = 0 \\[2ex] (\lambda + 2\mu) \cdot \left\{ \dfrac{d^2 w}{dz^2} \right\} = 0 \end{cases}$$

D'où : $w(z) = K_1 \cdot z + K_2$

L'équation donnant u(r) peut se mettre sous la forme : $\dfrac{d}{dr}\left\{ \dfrac{1}{r} \cdot \left(\dfrac{d}{dr}(r \cdot u) \right) \right\} = 0$

D'où : $\dfrac{d}{dr}(r \cdot u) = C_1 \cdot r \qquad \Rightarrow \qquad u(r) = C_1 \cdot \dfrac{r}{2} + \dfrac{C_3}{r}$

Le champ de déplacement est cinématiquement admissible

$r = 0 \Rightarrow u(0) = 0$

$$\Rightarrow \quad \boxed{u(r) = C_1 \cdot \frac{r}{2}}$$

Détermination de [σ]

$$[\varepsilon] = \frac{1}{2} \cdot ([\text{grad}(\vec{u})] + [\text{grad}(\vec{u})]^T) = \begin{bmatrix} \dfrac{\partial u_r}{\partial r} & 0 & 0 \\ 0 & \dfrac{u_r}{r} & 0 \\ 0 & 0 & \dfrac{\partial w}{\partial z} \end{bmatrix} = \begin{bmatrix} \dfrac{C_1}{2} & 0 & 0 \\ 0 & \dfrac{C_1}{2} & 0 \\ 0 & 0 & K_1 \end{bmatrix}$$

On applique les lois de comportement élastique linéaire :

$$[\sigma] = \lambda \cdot \theta \cdot [I] + 2\mu \cdot [\varepsilon] \quad \text{avec} \quad \theta = \varepsilon_{rr} + \varepsilon_{\theta\theta} + \varepsilon_{zz} = C_1 + K_1 .$$

On déduit l'expression de la matrice des contraintes :

$$[\sigma] = \begin{bmatrix} \lambda(C_1 + K_1) + \mu C_1 & 0 & 0 \\ 0 & \lambda(C_1 + K_1) + \mu C_1 & 0 \\ 0 & 0 & \lambda(C_1 + K_1) + 2\mu K_1 \end{bmatrix}$$

Conditions aux limites sur les contraintes

Le champ est statiquement admissible :

→ *L'état de contraintes planes impose :*

$$\sigma_z = 0 \quad \Rightarrow \quad \lambda(C_1 + K_1) + 2\mu K_1 = 0$$

Sur le rayon extérieur de l'arbre, on peut écrire :

$$\overrightarrow{\sigma(M, \vec{e}_r)} = -p_0 \cdot \vec{e}_r \quad \Rightarrow \quad (\sigma_r)_{r=R} = -p_0$$

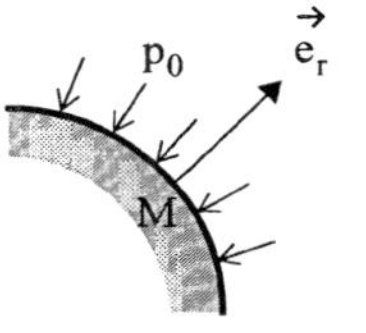

On en déduit : $\lambda(C_1 + K_1) + \mu C_1 = -p_0$

La matrice des contraintes s'écrit donc : $[\sigma] = \begin{bmatrix} -p_0 & 0 & 0 \\ 0 & -p_0 & 0 \\ 0 & 0 & 0 \end{bmatrix}$

Le système d'équations en C_1 et K_1 donne :

$$\begin{cases} (\lambda + 2\mu) \cdot K_1 = -\lambda \cdot C_1 \\ (\lambda + \mu) \cdot C_1 + \lambda \cdot \dfrac{-\lambda \cdot C_1}{(\lambda + 2\mu)} = -p_0 \end{cases} \quad \Rightarrow \quad \begin{cases} C_1 = -\dfrac{(\lambda + 2\mu)}{\mu \cdot (3\lambda + 2\mu)} \cdot p_0 \\ K_1 = \dfrac{\lambda}{\mu \cdot (3\lambda + 2\mu)} \cdot p_0 \end{cases}$$

Le champ de déplacement s'écrit : $\begin{cases} u(r) = -\dfrac{(\lambda + 2\mu) \cdot p_0}{\mu \cdot (3\lambda + 2\mu)} \cdot \dfrac{r}{2} \\ w(z) = \dfrac{\lambda}{\mu \cdot (3\lambda + 2\mu)} \cdot p_0 \cdot z \quad \text{(à une constante près)} \end{cases}$

RESULTAT

L'arbre est soumis à un état de contraintes planes uniformes : $[\sigma] = \begin{bmatrix} -p_0 & 0 & 0 \\ 0 & -p_0 & 0 \\ 0 & 0 & 0 \end{bmatrix}$

L'allongement total de l'arbre est : $w(L) = \dfrac{\lambda \cdot p_0 \cdot L}{\mu \cdot (3\lambda + 2\mu)}$

Exercice 4 : Etat de contraintes dans une meule disque

ENONCE

On considère une meule disque de masse volumique ρ, d'épaisseur e, de rayon extérieur r_e tel que $e \ll r_e$ et de rayon intérieur r_i.
Elle est montée entre deux plateaux supposés indéformables et tourne à une vitesse de rotation ω autour de son axe.

Déterminer l'état des contraintes qui règne dans la meule en comportement élastique.

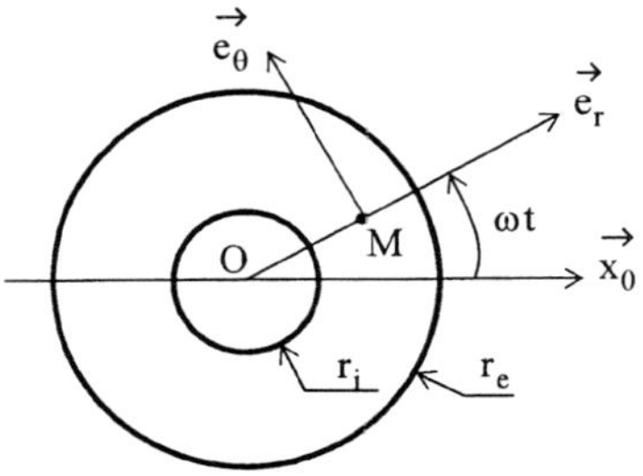

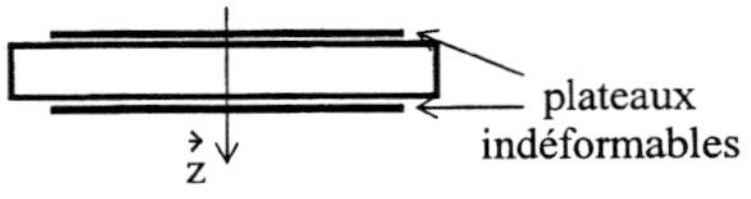

CONNAISSANCES ET MÉTHODES

Equation d'équilibre en terme de déplacements :

$$(\lambda + 2\mu) \cdot \overrightarrow{\text{grad}}(\text{div}(\vec{u})) - \mu \cdot \overrightarrow{\text{rot}}(\overrightarrow{\text{rot}}(\vec{u})) + \vec{f}_v = \vec{0}$$

Loi de comportement élastique linéaire :

$$[\sigma] = \lambda \cdot \theta \cdot [I] + 2\mu \cdot [\varepsilon] \quad \text{avec} \quad \theta = \varepsilon_{11} + \varepsilon_{22} + \varepsilon_{33} \quad .$$

- → ***Choisir un champ de déplacements respectant les symétrie du problème.***
- → ***Ecrire l'équation d'équilibre local en terme de déplacements.***
- → ***Calculer la matrice des déformations et la matrice des contraintes.***
- → ***Prendre en compte les conditions aux limites sur les déplacements et sur les contraintes.***

RESOLUTION

❐ Choix d'un champ de déplacements

$$\text{En coordonnées cylindriques : } \overrightarrow{u(M)} \begin{cases} u(r, \theta, z) \\ v(r, \theta, z) \\ w(r, \theta, z) \end{cases}$$

La symétrie de révolution du problème et du chargement fait que les déplacements sont dans un plan méridien : $u = u(r, z) \qquad v = 0 \qquad w = w(r, z)$.
Le déplacement axial est nul ($w = 0$) et la faible épaisseur de la meule permet de poser : $u = u(r)$

$$\text{D'où le champ de déplacement : } \overrightarrow{u(M)} = u(r) \cdot \vec{e}_r$$

Equation d'équilibre local

On écrit l'équilibre local dans un repère non galiléen :

$$(\lambda + 2\mu) \cdot \overrightarrow{\text{grad}}(\text{div}(\vec{u})) - \mu \cdot \overrightarrow{\text{rot}}(\overrightarrow{\text{rot}}(\vec{u})) + \vec{f}_v = \vec{0}$$

$\vec{f}_v$ *correspond aux forces volumiques d'inertie d'entrainement.*

$$\vec{f}_v = \rho\omega^2 r \cdot \vec{e}_r$$

En projection sur les axes $\vec{e}_r$, on obtient : $(\lambda + 2\mu) \cdot \left\{\frac{d}{dr}\left(\frac{du}{dr} + \frac{u}{r}\right)\right\} + \rho\omega^2 r = 0$

L'équation donnant u(r) peut se mettre sous la forme : $\frac{d}{dr}\left\{\frac{1}{r} \cdot \left(\frac{d}{dr}(r \cdot u)\right)\right\} = -\frac{\rho\omega^2}{(\lambda + 2\mu)} \cdot r$

$$\frac{d}{dr}(r \cdot u) = -\frac{\rho\omega^2}{2(\lambda + 2\mu)} \cdot r^3 + C_1 \cdot r \qquad \Rightarrow \qquad \boxed{u(r) = -\frac{\rho\omega^2}{8(\lambda + 2\mu)} \cdot r^3 + C_1 \cdot \frac{r}{2} + \frac{C_2}{r}}$$

Détermination de [σ]

$$[\varepsilon] = \begin{bmatrix} \frac{\partial u_r}{\partial r} & 0 & 0 \\ 0 & \frac{u_r}{r} & 0 \\ 0 & 0 & 0 \end{bmatrix} = \begin{bmatrix} -\frac{3\rho\omega^2 \cdot r^2}{8(\lambda + 2\mu)} + \frac{C_1}{2} - \frac{C_2}{r^2} & 0 & 0 \\ 0 & -\frac{\rho\omega^2 \cdot r^2}{8(\lambda + 2\mu)} + \frac{C_1}{2} + \frac{C_2}{r^2} & 0 \\ 0 & 0 & 0 \end{bmatrix}$$

On vérifie bien que l'on est en état de déformations planes.

On applique les lois de comportement élastique linéaire :

$$[\sigma] = \lambda \cdot \theta \cdot [I] + 2\mu \cdot [\varepsilon] \quad \text{avec} \quad \theta = \varepsilon_{rr} + \varepsilon_{\theta\theta} + \varepsilon_{zz} = -\frac{\rho\omega^2 \cdot r^2}{2(\lambda + 2\mu)} + C_1 .$$

On déduit l'expression des contraintes en fonction des constantes :

$$\sigma_{rr} = \lambda \cdot \left(-\frac{\rho\omega^2 \cdot r^2}{2(\lambda + 2\mu)} + C_1\right) + 2\mu \cdot \left(-\frac{3\rho\omega^2 \cdot r^2}{8(\lambda + 2\mu)} + \frac{C_1}{2} - \frac{C_2}{r^2}\right)$$

$$\sigma_{\theta\theta} = \lambda \cdot \left(-\frac{\rho\omega^2 \cdot r^2}{2(\lambda + 2\mu)} + C_1\right) + 2\mu \cdot \left(-\frac{\rho\omega^2 \cdot r^2}{8(\lambda + 2\mu)} + \frac{C_1}{2} + \frac{C_2}{r^2}\right)$$

$$\sigma_{zz} = \lambda \cdot \left(-\frac{\rho\omega^2 \cdot r^2}{2(\lambda + 2\mu)} + C_1\right)$$

Conditions aux limites sur les contraintes

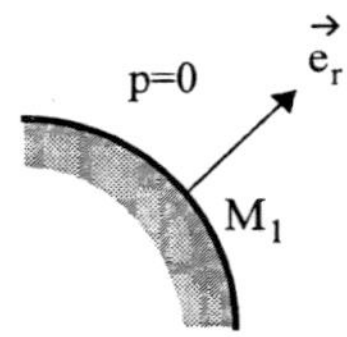

Sur le rayon extérieur de l'arbre, on peut écrire :

$$\overrightarrow{\sigma(M_1, \vec{e}_r)} = \vec{0} \quad \Rightarrow \quad (\sigma_r)_{r = r_e} = 0$$

On en déduit : $\lambda \cdot \left(-\dfrac{\rho\omega^2 \cdot r_e^{\,2}}{2(\lambda + 2\mu)} + C_1 \right) + 2\mu \cdot \left(-\dfrac{3\rho\omega^2 \cdot r_e^{\,2}}{8(\lambda + 2\mu)} + \dfrac{C_1}{2} - \dfrac{C_2}{r_e^{\,2}} \right) = 0$

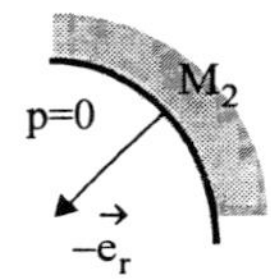

Sur le rayon intérieur de l'arbre, on peut écrire :

$$\overrightarrow{\sigma(M_2, -\vec{e}_r)} = \vec{0} \quad \Rightarrow \quad (\sigma_r)_{r = r_i} = 0$$

On en déduit : $\lambda \cdot \left(-\dfrac{\rho\omega^2 \cdot r_i^{\,2}}{2(\lambda + 2\mu)} + C_1 \right) + 2\mu \cdot \left(-\dfrac{3\rho\omega^2 \cdot r_i^{\,2}}{8(\lambda + 2\mu)} + \dfrac{C_1}{2} - \dfrac{C_2}{r_i^{\,2}} \right) = 0$

Les deux conditions aux limites permettent de déterminer les deux constantes C_1 et C_2.

On obtient : $C_1 = \dfrac{(2\lambda + 3\mu)}{4(\lambda + \mu)(\lambda + 2\mu)} \cdot \rho\omega^2 \cdot (r_i^2 + r_e^2)$ $\qquad C_2 = \dfrac{(2\lambda + 3\mu)}{8\mu(\lambda + 2\mu)} \cdot \rho\omega^2 \cdot r_i^2 r_e^2$

RESULTAT

En remplaçant les constantes dans les expressions des contraintes, on obtient :

$$\begin{cases} \sigma_{rr} = \dfrac{(2\lambda + 3\mu)}{4(\lambda + \mu)} \cdot \rho\omega^2 \cdot \left\{ \dfrac{(r^2 - r_i^2) \cdot (r_e^{\,2} - r^2)}{r^2} \right\} \\[2ex] \sigma_{\theta\theta} = \dfrac{(2\lambda + 3\mu)}{4(\lambda + \mu)} \cdot \rho\omega^2 \cdot \left\{ \dfrac{(r^2 + r_i^2) \cdot (r_e^{\,2} + r^2)}{r^2} \right\} - \rho\omega^2 \cdot r^2 \\[2ex] \sigma_{zz} = \dfrac{\lambda \cdot \rho\omega^2}{4(\lambda + \mu)(\lambda + 2\mu)} \cdot \{(2\lambda + 3\mu) \cdot (r_i^2 + r_e^2) - (2(\lambda + \mu) \cdot r^2)\} \end{cases}$$

- L'effort axial supporté par les deux plateaux dû à la rotation de la meule

$$F_z = \int_{(S)} \sigma_{zz} \cdot ds = \int_{r_i}^{r_e} 2\pi \cdot \sigma_{zz} \cdot dr$$

- Les deux plateaux métalliques sont de rayon limité $\Rightarrow$ *dans la partie active de la meule, on serait en contraintes planes.*

Exercice 5 : Joint d'accouplement

ENONCE

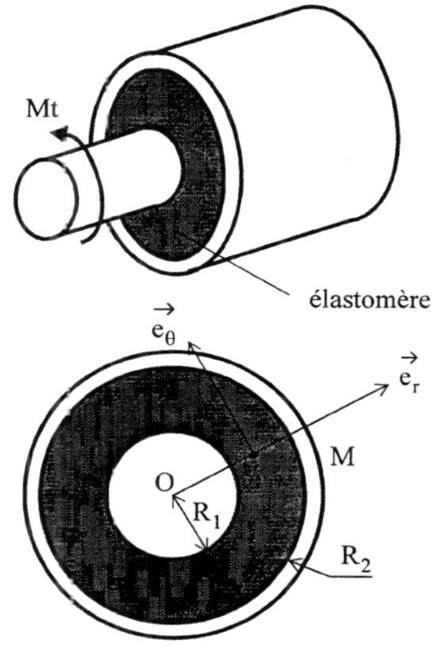

On considère un joint d'accouplement constitué d'un arbre (1) et d'un manchon (2) de même axe relié par un élastomère.

L'arbre (1) est soumis à un moment de torsion $Mt \cdot \vec{z}$;

On désigne par τ_1 la contrainte de cisaillement à l'interface élastomère - arbre (1) et par τ_2 la contrainte de cisaillement à l'interface élastomère - manchon (2).

Le joint d'accouplement a une longueur L.
L'élastomère aura un comportement élastique linéaire.

Déterminer - la relation liant τ_1 et τ_2
- l'état des contraintes en un point courant
- la raideur en torsion de l'accouplement.

CONNAISSANCES ET MÉTHODES

Loi de comportement élastique linéaire :

$$[\sigma] = \lambda \cdot \theta \cdot [I] + 2\mu \cdot [\varepsilon] \quad \text{avec } \theta = \varepsilon_{11} + \varepsilon_{22} + \varepsilon_{33}$$

→ ***Ecrire l'équilibre de l'ensemble. Relation entre τ_1 et τ_2.***

→ ***Choisir un champ de contraintes respectant les symétries du problème.***

→ ***Ecrire l'équilibre d'une couronne de rayon r.***

→ ***Calculer le champ des déplacements (lois de comportement+CL).***

→ ***En déduire la raideur de l'accouplement***

RESOLUTION

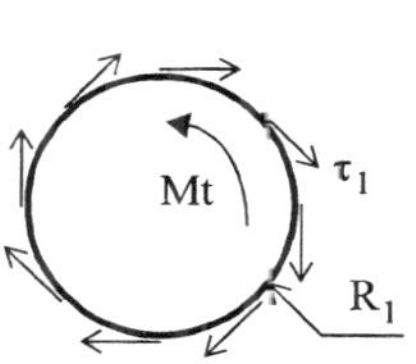

❐ Relation liant τ_1 et τ_2

On isole l'arbre.

Equilibre | $\Sigma \overrightarrow{M_O(\overrightarrow{F_{ext \to arbre}})} = \vec{0}$

$$\Rightarrow \qquad Mt - \tau_1 \cdot 2\pi R_1^2 L = 0 \qquad \text{On en déduit : } \tau_1 = \frac{Mt}{2\pi R_1^2 L}$$

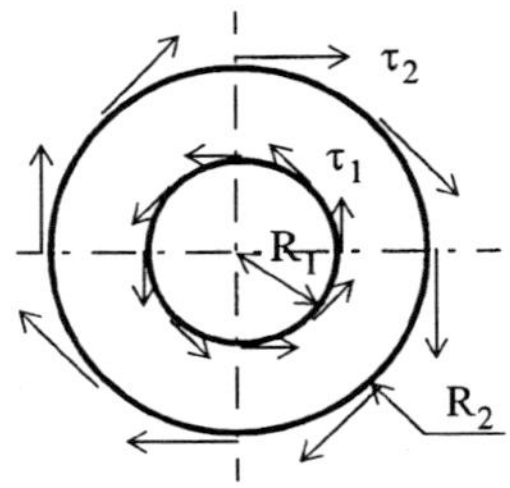

On isole l'élastomère.

Equilibre | $\Sigma \overrightarrow{M_O(\overrightarrow{F_{ext \to arbre}})} = \vec{0}$

$$\Rightarrow \qquad \tau_1 \cdot 2\pi R_1^2 L - \tau_2 \cdot 2\pi R_2^2 L = 0$$

On en déduit : $\boxed{\dfrac{\tau_2}{\tau_1} = \dfrac{R_1^2}{R_2^2}}$

Champ de contraintes

On se place en état plan de contraintes : $\sigma_{zz} = \sigma_{rz} = \sigma_{\theta z} = 0$

La sollicitation de torsion nous conduit à prendre : seul $\sigma_{r\theta} \neq 0$

La symétrie de révolution permet d'écrire : $\sigma_{r\theta} = \sigma_{r\theta}(r)$

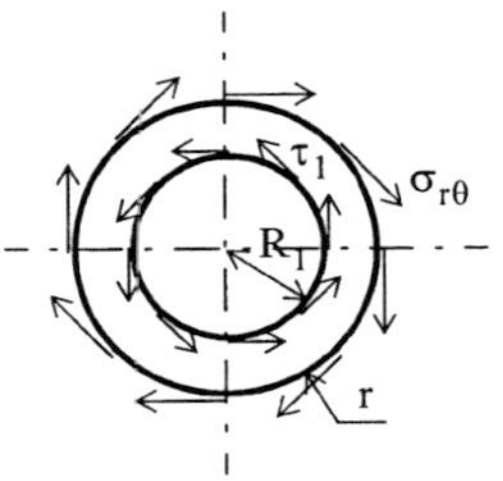

On isole une couronne

Equilibre | $\Sigma \overrightarrow{M_O(\overrightarrow{F_{ext \to arbre}})} = \vec{0}$

$$\Rightarrow \qquad \tau_1 \cdot 2\pi R_1^2 L - \sigma_{r\theta} \cdot 2\pi r^2 L = 0$$

D'où : $\boxed{\sigma_{r\theta} = \tau_1 \cdot \dfrac{R_1^2}{r^2}}$

Champ de déplacements

Il se met sous la forme : $\overrightarrow{u(M)} = u_\theta(r) \cdot \vec{e_\theta}$

Les lois de comportement s'écrivent alors :

$$\sigma_{r\theta} = 2\mu \cdot \varepsilon_{r\theta} = 2\mu \cdot \frac{1}{2}\left(\frac{\partial u_r}{r\partial\theta} - \frac{u_\theta}{r} + \frac{\partial u_\theta}{\partial r}\right) = \mu \cdot \left(\frac{\partial u_\theta}{\partial r} - \frac{u_\theta}{r}\right) \qquad \text{d'où : } \quad \frac{\partial u_\theta}{\partial r} - \frac{u_\theta}{r} = \frac{\tau_1 R_1^2}{\mu} \cdot \frac{1}{r^2}$$

$$\Rightarrow \qquad r \cdot \left\{\frac{d}{dr}\left(\frac{u_\theta}{r}\right)\right\} = \frac{\tau_1 R_1^2}{\mu} \cdot \frac{1}{r^2} \qquad \Rightarrow \qquad \frac{u_\theta}{r} = -\frac{\tau_1 R_1^2}{2\mu} \cdot \frac{1}{r^2} + C_1$$

Le champ de déplacement est donc : $\boxed{u_\theta = C_1 \cdot r - \dfrac{\tau_1 R_1^2}{2\mu} \cdot \dfrac{1}{r}}$

Raideur de l'accouplement

Pour $r = R_1$, on pose : $u_\theta(R_1) = 0$

$$\text{d'où :} \quad C_1 \cdot R_1 - \frac{\tau_1 R_1^2}{2\mu} \cdot \frac{1}{R_1^2} = 0 \quad \Rightarrow \quad C_1 = \frac{\tau_1}{2\mu}$$

$$u_\theta(r) = \frac{\tau_1}{2\mu} \cdot \left(r - \frac{R_1^2}{r}\right)$$

Pour $r = R_2$, $u_\theta(R_2) = \dfrac{\tau_1}{2\mu} \cdot \left(R_2 - \dfrac{R_1^2}{R_2}\right)$

La raideur en torsion est donc : $Mt = Kt \cdot \dfrac{u_\theta(R_2)}{R_2}$

$$\text{d'où :} \quad 2\pi R_1^2 L \cdot \tau_1 = Kt \cdot \frac{\tau_1}{2\mu} \cdot \left(1 - \frac{R_1^2}{R_2^2}\right) \quad \Rightarrow \quad \boxed{Kt = 4\mu\pi L \cdot \frac{R_1^2 \cdot R_2^2}{(R_2^2 - R_1^2)}}$$

RESULTAT

La raideur en torsion du joint d'accouplement est : $\boxed{Kt = 4G\pi L \cdot \dfrac{R_1^2 \cdot R_2^2}{(R_2^2 - R_1^2)}}$

Exercice 6 : Frettage

ENONCE

On considère l'assemblage avec serrage d'un arbre et d'un alésage supposé suffisamment long.
Le modèle retenu sera de contraintes planes (on est donc en périphérie d'une section plane.
Les matériaux seront supposés élastiques homogènes.

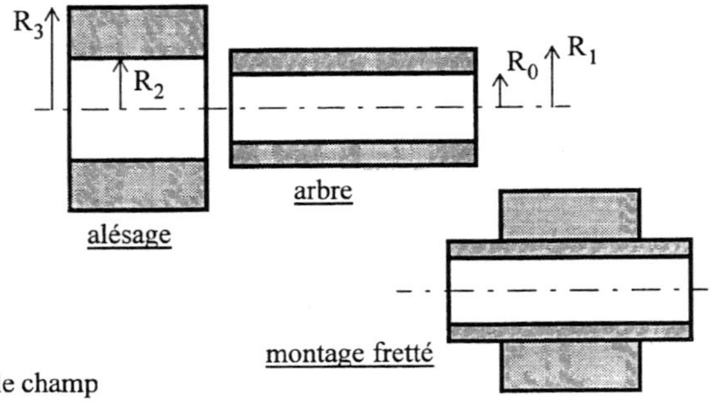

Déterminer en fonction du serrage ΔR le champ de pression règnant à l'interface.

CONNAISSANCES ET MÉTHODES

Equation d'équilibre en terme de déplacements :

$$(\lambda + 2\mu) \cdot \overrightarrow{\mathrm{grad}}(\mathrm{div}(\vec{u})) - \mu \cdot \overrightarrow{\mathrm{rot}}(\overrightarrow{\mathrm{rot}}(\vec{u})) + \vec{f}_v = \vec{0}$$

Loi de comportement élastique linéaire

$$[\varepsilon] = \frac{1+\nu}{E} \cdot [\sigma] - \frac{\nu}{E} \cdot \sigma_{kk} \cdot [I] \quad \text{avec} \quad \sigma_{kk} = \sigma_{11} + \sigma_{22} + \sigma_{33}$$

- ***Choisir un champ de déplacements respectant les symétries du problème.***
- ***Ecrire l'équation d'équilibre local en terme de déplacements.***
- ***Calculer les contraintes (lois de comportement).***
- ***Prendre en compte les conditions aux limites sur les déplacements et sur les contraintes.***
- ***Calculer les déplacements des points à l'interface des pièces (1) et (2) puis utiliser la condition liant ces déplacements au serrage.***

RESOLUTION

◘ Cas de l'arbre

→ Champ de déplacements

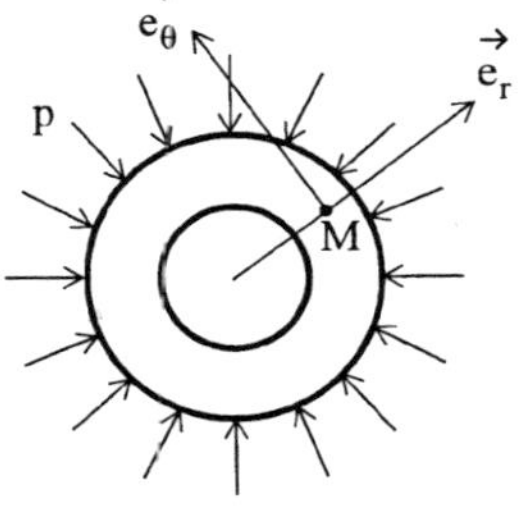

On est dans la même configuration que pour l'exercice 3.
Le champ de déplacement s'écrit alors sous la forme :

$$\overrightarrow{u(M)} = u(r) \cdot \vec{e}_r + w(z) \cdot \vec{z}$$

→ Equation d'équilibre local

L'équation de Navier sur l'axe $\vec{e}_r$ s'écrit : $(\lambda + 2\mu) \cdot \left\{\frac{d}{dr}\left(\frac{du}{dr} + \frac{u}{r}\right)\right\} = 0$

D'où : $u(r) = C_1 \cdot \frac{r}{2} + \frac{C_2}{r}$

→ Contraintes

Les lois de comportement donnent : $\begin{cases} \varepsilon_{rr} = \frac{(1+\nu_1)}{E_1} \cdot \sigma_{rr} - \frac{\nu_1}{E_1} \cdot (\sigma_{rr} + \sigma_{\theta\theta}) \\ \varepsilon_{\theta\theta} = \frac{(1+\nu_1)}{E_1} \cdot \sigma_{\theta\theta} - \frac{\nu}{E} \cdot (\sigma_{rr} + \sigma_{\theta\theta}) \end{cases}$

avec $\varepsilon_{rr} = \frac{du_r}{dr}$ et $\varepsilon_{\theta\theta} = \frac{u_r}{r}$

$$\begin{cases} \sigma_{rr} = \frac{E_1}{1-\nu_1^2} \cdot \{\varepsilon_{rr} + \nu_1 \cdot \varepsilon_{\theta\theta}\} = \frac{E_1}{1-\nu_1^2} \cdot \left\{\frac{du_r}{dr} + \nu_1 \cdot \frac{u_r}{r}\right\} = \frac{E}{1-\nu_1^2} \cdot \left\{C_1(1+\nu_1) - \frac{C_2(1-\nu_1)}{r^2}\right\} \\ \sigma_{\theta\theta} = \frac{E_1}{1-\nu_1^2} \cdot \{\varepsilon_{\theta\theta} + \nu_1 \cdot \varepsilon_{rr}\} = \frac{E_1}{1-\nu_1^2} \cdot \left\{\frac{u_r}{r} + \nu_1 \cdot \frac{du_r}{dr}\right\} = \frac{E_1}{1-\nu_1^2} \cdot \left\{C_1(1+\nu_1) + \frac{C_2(1-\nu_1)}{r^2}\right\} \end{cases}$$

→ Conditions de raccordement

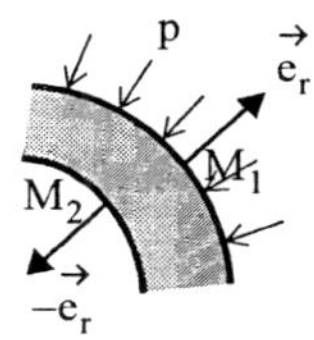

Sur la surface intérieure : $\overrightarrow{\sigma(M_2, \vec{e}_r)} = \vec{0} \quad \Rightarrow \quad (\sigma_{rr})_{r=R_0} = 0$

$$\Rightarrow \quad \frac{E_1}{1-\nu_1^2} \cdot \left\{C_1(1+\nu_1) - \frac{C_2(1-\nu_1)}{R_0^2}\right\} = 0$$

Sur la surface extérieure : $\overrightarrow{\sigma(M, \vec{e}_r)} = -p \cdot \vec{e}_r \quad \Rightarrow \quad (\sigma_{rr})_{r=R_1} = -p$

$$\Rightarrow \quad \frac{E_1}{1-\nu_1^2} \cdot \left\{C_1(1+\nu_1) - \frac{C_2(1-\nu_1)}{R_1{}^2}\right\} = -p$$

On déduit les constantes : $C_1 = \frac{1-\nu_1}{E_1} \cdot \frac{-R_1^2 \cdot p}{R_1^2 - R_0^2}$ et $C_2 = \frac{1+\nu_1}{E_1} \cdot \frac{-R_1^2 R_0^2 \cdot p}{R_1^2 - R_0^2}$

RESULTAT (cas de l'arbre)

→ Contraintes dans l'arbre en fonction de p :

$$\sigma_{rr} = \frac{R_1^2 R_0^2 \cdot p}{R_1^2 - R_0^2} \cdot \frac{1}{r^2} - \frac{R_1^2 \cdot p}{R_1^2 - R_0^2}$$

$$\sigma_{\theta\theta} = -\frac{R_1^2 R_0^2 \cdot p}{R_1^2 - R_0^2} \cdot \frac{1}{r^2} - \frac{R_1^2 \cdot p}{R_1^2 - R_0^2}$$

→ le champ de déplacements :

$$u_1(r) = -\frac{R_1^2 \cdot p}{R_1^2 - R_0^2} \cdot \left\{ \left(\frac{1 - \nu_1}{2E_1} \right) \cdot r + \left(\frac{1 + \nu_1}{E_1} \right) \cdot \frac{R_0^2}{r} \right\}$$

□ Cas de l'alésage

On raisonne par analogie en utilisant les résultats précédents.

Le champ de déplacements s'écrit : $u(r) = C_3 \cdot \frac{r}{2} + \frac{C_4}{r}$

Les lois de comportement donnent les contraintes

$$\begin{cases} \sigma_{rr} = \dfrac{E_2}{1 - \nu_2^2} \cdot \left\{ C_3(1 + \nu_2) - \dfrac{C_4(1 - \nu_2)}{r^2} \right\} \\ \sigma_{\theta\theta} = \dfrac{E_2}{1 - \nu_2^2} \cdot \left\{ C_3(1 + \nu_2) + \dfrac{C_4(1 - \nu_2)}{r^2} \right\} \end{cases}$$

Les conditions de raccordement sont : $(\sigma_{rr})_{r = R_2} = -p \qquad (\sigma_{rr})_{r = R_3} = 0$

On obtient alors les constantes : $C_3 = \frac{1 - \nu_2}{E_2} \cdot \frac{R_2^2 \cdot p}{R_3^2 - R_2^2}$ et $C_4 = \frac{1 + \nu_2}{E_2} \cdot \frac{R_2^2 R_3^2 \cdot p}{R_3^2 - R_2^2}$

RESULTAT (cas de l'alésage)

→ Contraintes dans l'alésage en fonction de p :

$$\sigma_{rr} = \frac{R_2^2 \cdot p}{R_3^2 - R_2^2} - \frac{R_2^2 R_3^2 \cdot p}{R_3^2 - R_2^2} \cdot \frac{1}{r^2}$$

$$\sigma_{\theta\theta} = \frac{R_2^2 \cdot p}{R_3^2 - R_2^2} + \frac{R_2^2 R_3^2 \cdot p}{R_3^2 - R_2^2} \cdot \frac{1}{r^2}$$

→ Champ de déplacements :

$$u_2(r) = \frac{R_2^2 \cdot p}{R_3^2 - R_2^2} \cdot \left\{ \left(\frac{1 - \nu_2}{2E_2} \right) \cdot r + \left(\frac{1 + \nu_2}{E_2} \right) \cdot \frac{R_3^2}{r} \right\}$$

Calcul du serrage

La relation entre les déplacements de l'arbre et de l'alésage s'écrit : $\boxed{\Delta R = u_2(R_2) - u_1(R_1)}$

On en déduit :

$$\Delta R = \frac{R_2^2 \cdot p}{R_3^2 - R_2^2} \cdot \left\{\left(\frac{1-\nu_2}{2E_2}\right) \cdot R_2 + \left(\frac{1+\nu_2}{E_2}\right) \cdot \frac{R_3^2}{R_2}\right\} - \left(-\frac{R_1^2 \cdot p}{R_1^2 - R_0^2} \cdot \left\{\left(\frac{1-\nu_1}{2E_1}\right) \cdot R_1 + \left(\frac{1+\nu_1}{E_1}\right) \cdot \frac{R_0^2}{R_1}\right\}\right)$$

En posant $R_1 = R_2$:

$$\Delta R = \underbrace{\left\{\left(\frac{1-\nu_2}{2E_2}\right)\frac{R_1}{R_3^2 - R_1^2} + \left(\frac{1+\nu_2}{E_2}\right)\frac{R_3^2/R_1}{R_3^2 - R_1^2} + \left(\frac{1-\nu_1}{2E_1}\right)\frac{R_1}{R_1^2 - R_0^2} - \left(\frac{1+\nu_1}{E_1}\right)\frac{R_0^2/R_1}{R_1^2 - R_0^2}\right\}}_{A} \cdot R_1^2 \cdot p$$

RESULTAT

Le champ de pression p à l'interface de l'arbre et de l'alésage est : $\boxed{p = \dfrac{\Delta R}{A \cdot R_1^2}}$

avec $\boxed{A = \left\{\left(\frac{1-\nu_2}{2E_2}\right)\frac{R_1}{R_3^2 - R_1^2} + \left(\frac{1+\nu_2}{E_2}\right)\frac{R_3^2/R_1}{R_3^2 - R_1^2} + \left(\frac{1-\nu_1}{2E_1}\right)\frac{R_1}{R_1^2 - R_0^2} - \left(\frac{1+\nu_1}{E_1}\right)\frac{R_0^2/R_1}{R_1^2 - R_0^2}\right\}}$

Démarche de calcul pour un assemblage fretté.

On connait l'effort F ou le couple C à transmettre

- *On calcule* p_{mini} *permettant la transmission de l'action mécanique.*
- *L'étude précédente nous donne* ΔR_{mini}
- *On choisit alors un ajustement pour l'assemblage.*
- *L'intervalle de tolérance donne* ΔR_{maxi}
- *L'étude précédente nous donne* p_{maxi}
- *Avec* p_{maxi}, *on calcule les contraintes maximales dans l'arbre et l'alé sage*
- *On vérifie les critères de résistance sur l'arbre et sur l'alésage*

Exercice 7 : Réservoir cylindrique

ENONCE

On considère un réservoir cylindrique de section circulaire de rayon moyen R et de longueur L ; l'épaisseur du matériau est telle que $e \ll R$.
On le soumet à une pression interne p_i.

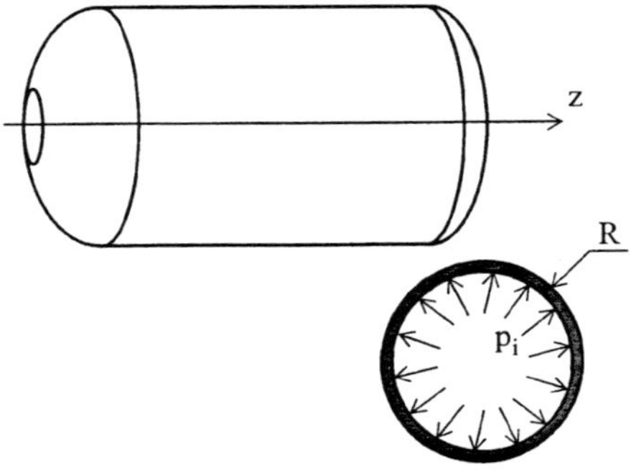

Déterminer la contrainte normale s'exerçant
- le long d'une génératrice
- suivant une section ⊥ à l'axe.

> ***CONNAISSANCES ET MÉTHODES***
>
> ***Hypothèse de répartition uniforme des contraintes sur les profils minces.***
>
> → ***Isoler une partie de la pièce.***
>
> → ***Ecrire les équations d'équilibre permettant de calculer la contrainte normale.***

RESOLUTION

◘ Coupure longitudinale

Contraintes orthoradiales sous l'action d'une pression interne p_i.

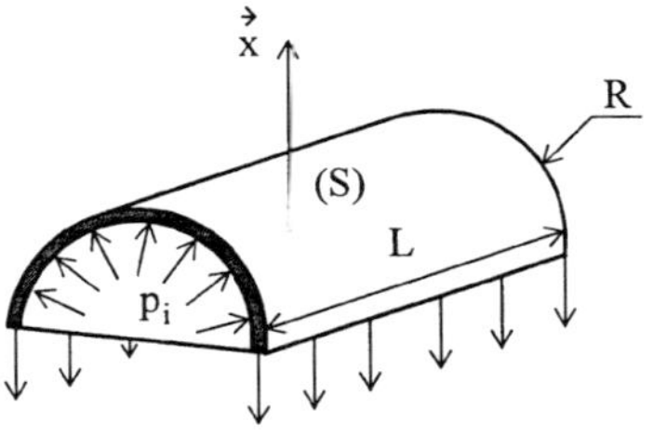

On isole un demi cylindre (S).

Equilibre $\Rightarrow$ $\overrightarrow{\Sigma F_{ext \to (S)}} = \vec{0}$

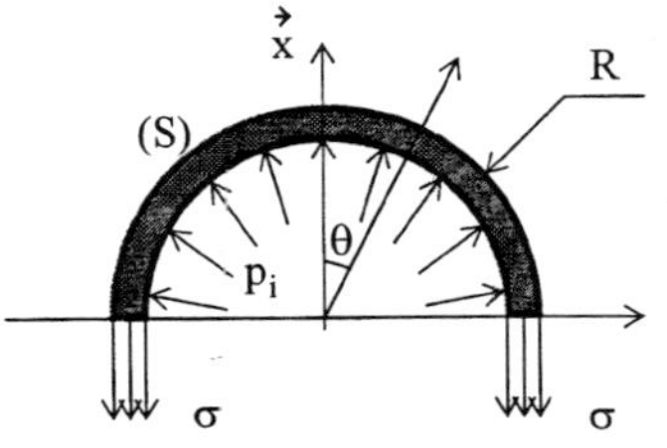

En projection sur l'axe $\vec{x}$, on obtient :

$$\left\{\int_{(S)} p_i \cdot \cos\theta \cdot ds\right\} + \{2 \cdot (\sigma \cdot e \cdot L)\} = 0$$

D'où : $\{p_i \cdot 2R \cdot L\} - \{2 \cdot (\sigma \cdot e \cdot L)\} = 0$

La contrainte orthoradiale s'écrit : $\boxed{\sigma = \dfrac{p_i \cdot R}{e}}$

On s'est placé loin des fonds du réservoir.

Coupure transversale

Contraintes axiales sous l'action d'une pression interne p_i.

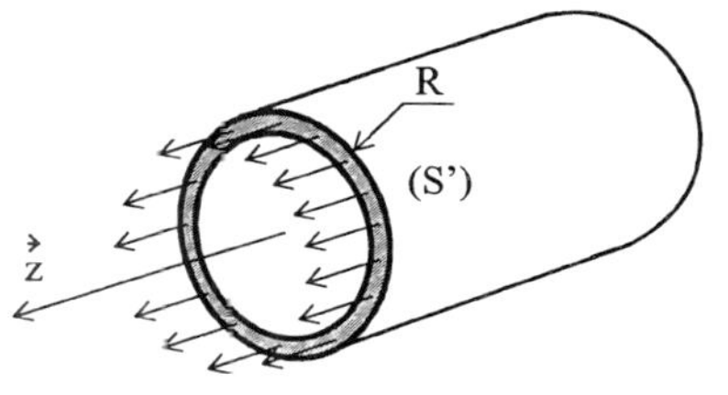

On isole un demi cylindre (S').

Equilibre $\Rightarrow$ $\Sigma \overrightarrow{F_{ext \to (S)}} = \vec{0}$

En projection sur l'axe $\vec{z}$, on obtient :

$$\left\{ \int_{(S)} p \cdot ds' \right\} + \{\sigma' \cdot 2\pi Re\} = 0$$

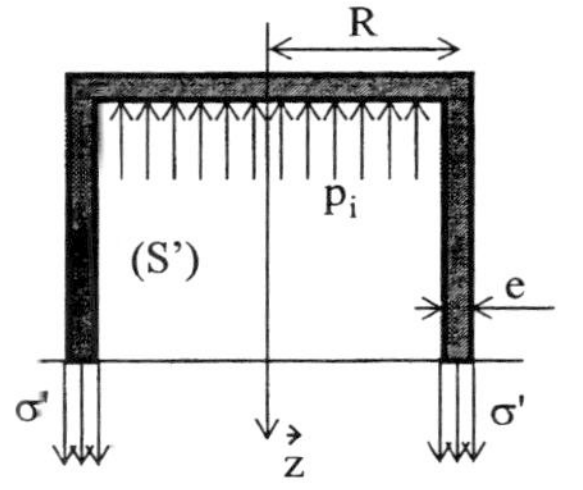

D'où : $\{p_i \cdot \pi R^2\} - \{\sigma' \cdot 2\pi Re\} = 0$

La contrainte axiale s'écrit : $\boxed{\sigma' = \frac{p_i \cdot R}{2e}}$

RESULTAT

Au bilan, le risque de rupture suivant une génératrice est le plus grand : $\boxed{\sigma = \frac{p_i \cdot R}{e}}$

C'est ce que l'on observe lors d'explosion de conduite.

Exercice 8 : Couplemètre

ENONCE

On désire réaliser un couplemètre (appareil destiné à la mesure des "couples") basé sur le principe suivant : un tube cylindrique de rayon intérieur R_i et de rayon extérieur R_e sur lequel on colle des jauges de déformation est soumis à un moment Mt.

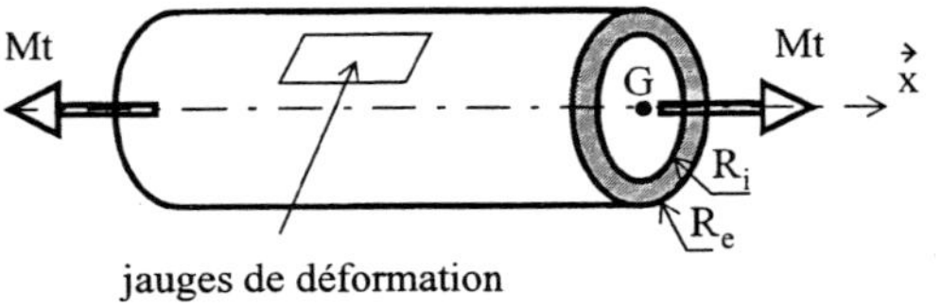

En admettant en périphérie un état de contraintes planes, déterminer les directions des jauges de telle sorte à avoir la meilleure précision.

CONNAISSANCES ET MÉTHODES

Torsion : $\tau = \dfrac{Mt}{I_{/(G,\vec{x}_1)}} \cdot r$

Cercle de Mohr des contraintes.

→ ***Définir l'état de contraintes planes à la périphérie.***

→ ***Tracer le cercle de Mohr des contraintes.***

→ ***Chercher les directions principales qui seront celles du collage des jauges.***

RESOLUTION

❐ Etat de contraintes planes à la périphérie

En considérant une section droite, on a la contrainte de torsion au point P qui vaut :

$$\tau_{xy} = \frac{Mt}{I_{/(G,\vec{x}_1)}} \cdot R_e = \frac{Mt}{\frac{\pi}{2} \cdot (R_e^4 - R_i^4)} \cdot R_e$$

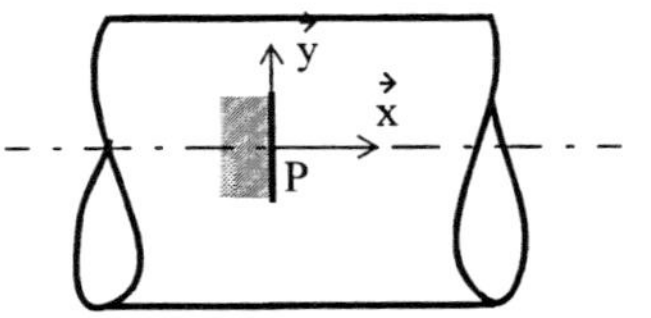

La réciprocité des contraintes de cisaillement fait que l'on a :

$$\tau_{yx} = \tau_{xy}$$

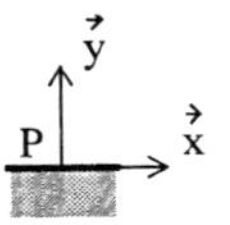

A la périphérie de la pièce, on a un état plan de contraintes.

Dans le plan $(\vec{x}, \vec{y})$, la matrice des contraintes au point P s'écrit sous la forme :

$$[\sigma_{ij}] = \begin{bmatrix} 0 & \tau_{xy} \\ \tau_{xy} & 0 \end{bmatrix}$$

Cercle de mohr des contraintes

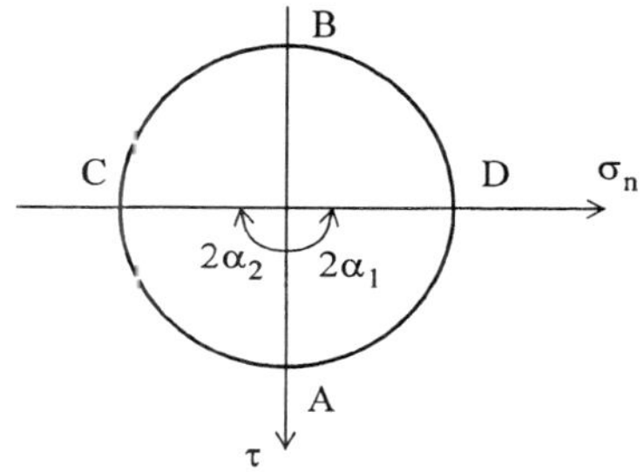

Dans le cercle de Mohr des contraintes, les points représentant l'état des contraintes sont A et B.

$\overrightarrow{C(P, \vec{x})} = \tau_{xy} \cdot \vec{y} \quad \rightarrow \quad$ point A

$\overrightarrow{C(P, \vec{y})} = \tau_{xy} \cdot \vec{x} \quad \rightarrow \quad$ point B

Sur le cercle de mohr, la composante tangentielle de la contrainte de facette orientée suivant $\vec{y}$ est $-\tau_{xy}$.

En, effet, $\overrightarrow{C(P, \vec{y})} = \tau_{xy} \cdot \vec{x} = -\tau_{xy} \cdot \vec{t}$

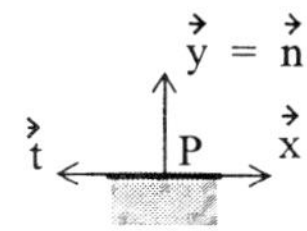

$\vec{t}$ *vecteur tangent*

Contraintes principales

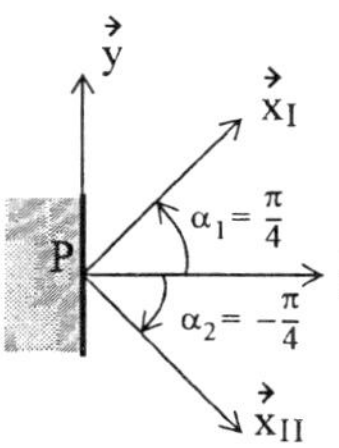

Les points C et D représentent donc les contraintes principales ; les directions principales se déduisent par l'angle moitié.

Elles sont donc à $\pm\frac{\pi}{4}$ $\left(\alpha_1 = \frac{\pi}{4} \quad \text{et} \quad \alpha_2 = -\frac{\pi}{4} \right)$

RESULTATS

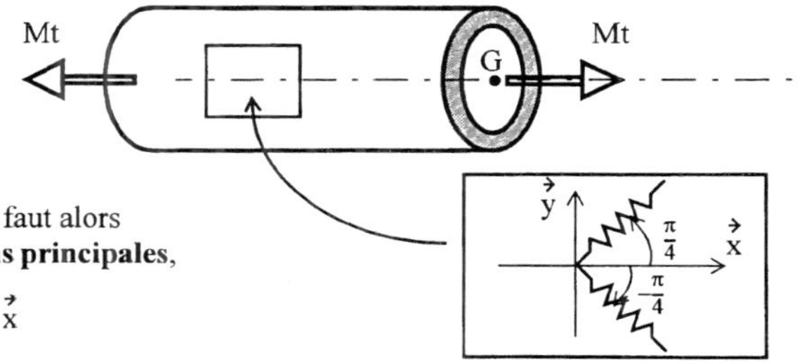

Les jauges de déformation permettent de mesurer une déformation normale.

Pour une meilleure précision, il nous faut alors coller ces jauges suivant **les directions principales**, c'est à dire à $\pm\frac{\pi}{4}$. par rapport à l'axe $\vec{x}$

Exercice 9 : Rosettes à 45°

ENONCE

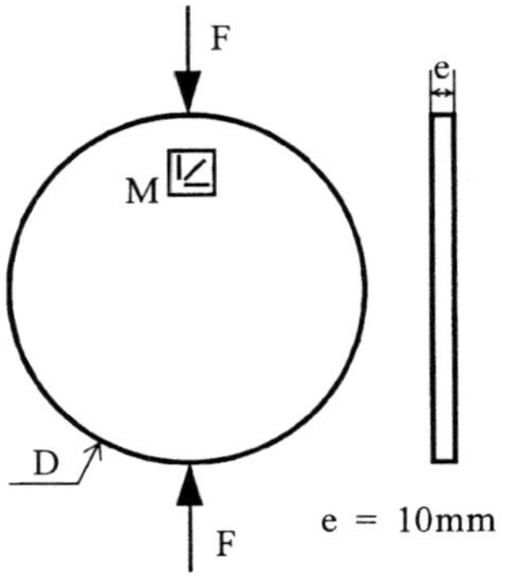

On considère un disque de diamètre D soumis à deux forces opposées F. En M, on colle une rosette à 45°.

Les résultats de l'étude expérimentale donnent :

$\varepsilon_a = 180 \cdot 10^{-6} \quad \varepsilon_b = -260 \cdot 10^{-6} \quad \varepsilon_c = -600 \cdot 10^{-6}$

Caractéristiques : $E = 7000\ \mathrm{daN/mm^2} \quad \nu = 0,3$

Tracer le cercle de mohr des déformations au point M.

En déduire les contraintes principales ainsi que la variation d'épaisseur du disque en M.

CONNAISSANCES ET MÉTHODES

Cercle de Mohr des déformations.

Loi de comportement élastique linéaire :

$$[\varepsilon] = \frac{1+\nu}{E} \cdot [\sigma] - \frac{\nu}{E} \cdot \sigma_{kk} \cdot [I] \quad \text{avec} \quad \sigma_{kk} = \sigma_{11} + \sigma_{22} + \sigma_{33}$$

- → ***Expression des déformations normales en fonction des déformations principales***
- → ***Tracé du cercle de Mohr des déformations.***
- → ***En déduire déformations principales.***
- → ***Les lois de comportement donnent d'une part les contraintes principales, d'autr part la déformation axiale du disque en M.***

RESOLUTION

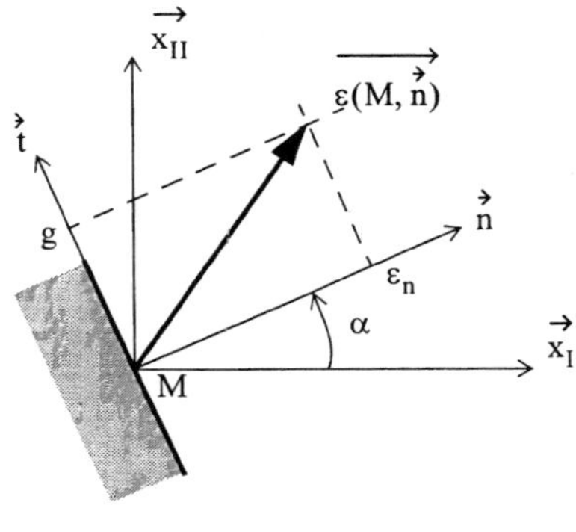

❐ Déformations normales en fonction des déformations principales

Dans le plan $(\vec{n}, \vec{t})$, le vecteur déformation s'écrit :

$$\overrightarrow{\varepsilon(M, \vec{n})} = \varepsilon_n \cdot \vec{n} + g \cdot \vec{t}$$

Si $\vec{x_I}$, $\vec{x_{II}}$ sont les directions principales et ε_I , ε_{II} sont les directions principales :

$$\begin{cases} \overrightarrow{\varepsilon(M,\vec{n})} \cdot \vec{x_I} = \overrightarrow{\varepsilon(M,\vec{x_I})} \cdot \vec{n} = \varepsilon_I \cdot \cos\alpha \\ \overrightarrow{\varepsilon(M,\vec{n})} \cdot \vec{x_{II}} = \overrightarrow{\varepsilon(M,\vec{x_{II}})} \cdot \vec{n} = \varepsilon_{II} \cdot \sin\alpha \end{cases} \Rightarrow \quad \overrightarrow{\varepsilon(M,\vec{n})} = \varepsilon_I \cdot \cos\alpha \cdot \vec{x_I} + \varepsilon_{II} \cdot \sin\alpha \cdot \vec{x_{II}}$$

En projetant l'expression obtenue sur $\vec{n}$, on obtient : $\varepsilon_n = \varepsilon_I \cdot \cos\alpha^2 + \varepsilon_{II} \cdot \sin\alpha^2$.

$$\Rightarrow \quad \boxed{\varepsilon_n = \frac{\varepsilon_I + \varepsilon_{II}}{2} + \frac{\varepsilon_I - \varepsilon_{II}}{2} \cdot \cos 2\alpha}$$

Cercle de Mohr des déformations

L'objectif est donc de pouvoir définir ε_I et ε_{II} en fonction des déformations normales ε_a, ε_b et ε_c.

Pour $\vec{n} = \vec{a}$: $\varepsilon_a = \frac{\varepsilon_I + \varepsilon_{II}}{2} + \frac{\varepsilon_I - \varepsilon_{II}}{2} \cdot \cos 2\alpha$

Pour $\vec{n} = \vec{b}$: $\varepsilon_b = \frac{\varepsilon_I + \varepsilon_{II}}{2} + \frac{\varepsilon_I - \varepsilon_{II}}{2} \cdot \cos 2\left(\alpha + \frac{\pi}{4}\right)$

$$\Rightarrow \quad \varepsilon_b = \frac{\varepsilon_I + \varepsilon_{II}}{2} - \frac{\varepsilon_I - \varepsilon_{II}}{2} \cdot \sin 2\alpha$$

Pour $\vec{n} = \vec{c}$: $\varepsilon_c = \frac{\varepsilon_I + \varepsilon_{II}}{2} + \frac{\varepsilon_I - \varepsilon_{II}}{2} \cdot \cos 2\left(\alpha + \frac{\pi}{2}\right)$

$$\Rightarrow \quad \varepsilon_c = \frac{\varepsilon_I + \varepsilon_{II}}{2} - \frac{\varepsilon_I - \varepsilon_{II}}{2} \cdot \cos 2\alpha$$

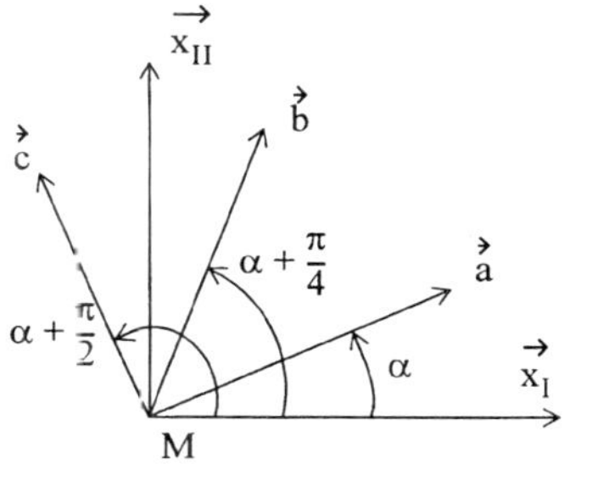

On obtient alors un système de 3 équations à 3 inconnues : ε_I , ε_{II} et α.

On déduit : $\begin{cases} tg 2\alpha = \frac{\varepsilon_a + \varepsilon_c - 2\varepsilon_b}{\varepsilon_a - \varepsilon_c} \\ \varepsilon_I = \frac{\varepsilon_a - \varepsilon_c}{2} + \frac{\varepsilon_a - \varepsilon_c}{2\cos 2\alpha} \\ \varepsilon_{II} = (\varepsilon_a + \varepsilon_c) - \varepsilon_I \end{cases} \Rightarrow \boxed{\begin{cases} \alpha = 3,65° \\ \varepsilon_I = 183,2 \cdot 10^{-6} \\ \varepsilon_{II} = -603,2 \cdot 10^{-6} \end{cases}}$

Cercle de Mohr

des déformations

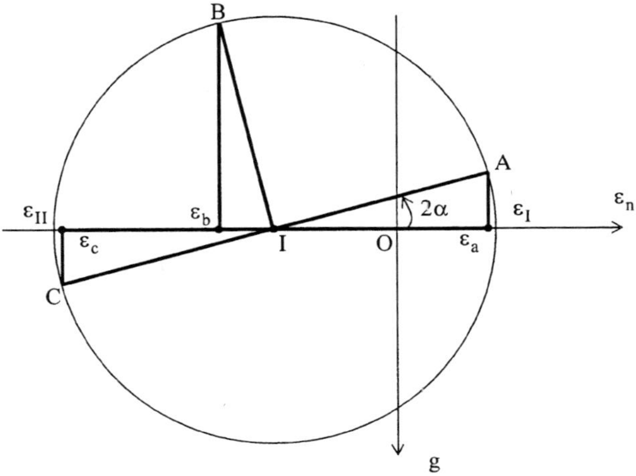

A partir des équations trouvées précedemment, on constate
- que le milieu de $(\varepsilon_a \varepsilon_c)$ *correspond au centre du cercle*
- que les triangles $(I\varepsilon_a A)$, $(I\varepsilon_c C)$ *et* $(I\varepsilon_b B)$ *sont égaux.*

$\Rightarrow$ On peut imaginer une démarche graphique permettant de tracer le cercle de Mohr des déformations connaissant les déformations normales de la rosette.

ε_a ε_b ε_c	→	milieu de $(\varepsilon_a, \varepsilon_c)$ = centre du cercle I	→	on reporte $(I\varepsilon_b)$ $\perp$ à $(I\varepsilon_a)$ $\Rightarrow$ point A IA = rayon du cercle	→	cercle de centre I et de rayon IA $\Rightarrow$ $(\varepsilon_I, \varepsilon_{II})$ (déformations principales)

Contraintes principales et variation d'épaisseur

Les lois de comportement s'écrivent : $[\varepsilon] = \frac{1+\nu}{E} \cdot [\sigma] - \frac{\nu}{E} \cdot \sigma_{kk} \cdot [I]$

On en déduit :
$$\begin{cases} \varepsilon_I = \frac{1+\nu}{E} \cdot \sigma_I - \frac{\nu}{E} \cdot (\sigma_I + \sigma_{II}) \\ \varepsilon_{II} = \frac{1+\nu}{E} \cdot \sigma_{II} - \frac{\nu}{E} \cdot (\sigma_I + \sigma_{II}) \\ \varepsilon_{III} = -\frac{\nu}{E} \cdot (\sigma_I + \sigma_{II}) \end{cases}$$

On est en état de contraintes planes

$\Rightarrow$ $\sigma_{III} = 0$

→ Variation de'épaisseur en P

$$\Rightarrow \quad \begin{cases} \varepsilon_I + \varepsilon_{II} = \dfrac{1-\nu}{E} \cdot (\sigma_I + \sigma_{II}) \\ \varepsilon_{III} = -\dfrac{\nu}{E} \cdot (\sigma_I + \sigma_{II}) \end{cases} \quad \Rightarrow \quad \varepsilon_{III} = -\frac{\nu}{(1-\nu)} \cdot (\varepsilon_I + \varepsilon_{II})$$

L'application numérique donne : $\varepsilon_{III} = 206,8\ 10^{-6}$

La variation d'épaisseur en P vaut donc : $\boxed{\Delta e = \varepsilon_{III} \cdot e = 2,07\ \mu m}$

→ Contraintes principales

$$\Rightarrow \quad \begin{cases} \sigma_I = \dfrac{E}{1-\nu^2} \cdot (\varepsilon_I + \nu \cdot \varepsilon_{II}) \\ \sigma_{II} = \dfrac{E}{1-\nu^2} \cdot (\nu \cdot \varepsilon_I + \varepsilon_{II}) \end{cases} \quad \Rightarrow \quad \boxed{\begin{cases} \sigma_I = 17,2\ N/mm^2 \\ \sigma_{II} = -36,8\ N/mm^2 \end{cases}}$$

RESULTAT

Au point P, les contraintes principales sont : $\boxed{\begin{cases} \sigma_I = 17,2\ N/mm^2 \\ \sigma_{II} = -36,8\ N/mm^2 \end{cases}}$ $(\sigma_{III} = 0)$

la variation d'épaisseur vaut : $\boxed{\Delta e = 2,07\ \mu m}$

CHAPITRE 10 / MATERIAUX COMPOSITES

1- MISE EN EVIDENCE

La notion de matériau composite s'oppose à celle de matériau homogène

Le matériau composite est constitué à partir de fibres qui présentent de hautes caractéristiques mécaniques car exempt de tout défaut.

On distigue : - le sens long : l
- les sens transverses : t et t'

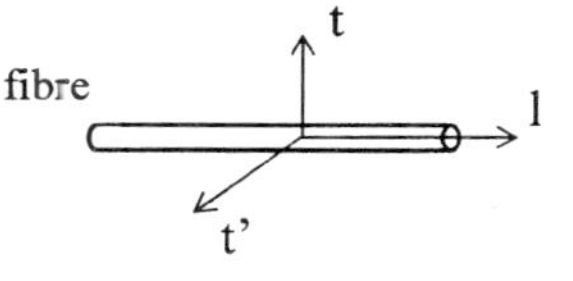

Ces fibres, par assemblage avec une matrice (de caractéristiques mécaniques beaucoup plus faibles), permettent d'obtenir un matériau :

→ hétérogène

→ très fortement anisotrope (les propriétés mécaniques du matériau dépendent de la direction suivant laquelle il est sollicité)

On distingue les associations de plis :

→ en poutre (approche monodimensionnelle) : matériaux composites-poutres.

→ en plaque (approche bidimensionnelle) : matériaux composites fibrés.

2- MATERIAUX COMPOSITES - POUTRES

2-1- Constitution

La géométrie de corps élancés permet ce modèle.

On suppose que les sections droites ont des caractéristiques constantes.
- La poutre est alors constituée de plis placés en périphérie et parfaitement adhérents entre eux.
- Dans la zone centrale de la section droite, on a souvent un matériau de remplissage (nids d'abeille, mousse, ...)

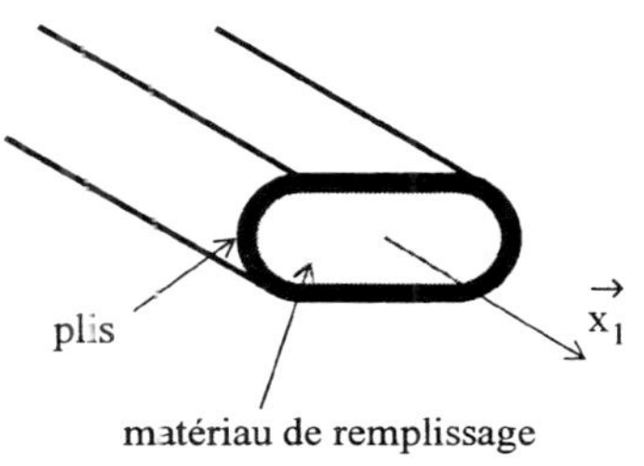

On peut donc distinguer des régions R_i de mêmes caractéristiques mécaniques.

On limite notre étude aux poutres présentant un plan de symétrie dans leur constitution.

2-2- Etude comparative du modèle poutre.

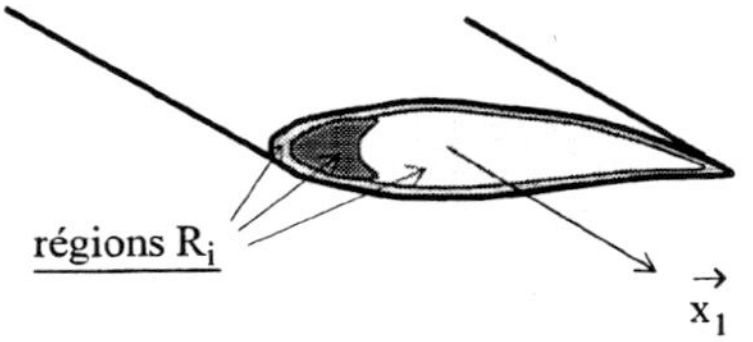

module d'élasticité : E_i

aire de la section : A_i

Matériaux homogènes isotropes	**Matériaux composites**

L'hypothèse de Bernouilli est commune

Matériaux homogènes isotropes	**Matériaux composites**
→ Le centre de gravité de la section droite est l'origine du repère courant.	→ Le centre élastique C_e est l'origine du repère courant ; il est défini par :
$\int x_2 \cdot da = 0 \qquad \int x_3 \cdot da = 0$	$\int_S E_i \cdot x_2 \cdot da = 0 \qquad \int_S E_i \cdot x_3 \cdot da = 0$
→ Dans la section droite, on retient les directions principales d'inertie.	→ Dans la section droite, on retient les directions telles que :
$\int x_2 \cdot x_3 \cdot da = 0$	$\int E_i \cdot x_2 \cdot x_3 \cdot da = 0$

Les équations d'équilibre local sont inchangées :

$$\frac{d\vec{R}}{dx_1} + \overrightarrow{p(x_1)} = \vec{0}$$

$$\frac{d\vec{M}}{dx_1} + \vec{x}_1 \wedge \vec{R} + \overrightarrow{m(x_1)} = \vec{0}$$

Matériaux homogènes isotropes	**Matériaux composites**
Traction	$\frac{du_1}{dx_1}$ est commun à toutes les phases.
$\sigma_{11} = \frac{N}{A}$	$\sigma_{11_i} = E_i \cdot \frac{du_1}{dx_1} \qquad N = \sum_{S_i}\left(\int_{S_i} \sigma_{11_i} \cdot da\right)$
$\varepsilon_1 = \frac{du_1}{dx_1} = \frac{N}{E \cdot A}$	$\Rightarrow \quad \sigma_{11_i} = \frac{N \cdot E_i}{\sum_i (E_i \cdot A_i)} \qquad \frac{du_1}{dx_1} = \frac{N}{\sum_i (E_i \cdot A_i)}$

Matériaux homogènes isotropes

- Torsion

$$\frac{d\theta_1}{dx_1} = \frac{Mt}{G \cdot I/_{(G,\vec{x}_1)}}$$

$$\tau = \frac{Mt}{I/_{(G,\vec{x}_1)}} \cdot r$$

- Flexion simple

$$\frac{d^2u_2}{dx_1^2} = \frac{Mf_3}{E \cdot I_3}$$

$$\sigma_{11} = \frac{Mf_3}{I/_{(G,\vec{x}_3)}} \cdot x_2$$

- Effet de l'effort tranchant : formule de Bredt

$$\tau_2 = \frac{T_2}{b \cdot I/_{(G,\vec{x}_3)}} \cdot \int_D x_2 \cdot da$$

- Superposition des contraintes

$$\sigma_{11} = \frac{N}{A} - \frac{Mf_3}{I/_{(G,\vec{x}_3)}} \cdot x_2 + \frac{Mf_2}{I/_{(G,\vec{x}_2)}} \cdot x_3$$

Matériaux composites

$$\frac{d\theta_1}{dx_1} = \frac{Mt}{\sum_i \{G_i \cdot I(R_i)/_{(C_e,\vec{x}_1)}\}}$$

$I(R_i)/_{(C_e,\vec{x}_1)}$ moment d'inertie de la région R_i par rapport à l'axe $(C_e,\vec{x}_1)$

$$\tau_i = \frac{Mt \cdot E_i}{\sum_i (E_i \cdot I(R_i)/_{(C_e,\vec{x}_1)})} \cdot r$$

$$\frac{d^2u_2}{dx_1^2} = \frac{Mf_3}{\sum_i \{E_i \cdot I(R_i)/_{(C_e,\vec{x}_3)}\}}$$

$I(R_i)/_{(C_e,\vec{x}_3)}$ moment d'inertie de la région R_i par rapport à l'axe $(C_e,\vec{x}_3)$

$$\sigma_{11_i} = \frac{-Mf_3 \cdot E_i}{\sum_i \{E_i \cdot I(R_i)/_{(C_e,\vec{x}_3)}\}} \cdot x_2$$

$$\tau_2 = \frac{-T_2}{b \cdot \sum_i \{E_i \cdot I(R_i)/_{(C_e,\vec{x}_3)}\}} \cdot \int_D E_i \cdot x_2 \cdot da$$

$$(\sigma_{11})_i = \frac{N \cdot E_i}{\sum_i (E_i \cdot A_i)} - \frac{Mf_3 \cdot E_i}{\sum_i (E_i \cdot I(R_i)/_{(C_e,\vec{x}_3)})} \cdot x_2 + \frac{Mf_2 \cdot E_i}{\sum (E_i \cdot I(R_i)/_{(C_e,\vec{x}_2)})} \cdot x_3$$

2-3- Méthode d'étude

Les principes de la statique permettent de déterminer les composantes du torseur des efforts intérieurs.

→ Modélisation des liaisons

↓

PFS → Actions de liaison

↓

$$\{\Im_{\text{efforts interieurs}}\} = \{\Im_{ext \to (II)}\}$$

↓

Dans le cas de la flexion, détermination du centre élastique C_e.

→

$$\int_S E_i \cdot x_2 \cdot da = 0$$

$$\int_S E_i \cdot x_3 \cdot da = 0$$

$$\int_S E_i \cdot x_2 \cdot x_3 \cdot da = 0$$

↓

L'hypothèse de déformation uniforme dans chaque section permet de déterminer la répartition des contraintes pour chaque région R_i.

$$\sigma_{11_i} = \frac{N \cdot E_i}{\sum_i (E_i \cdot A_i)} \qquad \text{(traction)}$$

$$\tau_i = \frac{Mt \cdot E_i}{\sum_i (E_i \cdot I(R_i)/_{(C_e, \vec{x}_1)})} \cdot r \qquad \text{(torsion)}$$

$$\sigma_{11_i} = \frac{-Mf_3 \cdot E_i}{\sum_i \{E_i \cdot I(R_i)/_{(C_e, \vec{x}_3)}\}} \cdot x_2 \qquad \text{(flexion)}$$

$$\tau_2 = \frac{-T_2}{b \cdot \sum_i \{E_i \cdot I(R_i)/_{(C_e, \vec{x}_3)}\}} \cdot \int_D E_i \cdot x_2 \cdot da$$

(effort tranchant)

↓

Les critères de rupture dans chaque région R_i permettent alors de se prononcer sur la durabilité de la pièce.

3- MATÉRIAUX COMPOSITES FIBRÉS

3-1- Généralités

Ces fibres, par assemblage avec une matrice, permettent d'obtenir un matériau :

→ orthotrope ou matériau élastique homogène présentant en tout point deux symétries de comportement mécanique, chacune par rapport à un plan, avec les deux plans orthogonaux.

→ isotrope transverse, c'est à dire élastique linéaire homogène pour lequel tout plan passant par un axe privilégié est plan de symétrie mécanique.

3-2- Matrice de souplesse, de raideur

Les fibres sont souvent assemblées en plis (plan) qui, par association, permettront d'obtenir les pièces.

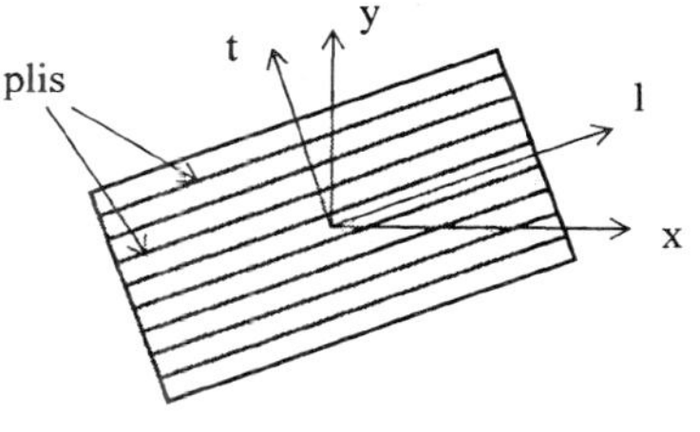

❐ Expression dans le repère local

Dans le repère local (long- transverse), on a les lois de comportement élastique linéaire :

$$\begin{Bmatrix} \varepsilon_l \\ \varepsilon_t \\ \gamma_{lt} \end{Bmatrix} = \begin{bmatrix} \frac{1}{E_l} & -\frac{\nu_{tl}}{E_t} & 0 \\ -\frac{\nu_{lt}}{E_l} & \frac{1}{E_t} & 0 \\ 0 & 0 & \frac{1}{G_{lt}} \end{bmatrix} \cdot \begin{Bmatrix} \sigma_l \\ \sigma_t \\ \tau_{lt} \end{Bmatrix}$$

ε_l : déformation longitudinale

ε_t : déformation transverse

γ_{lt} : distorsion angulaire

σ_l : contrainte longitudinale

σ_t : contrainte transverse

τ_{lt} : contrainte de cisaillement

E_l : module d'élasticité dans le sens long.

E_t : module d'élasticité dans le sens transverse.

ν_{lt} : coefficient de poisson (caractérise la contraction du pli dans le sens transverse sollicité dans le sens long).

G_{lt} : module d'élasticité transversal ou module de cisaillement : $G_{lt} = \frac{E_l}{2 \cdot (1 + \nu_{lt})}$.

$$\frac{\nu_{lt}}{E_l} = \frac{\nu_{tl}}{E_t}$$

Dans le repère local, la matrice de raideur s'écrit :

$$\begin{Bmatrix} \sigma_l \\ \sigma_t \\ \tau_{lt} \end{Bmatrix} = \begin{bmatrix} \dfrac{E_l}{1-\nu_{lt}\nu_{tl}} & \dfrac{\nu_{tl}\cdot E_l}{1-\nu_{lt}\nu_{tl}} & 0 \\ \dfrac{\nu_{lt}\cdot E_t}{1-\nu_{lt}\nu_{tl}} & \dfrac{E_t}{1-\nu_{lt}\nu_{tl}} & 0 \\ 0 & 0 & G_{lt} \end{bmatrix} \cdot \begin{Bmatrix} \varepsilon_l \\ \varepsilon_t \\ \gamma_{lt} \end{Bmatrix} = \begin{bmatrix} \overline{E_l} & \nu_{tl}\cdot\overline{E_l} & 0 \\ \nu_{lt}\cdot\overline{E_t} & \overline{E_t} & 0 \\ 0 & 0 & G_{lt} \end{bmatrix} \cdot \begin{Bmatrix} \varepsilon_l \\ \varepsilon_t \\ \gamma_{lt} \end{Bmatrix}$$

Expression dans le repère global

Pour un matériau composite constitué d'un ensemble de plis, il faut se ramener dans le repère global.

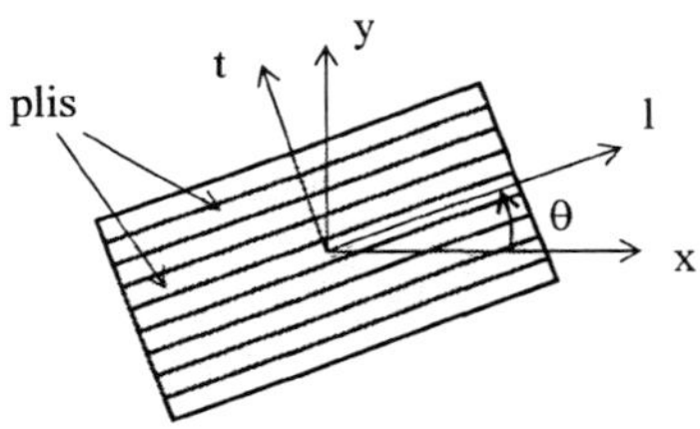

$c = \cos\theta$
$s = \sin\theta$

Dans $(\vec{x},\vec{y})$, on obtient :

$$\begin{Bmatrix} \varepsilon_x \\ \varepsilon_y \\ \gamma_{xy} \end{Bmatrix} = \begin{bmatrix} \dfrac{1}{E_x} & -\dfrac{\nu_{yx}}{E_y} & \dfrac{\eta_{xy}}{G_{xy}} \\ -\dfrac{\nu_{xy}}{E_x} & \dfrac{1}{E_y} & \dfrac{\mu_{xy}}{G_{xy}} \\ \dfrac{\eta_x}{E_x} & \dfrac{\mu_y}{E_y} & \dfrac{1}{G_{xy}} \end{bmatrix} \cdot \begin{Bmatrix} \sigma_x \\ \sigma_y \\ \tau_{xy} \end{Bmatrix}$$

avec :

$$E_x(\theta) = \frac{1}{\dfrac{c^4}{E_l} + \dfrac{s^4}{E_t} + c^2s^2\left(\dfrac{1}{G_{lt}} - 2\dfrac{\nu_{tl}}{E_t}\right)}$$

$$E_y(\theta) = \frac{1}{\dfrac{s^4}{E_l} + \dfrac{c^4}{E_t} + c^2s^2\left(\dfrac{1}{G_{lt}} - 2\dfrac{\nu_{tl}}{E_t}\right)}$$

$$G_{xy}(\theta) = \frac{1}{4c^2s^2\left(\dfrac{1}{E_l} + \dfrac{1}{E_t} + 2\dfrac{\nu_{tl}}{E_t}\right) + \dfrac{(c^2-s^2)^2}{G_{lt}}}$$

et

$$\frac{\nu_{yx}}{E_y}(\theta) = \frac{\nu_{tl}}{E_t}\cdot(c^4+s^4) - c^2s^2\cdot\left(\frac{1}{E_l} + \frac{1}{E_r} - \frac{1}{G_{lt}}\right)$$

$$\frac{\eta_{xy}}{G_{xy}}(\theta) = -2cs\cdot\left\{\frac{c^2}{E_l} - \frac{s^2}{E_t} + (c^2-s^2)\left(\frac{\nu_{tl}}{E_t} - \frac{1}{2G_{lt}}\right)\right\}$$

$$\frac{\mu_{xy}}{G_{xy}}(\theta) = -2cs\cdot\left\{\frac{s^2}{E_l} - \frac{c^2}{E_t} - (c^2-s^2)\left(\frac{\nu_{tl}}{E_t} - \frac{1}{2G_{lt}}\right)\right\}$$

Dans le repère global, la matrice de souplesse s'écrit :

$$\begin{Bmatrix} \sigma_x \\ \sigma_y \\ \tau_{xy} \end{Bmatrix} = \begin{bmatrix} \overline{E_{11}} & \overline{E_{12}} & \overline{E_{13}} \\ \overline{E_{21}} & \overline{E_{22}} & \overline{E_{23}} \\ \overline{E_{31}} & \overline{E_{32}} & \overline{E_{33}} \end{bmatrix} \cdot \begin{Bmatrix} \varepsilon_x \\ \varepsilon_y \\ \gamma_{xy} \end{Bmatrix}$$

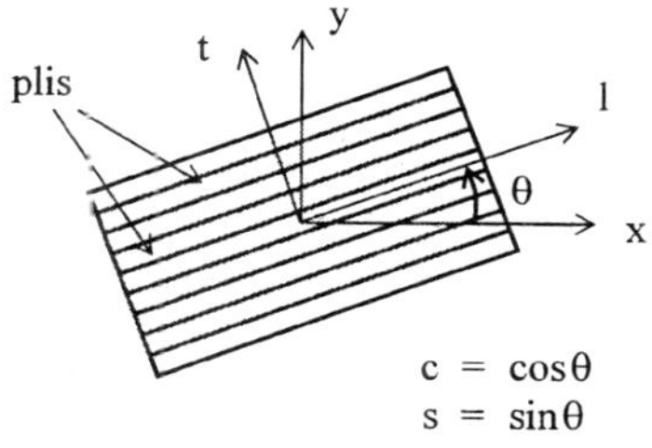

avec :

$$\overline{E_{11}}(\theta) = c^4\overline{E_l} + s^4\overline{E_t} + 2c^2s^2(\nu_{tl}\overline{E_l} + 2G_{lt})$$

$$\overline{E_{22}}(\theta) = s^4\overline{E_l} + c^4\overline{E_t} + 2c^2s^2(\nu_{tl}\overline{E_l} + 2G_{lt})$$

$$\overline{E_{33}}(\theta) = c^2s^2(\overline{E_l} + \overline{E_t} - 2\nu_{tl}\overline{E_l}) + (c^2 - s^2)^2G_{lt}$$

et

$$\overline{E_{12}}(\theta) = c^2s^2(\overline{E_l} + \overline{E_t} - 4\overline{G_{lt}}) + (c^4 + s^4)\nu_{tl}\overline{E_l}$$

$$\overline{E_{13}}(\theta) = -cs \cdot \{c^2\overline{E_l} - s^2\overline{E_t} - (c^2 - s^2)(\nu_{tl}\overline{E_l} + 2G_{lt})\}$$

$$\overline{E_{13}}(\theta) = -cs \cdot \{s^2\overline{E_l} + (-c^2\overline{E_t}) + (c^2 - s^2)(\nu_{tl}\overline{E_l} + 2G_{lt})\}$$

Dans les expressions, on a : $\overline{E_l} = \dfrac{E_l}{1 - \nu_{lt}\nu_{tl}}$ $\quad \overline{E_t} = \dfrac{E_t}{1 - \nu_{lt}\nu_{tl}}$

3-3- Plaques en état membranaire

→ Le stratifié est constitué d'une association de plis de direction parfaitement connue.

→ On définit un plan moyen. Si les plis de même orientation ont une position symétrique par rapport au plan moyen, on dit que l'on a une symétrie miroir.

Hypothèse sur les sollicitations

Le stratifié est soumis à des sollicitations dans son plan qui sont :

- N_x , N_y densité linéique d'effort suivant la direction x et la direction y.
- T_{xy} cisaillement de membrane par unité de longueur

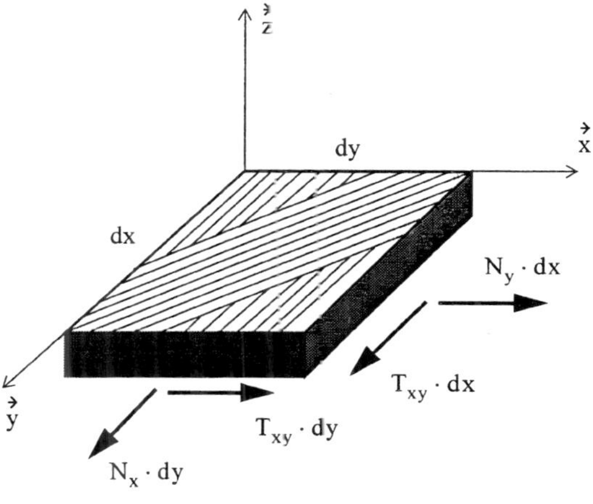

Hypothèse de déplacements

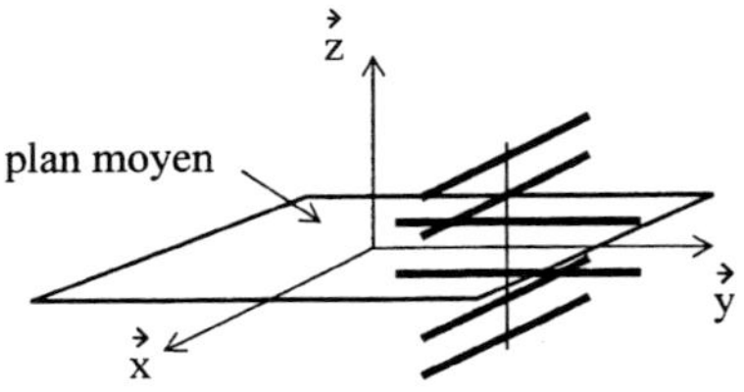

Les points initialement sur une ⊥ au plan-moyen reste alignés sur une ⊥ au plan moyen au cours de la déformation.

Les plis étant solidaires les uns des autres, la déformation est indépendante de $\vec{z}$. Elle est la même quel que soit le pli.

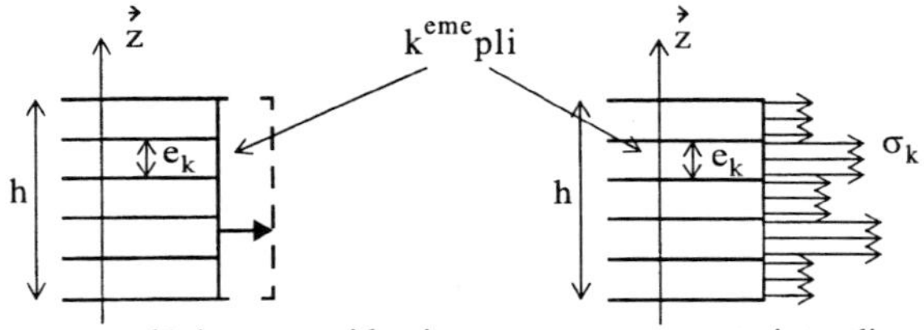

déplacements identiques contraintes discontinues

Relations efforts-contraintes

$$N_x = \sum_{k=1^{er}pli}^{k=n^{eme}pli} (\sigma_x)_k \cdot e_k \qquad N_y = \sum_{k=1^{er}pli}^{k=n^{eme}pli} (\sigma_y)_k \cdot e_k \qquad T_{xy} = \sum_{k=1^{er}pli}^{k=n^{eme}pli} (\tau_{xy})_k \cdot e_k \ .$$

Relations déplacements-déformations

En désignant par (u,v) les composantes du vecteur déplacement :

$$\varepsilon_{0x} = \frac{\partial u_0}{\partial x} \qquad \varepsilon_{0y} = \frac{\partial v_0}{\partial y} \qquad \gamma_{0xy} = \frac{\partial u_0}{\partial y} + \frac{\partial v_0}{\partial x} \ .$$

Les déformations des différentes couches sont uniformes.
<u>Déformation de chaque pli = Déformation du stratifié</u>

On obtient : $\begin{Bmatrix} N_x \\ N_y \\ T_{xy} \end{Bmatrix} = \begin{bmatrix} A_{11} & A_{12} & A_{13} \\ A_{21} & A_{22} & A_{23} \\ A_{31} & A_{32} & A_{33} \end{bmatrix} \cdot \begin{Bmatrix} \varepsilon_{0x} \\ \varepsilon_{0y} \\ \gamma_{0xy} \end{Bmatrix}$ avec : $A_{ij} = \sum_{k=1^{er}pli}^{k=n^{eme}pli} (\overline{E_{ij}})_k \cdot e_k$

Les coefficients A_{ij} *ne dépendent pas de l'ordre d'empilement des plis.*

Lorsque la disposition des plis est symétrique et que les nombres de plis à +45° et -45° sont identiques, le stratifié est dit équilibré.

$$\begin{Bmatrix} N_x \\ N_y \\ T_{xy} \end{Bmatrix} = \begin{bmatrix} A_{11} & A_{12} & 0 \\ 0 & A_{22} & 0 \\ 0 & A_{32} & A_{33} \end{bmatrix} \cdot \begin{Bmatrix} \varepsilon_{0x} \\ \varepsilon_{0y} \\ \gamma_{0xy} \end{Bmatrix}$$

On peut substituer aux densités linéiques d'efforts N_x, N_y *et* T_{xy} *(exprimées en N/m) des contraintes globales* σ_{ox}, σ_{oy} *et* τ_{oxy} *avec :*

$N_x = h \cdot \sigma_{ox}$ $\quad N_y = h \cdot \sigma_{oy}$ $\quad T_{xy} = h \cdot \tau_{oxy}$.
h : épaisseur du stratifié.

Les relations contrainte-déformation s'écrivent : $\begin{Bmatrix} \sigma_{ox} \\ \sigma_{oy} \\ \tau_{oxy} \end{Bmatrix} = \frac{1}{h} \cdot \begin{bmatrix} A_{11} & A_{12} & A_{13} \\ A_{21} & A_{22} & A_{23} \\ A_{31} & A_{32} & A_{33} \end{bmatrix} \cdot \begin{Bmatrix} \varepsilon_{0x} \\ \varepsilon_{0y} \\ \gamma_{0xy} \end{Bmatrix}$

avec : $\frac{1}{h} \cdot A_{ij} = \sum_k (\overline{E_{ij}})_k \cdot p_k$ $\quad$. p_k : proportion du pli k.

⇒ On peut traduire les relations contraintes-déformations sans connaitre l'épaisseur du stratifié h ni le nombre de plis.

Critère de rupture de Hill

Dans le cas d'un pli unidirectionnel en état de contrainte plane :

$$\boxed{\frac{\sigma_l^2}{(\sigma_l)_r^2} + \frac{\sigma_t^2}{(\sigma_t)_r^2} - \frac{\sigma_l \sigma_t}{(\sigma_l)_r^2} + \frac{\tau_{lt}^2}{(\tau_{lt})_r^2} \leq 1}$$

< 1 résiste
= 1 rupture

$(\sigma_l)_r$, $(\sigma_t)_r$ et $(\tau_{lt})_r$ sont les contraintes à la rupture dans le sens long, le sens travers et de cisaillement.

Pour un matériau composite, la limite élastique correspond à la limite de rupture.

Pour un matériau composite, la résistance à la rupture dépend de la direction et du signe de la sollicitation.

3-4- Méthode d'étude

Les principes de la statique permettent de déterminer les éléments de réduction par unité de longueur : N_x , N_y , T_{xy} .

↓

Les lois de comportement permettent de lier les composantes des efforts par unité de longueur et les déformations dans le repère global.

$$\begin{Bmatrix} N_x \\ N_y \\ T_{xy} \end{Bmatrix} = \begin{bmatrix} A_{11} & A_{12} & A_{13} \\ A_{21} & A_{22} & A_{23} \\ A_{31} & A_{32} & A_{33} \end{bmatrix} \cdot \begin{Bmatrix} \varepsilon_{0x} \\ \varepsilon_{0y} \\ \gamma_{0xy} \end{Bmatrix} \qquad \text{avec : } A_{ij} = \sum_{k = 1^{er}\text{pli}}^{k = n^{eme}\text{pli}} (\overline{E_{ij}})_k \cdot e_k$$

↓

On se ramène alors pour chaque pli dans le repère local.

↓

La connaissance des déformations permet de calculer le champ des contraintes pour chaque pli dans le repère local.

$$\begin{Bmatrix} \sigma_l \\ \sigma_t \\ \tau_{lt} \end{Bmatrix} = \begin{bmatrix} \dfrac{E_l}{1 - \nu_{lt}\nu_{tl}} & \dfrac{\nu_{tl} \cdot E_l}{1 - \nu_{lt}\nu_{tl}} & 0 \\ \dfrac{\nu_{lt} \cdot E_t}{1 - \nu_{lt}\nu_{tl}} & \dfrac{E_t}{1 - \nu_{lt}\nu_{tl}} & 0 \\ 0 & 0 & G_{lt} \end{bmatrix} \cdot \begin{Bmatrix} \varepsilon_l \\ \varepsilon_t \\ \gamma_{lt} \end{Bmatrix}$$

↓

Les critères de rupture appliqué à chaque pli permettent alors de se prononcer sur la durabilité de la pièce..

$$\frac{\sigma_l^2}{(\sigma_l)_r^2} + \frac{\sigma_t^2}{(\sigma_t)_r^2} - \frac{\sigma_l \sigma_t}{(\sigma_l)_r^2} + \frac{\tau_{lt}^2}{(\tau_{lt})_r^2} \leq 1$$

CHAPITRE 10 / EXERCICES

Exercice 1 : Essai de traction sur quatre éprouvettes

ENONCE

On considère quatre éprouvettes de longueur L, de largeur b et d'épaissuer e soumises à une contrainte uniforme $\sigma_x = \dfrac{F}{b \cdot e}$.

Elles sont constituées de matériaux fibrés dont les orientations sont précisées ci-dessous

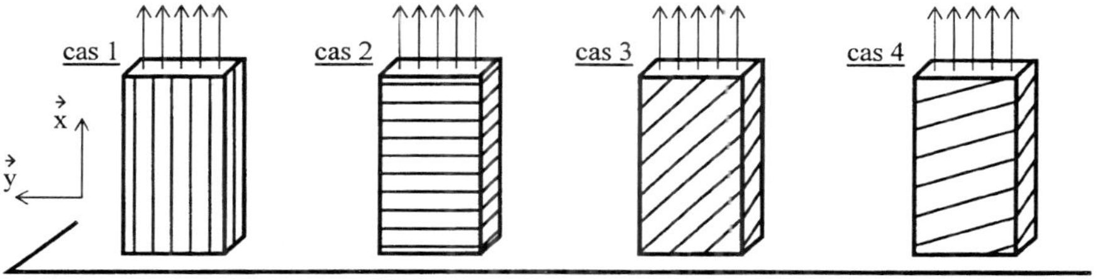

fibres à 0° fibres à 90° fibres à 45° fibres à 30°

On les équipe de jauges de déformations montées suivant l'axe x. Que mesure t'on ?

> ***CONNAISSANCES ET MÉTHODES***
>
> ***Relations contraintes-déformations dans le repère local et dans le repère global.***
>
> → ***Ecrire la relation contraintes-déformations***
>
> → ***Identifier le terme correspondant à l'information donnée par la jauge :*** ε_x
>
> → ***Traduire la relation en fonction de l'angle d'inclinaison des fibres***

RESOLUTION

❐ Cas 1

Les directions long-transverse correspondent aux directions x et y.

⇒ On peut utiliser directement les relations dans le repère local.

$$\begin{Bmatrix} \varepsilon_l \\ \varepsilon_t \\ \gamma_{lt} \end{Bmatrix} = \begin{bmatrix} \dfrac{1}{E_l} & -\dfrac{\nu_{tl}}{E_t} & 0 \\ -\dfrac{\nu_{lt}}{E_l} & \dfrac{1}{E_t} & 0 \\ 0 & 0 & \dfrac{1}{G_{lt}} \end{bmatrix} \cdot \begin{Bmatrix} \sigma_l \\ \sigma_t \\ \tau_{lt} \end{Bmatrix}$$

d'où :

$$\left.\begin{matrix}\varepsilon_x \\ \varepsilon_y \\ \gamma_{xy}\end{matrix}\right\} = \begin{bmatrix} \dfrac{1}{E_l} & -\dfrac{\nu_{tl}}{E_t} & 0 \\ -\dfrac{\nu_{lt}}{E_l} & \dfrac{1}{E_t} & 0 \\ 0 & 0 & \dfrac{1}{G_{lt}} \end{bmatrix} \cdot \left\{\begin{matrix}\sigma_x \\ 0 \\ 0\end{matrix}\right. \quad \Rightarrow \quad \boxed{\text{On mesurera : } \varepsilon_x = \frac{1}{E_l}\cdot\sigma_x}$$

Cas 2

Dans le repère global,

$$\left\{\begin{matrix}\varepsilon_x \\ \varepsilon_y \\ \gamma_{xy}\end{matrix}\right\} = \begin{bmatrix} \dfrac{1}{E_x} & -\dfrac{\nu_{yx}}{E_y} & \dfrac{\eta_{xy}}{G_{xy}} \\ -\dfrac{\nu_{xy}}{E_x} & \dfrac{1}{E_y} & \dfrac{\mu_{xy}}{G_{xy}} \\ \dfrac{\eta_x}{E_x} & \dfrac{\mu_y}{E_y} & \dfrac{1}{G_{xy}} \end{bmatrix} \cdot \left\{\begin{matrix}\sigma_x \\ 0 \\ 0\end{matrix}\right\}$$

avec

$$E_x(\theta) = \frac{1}{\dfrac{c^4}{E_l} + \dfrac{s^4}{E_t} + c^2s^2\left(\dfrac{1}{G_{lt}} - 2\dfrac{\nu_{tl}}{E_t}\right)}$$

Dans l'expression de $E_x(\theta)$, $c = \cos\theta$ et $s = \sin\theta$ avec $\theta = (x, l)$.

cas 2

fibres à 90°

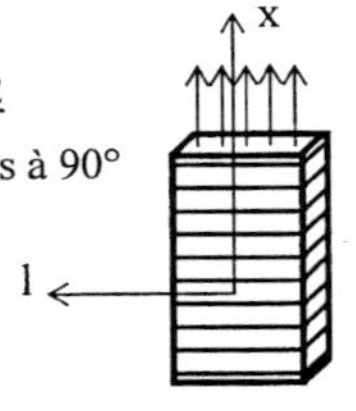

$$\theta = 90° \quad \Rightarrow \quad \boxed{\text{La jauge suivant x donnera : } \varepsilon_x = \frac{1}{E_t}\cdot\sigma_x}$$

Cas 3 et cas 4

$$\theta = 45° \quad \Rightarrow \quad c = s = \frac{\sqrt{2}}{2}$$

cas 3

fibres à 45°

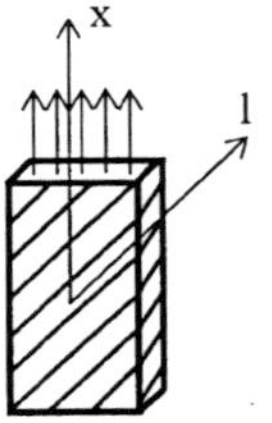

La jauge suivant x donnera :

$$\boxed{\varepsilon_x = \left\{\frac{1}{4}\cdot\left(\frac{1}{E_l} + \frac{1}{E_t} + \frac{1}{G_{lt}} - \frac{2\nu_{tl}}{E_t}\right)\right\}\cdot\sigma_x}$$

cas 4

fibres à 30°

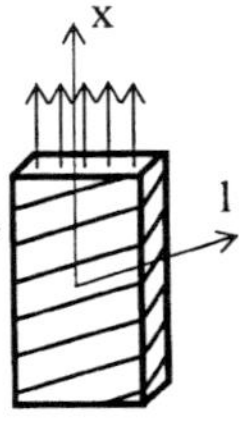

$$\theta = 30° \quad \Rightarrow \quad c = \frac{\sqrt{3}}{2} \quad \text{et} \quad s = \frac{1}{2}$$

La jauge suivant x donnera :

$$\boxed{\varepsilon_x = \left\{\frac{1}{16}\cdot\left(\frac{9}{E_l} + \frac{1}{E_t} + \frac{3}{G_{lt}} - \frac{6\nu_{tl}}{E_t}\right)\right\}\cdot\sigma_x}$$

Exercice 2 : Réservoir cylindrique

ENONCE

On considère un réservoir cylindrique de rayon R, d'épaisseur e et constitué d'un matériau composite fibré. On le soumet à une pression interne p_i.

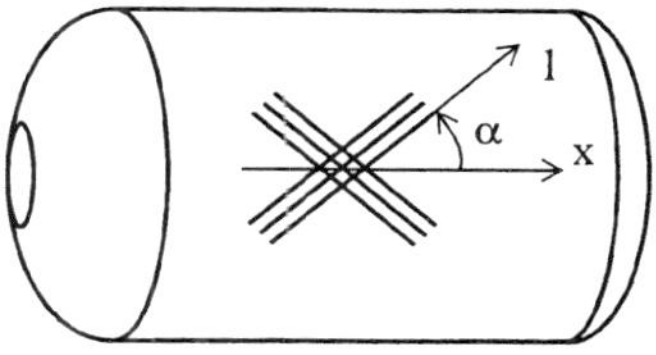

Dans la partie cylindrique du réservoir, les fibres sont inclinées d'un angle $\pm\alpha$ par rapport à l'axe x (voir figure ci-contre).

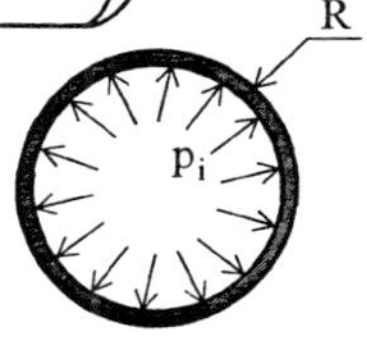

On désire que chacune des fibres soit tendue avec une tension uniforme σ_1.

Déterminer l'expression de σ_1 en fonction de p_i.

CONNAISSANCES ET MÉTHODES

Résultats de l'exercice 6 du chapitre 9 : réservoir cylindrique.

relations entre les contraintes exprimées dans le repère local et le repère global.

- → ***Expression des contraintes obtenues dans le cas des enveloppes minces.***
- → ***Relations entre les contraintes données dans le repère global et*** σ_1.
- → ***Calcul de l'angle d'inclinaison*** α.

RESOLUTION

Résultats

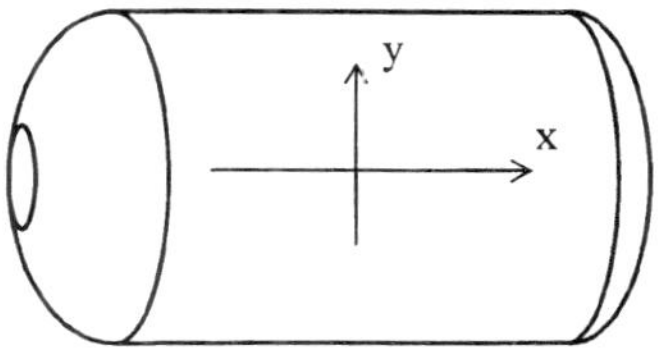

On retrouve des contraintes moyennes obtenues dans le cas des enveloppes minces :

$$\sigma_x = \frac{p_i R}{2e} \text{ suivant une génératrice.}$$

$$\sigma_y = \frac{p_i R}{e} \text{ dans le sens transversal.}$$

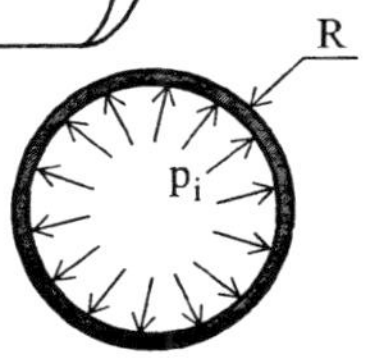

Relations entre contraintes

Dans le repère global : $[\sigma(M)]_{\vec{x},\vec{y}} = \begin{bmatrix} \sigma_x & 0 \\ 0 & \sigma_y \end{bmatrix}$. Dans le repère local : $[\sigma(M)]_{\vec{l},\vec{t}} = \begin{bmatrix} \sigma_l & \tau_{tl} \\ \tau_{tl} & \sigma_t \end{bmatrix}$.

$[P]$ la matrice de passage de $(\vec{l},\vec{t})$ vers $(\vec{x},\vec{y})$:

$$[P] = \begin{bmatrix} \cos\alpha & \sin\alpha \\ -\sin\alpha & \cos\alpha \end{bmatrix}$$

$$[\sigma(M)]_{\vec{x},\vec{y}} = [P]^{-1} \cdot [\sigma(M)]_{\vec{l},\vec{t}} \cdot [P]$$

$$\Rightarrow \quad \begin{bmatrix} \sigma_x & 0 \\ 0 & \sigma_y \end{bmatrix} = \begin{bmatrix} \cos\alpha & -\sin\alpha \\ \sin\alpha & \cos\alpha \end{bmatrix} \cdot \begin{bmatrix} \sigma_l & \tau_{tl} \\ \tau_{tl} & \sigma_t \end{bmatrix} \cdot \begin{bmatrix} \cos\alpha & \sin\alpha \\ -\sin\alpha & \cos\alpha \end{bmatrix}$$

$$\Rightarrow \quad \begin{cases} \sigma_x = \sigma_l \cos\alpha^2 + \sigma_t \sin\alpha^2 \\ \sigma_y = \sigma_l \sin\alpha^2 + \sigma_t \cos\alpha^2 + 2\tau_{tl} \sin\alpha \cos\alpha \end{cases}$$

On néglige σ_t et τ_{lt} devant σ_l. $\Rightarrow \begin{cases} \sigma_x = \sigma_l \cos\alpha^2 \\ \sigma_y = \sigma_l \sin\alpha^2 \end{cases}$

$\Rightarrow$ *Les fibres en $+\alpha$ se comportent comme les fibres en $-\alpha$.*

Angle d'inclinaison α

On peut alors identifier les contraintes : $\sigma_l \cos\alpha^2 = \dfrac{p_i R}{2e}$ et $\sigma_l \sin\alpha^2 = \dfrac{p_i R}{e}$

$$\Rightarrow \quad tg^2\alpha = 2 \quad \Rightarrow \quad tg\alpha = \sqrt{2} \quad \Rightarrow \quad \alpha \approx 54°$$

RESULTAT

> L'angle d'inclinaison des fibres permettant une contrainte longitudinale dominante est : $\alpha \approx 54°$

Exercice 3 : Pale d'hélicoptère

ENONCE

On reprend l'exercice 3 du chapitre 2 sur la pale d'hélicoptère. On considère à présent que la pale est composée de trois matériaux de caractéristiques (E_i, A_i, ρ_i).

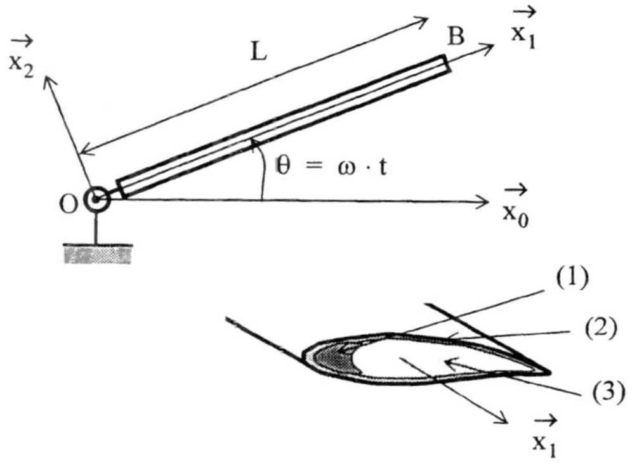

Elle tourne à une vitesse de rotation constante ω et on néglige les effets dus à la portance.

Déterminer l'expression des contraintes σ_i dans chaque matériau ainsi que l'allongement de la pale.

CONNAISSANCES ET MÉTHODES

Résultats de l'exercice 3 du chapitre 2 : allongement d'un solide en rotation.

Traction de matériaux composites : $\sigma_{11_i} = E_i \cdot \dfrac{N}{\sum_i (E_i \cdot A_i)}$ $\qquad \dfrac{du_1}{dx_1} = \dfrac{N}{\sum_i (E_i \cdot A_i)}$

- → ***Expression de l'effort normal N le long de la poutre.***
- → ***Calcul des contraintes dans chaque matériau.***
- → ***Calcul de l'allongement total de la pale.***

RESOLUTION

Effort normal

Les résultats de l'exercice 3 du chapitre 2 donnent : $N = \dfrac{\rho A \omega^2}{2} \cdot (L^2 - x_1^2)$

Dans notre cas, la masse linéique (ρA) s'écrit : $(\rho A) = \rho_1 A_1 + \rho_2 A_2 + \rho_3 A_3 = \sum_i (\rho_i A_i)$

D'où : $N = \left(\sum_i (\rho_i A_i)\right) \cdot \dfrac{\omega^2}{2} \cdot (L^2 - x_1^2)$

Contraintes

Les contraintes masximales apparaissent en pied de pale pour $x_1 = 0$.

$$\sigma_{11_i} = E_i \cdot \frac{N}{\sum_i (E_i \cdot A_i)} = E_i \cdot \frac{\left(\sum_i (\rho_i A_i)\right) \cdot \omega^2 \cdot L^2}{2\left(\sum_i (E_i \cdot A_i)\right)}$$

L'expression des contraintes résulte d'une égalité des déformations de la poutre composite dans une section droite.

$$\varepsilon_{11}(1) = \varepsilon_{11}(2) = \varepsilon_{11}(3) \quad \Rightarrow \quad \frac{\sigma_{11}(1)}{E_1} = \frac{\sigma_{11}(2)}{E_2} = \frac{\sigma_{11}(3)}{E_3}$$

D'où : $N = \sigma_{11}(1) \cdot A_1 + \sigma_{11}(2) \cdot A_2 + \sigma_{11}(3) \cdot A_3 = \dfrac{\sigma_{11}(1)}{E_1} \cdot \sum_i (E_i \cdot A_i)$

Allongement en bout de pale

$$\frac{du_1}{dx_1} = \frac{N}{\sum_i E_i \cdot A_i} = \frac{\left(\sum_i (\rho_i A_i)\right) \cdot \frac{\omega^2}{2} \cdot (L^2 - x_1^2)}{\left(\sum_i (E_i \cdot A_i)\right)}$$

On déduit : $u(L) = \displaystyle\int_0^L \frac{\left(\sum_i (\rho_i A_i)\right)}{\left(\sum_i (E_i \cdot A_i)\right)} \cdot \frac{\omega^2}{2} \cdot (L^2 - x_1^2) \cdot dx_1 \quad \Rightarrow \quad u(L) = \frac{\left(\sum_i (\rho_i A_i)\right)}{\left(\sum_i (E_i \cdot A_i)\right)} \cdot \frac{\omega^2 L^3}{6}$

RESULTATS

contraintes dans chaque région

$$\sigma_{11_i} = \frac{\left(\sum_i (\rho_i A_i)\right) \cdot \omega^2 \cdot L^2}{2\left(\sum_i (E_i \cdot A_i)\right)} \cdot E_i$$

allongement en bout de pale

$$u(L) = \frac{\left(\sum_i (\rho_i A_i)\right)}{\left(\sum_i (E_i \cdot A_i)\right)} \cdot \frac{\omega^2 L^3}{6}$$

Exercice 4 : Poutre composite en flexion

ENONCE

On considère une poutre composite sollicitée en flexion (voir figure). Elle est constituée de deux matériaux (1) et (2) de module d'élasticité E_1 et E_2.
L'épaisseur de la colle est négligée.

Déterminer les contraintes dans la section la plus sollicitée.
En déduire la contrainte de cisaillement dans la colle.

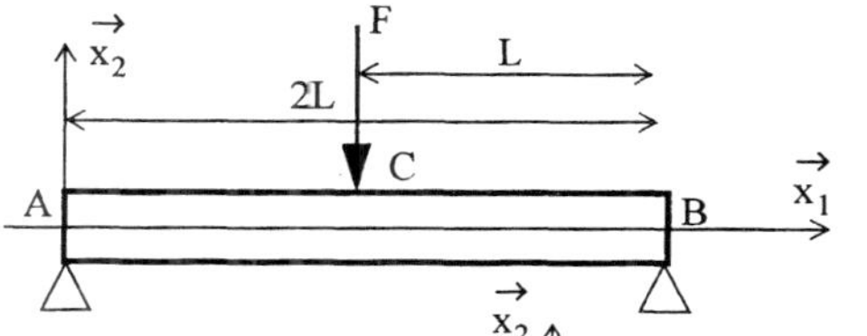

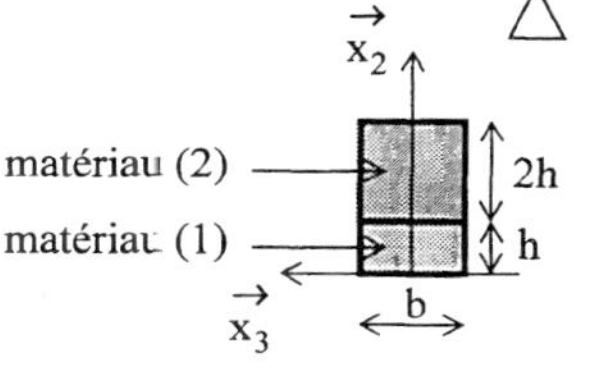

CONNAISSANCES ET MÉTHODES

Flexion simple de matériaux composites : $\sigma_{11_i} = \dfrac{-Mf_3 \cdot E_i}{\sum\limits_i \{E_i \cdot I(R_i)/(C_e, \vec{x}_3)\}} \cdot x_2$

Effet de l'effort tranchant : $\tau_2 = \dfrac{-T_2}{b \cdot \sum\limits_i \{E_i \cdot I(R_i)/(C_e, \vec{x}_3)\}} \cdot \int_D E_i \cdot x_2 \cdot ds$

→ ***Détermination du centre élastique.***

→ ***Calcul de la rigidité équivalente de flexion.***

→ ***Calcul des contraintes normales.***

→ ***Calcul des contraintes tangentielles d'où la contrainte de cisaillement dans la colle.***

RESOLUTION

- Centre élastique C_e

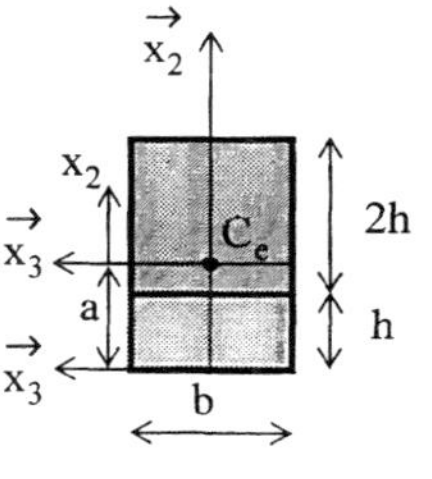

Il est tel que : $\int_S E_i \cdot x_2 \cdot da = 0$

$$\Rightarrow \int_{-a}^{-a+h} E_1 \cdot x_2 \cdot b \cdot dy + \int_{-a+h}^{-a+3h} E_2 \cdot x_2 \cdot b \cdot dy = 0$$

D'où : $E_1 \cdot \{(a-h)^2 - a^2\} + E_2 \cdot \{(a-3h)^2 - (a-h)^2\} = 0$

$$\Rightarrow \quad \{E_1 \cdot h \cdot (2a-h)\} + \{E_2 \cdot 2h \cdot (2a-4h)\} = 0 \quad \Rightarrow \quad \boxed{a = \frac{E_1 + 8E_2}{2(E_1 + 2E_2)} \cdot h}$$

Rigidité équivalente de flexion

$$\Delta = \sum_i (E_i \cdot I(R_i)/(C_e, \vec{x}_1)) = \left\{E_1 \cdot \int_{-a}^{-a+h} b \cdot x_2^2 \cdot dx_2\right\} + \left\{E_2 \cdot \int_{-a+h}^{-a+3h} b \cdot x_2^2 \cdot dx_2\right\}$$

$$\Rightarrow \quad \Delta = \left\{E_1 \cdot b \cdot \left(\frac{(a-h)^3}{3} - \frac{a^3}{3}\right)\right\} + \left\{E_2 \cdot b \cdot \left(\frac{(a-3h)^3}{3} - \frac{(a-h)^3}{3}\right)\right\}$$

Contraintes normales

Pour chaque matériau : $\sigma_{11_i} = \dfrac{-Mf_3 \cdot E_i}{\Delta} \cdot x_2$

Le moment de flexion est maximal dans la section C : $Mf_3 = F \cdot L$

Pour le matériau (1) : $\sigma_{11}(1) = \dfrac{-Mf_3 \cdot E_1}{\Delta} \cdot x_2$

La contrainte maximale est atteinte pour $x_2 = -a$ $\quad \Rightarrow \quad \sigma_{11}(1)_{maxi} = \dfrac{Mf_3 \cdot E_1}{\Delta} \cdot a$

Pour le matériau (2) : $\sigma_{11}(2) = \dfrac{-Mf_3 \cdot E_2}{\Delta} \cdot x_2$

La contrainte maximale est atteinte pour $x_2 = -a + 3h$

$$\Rightarrow \quad \sigma_{11}(2)_{maxi} = \frac{-Mf_3 \cdot E_1}{\Delta} \cdot (3h - a)$$

RESULTATS

La distribution de contraintes normales dans la section C est :

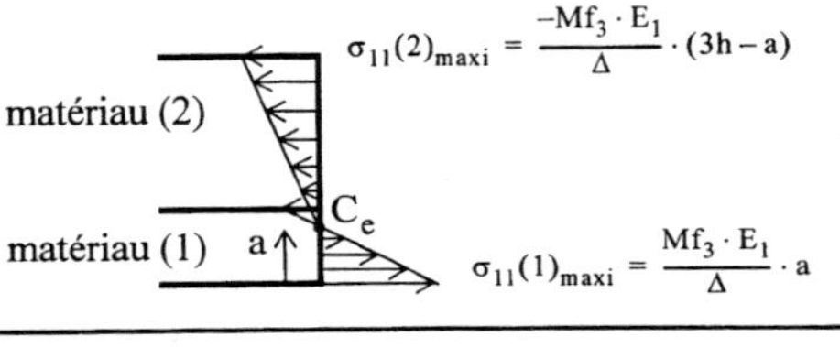

Contraintes tangentielles

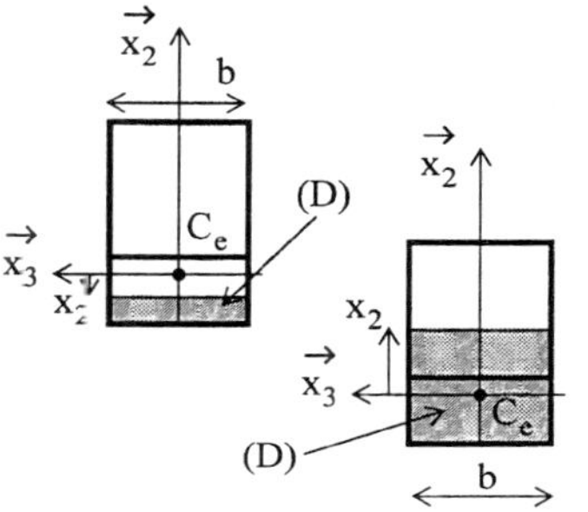

Pour chaque matériau : $\tau_2 = \dfrac{-T_2}{b \cdot \Delta} \cdot \displaystyle\int_{(D)} E_i \cdot x_2 \cdot ds$

L'effort tranchant dans la section C est : $T_2 = \dfrac{F}{2}$

Pour le matériau (1) : $\tau_2(1) = \dfrac{-F \cdot E_1}{b \cdot \Delta} \cdot \displaystyle\int_{-a}^{x_2} x_2 \cdot b \cdot dx_2$

$$\Rightarrow \quad \tau_2(1) = \frac{F \cdot E_1}{\Delta} \cdot (a^2 - x_2^2)$$

Pour le matériau (2) : $\tau_2(2) = \dfrac{-F}{b \cdot \Delta} \cdot \left\{ \displaystyle\int_{-a}^{-a+h} E_1 \cdot x_2 \cdot b \cdot dx_2 + \int_{-a+h}^{x_2} E_2 \cdot x_2 \cdot b \cdot dx_2 \right\}$

$$\Rightarrow \quad \tau_2(2) = \frac{F}{\Delta} \cdot \left\{ E_1 \cdot \left(\frac{h(2a-h)}{2}\right) + E_2 \cdot (x_2^2 - (a-h)^2) \right\}$$

La contrainte de cisaillement dans la colle est la contrainte obtenue pour $x_2 = -a + h$

$$\Rightarrow \quad \boxed{\tau_{2(colle)} = \frac{F \cdot E_1}{2\Delta} \cdot h(2a-h)}$$

RESULTATS

La distribution de contraintes tangentielles dans la section C est :

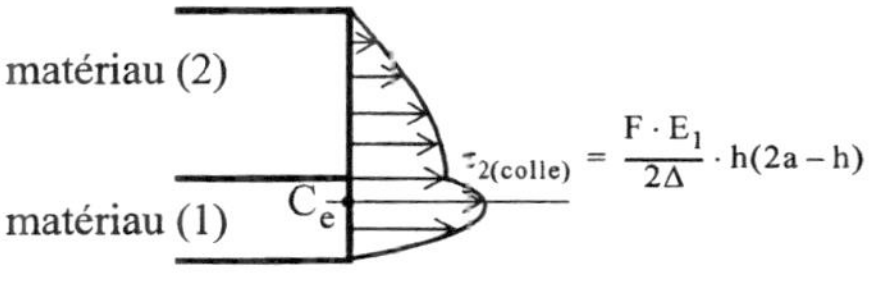

La contrainte de cisaillement dans la colle est : $\boxed{\tau_{2(colle)} = \dfrac{F \cdot E_1}{2\Delta} \cdot h(2a-h)}$

Exercice 5 : Plaque en traction

ENONCE

On considère une plaque composite soumise à un état membranaire.
Cette plaque de largeur L est constituée de trois couches de fibres unidirectionnelles placées comme suit :
- couche supérieure, épaisseur e, à +90°.
- couche intermédiaire, épaisseur 2e, à +0°.
- couche inférieure, épaisseur e, à +90°.

On désigne par E_l, E_t et ν_{lt} les caractéristiques élastiques du matériau.

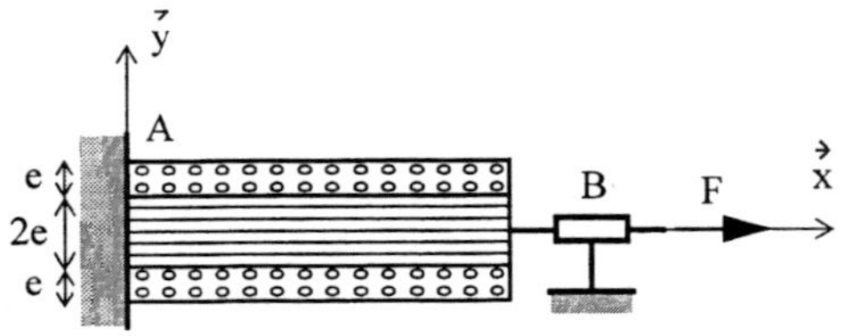

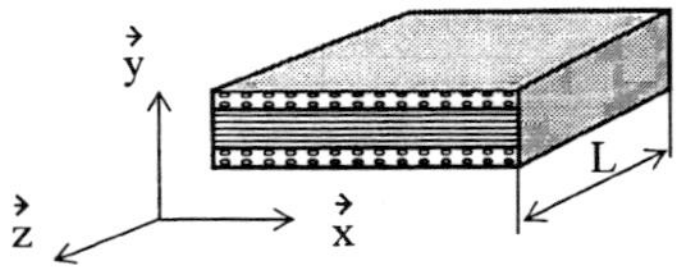

Déterminer l'état de déformation de la plaque ainsi que les contraintes existant dans chacune des couches.

CONNAISSANCES ET MÉTHODES

Relations contraintes-déformations :

$$\begin{Bmatrix} \sigma_l \\ \sigma_t \\ \tau_{lt} \end{Bmatrix} = \begin{bmatrix} \dfrac{E_l}{1-\nu_{lt}\nu_{tl}} & \dfrac{\nu_{tl}\cdot E_l}{1-\nu_{lt}\nu_{tl}} & 0 \\ \dfrac{\nu_{lt}\cdot E_t}{1-\nu_{lt}\nu_{tl}} & \dfrac{E_t}{1-\nu_{lt}\nu_{tl}} & 0 \\ 0 & 0 & G_{lt} \end{bmatrix} \cdot \begin{Bmatrix} \varepsilon_l \\ \varepsilon_t \\ \gamma_{lt} \end{Bmatrix}$$

→ ***Aplication du principe fondamental de la statique.***

→ ***Ecrire les équations obtenues en terme de déformations.***

→ ***En déduire ε_x et ε_y.***

→ ***Expression des contraintes.***

RESOLUTION

❐ Equations d'équilibre

On isole la platine

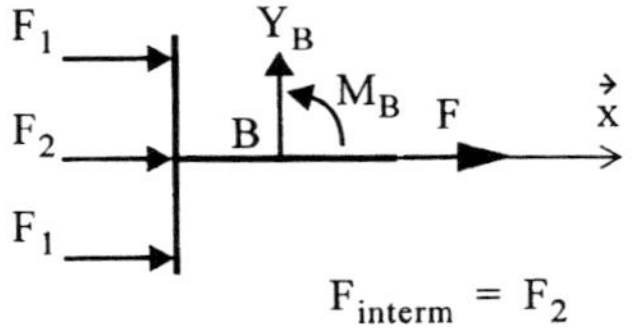

$F_{interm} = F_2$

$F_{inf} = F_{sup} = F_1$

Equilibre $\Rightarrow$ $\overrightarrow{\Sigma F} = \vec{0}$

On en déduit : $F = -(F_2 + 2F_1)$ (F_1 et F_2 : efforts exercés sur la platine)

En désignant par σ_{x1} et σ_{x2} les contraintes normales suivant x des parties extérieures et intermédiaire, on obtient :

$$F = 2eL \cdot \sigma_{x1} + 2eL \cdot \sigma_{x2} \quad \text{(a)}$$

En désignant par σ_{y1} et σ_{y2} les contraintes normales suivant y des parties extérieures et intermédiaire, l'équilibre de la plaque donne également :

$$0 = 2eL \cdot \sigma_{y1} + 2eL \cdot \sigma_{y2} \quad \text{(b)}$$

Calcul des déformations

Les déformations des différentes couches sont uniformes.

On exprime les contraintes en fonction des déformations :

couche intermédiaire

$$\begin{Bmatrix} \sigma_{x2} \\ \sigma_{y2} \\ \tau_{xy2} \end{Bmatrix} = \begin{bmatrix} E_l & \alpha\nu_{tl}E_l & 0 \\ \alpha\nu_{lt}E_t & E_t & 0 \\ 0 & 0 & G_{lt} \end{bmatrix} \cdot \begin{Bmatrix} \varepsilon_x \\ \varepsilon_y \\ \gamma_{xy} \end{Bmatrix}$$

couches extérieures

$$\begin{Bmatrix} \sigma_{x1} \\ \sigma_{y1} \\ \tau_{xy1} \end{Bmatrix} = \begin{bmatrix} E_l & \alpha\nu_{tl}E_l & 0 \\ \alpha\nu_{lt}E_t & E_t & 0 \\ 0 & 0 & G_{lt} \end{bmatrix} \cdot \begin{Bmatrix} \varepsilon_x \\ \varepsilon_y \\ \gamma_{xy} \end{Bmatrix}$$

$$\text{avec} \quad \alpha = \frac{1}{1 - \nu_{lt}\nu_{tl}}$$

$$\text{(a)} \quad \Rightarrow \quad 2eL \cdot (\alpha E_t \cdot \varepsilon_x + \alpha\nu_{tl}E_l \cdot \varepsilon_y + \alpha E_l \cdot \varepsilon_x + \alpha\nu_{tl}E_l \cdot \varepsilon_y) = F$$

$$\text{(b)} \quad \Rightarrow \quad 2eL \cdot (\alpha\nu_{lt}E_t \cdot \varepsilon_x + \alpha E_l \cdot \varepsilon_y + \alpha\nu_{lt}E_t \cdot \varepsilon_x + \alpha E_t \cdot \varepsilon_y) = 0$$

Le système d'équations devient :

$$\begin{cases} \varepsilon_x \cdot (E_t + E_l) + \varepsilon_y \cdot (2\nu_{tl}E_l) = \dfrac{F}{2eL\alpha} \\ \varepsilon_x \cdot (2\nu_{lt}E_t) + \varepsilon_y \cdot (E_t + E_l) = 0 \end{cases}$$

On en déduit :

$$\varepsilon_x = \frac{(E_t + E_l)}{\{(E_t + E_l)^2 - (2\nu_{tl}E_l)^2\}} \cdot \frac{F}{2eL\alpha}$$

$$\varepsilon_y = \frac{-(2\nu_{tl}E_l)}{\{(E_t + E_l)^2 - (2\nu_{tl}E_l)^2\}} \cdot \frac{F}{2eL\alpha}$$

Calcul des contraintes

La connaissance de ε_x et ε_y permet alors de connaitre pour cacune des couches l'état des contraintes.

Par exemple, pour la couche intermédiaire :

$$\sigma_{x2} = E_l \cdot (\varepsilon_x + \alpha\nu_{tl} \cdot \varepsilon_y) = \frac{\{(E_t + E_l) - (2\alpha\nu_{tl}^2 E_l)\} \cdot E_l}{\{(E_t + E_l)^2 - (2\nu_{tl}E_l)^2\}} \cdot \frac{F}{2eL\alpha}$$

$$\sigma_{y2} = E_t \cdot (\alpha\nu_{lt} \cdot \varepsilon_x + \varepsilon_y) = \frac{\{\alpha\nu_{lt}(E_t + E_l) - (2\nu_{tl}E_l)\} \cdot E_t}{\{(E_t + E_l)^2 - (2\nu_{tl}E_l)^2\}} \cdot \frac{F}{2eL\alpha}$$

$$\tau_{xy2} = 0$$

RESULTATS

L'état de déformation de la plaque est tel que :

$$\begin{cases} \varepsilon_x = \dfrac{(E_t + E_l)}{\{(E_t + E_l)^2 - (2\nu_{tl}E_l)^2\}} \cdot \dfrac{F}{2eL\alpha} \\ \varepsilon_y = \dfrac{-(2\nu_{tl}E_l)}{\{(E_t + E_l)^2 - (2\nu_{tl}E_l)^2\}} \cdot \dfrac{F}{2eL\alpha} \\ \gamma_{xy} = 0 \end{cases}$$

Exercice 6 : Arbre de transmission

ENONCE

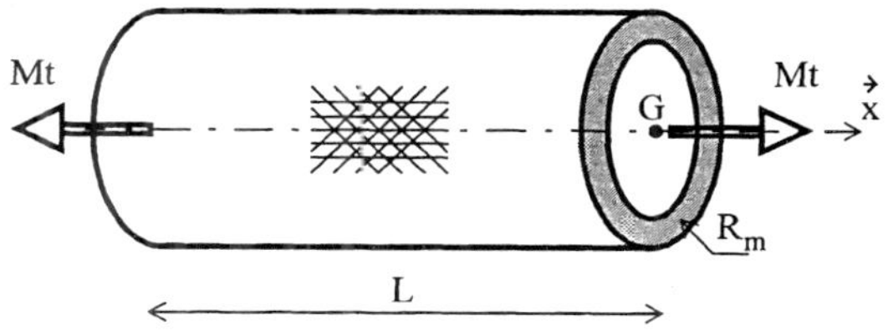

On considère un arbre de transmission de puissance de longueur L, de rayon moyen R_m et d'épaisseur e, soumis à un moment de torsion Mt.
Le matériau est constitué
- à 40% de plis orientés à +45° et à -45°
- à 10% de plis orientés à 0° et à 90°.

Déterminer les contraintes dans chacun des plis.

CONNAISSANCES ET MÉTHODES

Relations contraintes-déformations :
$$\begin{Bmatrix} \sigma_l \\ \sigma_t \\ \tau_{lt} \end{Bmatrix} = \begin{bmatrix} \dfrac{E_l}{1-\nu_{lt}\nu_{tl}} & \dfrac{\nu_{tl}\cdot E_l}{1-\nu_{lt}\nu_{tl}} & 0 \\ \dfrac{\nu_{lt}\cdot E_t}{1-\nu_{lt}\nu_{tl}} & \dfrac{E_t}{1-\nu_{lt}\nu_{tl}} & 0 \\ 0 & 0 & G_{lt} \end{bmatrix} \cdot \begin{Bmatrix} \varepsilon_l \\ \varepsilon_t \\ \gamma_{lt} \end{Bmatrix}$$

- ***Calcul de la contrainte moyenne*** τ_{oxy} ***(ou de la densité d'effort*** T_{xy}.
- ***Calcul de la matrice de raideur de chacune des couches*** $\pm 45°$.
- ***Calcul des déformations communes dans le repère global.***
- ***On revient alors à chacune des couches pour définir les déformations puis les contraintes dans le repère local.***

RESOLUTION

Contrainte moyenne

$$\tau_{oxy} = \frac{Mt}{I_0}\cdot R_m \quad \text{avec} \quad I_0 = 2\pi R_m^{\,3} e \qquad \Rightarrow \qquad \tau_{oxy} = \frac{Mt}{2\pi R_m^{\,2} e}$$

Si on raisonne en terme de densité d'effort, on a : $T_{xy} = \dfrac{Mt}{2\pi R_m^{\,2}}$

Matrices de raideur de chacune des couches

plis à 0° :

$$\begin{Bmatrix} \sigma_{x(0°)} \\ \sigma_{y(0°)} \\ \tau_{xy(0°)} \end{Bmatrix} = \begin{bmatrix} E_l & \alpha\nu_{tl}E_l & 0 \\ \alpha\nu_{lt}E_t & E_t & 0 \\ 0 & 0 & G_{lt} \end{bmatrix} \cdot \begin{Bmatrix} \varepsilon_x \\ \varepsilon_y \\ \gamma_{xy} \end{Bmatrix}$$

avec $\alpha = \dfrac{1}{1 - \nu_{lt}\nu_{tl}}$

plis à 90° :

$$\begin{Bmatrix} \sigma_{x(90°)} \\ \sigma_{y(90°)} \\ \tau_{xy(90°)} \end{Bmatrix} = \begin{bmatrix} E_l & \alpha\nu_{tl}E_l & 0 \\ \alpha\nu_{lt}E_t & E_t & 0 \\ 0 & 0 & G_{lt} \end{bmatrix} \cdot \begin{Bmatrix} \varepsilon_x \\ \varepsilon_y \\ \gamma_{xy} \end{Bmatrix}$$

plis à ±45°

$$\begin{Bmatrix} \sigma_x \\ \sigma_y \\ \tau_{xy} \end{Bmatrix} = \begin{bmatrix} \overline{E_{11}} & \overline{E_{12}} & \overline{E_{13}} \\ \overline{E_{21}} & \overline{E_{22}} & \overline{E_{23}} \\ \overline{E_{31}} & \overline{E_{32}} & \overline{E_{33}} \end{bmatrix} \cdot \begin{Bmatrix} \varepsilon_x \\ \varepsilon_y \\ \gamma_{xy} \end{Bmatrix}$$

avec

$$\overline{E_{11}}(45°) = \overline{E_{11}}(-45°) = \frac{\alpha}{4} \cdot (E_l + E_t) + \frac{1}{2} \cdot (\alpha\nu_{tl}E_l + 2G_{lt})$$

$$\overline{E_{22}}(45°) = \overline{E_{22}}(-45°) = \frac{\alpha}{4} \cdot (E_l + E_t) + \frac{1}{2} \cdot (\alpha\nu_{tl}E_l + 2G_{lt})$$

$$\overline{E_{33}}(45°) = \overline{E_{33}}(-45°) = \frac{\alpha}{4} \cdot (E_l + E_t - 2\nu_{tl}E_l)$$

$$\overline{E_{12}}(45°) = \overline{E_{12}}(-45°) = \frac{\alpha}{4} \cdot (E_l + E_t) + \frac{1}{2} \cdot (\alpha\nu_{tl}E_l - 2G_{lt})$$

$$\overline{E_{23}}(45°) = -\overline{E_{32}}(-45°) = -\frac{\alpha}{4} \cdot \{\overline{E}_l - \overline{E}_t\}$$

$$\overline{E_{13}}(45°) = -\overline{E_{31}}(-45°) = -\frac{\alpha}{4} \cdot \{\overline{E}_l - \overline{E}_t\}$$

Relations de comportement

On obtient :

$$\begin{Bmatrix} 0 \\ 0 \\ \dfrac{Mt}{2\pi R_m{}^2 e} \end{Bmatrix} = \frac{1}{e} \cdot \begin{bmatrix} A_{11} & A_{12} & A_{13} \\ A_{21} & A_{22} & A_{23} \\ A_{31} & A_{32} & A_{33} \end{bmatrix} \cdot \begin{Bmatrix} \varepsilon_{0x} \\ \varepsilon_{0y} \\ \gamma_{0xy} \end{Bmatrix}$$

avec : $A_{ij} = \sum_{k = 1^{er}\text{pli}}^{k = n^{eme}\text{pli}} (\overline{E_{ij}})_k \cdot e_k$

On vérifie bien par le calcul : $A_{13} = A_{23} = 0$. *Le stratifié est équilibré.*

$$\Rightarrow \quad \begin{Bmatrix} 0 \\ 0 \\ \dfrac{Mt}{2\pi R_m^{\,2} e} \end{Bmatrix} = \frac{1}{e} \cdot \begin{bmatrix} A_{11} & A_{12} & 0 \\ A_{21} & A_{22} & 0 \\ 0 & 0 & A_{33} \end{bmatrix} \cdot \begin{Bmatrix} \varepsilon_{0x} \\ \varepsilon_{0y} \\ \gamma_{0xy} \end{Bmatrix} \qquad \text{On déduit : } \begin{cases} \varepsilon_{0x} = 0 \\ \varepsilon_{0y} = 0 \end{cases}$$

D'autre part : $\dfrac{A_{33}}{e} \cdot \gamma_{0xy} = \dfrac{Mt}{2\pi R_m^{\,2} e}$ avec : $\dfrac{A_{33}}{e} = \dfrac{1}{5} \cdot G_{lt} + \dfrac{4}{5} \cdot \left\{ \dfrac{\alpha}{4} \cdot (E_l + E_t - 2\nu_{tl} E_l) \right\}$

Contraintes dans chacun des plis

Connaissant les déformations dans le repère global, il est alors possible de calculer les contraintes dans chaque pli en utilisant les matrices de raideur.

plis à 0° : $\begin{Bmatrix} \sigma_{x(0°)} \\ \sigma_{y(0°)} \\ \tau_{xy(0°)} \end{Bmatrix} = \begin{bmatrix} E_l & \alpha\nu_{tl}E_l & 0 \\ \alpha\nu_{lt}E_t & E_t & 0 \\ 0 & 0 & G_{lt} \end{bmatrix} \cdot \begin{Bmatrix} 0 \\ 0 \\ \gamma_{xy} \end{Bmatrix} = \begin{Bmatrix} 0 \\ 0 \\ G_{lt} \cdot \gamma_{xy} \end{Bmatrix}$

$$\Rightarrow \quad \boxed{\sigma_{x(0°)} = 0 \;;\; \sigma_{y(0°)} = 0 \;;\; \tau_{xy(0°)} = G_{lt} \cdot \frac{Mt}{2\pi R_m^{\,2} e} \cdot \frac{1}{\left(\frac{A_{33}}{e}\right)}}$$

plis à 90° : $\begin{Bmatrix} \sigma_{x(90°)} \\ \sigma_{y(90°)} \\ \tau_{xy(90°)} \end{Bmatrix} = \begin{bmatrix} E_l & \alpha\nu_{tl}E_l & 0 \\ \alpha\nu_{lt}E_t & E_t & 0 \\ 0 & 0 & G_{lt} \end{bmatrix} \cdot \begin{Bmatrix} 0 \\ 0 \\ \gamma_{xy} \end{Bmatrix} = \begin{Bmatrix} 0 \\ 0 \\ G_{lt} \cdot \gamma_{xy} \end{Bmatrix}$

$$\Rightarrow \quad \boxed{\sigma_{x(90°)} = 0 \;;\; \sigma_{y(90°)} = 0 \;;\; \tau_{xy(90°)} = G_{lt} \cdot \frac{Mt}{2\pi R_m^{\,2} e} \cdot \frac{1}{\left(\frac{A_{33}}{e}\right)}}$$

plis à 45° : $\begin{Bmatrix} \sigma_x \\ \sigma_y \\ \tau_{xy} \end{Bmatrix} = \begin{bmatrix} \overline{E_{11}} & \overline{E_{12}} & \overline{E_{13}} \\ \overline{E_{21}} & \overline{E_{22}} & \overline{E_{23}} \\ \overline{E_{31}} & \overline{E_{32}} & \overline{E_{33}} \end{bmatrix} \cdot \begin{Bmatrix} 0 \\ 0 \\ \gamma_{xy} \end{Bmatrix} = \begin{Bmatrix} \overline{E_{13}} \cdot \gamma_{xy} \\ \overline{E_{23}} \cdot \gamma_{xy} \\ \overline{E_{33}} \cdot \gamma_{xy} \end{Bmatrix}$

$$\Rightarrow \quad \boxed{\sigma_{x(45°)} = \sigma_{y(45°)} = \overline{E_{13}} \cdot \frac{Mt}{2\pi R_m^{\,2} e} \cdot \frac{1}{\left(\frac{A_{33}}{e}\right)} \;;\; \tau_{xy(45°)} = \overline{E_{33}} \cdot \frac{Mt}{2\pi R_m^{\,2} e} \cdot \frac{1}{\left(\frac{A_{33}}{e}\right)}}$$

Messages
111, rue Nicolas-Vauquelin – 31100 Toulouse
Tél. : 05 61 41 24 14